“十四五”时期国家重点出版物出版专项规划项目 材料研究与应用丛书
黑龙江省精品图书出版工程 / “双一流”建设精品出版工程

现代粉末冶金基础与技术

INTRODUCTION OF MODERN POWDER METALLURGY （第2版）

柯 华 主编
张利伟 曹 璐 罗蕙佳代 李方喆 副主编

哈爾濱工業大學出版社
HARBIN INSTITUTE OF TECHNOLOGY PRESS

内容简介

本书将基础理论与工程应用相结合，对粉末冶金原理与工艺及相关新技术进行了系统阐述。理论部分包括热力学基本原理和材料中的缺陷反应；工艺部分按照粉末冶金的工艺流程依次介绍粉末制备、坯体压制、烧结成型的过程。本书参考了国内外的最新文献，介绍了高速压制、闪烧、振荡压力烧结等最新的粉末冶金工艺与技术。

本书可以作为高等院校材料学及相关专业的本科生教材或教学参考书，也可供从事粉末冶金、新材料研发等行业的工程技术人员阅读参考。

图书在版编目(CIP)数据

现代粉末冶金基础与技术/柯华主编. —2版. 哈尔滨：哈尔滨工业大学出版社，2025.7. —(材料研究与应用丛书). —ISBN 978-7-5767-1986-4

Ⅰ. TF12

中国国家版本馆CIP数据核字第2025MU6933号

策划编辑　许雅莹
责任编辑　赵风娟　张　权
封面设计　屈　佳
出版发行　哈尔滨工业大学出版社
社　　址　哈尔滨市南岗区复华四道街10号　邮编150006
传　　真　0451-86414749
网　　址　http://hitpress.hit.edu.cn
印　　刷　哈尔滨起源印务有限公司
开　　本　787 mm×1 092 mm　1/16　印张17　字数403千字
版　　次　2020年3月第1版　2025年7月第2版
　　　　　2025年7月第1次印刷
书　　号　ISBN 978-7-5767-1986-4
定　　价　48.00元

第2版前言

本书第1版自出版以来，受到了众多读者的欢迎，被列入哈工大"双一流"建设精品出版工程、"十三五"国家重点出版物出版规划项目、材料科学研究与工程技术系列图书。本书是在第1版的基础上进行修订的，本次修订仍然以第1版内容为主，对3.1节的超音速气流粉碎法、机械合金化法、离心雾化和其他雾化工艺及3.2节的共沉淀法和溶胶－凝胶法等进行内容补充；5.4节增加通用粉末压制理论和现代粉末压制理论；6.3节增加缺陷对烧结的影响，6.4节增加高熵陶瓷的烧结，并对第3章、第6章的图片和其他章节的部分内容进行适当的修改和补充。

本书是基于"粉末冶金原理与工艺"课程的授课情况而编写的，在编写过程中充分考虑了实际教学中授课与学习的需求。内容方面在介绍粉末冶金基本原理与工艺的同时，本书侧重烧结的理论基础和技术发展前沿，在保持传统粉末冶金讲授内容的基础上，增添热力学基础理论、缺陷理论与近些年涌现的新型烧结工艺等内容，努力达到前后贯通、繁简有度的效果。本次再版旨在结合当前的科学研究进展，对原书内容进行补充和修正，确保内容的准确性和实用性。

本书可以作为高等院校材料学及相关专业的本科生教材或教学参考书，也可供从事粉末冶金、新材料研发等行业的工程技术人员阅读参考。

本书共7章，本次修订中，柯华承担本书的整体结构设计和修订内容规划，并负责统稿定稿。参与修订的人员与具体分工为：哈尔滨理工大学张利伟老师参与第1、3、4、5章修改；哈尔滨工业大学博士后罗蕙佳代、李方喆参与第1、3、6章修改；学生杨志伟参与第1、3章修改；郭俊含、刘开扬参与第3章修改；李子昂参与第3章和第6章修改；聂鹏程参与第5章修改；曹璐参与第6章修改。

本书是在周玉院士的关怀与指导下编写完成的，贾德昌教授对本书进行了全面而细致的审阅，并提出了许多宝贵而关键的修改意见，在此表示衷心的感谢。

因编者水平有限，书中难免有疏漏之处，敬请读者批评指正。

编　者

2025年3月

第 1 版前言

粉末冶金作为一种基本的材料制备手段，在冶金、汽车、机械、航天等工业领域有重要的应用；同时，由于其复杂的化学过程与灵活的调控手段，粉末冶金在材料学研究领域也十分重要。如今粉末冶金已从传统金属、合金材料的制备扩展到高性能的陶瓷材料、金属及陶瓷基复合材料和聚合物基复合材料的成形与制备，在新兴工业领域和前沿的材料学研究中扮演着越来越重要的角色。

粉末冶金是以零维颗粒粉末为原料，将其压制和烧结制成各种零件制品的加工方法，粉末冶金的优势是零件的最终成形能力和高的材料利用率。传统粉末冶金包含三个主要步骤：首先，采用各种物理或化学方法制备细小颗粒粉末；其次，将获得的颗粒粉末经过热处理及造粒等工艺过程装入模具型腔，施以一定形式的压力，形成具有所需零件形状和尺寸的压坯；最后，在温度、压力及气氛等条件下对压坯进行烧结，获得致密的烧结体。在此过程中，需要完成对材料成分、烧结组织和最终零件性能的精确控制。材料的成分一般在粉末的制备阶段就已经确定，采用物理方法制备粉末时，需通过球磨工艺达到分散均匀的效果；而采用化学方法(如溶胶凝胶法)制备粉末时，会得到成分一致且分散均匀的粉末。烧结组织除了与粉末成分有关外，还受烧结过程的影响，如热压烧结得到的晶粒通常比无压烧结得到的晶粒更细小。而最为关键的性能则与粉末冶金中的每一步密切相关，如成分均一的初始粉末、较高的压坯密度、恰到好处的缺陷浓度控制及最终能获得细小晶粒且组织均匀的烧结体等，这就要求从制粉、压制到烧结的每一步都需经过严密的理论分析与反复实验。由此可见，粉末冶金是一项系统性的工程，虽已形成了较为完整的体系，也有前人总结的宝贵经验，但由于影响因素的复杂多变，粉末冶金技术仍有广阔的发展与研究空间，为了制备性能更优异的材料仍需探索新的烧结机制与烧结工艺。

本书是基于“粉末冶金原理与工艺”课程的授课情况而编写的，在编写过程中充分考虑了实际教学中授课与学习的需求。内容方面在介绍粉末冶金基本原理与工艺的同时，本书侧重烧结的理论基础和技术发展前沿，在保持传统粉末冶金讲授内容的基础上，增添了热力学基础理论、缺陷理论与近些年涌现的新型烧结工艺等内容，努力达到前后贯通、繁简有度的效果。本书前两章介绍了热力学基本定律与缺陷反应理论，热力学基本定律影响粉末冶金的全部过程，对于研究制粉、烧结过程的相变与化学反应的热力学过程均具有指导作用，其精髓在于体系的能量转换、交换与传输过程仅与宏观热力学物理量有关；而缺陷反应原理可用来辅助解释烧结致密化的微观机制，其要旨在于致密化过程伴随着缺陷的动力学演化，宏观统计规律穿插其中，使极为复杂的烧结现象有章可循。第3～6章按粉末冶金的工艺流程依次介绍粉末制备、坯体压制、烧结成形等相关内容。在粉末制备部分详细阐述了机械粉碎法、雾化法、化学反应法及电解法等内容，分析了其优缺点；同时也讨论了粉末的粒度、表面特性、化学性能、工艺性能等及其各自的检测方法。在坯体压制部分增添了压制前粉末处理的内容,并介绍了巴尔申压制理论、川北公夫压制理论、黄培云压制理论等相关理论。在烧结成形部分首先讨论了烧结热力学与烧结动力学,其次详细介绍了烧结致密化机制,分析了烧结过程中材料的显微组织变化。此外,在烧结成形部分还介绍了烧结的最新研究手段——相场模拟,通过理论计算的方法定量估测材料的烧结行为。最后一章为新型成形与烧结工艺,介绍了一系列最新应用在粉末冶金中的技术,如高速压制、放电等离子烧结、电磁成形、电场活化烧结、振荡压力烧结等技术。在介绍这些新技术时,书中增添了大量的图解与实践应用的数据,便于读者在科研实践中参考。

本书可以作为高等院校材料学及相关专业的本科生教材或教学参考书,也可供从事粉末冶金、新材料研发等行业的工程技术人员阅读参考。

本书共7章,由柯华承担本书的整体结构设计和内容规划,并负责统稿和定稿。参与编写的人员与具体分工为:柯华编写第1章、第2章及第6章的6.1~6.4节;罗蕙佳代编写第3章的3.1~3.2节和第4章;田晶鑫编写第3章的3.3~3.4节;曹璐编写第5章的5.1~5.4节、第6章的6.8节和第7章的7.11~7.12节;李方喆编写第5章的5.5~5.8节;张洪军、张利伟编写第6章的6.5~6.7节及第7章的7.1~7.3节和7.5~7.10节;张洪军编写第7章的7.4节。应鹏展和周俊杰参与资料搜集与整理的工作。

本书是在周玉院士的关怀与指导下编写完成的,贾德昌教授对本书进行了全面而细致的审阅,并提出了许多宝贵而关键的修改意见,在此表示衷心的感谢。

因编者水平有限,书中难免有疏漏之处,敬请读者批评指正。

编　者

2019年12月

目　　录

第1章　粉末冶金中的热力学

粉末冶金是一种粉末经压制成形、烧结制取金属、陶瓷或者复合材料制品的工艺过程。在烧结过程中，材料中会发生一系列的物理与化学变化，如各种热量发生机制、重结晶、晶粒长大、相变及反应烧结等，这一系列的过程均与热量的转化、交换和传输有关。为了更好地理解材料烧结的过程，更好地调控粉末冶金制品的性能，对粉末冶金热力学过程的认识就显得尤为重要。本章主要介绍研究粉末冶金所需要的一些基本的热力学原理与概念。

1.1　热力学定律与相平衡

1.1.1　热力学基本概念

1. 体系和环境

体系(System)指研究的对象。在研究热力学问题时，将一定范围的物体或空间与其余部分分开，作为研究的对象。环境(Surroundings)指体系的周围部分。体系按是否与环境发生物质与热量的交换可以分为敞开体系、封闭体系和孤立体系。敞开体系又称为开放体系，与环境发生物质交换与热量交换；封闭体系仅与环境发生热量交换；孤立体系既不与环境发生物质交换，又不与环境发生热量交换。环境与体系的区别并不是绝对的。例如，如图1.1所示，在一个密闭容器内装半容器水。若以容器中的液体为体系，则为敞开体系，因为液体水不仅可与容器内的空气(环境)交换热量，还可与液面上的水蒸气交换物质；如果选整个容器为体系，则只与环境发生热量交换，故为封闭体系；如果将容器及其外面的空气一起选为体系，则为孤立体系。研究热力学问题时应当按照具体情况合理选择体系和环境。

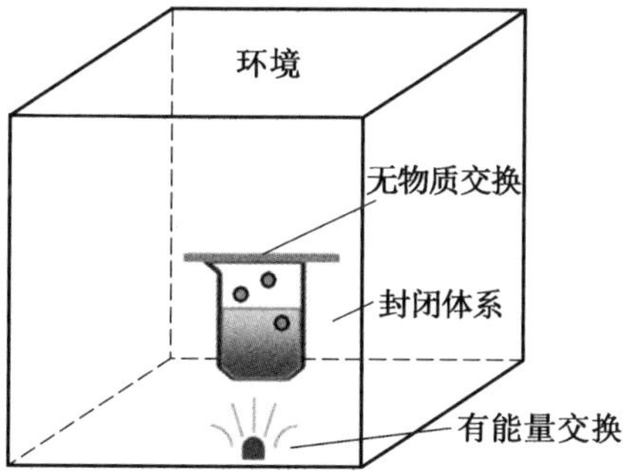

图1.1　体系与环境的关系示意图

2. 系统的状态与状态函数

热力学用体系所具有的宏观性质描述其状态。当体系的一系列性质(如质量、温度、压力、体积、组成及聚集状态等)确定后,这个体系就具有了确定的状态。反之,体系的状态确定之后,体系的宏观性质也随之确定,与到达这个状态经历的途径无关。由于状态和性质所具有的单值对应关系,体系的这些热力学性质称为状态函数。状态函数只与体系的始态、终态有关,与状态变化的具体途径无关。

3. 过程与途径

体系从始态向终态的过渡称为过程,完成过程的具体步骤称为途径。途径可以由若干个过程组合而成。由一定始态到达一定终态的过程,可以经过不同的途径,但状态函数的改变是相同的。

4. 体系的性质

根据体系的性质与体系中物质数量的关系,可以将体系性质分为两种:强度性质(Intensive Properties)和广度性质(Extensive Properties)。

强度性质又称为内禀性质或强度量,其数值与体系中所含物质的量无关,无加和性,如温度、压力、密度等。

广度性质又称为容量性质,其数值与体系中所含物质的量有关,整个体系中某个广度性质的数值为这一体系中各部分所有该性质数值的总和,即广度性质具有加和性,如体积、质量、热容、热力学能、焓、熵等。

广度性质与强度性质存在联系,广度性质除以体系的总质量或者总物质的量可以转化为强度性质。比如,体积为广度性质,而密度和摩尔质量为强度性质;热容为广度性质,而摩尔热容为强度性质。

5. 热力学平衡态

当体系的各个性质不随时间发生变化时,体系处于一定的状态,描述体系状态的状态函数保持恒定的值,称该体系处于平衡态,简称平衡。

热力学体系按照组成不同可分为单相系和复相系。当一个物体的各部分是完全一致时,称为单相系,或均匀系。当一个物体的各部分之间有差别时,称为复相系或非均匀系。一个复相系可以分为若干个均匀的部分,每一个均匀的部分在热力学上称为一个相。描述一个复相系平衡态的函数,是描写其中各个相的函数的总和。例如,一个气相和一个液相组成的复相系,在不考虑电磁条件与化学性质时,需要五个函数来描述它的平衡态,这五个函数分别为气相的体积和压强、液相的体积和压强、液体的表面张力,但这些函数不是完全独立的,它们之间满足一定的关系,如此才能使整个复相系达到平衡。这些变量之间的关系称为平衡条件。

平衡条件共有四种,即力学平衡条件、相变平衡条件、化学平衡条件和热平衡条件。

假设复相系是由两个均匀系组成的,力学平衡条件是指这两个均匀系在力的相互作用下达到静止的条件。在没有容器壁将这两个均匀系隔开的情况下,两个均匀系的压强必须相等,才能达到力学平衡,但若容器壁将这两个均匀系隔开,且容器壁可以承受这两个均匀系的压强差,则两个均匀系的压强可以有任意不同的值而仍然保持力学平衡,所以这时力学平衡条件不起作用。

相变平衡条件是指两个均匀系可以相互转变达到平衡时的条件。例如,水与水蒸气这两个均匀系相互接触时,水可以蒸发为水蒸气,水蒸气可以凝结为水,当水蒸气的气压达到饱和时,这种相互蒸发凝结的过程才停止。

化学平衡条件是指化学反应达到平衡时所要满足的条件。假如两个均匀系由容器壁隔开,两者不能发生化学反应,那么也不需要两者之间的化学平衡条件。但这时每个均匀系内部化学反应还可能进行,化学平衡条件必须满足才能达到平衡。在这种情况下,均匀系的化学变量就不能独立改变,而只能是其他几类变量的函数。所以当一个均匀系的物质固定时,它的平衡态只需要三类变量来描述,即几何变量、力学变量和电磁变量。化学变量此时是这三类变量的函数。

热平衡条件是指在体系的各个部分之间有热量交换,也就是能量以热量的形式而不是以功的形式交换时,达到平衡的条件。这个条件就是各部分的温度相等,否则热量就会由高温区域传到低温区域。

1.1.2 热力学定律

1. 热力学第一定律

热力学第一定律就是能量守恒定律。焦耳从 1840 年起用各种实验来证明机械能和电能与热量之间的转化关系,直接由实验求得热功当量的数值,建立了功与热之间的定量关系。他把水盛在杜瓦瓶(绝热容器)中,对水做功,比如,将叶轮浸在水中旋转,将线圈浸在水中通电流,将浸在水中的活塞压缩气体,以及将两块金属在水中摩擦……结果发现无论哪种做功形式,其做功的大小和水的温度升高恒成正比,因而提出"热功当量"的概念。焦耳的工作给能量守恒定律奠定坚实的实验基础,使这一普遍的自然界规律被科学界所公认。

热力学第一定律用文字可以表述为:自然界的一切物质都具有能量,能量有各种不同的形式,能够从一种形式转化为另一种形式,在转化过程中能量的总量不变。其数学表达式为

$$dU = \delta Q + \delta W \tag{1.1}$$

或

$$\Delta U = Q - W \tag{1.2}$$

式中,U、Q、W 分别为热力学能、热量和功。

式(1.2)的物理意义为体系热力学能的增量等于体系吸收的热量减去体系对环境做的功,包括体系和环境在内的整体的能量守恒。图 1.2 为封闭体系热力学能变化示意图,一般来讲,环境对物体做功时将功记作正值($+W$),物体对环境做功时将功记作负值($-W$)。当热从物体流出(放热过程)时将热量记作负值($-Q$),当热流入物体(吸热过程)时将热量记作正值($+Q$)。

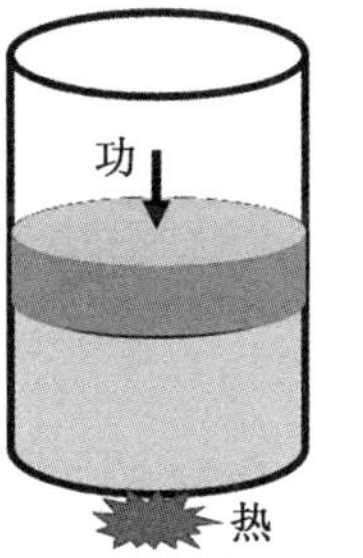

图 1.2 封闭体系热力学能变化示意图

在应用热力学第一定律时,一般把非热力的交互作用

归为功,其中最常见的功的形式为抵抗外力所做的膨胀功。如果把外压力记为 p_{ext},则所做的膨胀功为

$$W = -\int p_{ext}\mathrm{d}V \tag{1.3}$$

在可逆过程中,外压力 p_{ext} 在数值上与体系的压强相等,所以 $W = -\int p\mathrm{d}V$。

2. 热力学第二定律

热力学第一定律说明了隔离体系的能量守恒,但不能说明过程变化的方向和限度。热力学第二定律解释了过程发生的方向问题。

当体系处于非平衡态时,体系是不稳定的,将自发地向平衡态移动,这个过程称为自发过程。自然界所发生的一切过程都是自发过程。在没有外界条件影响时,自发过程不可能逆转,又称为不可逆过程。例如,当一种气体与另一种气体相遇时,将自发地进行混合,直至形成完全均匀的混合气体;当两个温度不同的物体相接触时,热量将由高温物体自发地流向低温物体,直至两个物体温度相等,达到平衡态。这些过程在没有外界条件影响时,均不可逆。

热力学第二定律的经典表述有以下两种:

① 克劳修斯表述:不可能把热从低温物体传到高温物体而不引起其他变化。

② 开尔文表述:不可能从单一热源取热使之完全变为有用的功而不产生其他影响。

(1) 熵与热力学第二定律的数学表述。

用一个热力学参数来度量体系进行自发过程的不可逆程度,这个参数称为熵。熵的定义为热量与温度的商:

$$\Delta S = \frac{Q}{T} \tag{1.4}$$

熵是体系的状态函数,并为外延量。在一个体系的自发过程中,如果体系吸收热量,则熵值增加;反之,则熵值减少。

图 1.3 所示的绝热体系内有两个金属块 1 和 2,温度分别为 T_1 和 T_2,且 $T_1 > T_2$,金属块间由金属细丝相连,使金属块之间的传热很慢,两个金属块内部不存在温度梯度。由于这是一个与外界隔离的绝热体系,当金属块 1 传热给金属块 2 时,金属块 1 损失的热量等于金属块 2 获得的热量。现在以图 1.3 为例来计算可逆过程和不可逆过程熵的变化。

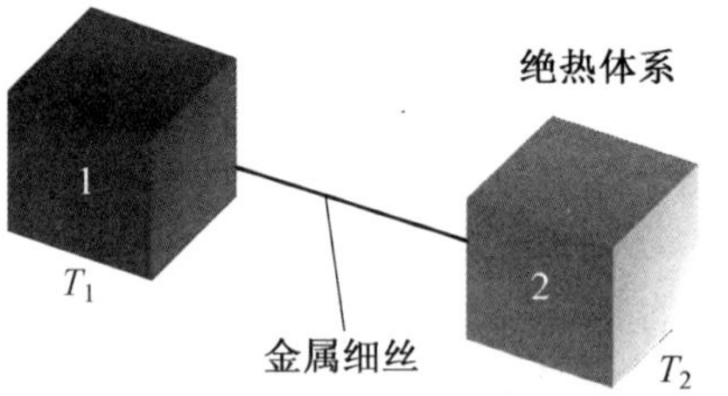

图 1.3 包含两个不同温度金属块的绝热体系

金属块 1 在传热时熵值减少:

$$\Delta S = -\frac{Q}{T_1}$$

金属块 2 在传热时熵值增加：

$$\Delta S = \frac{Q}{T_2}$$

因此体系熵值的变化为

$$\Delta S = \frac{Q}{T_2} - \frac{Q}{T_1} = \frac{Q(T_1 - T_2)}{T_1 T_2} \tag{1.5}$$

当 $T_1 > T_2$ 时，热量由金属块 1 传递给金属块 2，过程自发，不可逆地进行，此时 $\Delta S > 0$。

当 $T_1 = T_2$ 时，过程达到平衡，由金属块 1 传递给金属块 2 的热量和金属块 2 传递给金属块 1 的热量相等，传热过程可逆，此时 $\Delta S = 0$；两块金属块之间不再发生传热过程，或者说过程进行到了限度。

一个处于隔离体系中的气缸有两个腔室，腔室 1 体积为 V_1，充满了理想气体，而腔室 2 体积为 V_2，内部为真空。当打开两个腔室之间的小门之后，气体即不可逆地膨胀并占据全部容积($V_1 + V_2$)。由于体系是隔离的，其热力学能恒定；又由于理想气体的热力学能仅依赖温度，所以在上述膨胀过程中温度也恒定。为了计算该过程的熵变，需要设置一个与其起始态、终态一致的可逆过程。由于熵是状态函数，则可根据可逆过程得出熵变。在上述情况下，可假设一个无摩擦的活塞，以可逆的方式将理想气体从($V_1 + V_2$)压缩至初始的体积 V_1，由于温度在整个过程中不变，因此

$$Q = -W = \int_{V_1+V_2}^{V_1} p\mathrm{d}V = nRT\int_{V_1+V_2}^{V_1} \frac{\mathrm{d}V}{V} = nRT\ln\frac{V_1}{V_1 + V_2} \tag{1.6}$$

且

$$S_2 - S_1 = \frac{Q}{T} = nRT\ln\frac{V_1}{V_1 + V_2} \tag{1.7}$$

则不可逆过程中熵的增加为

$$\Delta S = S_2 - S_1 = nR\ln\frac{V_1 + V_2}{V_2} \tag{1.8}$$

显然这是一个正值，即 $\Delta S > 0$。对于一个不与外界隔绝的体系，应将该体系与环境热源一并作为整个隔离体系来计算熵值的变化，即

$$\Delta S = \Delta S_{\mathrm{sys}} - \Delta S_{\mathrm{sur}} \tag{1.9}$$

对应整个隔离体系来说，$\Delta S = 0$ 仍表示熵值增量最大，达到平衡态；$\Delta S > 0$ 仍是自发进行不可逆过程的条件。

总之，对所有的可逆过程有

$$\mathrm{d}S = \delta Q_{\mathrm{rev}}/T \tag{1.10}$$

对所有的不可逆过程有

$$\mathrm{d}S > \delta Q_{\mathrm{rev}}/T \tag{1.11}$$

上述两式即为热力学第二定律的数学表述。由于隔离体系的 δQ 恒为零，热力学第二定律还可表述为：一个隔离体系的熵值总是增加，直至达到平衡态。

(2) 熵的统计学概念。

吉布斯把熵作为体系“混乱程度”的量度，对一原子型为组态的体系来说，组成体系

的粒子越混乱,其熵值越大。例如,在固态晶体中,绝大多数的组成粒子(原子或离子)规则排列,只限于在其所在位置周围的一定范围内振动;而在液态中,组成粒子可以自由移动。固态内原子排列比液态更为规则,或者说具有较小的混乱度,因此固相的熵值小于液相的熵值。而气相内原子的混乱度远大于固相和液相,因此气相的熵值最大。

要得到熵和混乱度之间的定量关系,必须把混乱度定量化,这需要借助统计力学的手段。统计力学假设体系的平衡态只是各种可能微观态中的最概然态。

假设一个简单的晶体,由三个彼此不可区分的全同粒子组成,粒子分别位于三个可区分的晶体结点 A、B 和 C 上,又处于一定的能级上。假设能级之间的距离相等,基态能量为零,第一能级的能量 $\varepsilon_1=u$,第二能级的能量 $\varepsilon_2=2u$,第三能级的能量 $\varepsilon_3=3u$,晶体的总能量 U 设为 $3u$。

三个相同粒子在不同能级上的可能分布态如图 1.4 所示,分布态(a) 表示所有三个粒子都处于第一能级;分布态(b) 表示一个粒子在第三能级,其余两个在零级;分布态(c) 表示一个粒子在第二能级,一个粒子在第一能级,一个粒子在零级。

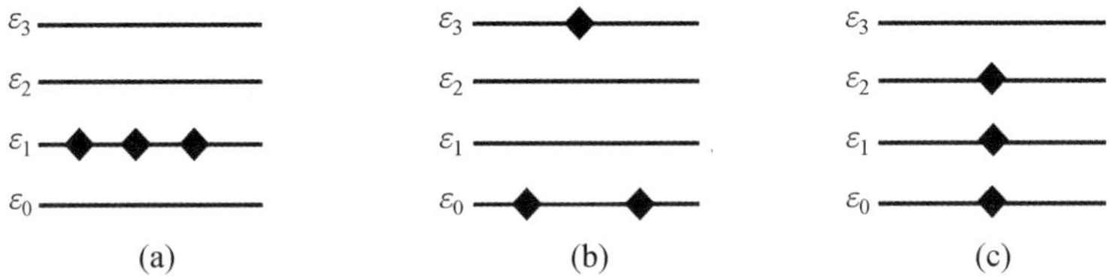

图 1.4　三个相同粒子在不同能级上的可能分布态

在每个能级分布态中,按粒子处在不同的节点上还可以有不同的微观态(排列花样)。在分布态(a) 中,由于三个粒子完全相同,只有一种排列花样。在分布态(b) 中,ε_3 能级上的粒子可以在 A、B 或 C 的位置上,而 ε_0 能级上的两个粒子互换位置并不改变排列花样,因此有三种可能排列。在分布态(c) 中则有 $3!=6$ 种可能排列。三个相同粒子在不同能级、不同结点上的可能排列花样如图 1.5 所示。

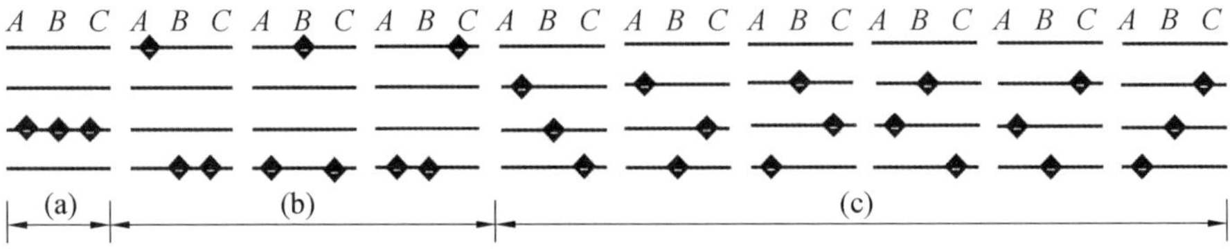

图 1.5　三个相同粒子在不同能级、不同结点上的可能排列花样

由图 1.5 可见,三种分布态共有 10 种可能排列都使 $U=3u$。这些可区别的排列花样(组态) 称为微观态。不同的微观态都相当于同一种宏观状态。微观态数目的多少表示体系内混乱度的大小。

在上述的简单例子中当总能量 U、体积 V 和粒子数 n 确定时,体系具有一定的宏观态,但出现分布态的概率不同。体系呈分布态(a) 的概率为 1/10,呈分布态(b) 的概率为 3/10,呈现分布态(c) 的概率为 6/10,因此分布态(c) 是最概然的。可由下述两方面阐述最概然的物理含义:

① 假如只能以极短的时间观察体系,那么观察到分布态(c) 的概率为 6/10。

② 假如用一段时间来观察体系内的微观态变化，那么出现分布态(c)的时间占总时间的6/10。

将上述例子推广到一般情况，当晶体由 n 个粒子组成，其中 n_0 个粒子处于 ε_0 能级，n_1 个在 ε_1 能级，n_2 个在 ε_2 能级，…，n_r 个在最高能级 ε_r，则微观态数目为

$$\Omega=\frac{n!}{n_0!\ n_1!\ n_2!\ \cdots n_r!}=\frac{n!}{\prod\limits_{i=0}^{i=r} n_i!} \tag{1.12}$$

按上述例子，可由式(1.12)求出不同分布态的微观态数目为

$$\Omega_a=\frac{3!}{3!}=1$$

$$\Omega_b=\frac{3!}{2!\ 1!}=3$$

$$\Omega_c=\frac{3!}{1!\ 1!\ 1!}=6$$

现求体系的熵值与微观态数目 Ω 之间的定量关系。

当 n_i 值很大时，应用斯特林(Stirling)公式(即 $\ln n_i!=n_i\ln n_i-n_i$)，则式(1.12)可写为

$$\ln\Omega=n\ln n-n-\sum_{i=0}^{i=r}(n_i\ln n_i-n_i) \tag{1.13}$$

由于体系的总能量 U、体积 V 和粒子数 n 恒定，因此有

$$U=n_0\varepsilon_0+n_1\varepsilon_1+n_2\varepsilon_2+\cdots+n_r\varepsilon_r=\sum_{i=0}^{i=r}n_i\varepsilon_i=C \tag{1.14}$$

$$n=n_0+n_1+n_2+\cdots+n_r=\sum_{i=0}^{i=r}n_i=C \tag{1.15}$$

粒子在能级中交换，需满足下列条件：

$$\delta U=0$$

$$\delta n=0$$

由式(1.14)及式(1.15)可知，需要

$$\delta U=-\sum_{i=0}^{i=r}\varepsilon_i\delta n_i=0 \tag{1.16}$$

$$\delta n=-\sum_{i=0}^{i=r}\delta n_i=0 \tag{1.17}$$

当粒子在能级上做任何互换时，都可由式(1.13)得到

$$\delta\ln\Omega=-\sum_{i=0}^{i=r}\left(\delta n_i\ln n_i+\frac{n_i\delta n_i}{n_i}-\delta n_i\right)=-\sum_{i=0}^{i=r}(\delta n_i\ln n_i) \tag{1.18}$$

当最概然分布时，即 Ω 为最大时，则

$$\delta\ln\Omega=-\sum_{i=0}^{i=r}(\delta n_i\ln n_i)=0 \tag{1.19}$$

求最概然分布时，需同时满足式(1.16)、式(1.17)和式(1.19)。

将式(1.16)乘以 β(β 为能量的倒数)，有

$$\sum_{i=0}^{i=r}\beta\varepsilon_i\delta n_i=0 \tag{1.20}$$

将式(1.17)乘以 α(α 为无量纲常数),有

$$\sum_{i=0}^{i=r} \alpha \delta n_i = 0 \tag{1.21}$$

式(1.19)、式(1.20)及式(1.21)相加,得

$$\sum_{i=0}^{i=r} (\ln n_i + \alpha + \beta \varepsilon_i) \delta n_i = 0 \tag{1.22}$$

即

$$(\ln n_0 + \alpha + \beta \varepsilon_0) \delta n_0 + (\ln n_1 + \alpha + \beta \varepsilon_1) \delta n_1 + (\ln n_2 + \alpha + \beta \varepsilon_2) \delta n_2 + (\ln n_3 + \alpha + \beta \varepsilon_3) \delta n_3 + \cdots + (\ln n_r + \alpha + \beta \varepsilon_r) \delta n_r = 0$$

则式(1.22)的解需要每个括号内的因子分别为零,即

$$\ln n_i + \alpha + \beta \varepsilon_i = 0 \tag{1.23}$$

$$n_i = \exp(-\alpha) \cdot \exp(-\beta \varepsilon_i)$$

$$\sum_{i=0}^{i=r} n_i = n = \exp(-\alpha) \sum_{i=0}^{i=r} \exp(-\beta \varepsilon_i)$$

$$\exp(-\alpha) = \frac{n}{\sum_{i=0}^{i=r} \exp(-\beta \varepsilon_i)}$$

$$\sum_{i=0}^{i=r} \exp(-\beta \varepsilon_i) = \exp(-\beta \varepsilon_0) + \exp(-\beta \varepsilon_1) + \exp(-\beta \varepsilon_2) + \cdots + \exp(-\beta \varepsilon_r) = p$$

式中,p 为配分函数。

可得

$$\exp(-\alpha) = \frac{n}{p} \tag{1.24}$$

所以

$$n_i = \frac{n \exp(-\beta \varepsilon_i)}{p} \tag{1.25}$$

式中,$\beta \propto \frac{1}{T}$,又为能量的倒数,则 $\beta = \frac{1}{kT}$。

当体系内粒子总数很多时,最概然分布中的排列花样 $\Omega_{\max}$ 与总排列花样 Ω_{tot} 相近,可使

$$\ln \Omega_{\max} = \ln \Omega_{\text{tot}} = n \ln n - \sum_{i=0}^{i=r} n_i \ln n_i \tag{1.26}$$

n_i 可由式(1.25)代入,则得

$$\begin{aligned}
\ln \Omega_{\text{tot}} &= n \ln n - \sum_{i=0}^{i=r} \frac{n}{p} \exp\left(-\frac{\varepsilon_i}{kT}\right) \ln\left[\frac{n}{p} \exp\left(-\frac{\varepsilon_i}{kT}\right)\right] \\
&= n \ln n - \frac{n}{p} \sum_{i=0}^{i=r} \left[\exp\left(-\frac{\varepsilon_i}{kT}\right) \left(\ln n - \ln p - \frac{\varepsilon_i}{kT}\right)\right] \\
&= n \ln n - \frac{n}{p} (\ln n - \ln p) \sum_{i=0}^{i=r} \exp\left(-\frac{\varepsilon_i}{kT}\right) + \frac{n}{pkT} \sum_{i=0}^{i=r} \varepsilon_i \exp\left(-\frac{\varepsilon_i}{kT}\right)
\end{aligned}$$

但

$$U=\sum_{i=0}^{i=r}n_i\varepsilon_i=\sum_{i=0}^{i=r}\frac{n}{p}\varepsilon_i\exp\left(-\frac{\varepsilon_i}{kT}\right)=\frac{n}{p}\sum_{i=0}^{i=r}\varepsilon_i\exp\left(-\frac{\varepsilon_i}{kT}\right)$$

因此

$$\sum_{i=0}^{i=r}\varepsilon_i\exp\left(-\frac{\varepsilon_i}{kT}\right)=\frac{Up}{n}$$

所以

$$\ln\Omega=n\ln p+\frac{U}{kT} \tag{1.27}$$

$$\delta\ln\Omega=\frac{\delta U}{kT} \tag{1.28}$$

因为 $V=$ 常数，有

$$\begin{cases}\delta U=\delta Q\\ \delta\ln\Omega=\dfrac{\delta Q}{kT}\\ \dfrac{\delta Q}{T}=\delta S\end{cases}$$

所以

$$\delta S=k\delta\ln\Omega \tag{1.29}$$

由于 S 和 Ω 都为状态函数，因此式(1.29)可写成

$$S=k\ln\Omega \tag{1.30}$$

式(1.30)为玻尔兹曼公式，表达了体系的熵值和它内部粒子混乱度之间的定量关系。在 U、V 和 n 一定时，体系的混乱度越大(微观组态数 Ω 越多)，熵值越大。当呈最概然态时，就是 Ω_{max} 时的状态，则熵值也达到最大，即达到体系的平衡态。

1.1.3 单组元相

1. 相律

相律是吉布斯根据热力学原理推导出的相平衡基本定律，可以用来确定相平衡系统中可以独立改变的变量的个数，即自由度数。

相平衡系统发生变化时，系统的压力、温度及各相的组成均可能发生变化。我们把能够维持系统原有相数，在一定范围内可以独立变化的变量的个数，称为自由度数，用 F 表示。

由代数定理可知，N 个独立方程能限制 N 个变量。因此，确定系统状态的总变量数与关联这些变量之间关系的独立方程式的个数之差，即独立变量数，也就是自由度数，可表示为

自由度数 = 总变量数 − 方程式数

设平衡系统中有 S 种化学物质，分布于 P 个相的每个相中，并用阿拉伯数字1、2、3…分别代表不同的物质，用罗马数字Ⅰ、Ⅱ、Ⅲ…分别代表各个不同的平衡相。任一物质在各相中均具有相同的分子形式。若用摩尔分数表示各相的组成，则每个相中皆存在 $X_1+X_2+\cdots+X_S=1$，故有 $(S-1)$ 个浓度。在 P 个相中则共有 $P(S-1)$ 个浓度。平衡系统

各相应具有相同的温度和压力，故总的变量数为 $P(S-1)+2$，式中 2 表示 T、p 两个变量。

达到相平衡时，每种物质在各个相中的化学势相等，即

$$\begin{aligned} &\mu_1(\text{I})=\mu_1(\text{II})=\cdots=\mu_1(P)\\ &\vdots\\ &\mu_S(\text{I})=\mu_S(\text{II})=\cdots=\mu_S(P)\end{aligned} \tag{1.31}$$

在一定的温度和压力下，化学势是组成的函数，同一种物质在各个相中的组成则受化学式相等的关系式限制。一种物质有 $(P-1)$ 个化学势相等的关系式，S 种物质有 $S(P-1)$ 个化学势等式来限制各相的组成。此外，若系统中还有 R 个独立的化学平衡反应式存在，根据化学平衡的条件 $\sum_{\text{B}} \upsilon_{\text{B}}\mu_{\text{B}}=0$ 可知，每个独立的化学平衡反应式都有一个关联参加该反应的各组分的关系式存在，共有 R 个独立的化学平衡反应式。

除了同一相中的 $\sum X_{\text{B}}=1$，同一种物质在各相中的组成受化学势相等的关系式限制及 R 个独立的化学平衡反应式对组成的限制之外，根据实际情况还有 R' 个独立的浓度限制条件。总的独立的化学平衡反应式的个数为：$S(P-1)+R+R'$，故自由度数为

$$\begin{aligned} F&=[P(S-1)+2]-[S(P-1)+R+R']\\ &=S-R-R'-P+2 \end{aligned} \tag{1.32}$$

令

$$C=S-R-R'$$

并称为组分数，则

$$F=C-P+2 \tag{1.33}$$

式(1.33)即为吉布斯相律。此定律适用于只受温度和压力影响的平衡系统。

2. 水的相图

水在常压或中压下可以呈气、液、固三种不同的相态存在。自由度 $F=1-2+2=1$ 的系统称为单变量系统，相应存在冰—水、冰—水蒸气、水—水蒸气三种两相平衡。实验测得水的相平衡数据并将其列于表 1.1 中。将它们画在 $p-T$ 图上，得到的是如图 1.6 所示的水的相图。图 1.6 中 $O'A$ 线称为水的饱和蒸气压曲线或蒸发曲线，表示水和水蒸气的两相平衡。若在恒温下对此两相平衡系统加压，则气相消失；若减压，则液相消失。故 $O'A$ 线以上为水的相区，$O'A$ 线以下为水蒸气的相区。$O'A$ 线的上端止于水的临界点 A(373.91 ℃，22 050 kPa)，A 点对应的温度称为临界温度。在临界温度以右的区域，不能用加压的办法使气相液化。如从 A 点向上对 T 轴作垂线 AE，向右作水平线 AF，则 EAF 区域为超临界流体区。

表 1.1 水的相平衡数据

温度 T/℃	系统的饱和蒸气压 p/kPa		平衡压力 p_0/kPa
	水—水蒸气	冰—水蒸气	冰—水
−20	0.126	0.103	193.5×10^3
−15	0.191	0.165	156.0×10^3

续表1.1

温度 T/℃	系统的饱和蒸气压 p/kPa		平衡压力 p_0/kPa
	水—水蒸气	冰—水蒸气	冰—水
−10	0.287	0.260	110.4×10^3
−5	0.422	0.414	59.8×10^3
0.01	0.610	0.610	—
20	2.338	—	—
40	7.376	—	—
100	101.325	—	—
200	1 554.4	—	—
374	22 060	—	—

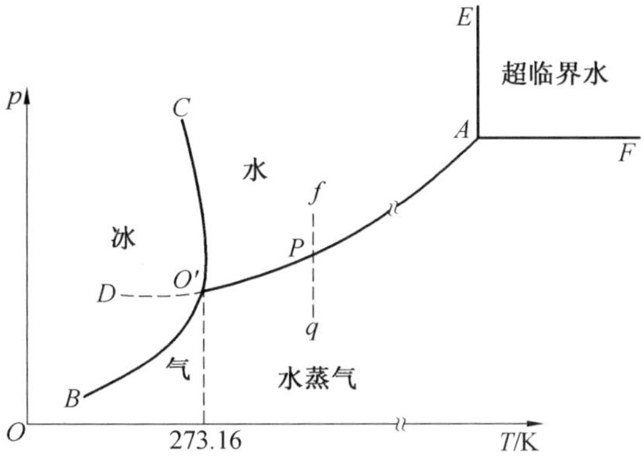

图 1.6 水的相图

图中 $O'B$ 线称为水的饱和蒸气压曲线，或冰的升华曲线。此线上任何一点皆表示冰和水蒸气两相平衡。在恒温下对此平衡系统加压则气相消失，减压则冰消失，故 $O'B$ 线之上的区域为冰的相区，$O'B$ 线以下为气相区。此曲线的下端原则上应靠近 0 K。

图中$O'C$ 线称为冰的熔点曲线。此线上的任一点皆表示冰和水两相平衡。在一定的外压下对此平衡系统加热则冰融化，冷却则水结冰，故$O'C$ 线的左侧为冰的相区，右侧为水的相区。由于 V_m(水) $<$ V_m(冰)，故$O'C$ 线上任一点的斜率为

$$\partial p/\partial T=\Delta H_m(冰)/T\{V_m(水)-V_m(冰)\}<0$$

这表明冰的熔点随外压的上升而下降，故$O'C$ 线向左上方倾斜。$O'C$ 可延伸至 −27 ℃，对应的平衡压力为 207.0 MPa。

图 1.6 中 $O'A$、$O'B$、$O'C$ 三条线将图面分成三个不同的单相区，在每个单相区内 T、p 皆可独立改变而无新相出现。

图 1.6 中 O' 点表示系统内冰、水、水蒸气三相平衡。由相律可知，三相平衡时自由度为零，是无变量系统，系统的温度为 0.01 ℃、压力为 0.610 48 kPa(4.579 mmHg)。O' 点称为三相点。水的三相点不同于水的冰点(0 ℃)。水的三相点是水在其饱和蒸气压下的凝固点，冰点则是在 101.325 kPa 的大气压下，被空气饱和了的水的凝固点。由于空气的

溶入和压力的增加，水的三相点比冰点高 0.009 8 ℃。国际上将纯水的三相点定为 273.16 K，即 0.01 ℃。

图 1.6 中 $O'D$ 虚线是 AO' 线的延长线。水与水蒸气的平衡系统的温度降至 0.01 ℃ 以下直到 −20 ℃ 仍不结冰，这种现象称为过冷现象。这种状态在一定条件下也能长期存在，但在热力学上是不稳定的，故称为亚稳态。图中 $O'D$ 曲线为过冷水的饱和蒸气压曲线，过冷水可以自发转化成冰。

1.1.4 二组元相

1. 理想溶体

广义来说，溶体是指两种或两种以上物质彼此以原子、分子或离子状态均匀混合所形成的粒子混合系统。溶体根据物态可分为气态溶体、固态溶体和液态溶体。一般情况下主要讨论凝聚态的溶体，即溶液和固溶体。理想溶体既是某些实际溶体的极端特殊情况，又是研究实际溶体所需参照的一种假定状态。理想溶体近似是描述理想溶体摩尔吉布斯自由能的模型。

在恒压下，单组元相的摩尔吉布斯自由能仅仅是温度的函数，因而可以用自由能－温度($G-T$) 图来描述自由能的变化。而对于二组元溶体来说，摩尔吉布斯自由能取决于温度和溶体成分，应用一系列温度下的自由能－成分($G-X$) 图来描述这一关系。

在宏观上，要求 A、B 两种组元的原子(或分子) 混合在一起后，既没有热效应也没有体积变化，即 $\Delta H_{\text{mix}}=0$，$\Delta V_{\text{mix}}=0$，对于固溶体来说，这就要求 A、B 两种组元具有相同的结构和相同的晶格常数。在微观上，要求组元间粒子相互独立，无相互作用，或者说两个组元间在混合前的原子键能与混合后的原子键能相同，即

$$u_{\text{AB}}=\frac{u_{\text{AA}}+u_{\text{BB}}}{2} \tag{1.34}$$

式中，u_{AA}、u_{BB}、u_{AB} 分别为 A—A、B—B、A—B 各类原子键的键能。

符合这些条件才能形成理想溶体，如图 1.7 所示。所以，无论是从宏观上还是从微观上分析，真正符合理想溶体的要求是十分困难的，实际材料中真正的理想溶体是极少的，但理想溶体在理论上具有较大的重要性。

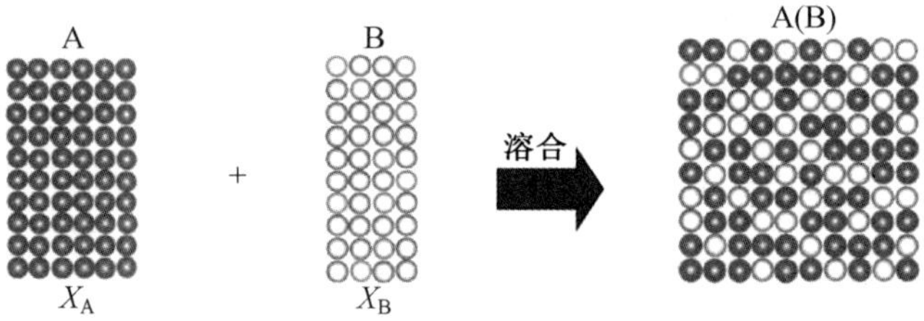

图 1.7　理想溶体中两种原子的溶合

如果由 N_{A} 个 A 原子和 N_{B} 个 B 原子构成 1 mol 的理想溶体，则有

$$N_{\text{A}}+N_{\text{B}}=N_{\text{a}} \tag{1.35}$$

式中，N_{a} 为阿伏加德罗常数。则溶体的摩尔成分即原子分数为

$$X_A = \frac{N_A}{N_a} \tag{1.36}$$

$$X_B = \frac{N_B}{N_a} \tag{1.37}$$

$$X_A + X_B = 1$$

根据理想溶体条件，焓、热力学能、体积等函数的摩尔相关量分别为

$$\begin{cases} H_m = X_A H_A + X_B H_B \\ U_m = X_A U_A + X_B U_B \\ V_m = X_A V_A + X_B V_B \end{cases} \tag{1.38}$$

式中，V_A、V_B、U_A、U_B 和 H_A、H_B 分别为 A、B 两组元的摩尔体积、摩尔热力学能和摩尔焓，即理想溶体是上述函数的加和，是线性的。

两种原子的混合一定会产生多余的熵，即混合熵 ΔS_{mix}，因此溶体的摩尔熵为

$$S_m = X_A S_A + X_B S_B + \Delta S_{mix} \tag{1.39}$$

式中，S_A、S_B 为 A、B 两组元的摩尔熵。两组元的原子完全随机混合时，将产生的最多微观组态数为

$$\Omega = \frac{N_a!}{N_A!N_B!} \tag{1.40}$$

混合熵可由玻尔兹曼方程求出，$\Delta S = k\ln \Omega$，其中 k 为玻尔兹曼常数，即

$$\Delta S = k\ln \frac{N_a!}{N_A!N_B!} \tag{1.41}$$

利用斯特林公式，可以求得

$$\Delta S = N_a\ln N_a - N_A\ln N_A - N_B\ln N_B = -N_A\ln\frac{N_A}{N_a} - N_B\ln\frac{N_B}{N_a}$$

$$= -N_a(X_A\ln N_A + X_B\ln N_B)$$

$$\Delta S_{mix} = -R(X_A\ln X_A + X_B\ln X_B) \tag{1.42}$$

式中，R 为气体常数，$R = kN_a$。

式(1.41)表明，理想溶体中两种原子的混合熵只取决于溶体的成分，而与原子的种类无关。理想溶体的混合熵与成分的关系曲线如图 1.8 所示，在 $X_A = 1$、$X_B = 0$ 时，$\Delta S_{mix} = 0$；在 $X_A = 0$、$X_B = 1$ 时，也是 $\Delta S_{mix} = 0$；而在 $X_A = X_B = 0.5$ 时，混合熵有极大值。应当注意的是，理想溶体近似的随机混合假设将导致最大的混合熵值，而在其他热力学模型中也往往沿用这种混合熵的估算，这将与实际情况产生很大的差异。

摩尔吉布斯自由能的定义为

$$G_m = H_m - TS_m \tag{1.43}$$

将式(1.38)、式(1.39)和式(1.42)代入式(1.43)，可得

$$G_m = X_A{}^0H_A + X_B{}^0H_B - T(X_A{}^0S_A + X_B{}^0S_B + \Delta S_{mix})$$

$$= X_A({}^0H_A - T{}^0S_A) + X_B({}^0H_B - T{}^0S_B) - T\Delta S_{mix}$$

$$= X_A{}^0G_A + X_B{}^0G_B + RT(X_A\ln X_A + X_B\ln X_B)$$

即

$$G_m = X_A{}^0G_A + X_B{}^0G_B + \Delta G_{mix} = G_0 + \Delta G_{mix} \tag{1.44}$$

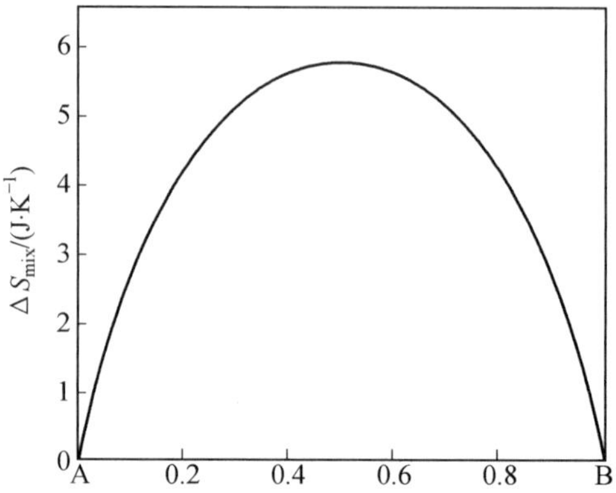

图 1.8 理想溶体的混合熵与成分的关系曲线

式中，${}^0G_A$、${}^0G_B$ 为 A、B 两个原子的摩尔吉布斯自由能；左上角“0”表示纯组元的热力学函数。式(1.44)即为理想溶体近似的摩尔吉布斯自由能的表达式。

如图 1.9 所示，理想溶体的摩尔吉布斯自由能主要取决于 $T\Delta S_{mix}$。由 $\left(\frac{\partial G_m}{\partial X_A}\right)_{X_B=1}$ 和 $\left(\frac{\partial G_m}{\partial X_B}\right)_{X_A=1}$ 均为 $-\infty$ 可知，$G_m - X_B$ 曲线与纵轴相切。除非在热力学零度，其他温度下自由能曲线总是一条向下弯曲的曲线，温度越高，曲线位置越低，而在热力学零度，只有 $(X_A{}^0H_A + X_B{}^0H_B)$ 线性项，自由能曲线为直线。

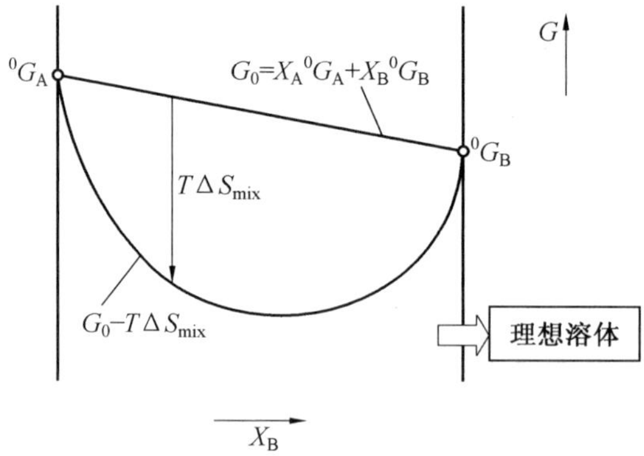

图 1.9 理想溶体摩尔吉布斯自由能曲线

2. 正规溶体

实际的溶体不可能是真正的理想溶体，其性质也与理想溶液的性质有偏差。从统计理论而言，溶体中的原子键能不可能满足 $u_{AA} = u_{BB} = u_{AB}$ 或 $u_{AB} = \frac{u_{AA} + u_{BB}}{2}$。以理想溶体为参考态，可定义更接近实际溶体的正规溶体。正规溶体具有同理想溶体一样的混合熵，但混合焓与理想溶体不同，不等于零。正规溶体的混合焓等于混合前后热力学能的变化，即

$$\Delta H_{mix} = \Delta U_{mix} \tag{1.45}$$

在准化学模型中，热力学能只考虑原子结合能，如果只考虑最近邻原子间的结合能，热力学能就是最近邻原子键的键能总和，而热力学能的变化是由最近邻原子的结合键能的变化引起的。在理想溶体近似中，认为两种物质混合前后，其原子结合能不发生变化，

即 $u_{AB}=\frac{u_{AA}+u_{BB}}{2}$；而在正规溶体近似中，认为 $u_{AB}\neq\frac{u_{AA}+u_{BB}}{2}$。如图 1.10 所示，由原子结合能不同产生的热力学能变化，即正规溶体的混合焓。

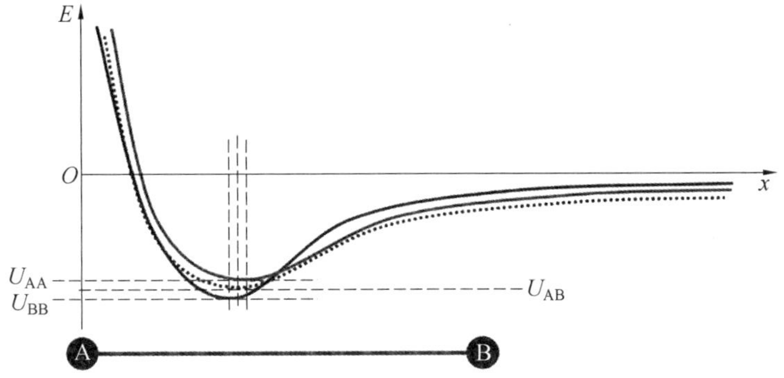

图 1.10 A、B 原子形成 A—B 键后键能的变化

则热力学能的变化可以表示为

$$\Delta U_{mix}=n_{AB}\left(u_{AB}-\frac{u_{AA}+u_{BB}}{2}\right) \tag{1.46}$$

式中，n_{AB} 为 A—B 原子键的总数；$u_{AB}-\frac{u_{AA}+u_{BB}}{2}$ 为每形成一个 A—B 键热力学能的变化。

1 mol 的正规溶体中原子总数为 N_a，则 A 原子的总数为 N_aX_A，设 A 原子的配位数为 z，则 A 原子最近邻原子数为 zN_aX_A，假设原子成键时为随机分布，则 A 原子最近邻原子中 B 原子的数目为 $zN_aX_AX_B$，即 A—B 键的总数为 $zN_aX_AX_B$，那么 ΔU_{mix} 可以表示为

$$\Delta U_{mix}=zN_aX_AX_B\left(u_{AB}-\frac{u_{AA}+u_{BB}}{2}\right) \tag{1.47}$$

定义相互作用能为

$$I_{AB}=zN_a\left(u_{AB}-\frac{u_{AA}+u_{BB}}{2}\right)$$

式中，z 为配位数；N_a 为阿伏加德罗常数；u_{AA}、u_{BB}、u_{AB} 分别为 A—A、B—B、A—B 各类原子键的键能；I_{AB} 为由组元 A、B 决定的常数，则

$$\Delta U_{mix}=X_AX_BI_{AB} \tag{1.48}$$

则正规溶体的摩尔吉布斯自由能可由下式描述：

$$G_m=X_A{}^0G_A+X_B{}^0G_B+RT(X_A\ln X_A+X_B\ln X_B)+X_AX_BI_{AB} \tag{1.49}$$

由式(1.49)可以看出，恒压下正规溶体的摩尔吉布斯自由能是温度、成分和相互作用能 I_{AB} 的函数，在同一温度下，相互作用能将决定自由能曲线的性质。

1.2 材料中的扩散

在粉末烧结致密化的过程中，会发生微观组织结构、化学成分的变化，而这些变化要

通过原子或离子的迁移才能实现。材料中原子、离子的迁移可同时以对流和扩散两种方式进行。在气体和液体中可以同时发生对流和扩散,而在固体材料中无法进行对流,扩散是进行物质交换的唯一方式。因此,扩散是材料制备过程中形成特定微观组织结构的重要因素。

1.2.1 扩散定律

1. 菲克第一定律

在由溶质和溶剂组成的二元体系中,恒温恒压下,溶质原子的扩散是由高质量浓度区域向低质量浓度区域进行的,即沿着质量浓度梯度(化学位梯度)减小的方向进行扩散。阿道夫·菲克(Adolf Fick)对此进行了研究,并指出扩散中原子的通量与质量浓度梯度成正比,即

$$J=-D\frac{\partial \rho}{\partial x} \tag{1.50}$$

式中,J 为扩散通量,表示单位时间内通过垂直于扩散方向 x 的单位面积的扩散物质质量,其单位为 $kg/(m^2 \cdot s)$;D 为扩散系数,其单位为 kg/s;ρ 为扩散物质的质量浓度,其单位为 kg/m^3;式中的负号表示物质的扩散方向与质量浓度梯度 $\frac{\partial \rho}{\partial x}$ 方向相反,即表示物质从高的质量浓度区向低的质量浓度区方向迁移。

式(1.50)称为菲克第一定律或扩散第一定律。

如果在扩散过程中,扩散系统各点扩散物质的质量浓度不随时间变化,则称为稳态扩散,即

$$\frac{\partial \rho}{\partial t}=0 \tag{1.51}$$

式中,ρ 为扩散物质的质量浓度;t 为扩散时间。在稳态扩散中,扩散系统中各点扩散物质的质量浓度梯度不变,即

$$\left(\frac{\partial \rho}{\partial x}\right)_x=C \tag{1.52}$$

式中,x 为扩散方向坐标;C 为常数。稳态扩散问题可以用菲克第一定律进行计算。

史密斯(R. P. Smith)在1953年运用菲克第一定律测定了 γ-Fe 中的扩散系数。他将一个半径为 r、长度为 l 的纯铁空心圆筒置于1 000 ℃高温中渗碳,筒内和筒外分别为渗碳和脱碳气氛,经过一定时间后,筒壁内各点的浓度不再随时间变化,满足稳态扩散条件,测得单位时间内通过管壁的碳量 $\frac{q}{t}$ 为常数。

根据扩散通量定义,可得

$$J=\frac{q}{At}=\frac{q}{2\pi rlt} \tag{1.53}$$

由菲克第一定律可得

$$-D\frac{d\rho}{dr}=\frac{q}{2\pi rlt} \tag{1.54}$$

由此解得

$$q = -D(2\pi rlt)\frac{d\rho}{d\ln r} \tag{1.55}$$

式(1.55)中，q、l、t 可在实验中测得，故只要测出碳的质量浓度沿筒壁径向分布，则扩散系数 D 可由碳的质量浓度 ρ 对 $-\ln r$ 求出。若 D 不随成分而变化，则结果应为一条直线。但实验测得的结果如图 1.11 所示，$\rho-(-\ln r)$ 为曲线关系，这表明扩散系数 D 为碳质量浓度的函数。在高质量浓度区，$\frac{d\rho}{d(-\ln r)}$ 小，D 大；在低质量浓度区，$\frac{d\rho}{d(-\ln r)}$ 大，D 小。例如，由该实验测得，在 1 000 ℃ 且碳的质量分数为 0.15% 时，碳在 $\gamma-Fe$ 中的扩散系数 $D=2.5\times10^{-11}\ m^2/s$；当碳的质量分数为 1.4% 时，$D=7.7\times10^{-11}\ m^2/s$。

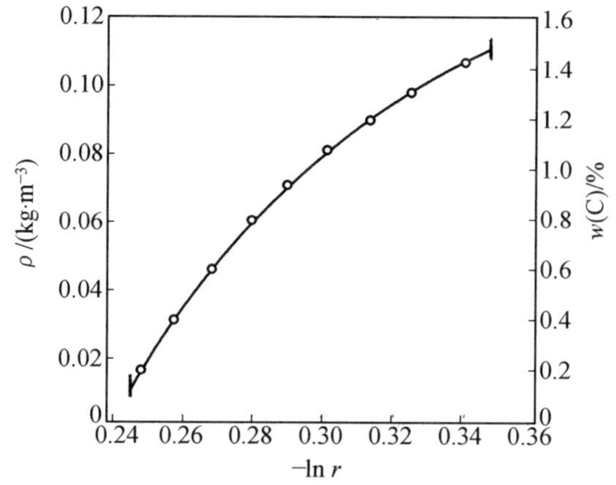

图 1.11 在 1 000 ℃ 下 ρ 与 $-\ln r$ 的关系图

2. 菲克第二定律

当扩散体系中各点的质量浓度梯度随时间变化时，称为非稳态扩散。在非稳态扩散的情况下，可以通过测定给定的体积单元中流进和流出的扩散物质质量的差，来确定扩散过程中任一点质量浓度对时间的变化。如图 1.12 所示，考虑垂直与扩散方向的两个相距为 dx 的平面，通过第一平面的流量为

$$J = -D\frac{\partial\rho}{\partial x} \tag{1.56}$$

通过第二平面的流量为

$$J + \frac{\partial J}{\partial x}dx = -D\frac{\partial\rho}{\partial x} - \frac{\partial}{\partial x}\left(D\frac{\partial\rho}{\partial x}\right)dx \tag{1.57}$$

式(1.56)与式(1.57)相减，得

$$\frac{\partial J}{\partial x} = -\frac{\partial}{\partial x}\left(D\frac{\partial\rho}{\partial x}\right) \tag{1.58}$$

流量随距离的变化等于 $-\frac{\partial\rho}{\partial t}$，于是有

$$\frac{\partial\rho}{\partial t} = \frac{\partial}{\partial x}\left(D\frac{\partial\rho}{\partial x}\right) \tag{1.59}$$

式(1.59)即为菲克第二定律。若 D 为常数，且与质量浓度无关，则上式可以写为

$$\frac{\partial \rho}{\partial t} = D\frac{\partial^2 \rho}{\partial x^2} \tag{1.60}$$

考虑三维扩散的情况,并进一步假定扩散系数是各向同性的(立方晶系),则菲克第二定律普遍公式为

$$\frac{\partial \rho}{\partial t} = D\left(\frac{\partial^2 \rho}{\partial x^2} + \frac{\partial^2 \rho}{\partial y^2} + \frac{\partial^2 \rho}{\partial z^2}\right) \tag{1.61}$$

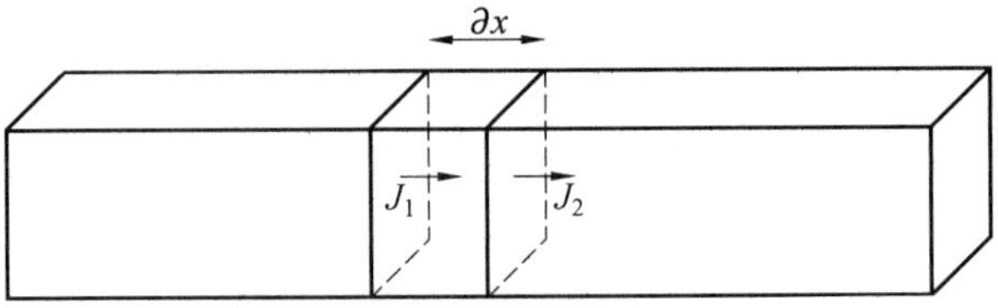

图 1.12 一维情况的菲克第二定律的推导示意图

上述扩散定律均认为扩散是由浓度梯度引起的,这样的扩散称为化学扩散;另外,不依赖浓度梯度,仅由热振动而产生的扩散称为自扩散,由 D_s 表示。自扩散的定义可由菲克第一定律得出:

$$D_s = \lim_{\left(\frac{\partial \rho}{\partial x} \to 0\right)} \left(\frac{-J}{\frac{\partial p}{\partial x}} \right) \tag{1.62}$$

式(1.62)表示,合金中某一组元的自扩散系数等于其质量浓度梯度趋于零时的扩散系数。

1.2.2 扩散的原子理论

1. 扩散机制

离子型晶体中,晶内的主要扩散机制(图 1.13)有空位扩散和间隙扩散两类。位于正常点阵位置上的离子扩散,大多数情况下是以空位为媒介而产生的,即离子从正常位置上移动到相邻的空位上。当温度在绝对零度以上时,每种晶体固体中都存在空位。这种空位扩散的速率取决于离子由正常位置移动到空位上的难易程度,也取决于空位浓度(晶体中空位总数和结点总数的比值)。以这种空位机制进行的扩散,可能是引起原子或离子扩散的最普遍的原因,这个过程相当于空位向相反的方向扩散,因此又称为空位扩散。

另一种类型的扩散是晶格间隙原子或离子的扩散。间隙扩散又分为两种情况,第一种是间隙原子本身由一个间隙位置移动到另一个间隙位置;第二种是间隙原子将正常点阵上的原子挤到间隙位置上,自己占据正常点阵位置。前者称为间隙扩散,后者称为准间隙扩散。在准间隙扩散中,又有共线与非共线两种移动方式。图 1.13(c) 所示的沿 $A-B-C$ 同一直线上的移动,称为共线跳跃,沿 $A-B-D$ 的移动称为非共线跳跃。

在多晶材料中,由于扩散路径不同,扩散行为也有区别。晶体内的扩散称为晶格扩散、体积扩散或体扩散。沿位错、晶界或自由表面而产生的扩散,分别称为位错芯管扩散、晶界扩散和表面扩散。由于晶界、表面和位错都可视为晶体中的缺陷,缺陷处的畸变使原子迁移比在完整晶体中更容易,因此这部分的扩散速率大于完整晶体中的扩散速率,缺陷处的扩散又称为短路扩散。

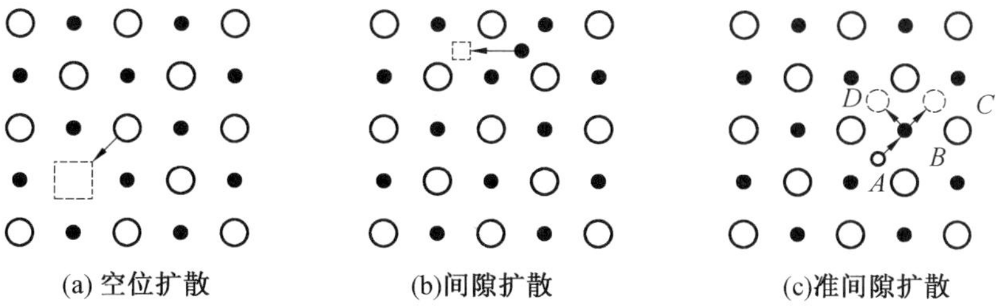

图 1.13 晶内的主要扩散机制

2. 扩散系数

(1) 自扩散。

对于空位扩散机制，单质系统的自扩散系数可由下式表示：

$$D=\frac{1}{6}f\lambda^2\Gamma \tag{1.63}$$

式中，λ 为原子跳跃距离；Γ 为原子跳跃频率，f 为原子跳跃概率。

f 的大小取决于晶体结构，对于金刚石结构，$f=0.5$；对于简单立方结构，$f=0.655$；对于体心立方结构，$f=0.721$；对于面心立方结构，$f=0.781$。原子跳跃频率 Γ 不仅与物质本身的性质有关，还与温度密切相关，可表示为

$$\Gamma=Zv_0\exp\left(-\frac{\Delta G_f/2+\Delta G_m}{RT}\right) \tag{1.64}$$

式中，Z 为相邻晶格配位数；v_0 为空位的单向跳跃频率；ΔG_f 为肖特基缺陷形成能；ΔG_m 为空位移动能。

将式(1.64) 代入式(1.63)，自扩散系数为

$$\begin{aligned}D&=\frac{1}{6}f\lambda^2Zv_0\exp\left(-\frac{\Delta G_f/2+\Delta G_m}{RT}\right)\\&=\frac{1}{6}f\lambda^2Zv_0\exp\left(\frac{\Delta S_f/2+\Delta S_m}{R}\right)\exp\left(-\frac{\Delta H_f/2+\Delta H_m}{RT}\right)\end{aligned}$$

整理得

$$D=D_0\exp\left(-\frac{Q}{RT}\right) \tag{1.65}$$

$$D_0=\frac{1}{6}f\lambda^2Zv_0\exp\left(\frac{\Delta S_f/2+\Delta S_m}{R}\right) \tag{1.66}$$

$$Q=\Delta H_f/2+\Delta H_m \tag{1.67}$$

式中，Q 为空位激活能。在空位扩散机制中，扩散激活能等于空位形成焓和空位移动焓之和。

(2) 互扩散。

两种以上原子的扩散，必须按互扩散处理。互扩散系数是两种原子扩散难易程度的差值。它可以通过两种原子 A、B 各自的本征扩散系数 D_A^i 和 D_B^i 得出，由下式表示：

$$D=x_BD_A^i+x_AD_B^i \tag{1.68}$$

式中，$x_B\approx0$ 时，D 趋近于 D_B^i，与稀固溶体的扩散系数相对应。D_A^i 和 D_B^i 与各自的自扩散系数之间有如下关系：

$$D_{A}^{i}=D_{A}\left(1+\frac{\partial \ln \gamma_{A}}{\partial \ln x_{A}}\right) \tag{1.69}$$

$$D_{B}^{i}=D_{B}\left(1+\frac{\partial \ln \gamma_{B}}{\partial \ln x_{B}}\right) \tag{1.70}$$

式中，γ_A 为固溶体中 A 原子的活度系数。由式(1.69)、式(1.70) 可得

$$D=(x_{B}D_{A}+x_{A}D_{B})\left(1+\frac{\partial \ln \gamma_{B}}{\partial \ln x_{B}}\right) \tag{1.71}$$

1.2.3 影响扩散的因素

影响固体中扩散速率的因素包括内因和外因，内因主要有晶体结构、固溶体类型、晶体缺陷、化学成分等，外因主要指温度和应力的作用对扩散的影响。

1. 晶体结构

晶体结构对扩散有影响，有些金属存在同素异构转变，当它们晶体结构改变后，扩散系数也随之发生较大的变化。例如，Fe 在 912 ℃ 时发生 γ－Fe 和 α－Fe 之间的转变。α－Fe 的自扩散系数大概是 γ－Fe 的 240 倍。合金元素在不同的固溶体中扩散也有差别，例如：在 900 ℃ 时，在置换固溶体中，Ni 在 α－Fe 中比在 γ－Fe 中的扩散系数大约 1 400 倍，在527 ℃时，在间隙固溶体中，N在α－Fe中比在γ－Fe中的扩散系数大约1 500 倍。所有元素在 α－Fe 中的扩散系数都比在 γ－Fe 中大，其原因是体心立方结构的致密度比面心立方结构的致密度小，原子较易迁移。

结构不同的固溶体对扩散元素的溶解限度是不同的，由此造成的质量浓度梯度不同，也会影响扩散速率。例如，钢渗碳通常选取高温下奥氏体状态时进行，除了温度的作用外，还因为碳在γ－Fe中的溶解度远远大于在α－Fe中的溶解度，使碳在奥氏体中形成较大的质量浓度梯度而有利于加速碳原子的扩散以增加渗碳层的深度。

晶体的各向异性也对扩散有影响，一般来说，晶体的对称性越低，则扩散各向异性越显著。在高对称性的立方晶体中，未发现 D 有各向异性，而具有低对称性的菱方结构的 Bi，沿不同晶向的 D 值差别很大，最高可达近 1 000 倍。

2. 固溶体类型

对于不同类型的固溶体，原子的扩散机制是不同的。如C、N等溶质原子在Fe中的间隙扩散激活能比 Cr、Al 等溶质原子在 Fe 中的置换扩散激活能要小得多，因此钢件表面热处理在获得同样渗层浓度时，渗 C、N 比渗 Cr、Al 等金属的周期短。

3. 晶体缺陷

在实际使用中的绝大多数材料是多晶材料，对于多晶材料，扩散物质通常可以沿三种途径扩散，即晶内扩散、晶界扩散和表面扩散。若以 Q_L、Q_S 和 Q_B 分别表示晶内、表面和晶界扩散激活能，D_L、D_S 和 D_B 分别表示晶内、表面和晶界的扩散系数，则一般规律是：$Q_L > Q_B > Q_S$，所以 $D_S > D_B > D_L$。图 1.14 是 Ag 的自扩散系数 D 与 $1/T$ 的关系图。显然，单晶体的扩散系数表征了晶内扩散系数，而多晶的扩散系数是晶内扩散和晶界扩散共同起作用的表象扩散系数。从图 1.14 可知，当温度高于 700 ℃ 时，多晶体的扩散系数和单晶体的扩散系数基本相同，但当温度低于 700 ℃ 时，多晶体的扩散系数明显大于单晶体扩散系数，晶界扩散的作用就显示出来了。值得一提的是，晶界扩散也有各向异性的

性质。对 Ag 的晶界自扩散进行测定后发现，当晶粒的夹角很小时，晶界扩散的各向异性现象很明显，并且一直到夹角至 45° 时，这性质仍存在。一般认为，位错对扩散速率的影响与晶界的作用相当，有利于原子的扩散，但由于位错与间隙原子发生交互作用，也可能减慢扩散。

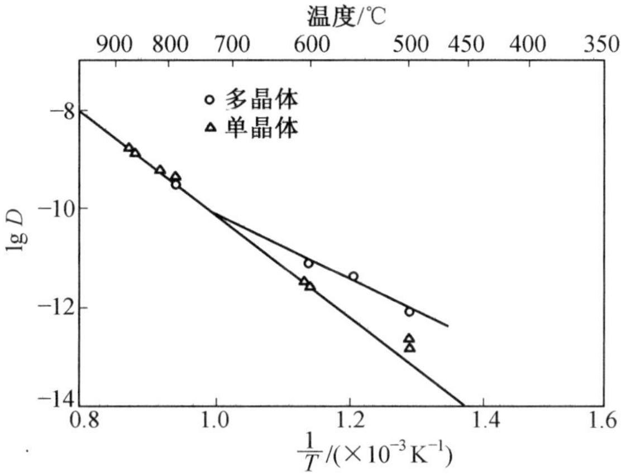

图 1.14 Ag 的自扩散系数 D 与 $1/T$ 的关系图

总之，晶界、表面和位错等对扩散起着快速通道的作用，这是由于晶体缺陷处点阵畸变较大，原子处于较高的能量状态，易于跳跃，故各种缺陷处的扩散激活能均比晶内扩散激活能小，加快了原子的扩散。

4. 化学成分

从扩散的微观机制可以看到，原子跃过能垒时必须挤开原子而引起局部的点阵畸变，也就是要求部分破坏邻近原子的结合键才能通过。由此可以想象，不同金属的自扩散激活能与其点阵的原子间结合力有关，因而与表征原子间结合力的宏观参量，如熔点、熔化潜热、体积膨胀或压缩系数相关，熔点高的金属的自扩散激活能必然大。

扩散系数大小除了与上述的组元特性有关外，还与溶质的质量浓度有关，无论是置换固溶体还是间隙固溶体均是如此。在求解扩散方程时，通常把 D 假定为与质量浓度无关的量，这与实际情况不完全符合。但是为了计算方便，当固溶体浓度较低或扩散层中浓度变化不大时，这样的假定所导致的误差不会很大。

第三组元(或杂质) 对二元合金扩散原子的影响较为复杂，可能提高也可能降低其扩散速率，或者几乎无作用。值得指出的是，某些第三组元的加入不仅影响扩散速率，而且影响扩散方向。例如，达肯将两种单相奥氏体合金 $w(\mathrm{C})=0.441\%$ 的 Fe－C 合金和 $w(\mathrm{C})=0.478\%$、$w(\mathrm{Si})=3.80\%$ 的 Fe－C－Si 合金组成扩散偶。在初始状态，它们各自所含的 C 没有浓度梯度，而且两者的 C 的质量分数几乎相同。然而在 1 050 ℃ 扩散 13 d 后，形成了浓度梯度，扩散偶在扩散退火 13 d 后 C 的浓度分布如图 1.15 所示。在Fe－C 合金中加入 Si 使 C 的化学势升高，C 向不含 Si 的钢中扩散，导致了 C 的上坡扩散。

5. 温度

温度是影响扩散速率的最主要因素。温度越高，原子热激活能量越大，越易发生迁移，扩散系数也越大。例如，碳在 γ－Fe 中扩散时，$D_0=2.0\times10^{-5}\ \mathrm{m^2/s}$，$Q=140\times$

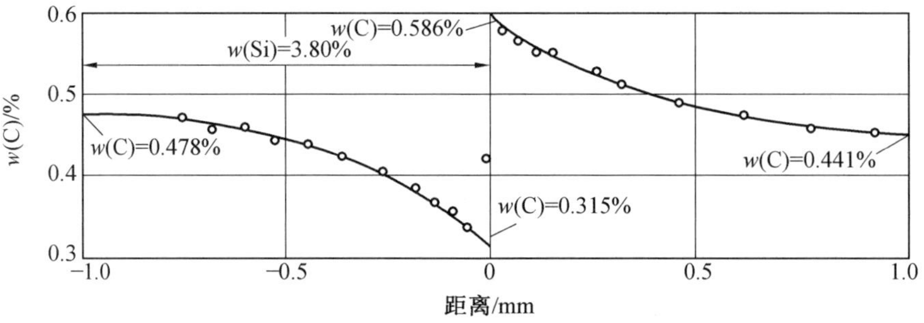

图 1.15 扩散偶在扩散退火 13 d 后 C 的浓度分布

10^3 J/mol，由 $D=D_0\exp\left(-\dfrac{Q}{RT}\right)$ 可以算出在 1 200 K 和 1 300 K 时碳的扩散系数分别为

$$D_{1\,200}=2.0\times10^{-5}\exp\left(\frac{-140\times10^3}{8.314\times1\,200}\right)=1.61\times10^{-11}\ \mathrm{m^2/s}$$

$$D_{1\,300}=2.0\times10^{-5}\exp\left(\frac{-140\times10^3}{8.314\times1\,300}\right)=4.74\times10^{-11}\ \mathrm{m^2/s}$$

由此可见，温度从 1 200 K 提高到 1 300 K 时，扩散系数约是原来的三倍，即渗碳速度加快了约两倍。

6. 应力的作用

如果合金内部存在应力梯度，即使溶质分布均匀，也可能出现化学扩散现象。

$$D=kTB \tag{1.72}$$

由式(1.72)可知，扩散速率 D 的大小取决于迁移率 B 的大小，而 B 就是单位驱动力作用下原子的扩散速率。如果合金内部存在局域的应力场，应力就会提供原子扩散的驱动力 F，应力越大，原子扩散的驱动力越大，原子扩散的速度 v 越大(因为 $v=BF$)。如果在合金外部施加应力，使合金中产生弹性应力梯度，也会促进原子向晶体点阵伸长部分迁移，产生扩散现象。

本章思考题

1. 从热力学的角度，降低烧结温度的方法有哪些？
2. 在陶瓷烧结过程中，原子或离子扩散的动力是什么？

第 2 章　材料中的缺陷与缺陷反应

理想状态下，原子按周期性排列组成完美晶体，而这样的晶体在实际情况中是不存在的，原子在排列过程中会出现各种各样的缺陷。晶体中的缺陷按空间层次不同，分为点缺陷、线缺陷、面缺陷和体缺陷。在粉末冶金烧结的过程中，晶体缺陷不仅影响晶粒生长的速度和取向，还影响晶体的物理化学性能。对晶体缺陷理论的认识有利于在粉末冶金的过程中，对制备所需结构的材料的物理化学性能有目的地调控。

2.1　晶体中的缺陷

2.1.1　点缺陷

点缺陷指的是晶格中原子热运动导致的空位、间隙原子等错排，是晶体中最简单的局部缺陷。这些缺陷出现在结晶和晶体生长的过程中，将会破坏缺陷附近几个晶胞的周期性排布。对于无杂质原子的纯晶体而言，当晶体中的缺陷处于热力学平衡状态时，无论通过什么方式（如退火）都无法将其消除，这样的缺陷称为本征缺陷（Intrinsic Point Defect）。本征缺陷的分布和数量主要由温度决定，温度越高，缺陷的数量越多。

2.1.2　线缺陷

位错是晶体中最常见的一维缺陷，它最先是从金属塑性变形等力学行为的研究中理论假设出来的一种缺陷，用于解释为何金属的实际强度远远低于理论计算得到的强度。以前的理论认为，金属受到拉伸作用发生形变直到断裂的过程，取决于原子键的断裂，基于该模型计算出的理论拉伸强度比实际测量得到的拉伸强度大 3～4 个数量级。位错的模型提供了新的力学行为机制，即晶体的滑移是通过切应力下的位错运动推动进行的。位错运动易引起材料产生形变，形变需要的能量远低于无位错时的情况。同时，若位错在运动过程中遇到阻碍而不能持续进行，则材料的硬度和脆性将会增加。对于陶瓷材料来说，形变时位错运动受到阻塞往往是其脆性产生的主要原因，但在高温情况下，陶瓷的形变倾向于金属在低温时的变形行为，位错不会受到很大阻碍。

位错的结构由伯氏（Burgers）矢量 $\boldsymbol{b}$ 来表征，位错运动时，原子一个接一个沿平行于 $\boldsymbol{b}$ 的方向移动，位错本身的运动方向垂直于位错线，位错能的大小与 $\boldsymbol{b}^2$ 成正比。伯氏矢量可以与位错线呈任意夹角，但所有的位错都基于刃型位错和螺型位错两种类型。

1. 刃型位错

刃型位错由周期性晶格中插入附加的半原子面构成，用位错线来描述（图 2.1 中 EF）。位错线是已滑移区与未滑移区的边界线，可以是直线、折线或曲线。包含位错线，并且将含有附加半原子面和完整晶格原子面两部分晶体分开的平面称为滑移面。滑移是指因施加应力而导致的晶体永久变形，在滑移过程中，晶体的两部分随着附加半原子面的移动而产生相对位移，一般限于同时包含伯氏矢量和位错线的原子面。对于刃型位错而言，其伯氏矢量垂直于位错线，故刃型位错的滑移仅发生在单个原子面内(图 2.2)。刃型位错有正、负之分，当附加的半原子面末端处于周期性晶格的上方，则位错为正，用符号“⊥”表示(图 2.3)；反之，若附加的半原子面末端位于周期性晶格的下方，则位错为负，用符号“⊤”表示。

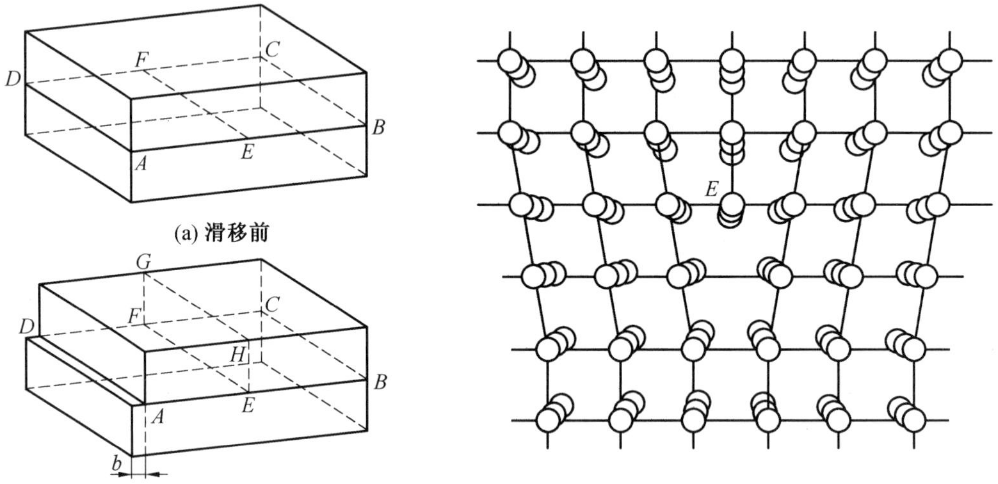

(a) 滑移前

(b) 滑移后

(c) 纯晶体中的刃型位错

图 2.1　刃型位错示意图

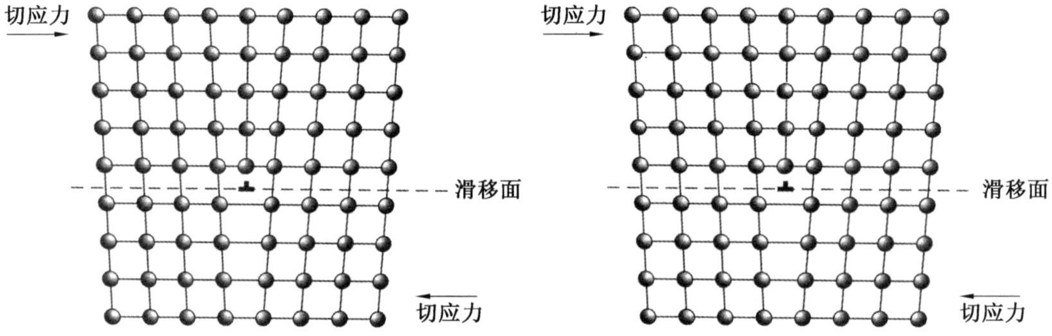

(a)

(b)

图 2.2　刃型位错的滑移及伯氏矢量示意图

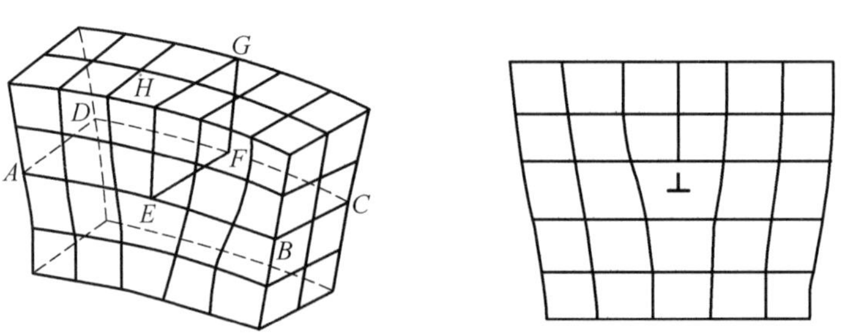

图 2.3　正刃型位错示意图

2. 螺型位错

螺型位错在概念上是指晶体中间被切割开后，切口上下的区域沿着平行切口的方向相对滑动，滑动后产生的附加原子面与切口处的原子形成螺旋状的原子面，位错线为该螺旋结构的中心轴，如图 2.4 所示。与刃型位错确定伯氏矢量的方式相同，螺型位错的伯氏矢量 $\boldsymbol{b}$ 与位错线平行。

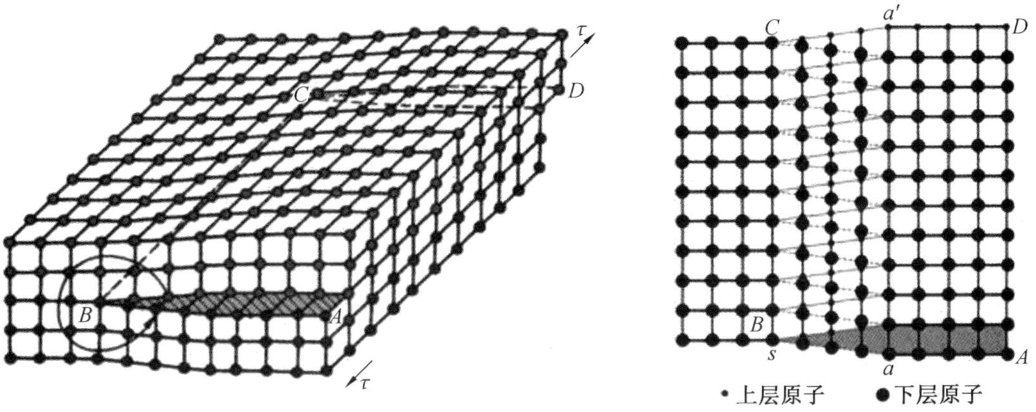

图 2.4　螺型位错示意图

螺型位错无多余半原子面，原子错排是呈轴对称的。根据位错线附近呈螺旋形排列的原子旋转方向不同，螺型位错可分为右旋螺型位错和左旋螺型位错。螺型位错线与滑移矢量平行，因此一定是直线。纯螺型位错的滑移面不是唯一的。凡是包含螺型位错线的平面都可以作为它的滑移面，但实际上，滑移通常是在原子密排面上进行的。螺型位错线周围的点阵也发生了弹性畸变，但只有平行于位错线的切应变而无正应变，即不会引起体积膨胀和收缩，且在垂直于位错线的平面投影上，看不到原子的位移，也看不到有缺陷。螺型位错周围的点阵畸变随离位错线距离的增加而急剧减少，故它也是包含几个原子宽度的线缺陷。

晶体的生长常常与螺型位错的运动有关(图 2.5)，其理论来源于 1949 年 Frank 等的研究工作。原子间的吸引力是自由原子结合成晶体过程中的原动力。理想晶体生长时，原子是一层一层地堆积生长，当一层完成后，再生长新的一层比较困难，因为要克服产生新原子面的势垒。当晶面上存在突起或相似结构的区域，晶体生长所需克服的能量将大大降低，加快晶体的生长速度。螺型位错的存在可以有效提高晶体的生长速度，因为它不存在生长完一层后才能生长新的一层的困难，而是能够源源不断地提供新原子或新分子的突起区域，螺型位错便以此继续盘旋运动，这就是晶体生长中螺型位错的“触媒”作用。

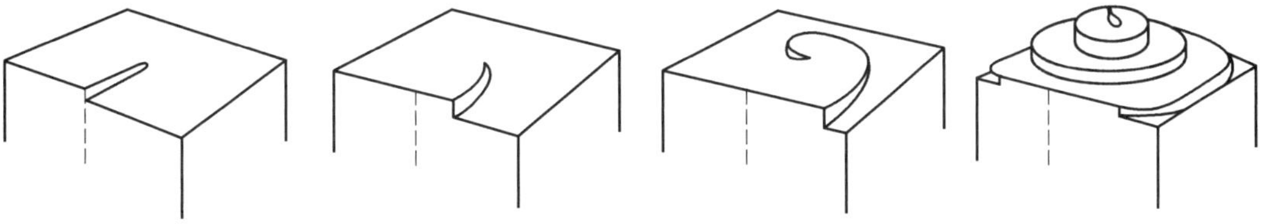

图 2.5　螺型位错运动下的晶体生长过程

3. 混合位错

实际情况中,绝大多数位错的伯氏矢量 $\boldsymbol{b}$ 往往与位错线呈一定的夹角,这些位错的运动既有刃型位错又有螺型位错的特征,我们把这样的位错统称为混合位错。晶体中出现混合位错时,位错的性质可利用位错环的结构来解释。

2.2 点缺陷类型

2.2.1 本征缺陷

晶体中不含有外来杂质原子时的点缺陷称为本征缺陷,热缺陷是材料固有的缺陷,是本征缺陷的主要形式。本征缺陷主要是指空位缺陷和填隙缺陷及位错原子所造成的缺陷,它们与温度的关系十分密切。根据缺陷所处的位置,本征缺陷可分为弗仑克尔缺陷和肖特基缺陷两种。

1. 弗仑克尔缺陷

在形成热缺陷时,晶体中具有足够高能量的原子离开其平衡位置,在其原来的位置上形成空位,并且挤入晶体中的间隙位置,造成微小的局部晶格畸变,成为填隙原子,这种缺陷称为弗仑克尔缺陷,如图 2.6 所示。这种填隙原子是晶体本身所具有的,所以又称为自填隙原子,以区别于杂质原子。弗仑克尔缺陷的特点是填隙原子或离子与晶格结点空位成对出现,晶格内局部晶格畸变,但总体积不发生宏观变化。

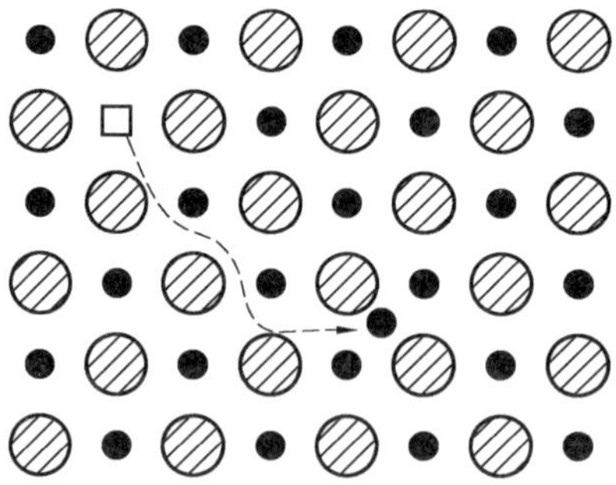

图 2.6 弗仑克尔缺陷

从能量的角度来分析,这些挤入晶格间隙的原子,比处在点阵结点平衡位置上稳定态的原子能量要高。所以,当弗仑克尔缺陷程度增加时,结构的能量增加,同时熵(结构无规度)也增加。在较高的温度下,熵值较高的形式对于达到热力学稳定性所需的极小自由能是有利的。从动力学角度分析,原子一旦进入间隙位置,要离开这个新位置就需要克服周围原子对它束缚所造成的势垒。由于热起伏,填隙原子可能再获得足够的动能,返回原来稳定态的平衡位置,或者与其邻近的另一空位缔合,也可能跃迁到其他间隙中去。缺陷的产生和复合是一种动态平衡过程,即在一定的温度下,对一定的材料来说,弗仑克尔缺陷的数目是一定的,并且无规则且统计均匀地分布在整个晶体中。

在不同晶体中,弗仑克尔缺陷浓度的大小与晶体结构有很大的关系。例如,在岩盐结构(NaCl 型)离子晶体(图 2.7)中,由于仅有的四面体间隙位置较小,对于 NaCl 晶体本身而言,很难产生弗仑克尔缺陷。事实上,也没有在 NaCl 中观察到值得重视的弗仑克尔缺陷。然而在 AgBr 和 AgCl 晶体中,由于正负离子半径相差较大,小的质点容易填入由大的质点所围成的间隙中,形成弗仑克尔缺陷。在填隙阳离子 Ag^+ 和四个相邻的 Br^- 或 Cl^- 之间大概有某种共价作用使缺陷稳定化,并且使 AgBr 和 AgCl 形成弗仑克尔缺陷要比形成肖特基缺陷更加有利。因此在 AgBr 和 AgCl 晶体中,占优势的是弗仑克尔缺陷。

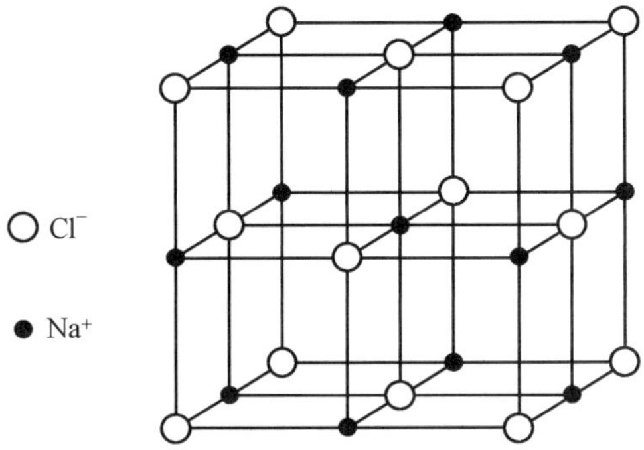

图 2.7 NaCl 晶体结构示意图

在 CaF_2 结构中,阳离子形成近似面心立方结构,如图 2.8 所示。阳离子的配位数为 8,存在[CaF_8]配位多面体;阴离子的配位数仅为 4,存在[Ca_4F]配位多面体。每形成一个阴离子空位(同时造成填隙阴离子 F_i'),只要断开四个 Ca—F 键。每形成一个阳离子空位,则要断开八个 Ca—F 键,需要的能量比较高。所以在萤石型结构中,存在着填隙阴离子 F_i'。具有萤石和反萤石型结构的另一些材料,如 ZrO_2(O^{2-} 为填隙离子)和 Na_2O(Na^+ 为填隙离子),也有类似的缺陷。但总体来说,在离子晶体及共价晶体中形成弗仑克尔缺陷比较困难。

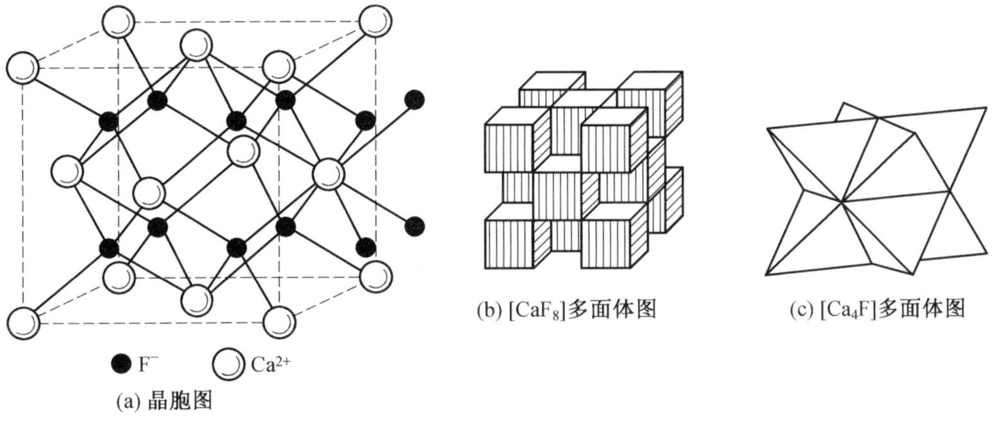

图 2.8 萤石(CaF_2)型结构

弗仑克尔缺陷的晶体结点空位和填隙离子带相反的电荷,当它们彼此接近时,会相互吸引成对。虽然整个晶体表现出电中性,但缺陷对具有偶极性,它们可互相吸引形成较大的聚集体或缺陷簇。类似形式的缺陷簇在非化学计量化合物中也可能出现,此时会起到第二相晶核的作用。

2. 肖特基缺陷

肖特基缺陷是由于晶体表面附近的原子热运动到表面,在原来的原子位置留出空位,然后内部邻近的原子再进入这个空位,这样逐步进行而形成的,看起来就像是晶体内部原子跑到晶体表面上,如图2.9所示。显然,对于离子晶体,阴阳离子空位总是成对出现;但若是单质,则无这种情况。这种缺陷在晶体内也能运动,也存在产生和复合的动态平衡。对一定的晶体来说,在确定的温度下,缺陷浓度也是一定的。空位缺陷的产生可用场离子显微镜直接观察到。

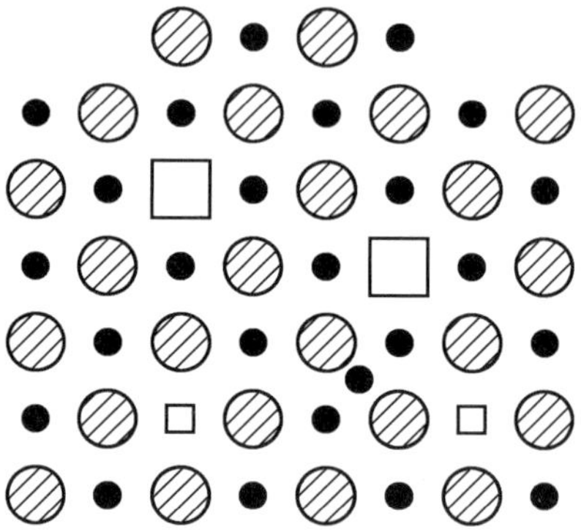

图2.9 肖特基缺陷

一般来说,随着温度的升高,缺陷的浓度会增大。对于典型的离子晶体碱金属卤化物,其肖特基缺陷形成能较低,所以,肖特基缺陷主要存在于碱金属卤化物中,但只有高温时才明显;对于氧化物而言,其离子性显然小于碱金属卤化物,所以它的肖特基缺陷形成能较高,只有在较高的温度下,肖特基缺陷才会变得重要。

肖特基缺陷和弗仑克尔缺陷的重要差别之一,在于前者的生成需要一个像晶界、位错或表面之类的晶格混乱区域,使内部的质点能够逐步移到这些区域,并在原来的位置上留下空位,但弗仑克尔缺陷的产生并无此限制。当肖特基缺陷的浓度较高时,用比重法测得的固体密度显著小于X射线分析得到晶胞大小的数据再经计算所得出的密度。

2.2.2 杂质缺陷

因外来原子进入晶体中而产生的缺陷,称为杂质缺陷。杂质缺陷又可分为取代式杂质缺陷和间隙式杂质缺陷两类。

1. 取代式杂质缺陷

一种杂质原子能否进入基质的晶体中,并取代其中某个原子,这取决于取代时的能量效应(包括离子间的静电作用能、键合能)及相应的体积效应等因素。杂质原子应当到与它的电负性相近的原子位置上。若晶体的各组成原子的电负性彼此相差不大,或杂质原子的电负性介于它们之间,则杂质原子的大小等几何因素便成为决定掺杂过程能否顺利进行的主要因素。在各种金属间化合物或共价化合物中,原子半径相近的(相差不大于15%)元素可以互相取代。例如,Si在InSb中可以占据In的位置,但在GaSb中则可占据 Sb 的位置。

杂质原子进入晶体时，可以置换晶格中的原子，从而进入正常结点位置，生成置换型杂（溶）质原子，也可能进入本来就没有原子的间隙位置，生成填隙型杂（溶）质原子。这些缺陷统称为杂质缺陷，如图 2.10 所示。形成置换型固溶体的杂质原子要有一定的条件。如果这些条件不满足，一般就不会形成置换型固溶体，如果能生成固溶体，很可能是填隙型的。如果杂质的含量不大，并且温度的变化不会使它超过固溶体的溶解度极限，则杂质缺陷的浓度就与温度无关。

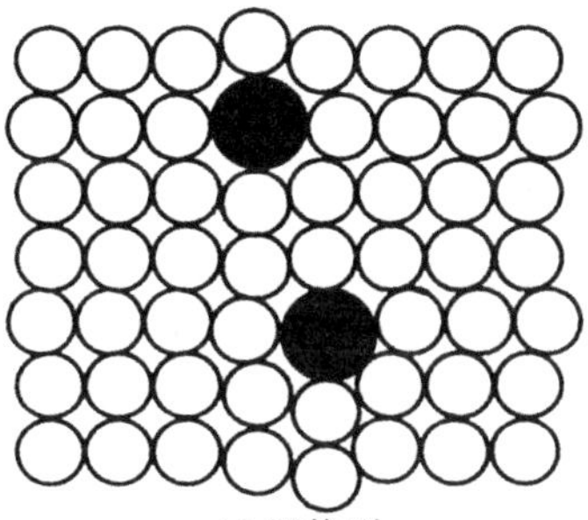

(a) 置换型

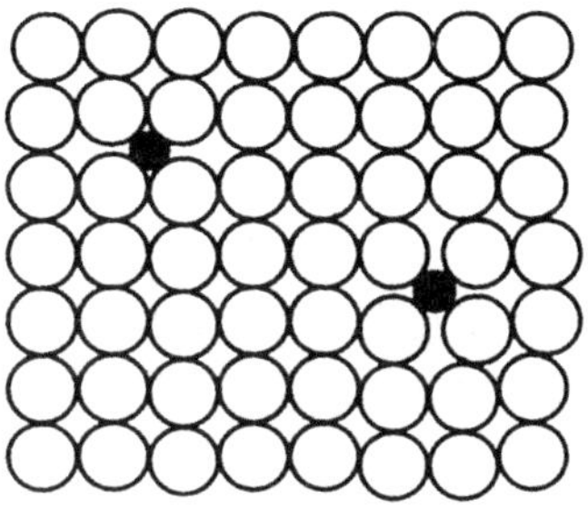

(b) 填隙型

图 2.10 杂质缺陷

杂质原子进入晶体后，由于它和原有原子的性质不同，不仅破坏了原有原子的有规则排列，引起了晶体中周期性势场的改变，而且使原有晶体的晶格发生局部畸变，如果杂质原子的价数与被取代的原子不同，还会引入空位或引起原有原子（离子）价态的变化。图 2.11 展示了杂质引起主晶体晶格畸变的几种不同情况，图(a)～(c)可能直接和杂质缺陷有关；图(d)为产生空位的情况，也可能由杂质缺陷引起。杂质缺陷是一种重要的缺陷，对陶瓷材料及半导体材料的性质有重要的影响。

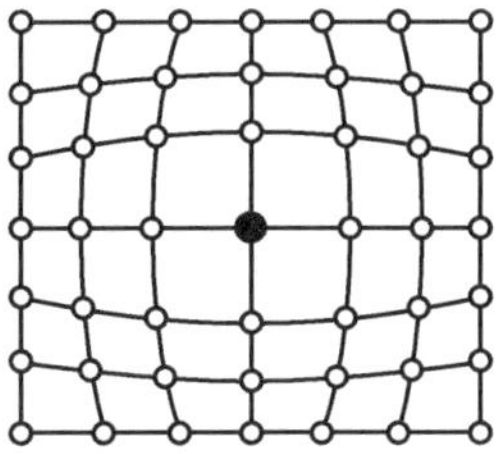

(a) 置换型（压应力）

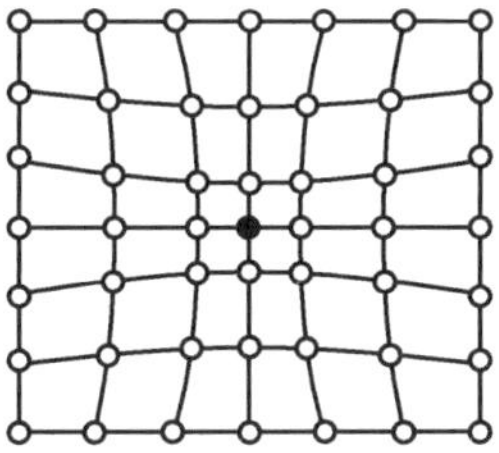

(b) 置换型（拉应力）

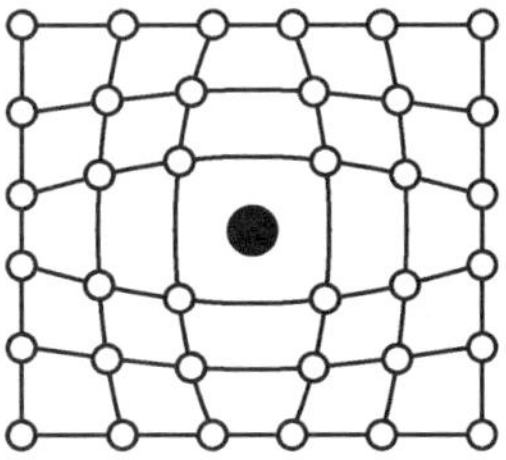

(c) 填隙型

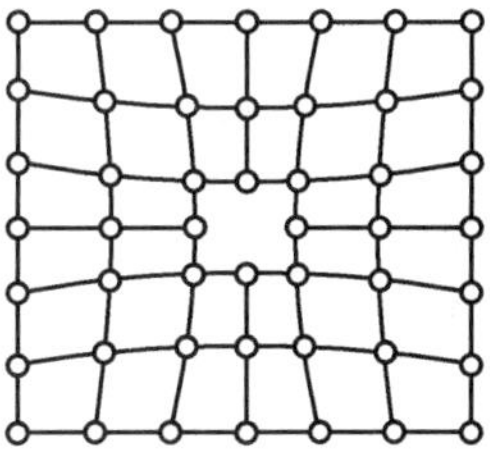

(d) 产生空位

图 2.11 杂质引起主晶体晶格畸变的几种情况

2. 间隙式杂质缺陷

杂质原子能否进入晶体原子间隙，主要取决于原子的体积效应，只有半径较小的原子或离子才能成为间隙式杂质缺陷，如 H 原子、Li^+ 和 Cu^+ 等。H 原子可以大量地进入由 Zr 原子密堆积所形成的四面体间隙中，生成 ZrH_{2-x} 半金属型氢化锆。

一般来说，杂质原子取代点阵格位上的原子或者进入间隙位置时，并不改变基质晶体的原有结构。外来的杂质原子可以以原子的形式存在，也可以以离子化的形式存在，即以失去电子或束缚着的电子状态存在。如果外来的杂质原子以离子化的形式存在，当杂质离子的价态和它所取代的基质晶体中离子的价态不同，则会带有额外电荷，这些额外电荷必须同时由具有相反电荷的其他杂质离子来加以补偿。以保持整个晶体的电中性，从而使掺杂反应得以进行。例如，在 $BaTiO_3$ 晶体中，如果其中少量的 Ba^{2+} 被 La^{3+} 所取代，则必须同时有相当数量的 Ti^{4+} 被还原为 Ti^{3+}，生成物的组成为 $Ba_{1-x}La_xTi^{4+}_{1-x}Ti^{3+}_xO_3$，这种材料是一种 n 型半导体。又如，彩色电视荧光屏中的蓝色发光粉 ZnS:AgCl 中含有相等数量的原子数分数分别约为 0.1% 的杂质缺陷 Ag'_{Zn} 和 $Cl^{\cdot}_S$，晶体的电荷才能呈中性。

2.3 点缺陷的符号表征

为了描述晶体中可能出现的不同类型的缺陷，在缺陷化学发展过程中，很多学者先后采用了多种不同的符号系统，但通常采用的是由克罗格一文克(Kröger—Vink)提出的一整套符号，它现已成为国际上通用的符号。

在克罗格一文克符号系统中，用一个主要符号来表示缺陷的名称，具体符号是：空位缺陷用 V；杂质缺陷则用该杂质的元素符号表示，异类杂质用 F 表示；电子缺陷用 e 表示；空穴用 h 表示。

缺陷右下角的符号是标志缺陷在晶体中所占的位置；用被取代的原子的元素符号表示的缺陷是处于该原子所在的点阵格位上；用字母 i 表示缺陷是处于晶格点阵的间隙位置。

以 AB 化合物固体为例，如果它的组成偏离化学整比性，那么就意味着固体中存在空的 A 格位或空的 B 格位，即 A 空位 V_A 或 B 空位 V_B，也可能存在有间隙的 A 原子 A_i 或 B 原子 B_i。若在 AB 化合物晶体中，部分原子互相占错了格位的位置，即 A 原子占据了 B 原子的位置，B 原子占据了原子 A 的位置，则分别用符号 A_B 和 B_A 表示。当 AB 晶体中掺杂了少量的外来杂质原子 F 时，F 可以占据 A 的格位(用 F_A 表示)或 B 的格位(用 F_B 表示)，或者处于间隙的位置(用 F_i 表示)。

在缺陷符号的右上角标明缺陷所带有效电荷的符号："×"表示缺陷是中性，"·"表示缺陷带有正电荷，"′"表示缺陷带有负电荷。一个缺陷总共带有几个单位的电荷，则用几个这样的符号。

有效电荷不同于实际电荷，有效电荷相当于缺陷及四周的总电荷减去理想晶体中同一区域处的电荷之差。对于电子和空穴而言，它们的有效电荷与实际电荷相等。在原子晶体中，如 Si、Ge 的晶体，因为正常晶格位上的原子不带电荷，所以带电的取代杂质缺陷的有效电荷就等于该杂质离子的实际电荷。在化合物晶体中，缺陷的有效电荷一般不等于其实际电荷。

例如，从含有少量 $CaCl_2$ 的 NaCl 熔体中生长出来的 NaCl 晶体中，可以发现有少量的 Ca^{2+} 取代了晶格位上的 Na^+，同时也有少量的 Na^+ 空位。这两种点缺陷可以分别用 $Ca^{\cdot}_{Na}$ 和 V'_{Na} 来表示。若在 HCl 气氛中焙烧 ZnS，则晶体中将产生 Zn^{2+} 空位和 Cl^- 取代 S^{2-} 的杂质缺陷，这两种缺陷则可以分别用符号 V''_{Zn} 和 $Cl^{\cdot}_S$ 来表示。又如在 SiC 中，当用 N^{5+} 取代 C^{4+} 时，生成的缺陷可表示为 N'_C。在 Si 中，当用 B^{3+} 取代 Si^{4+} 时，生成的缺陷可用 B'_{Si} 表示。

缺陷符号表示方法总结如下：

(1)晶格结点空位。

用 V_M 和 V_X 分别表示 M 原子空位和 X 原子空位，下标 M、X 表示原子空位所在的位置。如 NaCl 的晶体，V_{Na} 表示缺少一个 Na^+ 的同时又减少一个电子；同理，V_{Cl} 表示缺少一个 Cl^- 的同时又增加一个电子。

(2)填隙原子。

M_i 和 X_i 分别表示 M 和 X 原子处在间隙位置上，英文字母 i 是 interstitial(间隙)的词首。

(3)错位原子。

M_X 表示 M 原子被错放在 X 位置上。在克罗格—文克表示法中，下标总是指晶格某种特定原子的位置。

(4)溶质原子。

L_M 表示溶质原子 L 通过置换处在 M 的位置上，L_i 表示溶质原子 L 处在间隙位置上。例如，在把 Cr_2O_3 掺入 Al_2O_3 所形成的固溶体(红宝石)中，Cr_{Al} 表示 Cr^{3+} 处在 Al^{3+} 的位置。

(5)电子和电子空穴。

用符号 e' 表示电子，上标“′”表示一个单位的负有效电荷；电子空穴用符号 $h^{\cdot}$ 表示，上标“˙”表示一个单位的正有效电荷。

(6)带电缺陷。

在离子晶体 NaCl 中，取走一个 Na^+ 和取走一个 Na 原子相比，少取走了一个电子，因此，Na^+ 空位必然和电子相联系。这种情况下，Na^+ 空位可写成 V'_{Na}，上标“′”表示一个单位的负有效电荷。同理，取走一个 Cl^-，相当于取走一个 Cl 原子和一个电子，因此，Cl^- 空位与电子空穴有关，可记为 $V^{\cdot}_{Cl}$，上标“˙”表示一个单位的正有效电荷。这两种离子空位可用反应式表示为

$$\begin{cases} V'_{Na} = V_{Na} + e' \\ V^{\cdot}_{Cl} = V_{Cl} + h^{\cdot} \end{cases} \tag{2.1}$$

在离子性不如 NaCl 强的材料中，可能出现准自由电子或准自由电子空穴。这种情况仍可用式(2.1)表示。

置换离子的带电缺陷可以用类似的方法表示。例如，Ca^{2+} 进入 NaCl 晶体置换 Na^+，与这个位置应有的正电荷相比，多出一个有效正电荷，写成 $Ca^{\cdot}_{Na}$。如果 CaO 和 ZrO_2 生成固溶体，Ca^{2+} 占据 Zr^{4+} 的位置，则写成 Ca''_{Zr}，带有两个有效负电荷。对于填隙原子带电缺陷，可用 M_i 加上其在原点阵位置所带电荷来表示，例如 $Zr^{\cdot\cdot\cdot\cdot}_i$ 和 O''_i。注意上标“+”和“−”是用来表示实际的带电离子的电荷，而上标“˙”和“′”则分别表示相对于主晶体晶格位置上的有效正、负电荷。在大部分情况下，实际电荷并不等于有效电荷，例如上述 $Ca^{\cdot}_{Na}$ 的有效电荷为+1，但 Ca^{2+} 的实际电荷是+2。

(7)缔合中心。

除了单一的缺陷外，一种或多种晶格缺陷可能会相互缔合成一组或一群。通常把发生缔合的缺陷放在括号内来表示。例如在 NaCl 晶体中，最邻近的 Na 空位和 Cl 空位就可能缔合成空位对，形成缔合中心，反应式为

$$V'_{Na}+V^{\bullet}_{Cl}\longrightarrow(V'_{Na}V^{\bullet}_{Cl}) \tag{2.2}$$

2.4 缺陷反应方程式

由道尔顿的定比例规则和结晶化学的一般原理可推知，晶体点阵中阴阳离子结点的位置总数必须满足一定的比例关系。当缺陷产生和变化时，为保持一定的位置关系，各类点缺陷，包括本征缺陷、杂质缺陷及电子缺陷等，都可以看作像原子和离子一样的类化学组元，它们作为物质的组分而存在，或者参加化学反应。

如果把固体材料中的每种缺陷都当作化学物质来处理，那么材料中的缺陷反应就可以和一般的化学反应一样，用反应方程式来描述，并可以把质量作用定律之类的概念应用于缺陷的反应。下面以化合物 M_aM_b 为例介绍缺陷反应式书写的几个主要原则。

1. 位置关系

在化合物 M_aM_b 中，M 的位置数必须与 X 的位置数保持 $a:b$ 的正确比例。例如在 MgO 中，Mg 的位置数与 O 的位置数的比是 1∶1；在 Al_2O_3 中，Al 的位置数与 O 的位置数的比是 2∶3。如果在实际晶体中，M 与 X 原子不符合 $a:b$ 的关系，就表明存在缺陷。例如在理想的化学计量 TiO_2 中，Ti 与 O 位置数之比应为 1∶2。而实际晶体中的情况是 O 不足，其分子式为 TiO_{2-x}，那么在晶体中就必然要生成 O 空位，以保持位置关系。当杂质离子处于间隙位置时，不影响位置关系。

2. 位置产生

可能引入晶格空位，例如 V_M；也可能把 V_M 消除，相当于增加或减少 M 的点阵位置数。此外，引入与原有晶格相同的原子，例如引入 X，除非生成填隙原子，否则相当于增加 X 亚晶格的点阵位置数。归纳起来，与位置有关的缺陷有 V_M、V_X、M_M、M_X、X_M 和 X_X 等，此处 M_M 和 X_X 可由式(2.3)右边所示的表面位置来理解，与位置无关的缺陷有 e'、$h^{\bullet}$、M_i 和 L_i 等。

3. 表面位置

在产生肖特基缺陷时，晶格中的原子迁移到晶格表面，在晶体内部留下空位的同时，增加了晶格点阵结点对的位置数目。因为跑到表面的正负离子及其引起的空位总是成对或按化学计量比关系出现，所以位置关系保持不变。例如，在 MgO 中，Mg^{2+} 和 O^{2-} 离开各自所在的位置，迁移到晶体表面或晶界上，反应式为

$$Mg_{Mg}+O_O\longrightarrow V''_{Mg}+V^{\bullet\bullet}_O+Mg_{Mg}(\text{表面})+O_O(\text{表面}) \tag{2.3}$$

式(2.3)左边表示离子都处在正常的位置上，不存在缺陷；反应之后，形成了表面离子和内部的空位。因为从晶体内部迁移到表面上的 Mg^{2+} 和 O^{2-} 在表面生成了一个新离子层，这一层和原来的表面离子层并没有本质的差别。因此，可把式(2.3)两边消去同类项，写成

$$0\longrightarrow V''_{Mg}+V^{\bullet\bullet}_O \tag{2.4}$$

式中，数字 0 指无缺陷状态。

4. 质量平衡

和化学反应方程式一样，缺陷反应方程式两边的质量应平衡。这里必须注意，缺陷符

号的下标只是表示缺陷的位置,对质量平衡并没有作用。缺陷反应方程式中的空位对质量平衡也不起作用。

5. 电中性

晶体必须保持电中性。在晶体内部,虽然中性粒子能产生两个或更多的带异号电荷的缺陷,但电中性的条件要求缺陷反应方程式的两边具有相同数量的总有效电荷,而不必分别等于零。

一般来说,上述五条原则中,以位置关系、质量平衡和电中性这三条最为重要。

缺陷的相互作用可以用缺陷反应方程式来表示,书写时应遵守下列三条规则:方程式的两边应具有相同的有效电荷;方程式的两边应保持物质质量的守恒;M 的格点数与 X 的格点数应保持正确的比例。基本的缺陷反应方程式有如下数种。

(1)具有弗仑克尔缺陷的化学计量化合物 $M^{2+}X^{2-}$:

$$M_M^{\cdot} \longrightarrow M_i^{\cdot\cdot} + V_M' \tag{2.5}$$

(2)具有反弗仑克尔缺陷的化学计量化合物 $M^{2+}X^{2-}$:

$$X_X^{\times} \longrightarrow X_i'' + V_X^{\cdot\cdot} \tag{2.6}$$

(3)具有肖特基缺陷的化学计量化合物 $M^{2+}X^{2-}$:

$$0 \longrightarrow V_M'' + X_X^{\cdot\cdot} \tag{2.7}$$

(4)具有反肖特基缺陷的化学计量化合物 $M^{2+}X^{2-}$:

$$MX \longrightarrow M_i^{\cdot\cdot} + X_i'' \tag{2.8}$$

(5)具有反结构缺陷的化学计量化合物 $M^{2+}X^{2-}$:

$$M_M^{\times} + X_X^{\times} \longrightarrow M_X^{\times} + X_M^{\times} \tag{2.9}$$

只有当 M 与 X 的尺寸相近、电负性差值较小时,才有可能形成反结构缺陷,如在金属间化合物 Bi_2Te_3、Mg_2Sn 中及在尖晶石型铁氧体材料 AB_2O_4 中的 A 位与 B 位。

(6)对于非化学计量化合物 $M_{1-y}X$(阳离子缺位),有

$$\frac{1}{2}X_2(g) \longrightarrow V_M^{\times} + X_X^{\times} \tag{2.10}$$

$$V_M^{\times} \longrightarrow V_M' + h^{\cdot} \tag{2.11}$$

$$V_M' \longrightarrow V_M'' + h^{\cdot} \tag{2.12}$$

如缺陷反应按上述过程充分地进行,则有

$$\frac{1}{2}X_2(g) \longrightarrow V_M'' + 2h^{\cdot} + X_X^{\times} \tag{2.13}$$

如果固体材料内导通电流的载流子主要为 $h^{\cdot}$,则这类材料可以称为 p 型半导体材料,例如,$Ni_{1-y}O$、$Fe_{1-y}O$、$Co_{1-y}O$、$Mn_{1-y}O$、$Cu_{2-y}O$ 等在一定的烧结条件下均可以制成 p 型半导体材料。

(7)对于非化学计量化合物 MX_{1-y}(阴离子缺位),有

$$X_X^{\times} \longrightarrow V_X^{\times} + \frac{1}{2}X_2(g) \tag{2.14}$$

$$V_X^{\times} \longrightarrow V_X^{\cdot} + e' \tag{2.15}$$

$$V_X^{\cdot} \longrightarrow V_X^{\cdot\cdot} + e' \tag{2.16}$$

如果缺陷反应按上述过程充分进行，则有

$$X_X^{\times} \longrightarrow V_X^{\cdot\cdot} + \frac{1}{2}X_2(g) + 2e' \tag{2.17}$$

如果固体材料导通电流的载流子主要是 e′，则这类材料称为 n 型半导体材料，例如，TiO_{2-y}、ZrO_{2-y}、Nb_2O_{5-y}、CeO_{2-y}、WO_{2-y}等在一定的烧结条件下均可制成 n 型半导体材料。

(8)对于非化学计量化合物 $M_{1+y}X$(阳离子间隙)，有

$$MX \longrightarrow M_i^{\times} + \frac{1}{2}X_2(g) \tag{2.18}$$

$$M_i^{\times} \longrightarrow M_i^{\cdot} + e' \tag{2.19}$$

$$M_i^{\cdot} \longrightarrow M_i^{\cdot\cdot} + e' \tag{2.20}$$

如果缺陷反应按上述过程充分进行，则有

$$MX \longrightarrow M_i^{\cdot\cdot} + 2e' + \frac{1}{2}X_2(g) \tag{2.21}$$

可见，$M_{1-y}X$ 在一定的烧结条件下也可以制成 n 型半导体材料，例如 $Zn_{1+y}O$ 在一定的烧结条件下可以制成理想的半导体气敏材料。

(9)对于非化学计量化合物 MX_{1+y}(阴离子间隙)，有

$$\frac{1}{2}X_2(g) \longrightarrow X^{\times} \tag{2.22}$$

$$X_i^{\times} \longrightarrow X_i' + h^{\cdot} \tag{2.23}$$

$$X_i' \longrightarrow X_i'' + h^{\cdot} \tag{2.24}$$

如果缺陷反应按上述过程充分地进行，则有

$$\frac{1}{2}X_2(g) \longrightarrow X_i'' + 2h^{\cdot} \tag{2.25}$$

可见，MX_{1-y}在一定的烧结条件下可以制成 p 型半导体材料，例如，UO_{2+y}等属于这种类型。对于每个缺陷反应均可以按照质量作用定律写出平衡常数的表达式。通常以[ ]表示某缺陷的浓度，其中[e′]可以简记为 n，[h˙]可以简记为 p。

2.5 热缺陷浓度计算

热缺陷浓度随温度升降而变化。空位等热缺陷的出现一方面会以生成焓的形式增加系统的焓，另一方面则会增大系统的熵。热平衡时系统的吉布斯自由能存在一个极小值，对应的热缺陷浓度即为热平衡缺陷浓度。下面以空位为例计算晶体的热平衡缺陷浓度。

若含 N 个原子的系统中有 n 个空位，每个空位的形成能为 Δu，则系统总空位形成能 $\Delta U = n \cdot \Delta u$。凝聚态系统中，$\Delta PV$ 的值小到可以忽略，因此空位生成焓 $\Delta H \approx \Delta U$。

生成空位后，系统的熵变包括组态熵 ΔS_c 与振动熵 ΔS_v。前者随微观组态数的变化而改变，因此是空位浓度的因变量；后者来自空位周围原子振动频率的改变，与空位浓度无关。生成空位后系统自由能变化量为

$$\Delta G = n \cdot \Delta u - T(\Delta S_c + n \cdot \Delta S_v) \tag{2.26}$$

平衡时，ΔG 达到极小值，即

$$\frac{\partial \Delta G}{\partial n}=\Delta u-T\Delta S_{\mathrm{v}}-T\frac{\partial \Delta S_{\mathrm{c}}}{\partial n}=0 \tag{2.27}$$

对于给定的系统，$\Delta u-\Delta S_{\mathrm{v}}$ 为定值；当温度也确定时，最小吉布斯自由能出现在组态熵对空位数的偏导值最小处。玻尔兹曼公式指出组态熵 $\Delta S_{\mathrm{c}}=k\cdot\ln W$，其中 k 为玻尔兹曼常数，微观状态数为

$$W=C_{N+n}^{n}=\frac{(N+n)!}{N!n!} \tag{2.28}$$

当 $N>1$ 时，可使用斯特林公式，即

$$\ln(N!)=N\ln N-N \tag{2.29}$$

对 $\ln(N!)$ 进行近似，于是有

$$\begin{aligned}\frac{\partial \Delta G}{\partial n}&=\Delta u-T\cdot\Delta S_{\mathrm{v}}-kT\frac{\partial\ln\dfrac{(N+n)!}{N!\ n!}}{\partial n}\\&=\Delta u-T\cdot\Delta S_{\mathrm{v}}-kT\frac{\partial[(N+n)\ln(N+n)-N\ln N-n\ln n]}{\partial n}\\&=\Delta u-T\cdot\Delta S_{\mathrm{v}}-kT\ln\left(\frac{N+n}{n}\right)\end{aligned} \tag{2.30}$$

由热平衡条件得出

$$\frac{n}{N+n}=\exp\left(-\frac{\Delta u}{kT}+\frac{\Delta S_{\mathrm{v}}}{k}\right) \tag{2.31}$$

若将指数项中振动熵项忽略，且当 $N\gg n$ 时，空位浓度为

$$\frac{n}{N}=\exp\left(-\frac{\Delta u}{kT}\right) \tag{2.32}$$

根据热平衡空位浓度表达式可知，影响系统热平衡空位浓度的主要因素是温度和空位形成能。一般来说，单空位属于肖特基缺陷，其他种类缺陷(如弗仑克尔缺陷)的热平衡空位浓度也遵循指数变化形式，但由于间隙原子和空位的成对出现，指数项内的系数与单空位略有不同。

表 2.1 给出了几种金属与氧化物在室温与熔点区间内的热平衡空位浓度，金属的空位形成能较小，尤其是主族元素金属，一般在 1 eV 以下，因此即使室温时也具有可观的空位浓度。当温度升高到熔点附近时，金属中的空位浓度已高至不可忽略，例如 Cu 熔点为 1 085 ℃，单质铜在 1 000 ℃的空位浓度高达 4.4×10^{-5}。与金属形成鲜明对比的是具有共价键或离子键的化合物，这些化合物中原子、离子间的键合强，空位形成能大，因此很难形成热平衡空位。金红石结构二氧化钛中阳离子的弗仑克尔对的形成能为 10.1 eV，其在 1 000 ℃的空位浓度仅为 1.1×10^{-40}，低于金属铁单质的室温热平衡空位浓度。

单一系统中可以存在多种热平衡缺陷。对于共价或离子化合物而言，其中可同时存在肖特基缺陷及不同离子的弗仑克尔对。系统中的优势缺陷是形成能较小的缺陷。表 2.2 为金红石结构二氧化钛中不同类型缺陷形成能的计算值，肖特基缺陷的形成能最小，仅为 4.2 eV，是金红石结构二氧化钛中的主要缺陷；而 Ti^{4+} 空位形成能则高达 85.4 eV，形成此种缺陷仅存在理论上的可能。同时，与 Ti^{4+} 缺陷相比，O^{2-} 缺陷的浓度要高得多，

这也是氧化物中的普遍现象。

表 2.1 不同物质的热平衡空位浓度和空位形成能

物质各类	Sn	Al	Cu	Fe	W	TiO_2 (弗仑克尔对(Ti^{4+}))
空位形成能	0.51 eV	0.80 eV	1.1 eV	2.13 eV	3.3 eV	10.1 eV
T=30 ℃	3.3×10^{-9}	5.0×10^{-14}	5.1×10^{-19}	3.9×10^{-36}	1.4×10^{-55}	1.2×10^{-168}
T=100 ℃	1.3×10^{-7}	1.6×10^{-11}	1.4×10^{-15}	1.7×10^{-29}	2.7×10^{-45}	3.9×10^{-137}
T=300 ℃	—	9.3×10^{-8}	2.1×10^{-10}	1.9×10^{-19}	9.7×10^{-30}	1.6×10^{-89}
T=500 ℃	—	6.1×10^{-6}	6.8×10^{-8}	1.3×10^{-14}	3.1×10^{-22}	1.5×10^{-66}
T=1 000 ℃	—	—	4.4×10^{-5}	3.7×10^{-9}	8.7×10^{-14}	1.1×10^{-40}

表 2.2 金红石结构二氧化钛中的各类缺陷形成能

缺陷类型	Ti^{4+}空位	O^{2-}空位	Ti 间隙原子	O 间隙原子
形成能	85.4 eV	16.5 eV	−75.3 eV	−9.6 eV
缺陷类型	肖特基缺陷	弗仑克尔对(Ti^{4+})	弗仑克尔对(O^{2-})	—
形成能	4.2 eV	10.1 eV	7.0 eV	

本章思考题

1. MgO 的密度为 3.58 g/cm³,其晶格常数为 0.42 nm,试求每个 MgO 单位晶胞所含的肖特基缺陷的数目。

2. 在烧结过程中,缺陷的存在是有利的还是有弊的?

第3章　粉末制备工艺方法

现有粉末合成时主要涉及机械粉碎过程和物理化学反应过程。其中，以机械粉碎过程为主的合成方法称为机械法；以物理化学反应过程为主的合成方法称为物理化学法。从实质过程看，机械法是将原材料机械地粉碎，多数情况下化学成分不发生变化，如球磨法、超音速气流粉碎法等；有时在使粉末粉碎的同时伴随化学反应的发生，如机械合金化法、雾化法等。物理化学法是借助物理或化学的作用，改变原材料的化学成分或聚集状态，从而获得粉末，如氧化－还原法、还原－化合法、热分解法、沉淀法、固－固反应合成法、电解法等。从能量的角度看，机械法制备粉末是将机械能转化为粉末的表面能，物理化学法制备粉末是原料与产物之间的化学能和表面能的相互转换，而电解法制备粉末是将电能转化为粉末的化学能和表面能。

粉末的生产方法有很多，从工业规模角度，应用最广泛的是还原法、雾化法和电解法；而气相沉淀法和液相沉淀法在特殊应用时也很重要。

粉末合成是粉末冶金过程的重要基本环节之一，合成出的粉末的性能直接影响后续粉末压制和坯体烧结过程。通过对粉末合成的热力学和扩散过程的理论分析及对粉末合成方法的总结，我们将了解如何制备性能优良的粉末，提高粉末的压制性能，有利于粉末烧结得到接近理论密度的材料。

3.1　机械法

机械法是指将大块固体材料通过击碎、研磨等物理过程转变为细小固体粉末的制备方法。固态金属的机械粉碎既是一种独立的制粉方法，又常常作为某些制粉方法的补充工序。机械粉碎过程的驱动力是机械力，块状金属、合金或化合物是靠压碎、击碎和磨削等机械作用粉碎为细小粉末的。按照具体方法，以压碎为主要作用的有碾压、锟轧及颚式破碎法等，以击碎为主要作用的有锤磨法；利用击碎和磨削等多方面作用的机械粉碎有球磨法、棒磨法等。实践表明，机械研磨比较适用于脆性材料。塑性金属或合金制取粉末多采用涡旋研磨、气流粉碎等方法。下面以球磨法、超音速气流粉碎法、机械合金化法和雾化法为例来介绍机械法的原理和步骤。

3.1.1　球磨法

球磨法是利用球磨机内的若干刚性球体，使颗粒材料在球磨机转动过程中受到离心力作用，从而将颗粒材料进一步击碎、磨削来获得细小固体粉末的方法。球磨法可以达到减少或增大粉末粒度、合金化、固态混料，改善或转变材料的性能等目的。在大多数情况下，球磨的任务是使粉末的粒度变细。球磨后的金属粉末常伴随着加工硬化、粉末形状不规则、粉末流动性降低和粉末团簇等特征和现象。

1. 球磨的原理

在球磨过程中，有冲击、磨耗、剪切及压缩四种力作用于颗粒材料上。球体在球磨机中运动的状态有滑动、滚动、自由下落及在临界转速时球体的运动(图3.1)。

当球磨机的转速极低时，球体和颗粒材料跟随球磨机运动至坡度角，之后沿着球磨机内壁滑动，泻落至球磨机底部，此时颗粒材料的粉碎主要依赖球体的摩擦作用(图3.1(a))。

当球磨机的转速较为适宜时，球体和颗粒材料在离心力的作用下，跟着球磨机运动至更高的坡度角，而且在重力作用下，随着转速的增大，球体的运动方式由滚落变为自由下落(抛落)，此时颗粒材料的粉碎不仅依赖于球体的摩擦作用，还依赖于球体下落对颗粒材料的击碎作用。该转速下球磨的效果最好(图3.1(b)、(c))。

当球磨机的转速继续增大直到球体所受的离心力大于自身重力时，球体会依附在球磨机内壁上，与球磨机保持相同的转速运动，此时球体与球磨机不发生相对运动，颗粒材料的粉碎过程不再进行。称球磨机到达这种状态的转速为临界转速(图3.1(d))。

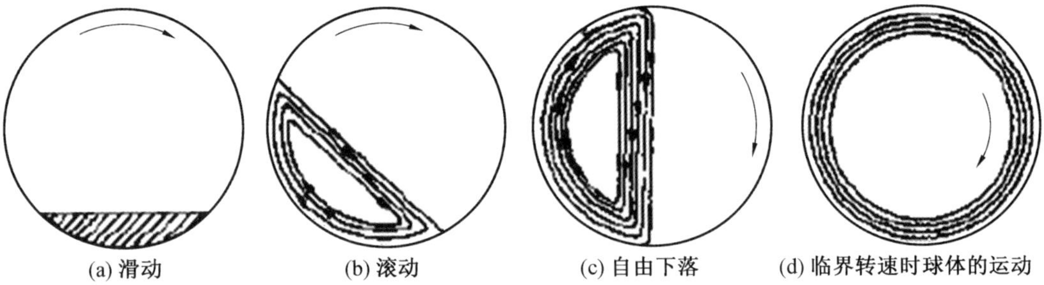

图3.1 球体在不同转速的球磨机中的运动状态

2. 影响球磨的因素

球磨机中的研磨过程取决于众多因素，如装球量、球磨筒尺寸、球磨机转速、研磨时间、球体与被研磨物料的比例、研磨介质及球体直径等。

(1)装球量。在一定范围内，增加装球量能提高研磨效率。如果把球体体积与球筒容积之比称为装填系数，则一般球磨机的装填系数取0.4～0.5为宜。随着转速的提高，装填系数可略微增大。

(2)球磨筒尺寸。研磨硬而脆的材料时，可选用球筒直径D与长度L之比$D/L>3$的球磨机，这时可保证球体的冲击作用。当$D/L<3$时，只发生摩擦作用，此时球磨机适用于研磨塑性的材料。

(3)球体与被研磨物料的比例。在研磨过程中要注意球体与物料的比例。一般在球体装填系数为0.4～0.5时，装料量应以填满球体的空隙，稍掩盖住球体表面为原则。可取装料量为球磨筒容积的20%。

(4)球体直径。球体的大小对物料的粉碎有很大影响。实践中，球磨铁粉一般选用直径为10～20 mm的钢球；球磨硬质合金混合料时，则选用直径为5～10 mm的硬质合金球。

3. 强化球磨

利用球磨粉碎物料的方法过程较慢，因此需要提高研磨效率、强化球磨效果。下面以振动球磨和行星球磨为例介绍强化球磨的途径。

(1)振动球磨。

振动球磨是依靠电动机通过弹性联轴节带动装有偏心块的轴产生振动,传给支架上的球磨筒,使粉料跟随支架振动的方法。振动球磨机的装置示意图如图3.2所示,支架的两侧及底部均装有弹簧与机座相连。从球磨筒的端面观察,其上任何粉末的运动轨迹是一条近似椭圆的曲线。粉末跳动的高度等于两倍振幅,运动主要是振动,但由于惯性作用也有少量的转动。

振动球磨机的发展历史可追溯到1910年的德国,当时Fasting发明了最早的振动球磨机,其为多室圆筒状同心振动球磨机。现在的振动球磨机按照筒体数目可分为单筒式和多筒式,按照激振形式可分为惯性式和偏旋式,按照是否加水研磨可分为干法和湿法,按照操作方法可分为间歇式和连续式。随着振动球磨机的不断发展,振动球磨机又被分为卧式振动球磨机和立式振动球磨机。

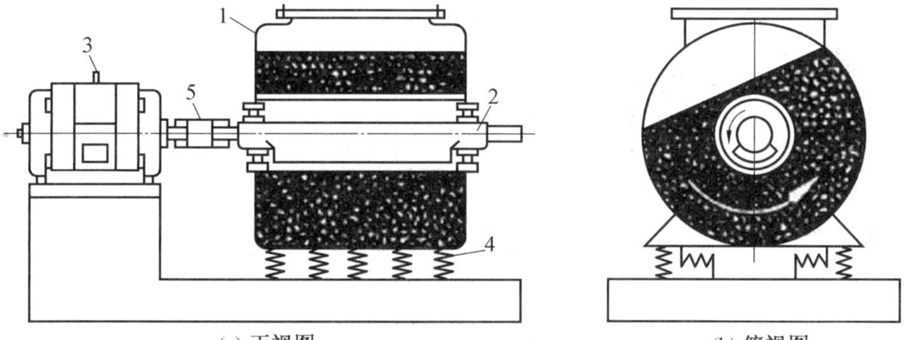

图3.2 振动球磨机的装置示意图

1—球磨筒;2—偏心轴;3—电动机;4—弹簧;5—弹性联轴节

(2)行星球磨。

行星球磨的工作原理是将球磨筒置于转盘上,当转盘绕圆心旋转时,球磨筒在公转的同时还进行自转,对筒内的物料进行击碎和研磨。这种方式可以使磨筒公转转速突破普通球磨机临界转速的限制,带动磨球做复杂的运动,能够更有效地对物料进行撞击、研磨。行星式球磨机在同一转盘上装有4个球磨罐,当转盘转动时,球磨罐在绕转盘轴公转的同时又围绕自身轴心自转,做行星式运动。罐中磨球在高速运动中相互碰撞,研磨和混合样品。行星球磨能用干、湿两种方法对粉末进行研磨,还能用于混合粒度不同、材料各异的粉末,研磨产物最小粒度可至0.1 μm。图3.3所示为行星球磨机球磨5 h后Al粉的SEM显微图,可以看到Al粉的形状、尺寸发生改变。

立式行星球磨机装置示意图如图3.4所示,球磨筒是被立式装在一个水平放置的大盘上做行星运动的。在运动过程中,磨球和物料受公转和自转的作用,相互碰撞,研磨物料。在研磨过程中,对于相对静止的球磨筒底平面而言,容易出现磨料结底的情况,即如果物料湿度较大,在研磨过程中由于重力作用往往会沉到磨筒底部,最后结成硬块,无法进一步磨细。同时,磨球和磨料的重力对研磨过程不起作用,并且球磨时的主要研磨面只有一部分筒壁和筒底面,没有利用所有的磨筒内表面积,因此影响了研磨效率。

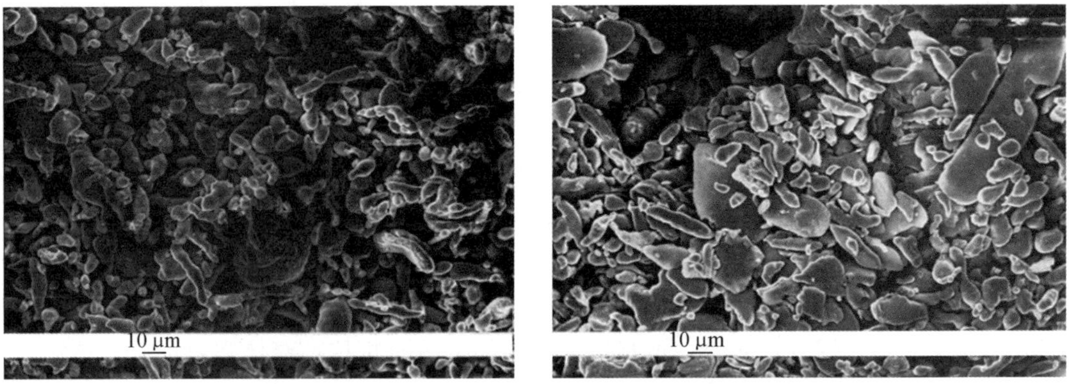

(a) 未研磨纯铝 (b) 5 h研磨铝粉

图 3.3 行星球磨机球磨 5 h 后 Al 粉的 SEM 显微图

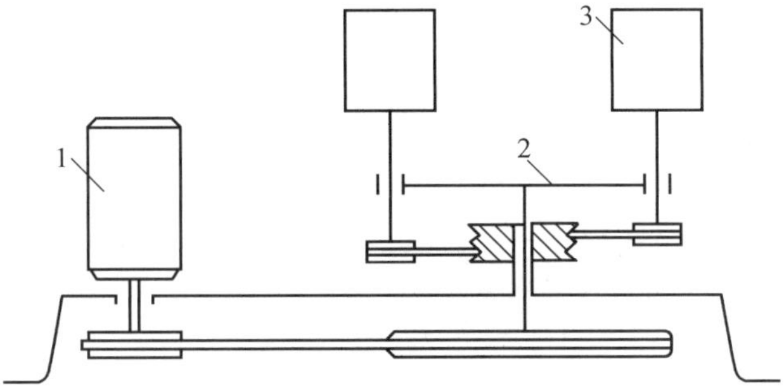

图 3.4 立式行星球磨机装置示意图

1—电动机;2—转盘;3—球磨筒

卧式行星球磨机装置示意图如图 3.5 所示,该球磨机的特点是磨筒以卧式安装在一竖直平面放置的大盘上做行星运动。在这种运动过程中,物料沉积的底面为旋转的筒壁,筒内磨球和物料在竖直平面内受到磨筒公转转速、自转转速、自身重力的共同作用。机器运转时,筒内各点所受力的大小与方向都在不断变化,运动轨迹杂乱无章,导致磨球与磨

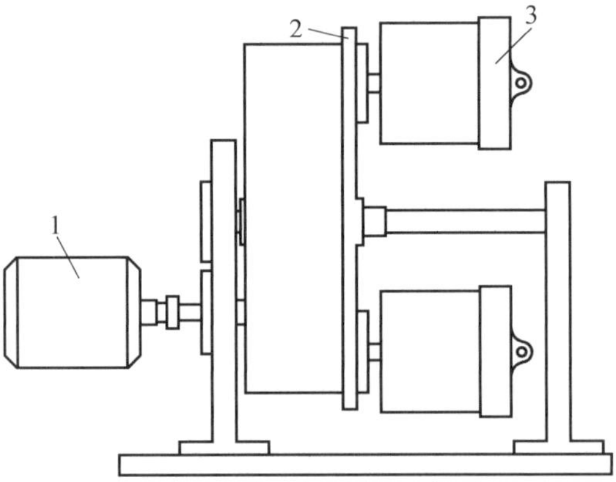

图 3.5 卧式行星球磨机装置示意图

1—电动机;2—转盘;3—球磨筒

料在高速运转中相互猛烈碰撞、挤压，大大提高了设备研磨能力并改善了研磨效果。特别是磨筒水平放置，由于转动，磨筒内没有固定的面，利用了整个磨筒的内表面积，避免了立式行星球磨的结底现象。

3.1.2 超音速气流粉碎法

超音速气流粉碎法是指利用高压气体产生高速气流，颗粒材料在高速气流作用下加速碰撞、粉碎以得到细小粉末的方法。这种方法制备的粉末具备粒径细小、粒度分布窄、质量均匀、缺陷少、比表面积大、表面活性高、填充性能好等特点。近些年，该方法在功能陶瓷，塑料、橡胶与复合材料填料，造纸填料，高温润滑材料，精细磨料及研磨抛光剂等高性能材料产业具有广泛的应用。

1. 粉碎原理

压缩空气或蒸气通过粉碎室喷嘴时，在自身的高压作用下会产生高速气流并在喷嘴附近形成较大的速度梯度，喷管内的超音速湍流即为颗粒载体。物料经负压的引射作用进入超音速喷管，并在高速气流作用下被加速。由于气流喷嘴与粉碎室壁夹角为锐角，高压气流会带着颗粒在粉碎室中做回转运动并形成强大的旋转气流，使颗粒加速、混合并发生冲击、碰撞等行为，粉碎合格的细小颗粒被气流推到旋风分离室中，较粗的颗粒则继续在粉碎室中进行粉碎，从而达到粉碎目的。研究证明，80％以上的颗粒是依靠颗粒间的相互冲击、碰撞被粉碎的，只有不到20％的颗粒是通过颗粒与粉碎室内壁的碰撞和摩擦被粉碎的。超音速气流粉碎原理图如图3.6所示。

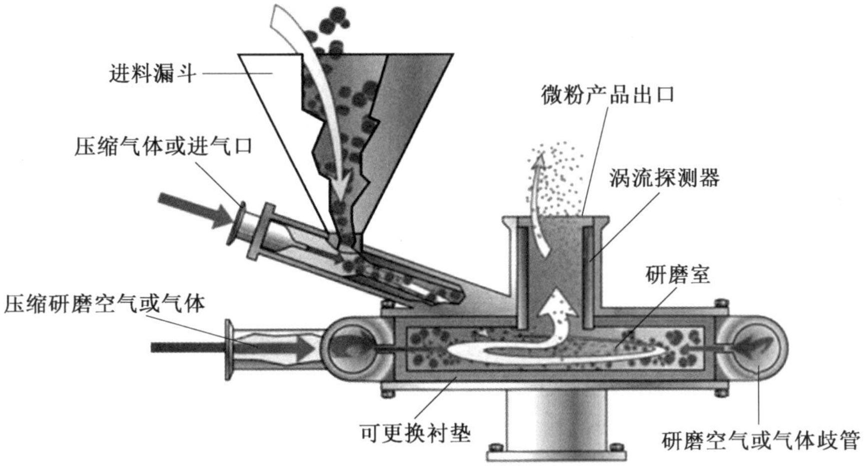

图3.6 超音速气流粉碎原理图

在超音速气流作用下，不仅材料颗粒之间会发生撞击，而且气流对物料颗粒也产生冲击、剪切作用。同时物料还要与粉碎室发生冲击、摩擦、剪切作用。撞击过程中消耗的机械能将部分转化为颗粒的热力学能和表面能，导致颗粒比表面积和表面能的增大，晶格能迅速降低，产生晶体缺陷，出现机械化学激活作用。在粉碎初期，新表面将倾向于沿颗粒内部原生微细裂纹或强度减弱的部位(即晶体缺陷处)生成，如果碰撞的能量超过颗粒内部需要的能量，颗粒就将被粉碎。

如图 3.7 所示，超音速气流粉碎后，两种粉末的粒径均在 100 nm 左右。仔细观察发现，粗颗粒由粒径约为 20 nm 的较小颗粒组成；研磨的 ZrO_2-CeO_2 混合物的微晶尺寸约为 10 nm，比单纯的 ZrO_2 粉末的微晶尺寸更细。

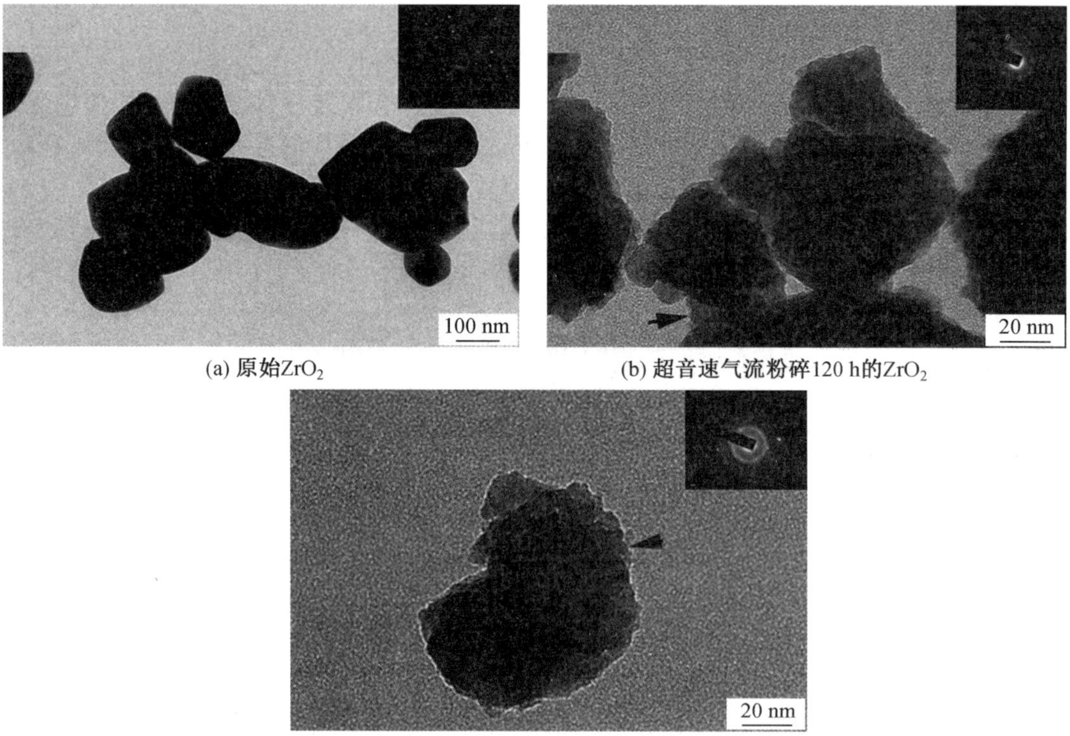

(a) 原始ZrO_2　(b) 超音速气流粉碎120 h的ZrO_2

(c) 超音速气流粉碎 85 h的ZrO_2+10 % CeO_2（摩尔分数）

图 3.7　超音速气流粉碎前后的 TEM 显微结构及 SAED 图案

与高能球磨类似，超音速气流粉碎技术也可应用于固相反应制备粉末。对于传统无机固相反应而言，影响固相反应速率的因素主要有三个：反应物固体的表面积和反应物间的接触面积；生成物相的成核速度；相界面间的离子扩散速度。超音速气流粉碎技术能对物料进行充分破碎，使物料颗粒粒度细化、比表面积大、反应物间的接触面积大大增加，从而使表面活性大大提高，有利于反应的发生。另外，超音速气流粉碎技术使混合原料在撞击到靶之前会发生激烈的摩擦碰撞，使反应体系中各颗粒的粗糙表面充分接触，产生新生面；在法向载荷作用下，粗糙峰彼此嵌入并产生很高的接触应力和塑性变形，使实际接触面积增加；随着超细颗粒表面活性点的不断增多，颗粒表面将处于亚稳高能活性状态，表面层能位更高，活化能更小，表面活性更强，从而引起物质的分散性、吸附能力、离子交换和置换能力等表面物理化学性质的变化，易于发生物理化学变化。此外，当离子型晶体受到摩擦和撞击等机械力作用时，离子间位置一旦发生滑动，位移仅为 1/2 晶胞的长度时，原来的异性离子间排列就变成同性离子的相邻排列，吸引力就会变成排斥力，这些效应都很容易引起化学键的断裂，使体系发生化学反应。超音速气流携带颗粒撞击的冲力使颗粒表面接触间的分子剧烈的扩散，损失的机械能使反应体系能量急剧增大，撞击产生的应力使化合物键断裂，致使混合物在撞击到靶上时将处于类离子体状态，为了降低反应体系的能量，体系必然要重新组合生成更稳定、能量更低的物质。

根据超音速气流粉碎原理，其工艺具有如下重要的特征。

(1)反应温度低。

因为压缩空气在喷嘴处绝热膨胀会使系统温度降低，所以整个粉碎空间处于低温环境中，颗粒的粉碎是在低温下瞬间完成的，从而避免了某些材料在粉碎过程中产生热量而发生相变或其他化学反应，尤其适用于粉碎热敏性材料。

(2)纯度高。

超音速气流粉碎技术是根据物料的自磨原理而实现对物料粉碎的，粉碎的动力是气体。在粉碎过程中，除了粉碎室颗粒，材料不与其他物质直接接触，有效减少了杂质的引入，制备出的粉末纯度高。

(3)无污染。

气流粉碎是在负压状态下进行的，颗粒在粉碎过程中不发生任何泄漏。只要气体排出时经过净化，就不会造成环境污染。

(4)粒度分布窄。

多数气流粉碎机具有在高速主旋流中进行自行分级的能力，通过调节分级机的转速和系统负压等参数，可以控制产品粒径分布在很小的范围内，并且分级机的调整是完全独立的，对一些对粉末粒径要求严格的材料(如纳米晶陶瓷等)十分有利。

2. 影响因素

超音速气流粉碎法的影响因素包括设备因素和工艺因素两种。设备因素包括喷嘴直径、喷嘴与喷嘴(或靶)间的轴向距离、粉碎室直径等；工艺因素主要指原料初始粒度、分级轮频率、气流速度、引射压力、进料速度等。

(1)气流速度。

气流速度即为压机所输送的气体通过喷嘴进入粉碎室时的速度。设在高速气流中运动的颗粒的质量为 m，高速气流赋予它的运动速度为 v，则该颗粒所具有的动能为

$$E_{动} = \frac{1}{2}mv^2 \tag{3.1}$$

颗粒的动能只有一部分能作用于颗粒粉碎，将这部分能量记为 $\Delta E_{动}$，当物料颗粒对着冲击板或对着正在运动的其他颗粒发生冲击碰撞时，这部分能量用下式表示：

$$\Delta E_{动} = \frac{1}{2}mv_i^2(1-\varepsilon^2) \tag{3.2}$$

式中，v_i 为发生碰撞时颗粒的速度；ε 为碰撞后颗粒速度的恢复系数，$\varepsilon < 1$。

假设材料颗粒是绝对弹性体，则颗粒冲击破坏所需的功可以表示为

$$W = \frac{\sigma^2 m}{2E\rho} \tag{3.3}$$

式中，σ 为材料颗粒的抗压强度；m 为颗粒的质量；E 为材料的弹性模量；ρ 为材料的密度。

显然，为了使材料颗粒发生粉碎，必要的条件是

$$\Delta E \geqslant W \tag{3.4}$$

将式(3.2)和式(3.3)代入式(3.4)中，可以求出使颗粒发生粉碎所必需的冲击速度 v_i：

$$v_i = \sigma \frac{1}{E\rho(1-\varepsilon)} \tag{3.5}$$

由式(3.5)可知，气流粉碎法所用的气流必须达到一定的速度，才具有粉碎的效果。但如果过高地追求速度，则会增加能耗。陆厚根、李凤生等研究发现，当气流速度达到某个临界点后，继续提高流速，粉碎效率不但不再上升反而呈下降趋势。

(2) 进料速度。

进料速度是影响粉碎效果的重要参数之一。气流粉碎过程中，颗粒浓度越高，加速过程中能量损失越少。进料速度决定了粉碎室中颗粒的浓度，进而决定了每个颗粒受到的能量的大小。当进料速度过小、粉碎室内颗粒数目不多时，颗粒碰撞机会下降，颗粒粒径变大；当进料速度过大时，粉碎室内的颗粒浓度增加，每个颗粒所获得的动能减少，导致由碰撞转变成颗粒粉碎的应变能变小，颗粒粒径增加，颗粒粒度分布大。

根据理论分析和实验数据，可以建立气流粉碎的持料量与粉碎区的颗粒体积浓度的关系：

$$M_H = V(1-\varepsilon)\rho_s + G \tag{3.6}$$

式中，M_H 为流化床气流粉碎机的持料量，kg；V 为气流粉碎分级区中的有效体积，m^3；$(1-\varepsilon)$ 为气流粉碎分级区颗粒所占体积与气流所占体积的比值，即 V_s/V，气流喷射速度大于 200 m/s 时，$(1-\varepsilon)$ 取 10^{-2}；ρ_s 为固体颗粒的密度，kg/m^3；G 为流化床气流粉碎区底部填料量，与流化床底部结构有关，kg。

气流粉碎取决于颗粒相互碰撞的动能和颗粒的碰撞概率。颗粒的动能随 $(1-\varepsilon)$ 的增大而下降，而颗粒间碰撞概率随 $(1-\varepsilon)$ 的增大而增大。在颗粒速度为 10 ～ 100 m/s 的条件下，实验证明当 $(1-\varepsilon)$ 保持在 10^{-4} ～ 10^{-2} 时，可兼顾颗粒的动能与颗粒的碰撞概率。

3.1.3 机械合金化法

机械合金化(mechanical alloying，MA)法是将拟合金化的各元素的金属粉末进行机械混合后，通过高能球磨机等设备在长时间回转运动中机械力的作用，使粉末在粉碎的同时发生化学反应的过程。在球磨介质的作用下，粉末受到包括冲击、剪切、摩擦和压缩等多种力，还要经历反复挤压、粉碎、冷焊等物理过程，同时粉末颗粒间会发生扩散与固态反应。因此机械合金化法是一种固态非平衡状态下的材料加工技术，用这种方法可制造具有可控显微组织的复合金属粉末。机械合金化法也可以在金属粉末中加入非金属粉末。用机械合金化法制造的材料，其内部的均一性与原材料粉末的粒度无关。因此，用较粗的原材料粉末(粒度为 50～100 μm)可制成弥散分布的超细粉末(颗粒间距小于 1 μm)。制造机械合金化弥散强化高温合金的原材料都是工业上广泛采用的纯粉末，粒度为 1～200 μm。

1. 机械合金化法的原理

机械合金化法中要同时发生物理粉碎过程和非平衡状态下的固态反应过程，导致机械合金化法的反应机制非常复杂。机械合金化法的物理粉碎过程的原理基本与普通球磨一致，即球磨介质在离心力、重力作用下对材料颗粒进行击碎、磨削。而对于固态反应过程，经过几十年的理论研究探索，人们也逐渐对其主要现象的反应机制认识得较为清晰。

以下简要介绍机械合金化法固态反应过程的几个相对成熟的机制,以供参考。

(1)以界面反应为主的反应机制。

一般来说,有固相参加的多相化学反应过程是各相之间的界面结合达到原子级别,并克服反应势垒而发生化学反应的过程,其特点是各相之间相互接触时有界面存在。在机械合金化过程中,当粉末系统的活性到达临界点时,球体与颗粒材料相互碰撞的瞬间造成了界面局部温度升高,诱发了此处的化学反应(如一些材料工作者报道的机械合金化过程中的自蔓延高温合成(self-propagating high-temperature synthesis,SHS)反应现象,在第7章有相关的论述),反应产物将两相分开。反应速度取决于两相原子在产物层内的扩散速度。粉末颗粒在球磨中不断被击碎、磨削,产生了大量的新鲜表面,并且反应产物被球体带走,从而维持了反应的连续进行,直至整个过程结束。

例如,从图3.8(a)中可以看出粉末中含有大球体和细颗粒,且大球体占有相当大的比例,再次放大后,可以看到大球体是纳米颗粒的聚集体,如图3.8(b)所示。这是由于机械合金化过程中剧烈、反复的碰撞,一般会给粉末颗粒带来较大的机械能、断裂、短程扩散、局部高温和融合,因此所制备的粉末可以具有大的表面积和无序的表面原子。为了降低表面能,同时由于剧烈的碰撞,纳米颗粒倾向于通过化学键合聚集在一起。

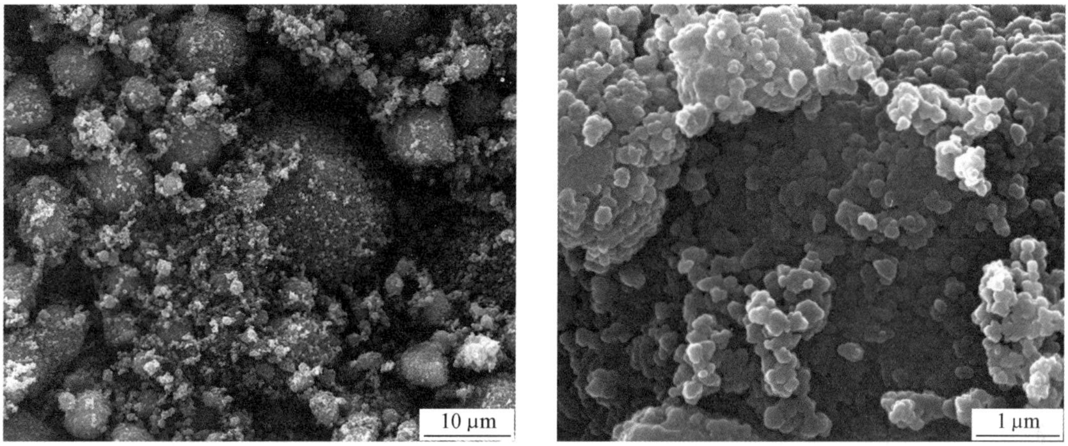

(a) 大球体　　(b) 纳米颗粒

图3.8 机械合金化粉末的形貌

粉末经高能球磨到一定程度后,粉末颗粒变得非常细小,颗粒之间在接触界面直接发生反应的概率随着比表面积增大而增大,因此,机械合金化的宏观表现为以界面反应为主。例如,Fe、Al原始粉末在机械合金化形成FeAl或Fe_3Al合金的过程中,粉末经不断的碰撞产生大量的新鲜表面,当颗粒之间达到一定的原子间距时,在接触界面处发生相互焊合而产生原子间结合,发生局部化学反应。球体与颗粒材料继续碰撞减小颗粒尺寸,产生新的结合表面,使反应能够连续进行,最终形成了化合物。有些研究者也发现,Fe、Al粉末在球磨25 h后已经开始发生合金化,而球磨100 h后则完全合金化生成FeAl合金。

(2)以扩散为主的反应机制。

粉末被反复破碎和焊合并产生新的结合界面后,还会形成细化的多层状复合颗粒。继续研磨,复合颗粒的内部缺陷(空位、位错等)因塑性变形而增加,导致晶粒进一步细化。

此时在其内组元间发生了固态反应扩散,其扩散有三个特点:扩散的温度较低;扩散距离很短;体系能量增高,扩散系数提高。

对于固态晶体物质,宏观的扩散现象是微观迁移导致的结果,为了实现原子的跃迁,体系必须达到一个比较高的能量状态,这个额外的能量称为激活能 E_a。固态中的原子迁移一般认为是空位机制,其激活能为空位的形成能 E_f 和迁移能 E_m 两者之和。

在高能球磨过程中粉末在较高能量碰撞作用下产生大量的缺陷(空位、位错等),因此,机械合金化所诱发的固态反应实际上是缺陷能和碰撞能共同作用的结果。它不再需要空位的形成能,扩散所要求的总的激活能降低(图 3.9)。

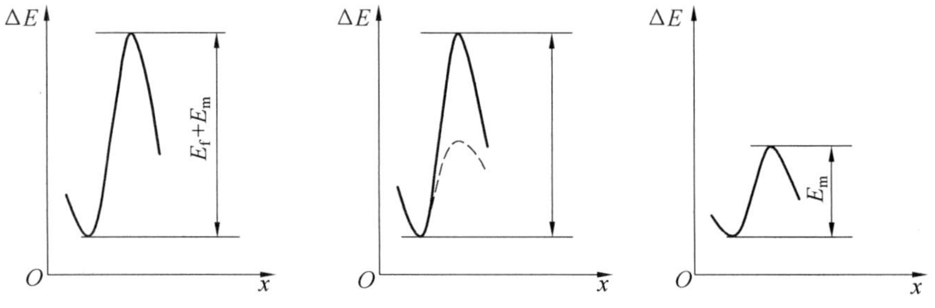

(a) (b) (c)

图 3.9 高能球磨前后扩散激活能的变化

根据 Arrhenius 定律,扩散系数 D 与激活能的关系为

$$D = D_0 \exp\left(-\frac{E_a}{RT}\right) \tag{3.7}$$

式中,D_0 为扩散常数;E_a 为扩散激活能;R 为气体常数;T 为绝对温度。

将空位机制代入式(3.7),则

$$D = D_0 \exp\left(-\frac{E_f + E_m}{RT}\right) \tag{3.8}$$

式(3.8)表明,对于同一扩散系数的材料,减少空位形成能,就意味着将会有更多的空位与近邻的扩散原子发生换位,降低了原子的扩散势垒,增大了空位浓度,使扩散系数增大,因此减少 E_f 有可能使 E_m 显著降低。在高能球磨过程中,降低扩散激活能是提高扩散的主要途径,对于热激活扩散,晶体缺陷很快被退火消除,缺陷在扩散均匀化退火过程中贡献很小。对于高能球磨,缺陷密度随球磨时间的增加而增大,因此其对高能球磨过程中的扩散均匀化动力学过程缺陷起主要作用。

通过上述理论分析可以得出,室温球磨时,虽然粉末本身的温度不高,但由于产生了大量的缺陷(空位),从而增强了元素的扩散能力,本来在高温下才能发生的过程在室温下也有可能实现。一些研究者对经不同高能球磨的 Al－Ti－C 粉料混合物,采用差热分析和 X 射线结合方法分析认为,Al－Ti－C 粉料经高能球磨以后,使 Al－Ti－C 合成反应激活能降低,从而在较低温度下就可得到性能较好的复合材料。也有研究者通过高能球磨的方法用 Ti 和 C 粉末在室温下合成了纳米级 TiC 晶粒。实验结果表明:用机械合金化法可以在比较短的时间内合成 TiC 粉末,即经过高能球磨的粉末由于晶粒的细化,使反应界面面积大大增加,增大了表面能,并且动态地保持未反应的新鲜界面相接触,再加上碰撞过程中局部的温度升高，使 TiC 粉末的一些结构参数发生了改变，扩散距离减小，缺陷密度增大，促进了扩散，增大了固态反应的反应动力，从而诱发低温下的自蔓延反应合成。

(3)活度控制的金属相变机制。

机械合金化过程中的金属相变有别于常见的固态相变，突出表现在其非平衡性和强制性。相变产物常常为过饱和固溶体、非晶等非平衡相，也可能形成非晶金属间化合物等。金属相变理论认为，溶质原子的活度决定了组元的化学势的高低。活度可以用下式表示：

$$\alpha=\frac{P}{P_0} \tag{3.9}$$

式中，P 和 P_0 分别为溶质在合金中和处于单质状态的蒸气压。

在热力学平衡条件下，$0<\alpha<1$，而在机械合金化的非平衡条件下，α 可大于 1。因此，在机械合金化过程中，由于活度的增加，一方面通过位错增殖和晶界的增多破坏了晶体结构的完整性，另一方面由位错产生的应力场还可以降低一组元在另一组元中的化学势，从而提高溶质元素的固溶度。此外，机械合金化过程中产生的微小晶粒中的大量位错将使晶界附近出现一个局部畸变区，这相当于使晶界变宽了一些，有可能使溶质原子在晶界中偏聚量增大，从而使溶质的表观固溶度增加。如 Fe－Cu 系合金机械合金化后，形成了固溶过量 Fe 的过饱和 Cu 固溶体。我国一些研究者在 Al－Ti 合金粉末的高能球磨实验中发现，938 K 时 Ti 在 Al 中的平衡固溶度仅有 0.7%(摩尔分数)，而在球磨过程中，Ti 在 Al 中的固溶度却超过3.6%。国外研究者通过对 Cu－5%Nb 和 Cu－10%Nb 球磨后发现，Nb 全部固溶形成 Cu－Nb 单相固溶体。在有些合金系中，高能球磨后还会形成非晶和纳米晶过饱和固溶体两相混合物。还有研究表明，几乎所有的合金体系在高能球磨后，都能够形成过饱和固溶体。

2. 机械合金化法的分类

机械合金化法可分为一步球磨法和两步球磨法。一步球磨法是指将拟合金化的粉末同时放入球磨罐球磨相同时间的方法。两步球磨法是指先将一部分粉末球磨一段时间后，再把其余的粉末放入其中共同球磨一定时间的方法。

总之，近年来国内外在机械合金化法的理论与应用研究方面取得了很大进展，但机械合金化过程的复杂性，使其尚无成熟的理论，除了上述理论外还有层扩散、多晶约束、自助放热反应等理论。因此，对应于不同成分的粉末球磨，其反应机制也是不一样的；同时，相同体系的机械合金化过程也有可能是几种机制共同作用的结果。

对用于机械合金化的粉末混合物，其唯一限制(除上述粒度要求和需要控制极低的含氧量外)是混合物至少有体积分数为 15%的可压缩变形的金属粉末。

3.1.4 雾化法

雾化法是一种将液体金属或合金在高速流体(水、气体等)的作用下直接破碎成为细小液滴的方法，获得的粉末颗粒一般小于 150 μm。雾化法可以用来制取熔点小于 1 700 ℃的多种金属粉末，也可以制取各种预合金粉末。实际上，任何能形成液体的材料都可以进行雾化。

雾化法是机械法的一种。机械法是借机械作用破坏固体金属原子间的结合，而雾化法则只要克服液体金属原子间的结合力就能使之分散成粉末，所以雾化过程所消耗的外力比机械法要小得多。从能量消耗来说，雾化法是一种简便且经济的粉末生产方法。

图3.10显示了使用空气和氩气作为雾化介质产生颗粒的SEM图，可以清楚地看到空气喷涂粉末的不规则颗粒形状，而氩气喷涂粉末颗粒呈现出更球形的形状，偶尔会出现圆形、长方形(结节状)颗粒，颗粒表面相当光滑。

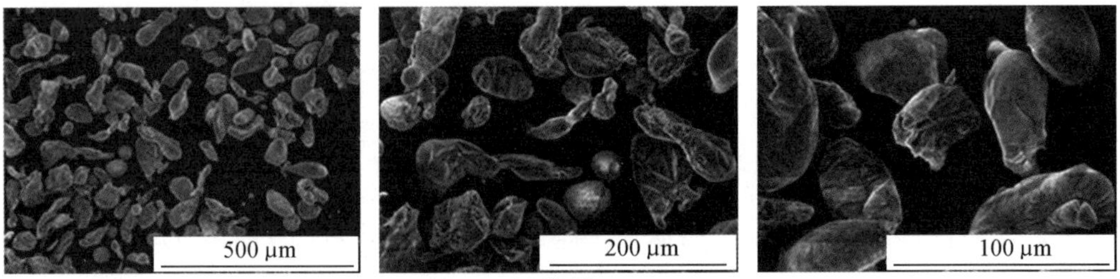

(a) 空气

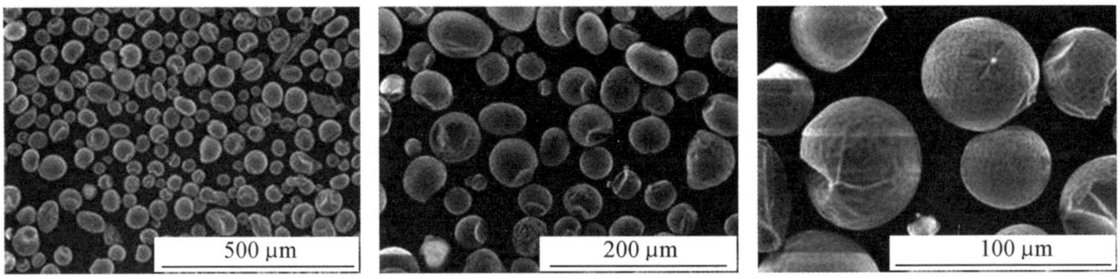

(b) 氩气

图3.10 使用空气和氩气作为雾化介质产生颗粒的SEM图

雾化可以分为二流雾化、离心雾化、真空雾化及超声波雾化等。

1. 二流雾化

借助高压水流或气流的冲击来破碎液流，称为水雾化或气雾化，也称为二流雾化。根据雾化介质(气体、水)对金属液流作用的方式不同，雾化具有多种形式：平行喷射、垂直喷射、V形喷射、锥形喷射及漩涡环形喷射。雾化过程很复杂，按雾化介质与金属液流相互作用的实质，既有物理机械作用，又有物理化学变化。高速的气流或水流既是破碎金属液的动力，又是金属液流的冷却剂。因此在雾化介质同金属液流之间既有能量交换，又有热量交换。并且，液态金属的黏度和表面张力在雾化过程和冷却过程中不断发生变化，以及液态金属与雾化介质的化学作用(氧化、脱碳)，使雾化过程变得较为复杂。

(1)气雾化。

在气雾化中，金属由感应炉熔化并流入喷嘴，气流由排列在熔化金属四周的多个喷嘴喷出。雾化介质采用的是惰性气体。雾化可获得粒度分布范围较宽的球形粉末。在气雾化中，雾化过程可以用图3.11来说明。

(2)水雾化。

水雾化是制取金属或合金粉末最常用的工艺技术。水可以以单个的、多个的或环形的方式喷射。高压水流直接喷射在金属液流上，强制其粉碎并加速凝固，因此粉末形状相比于气雾化来说呈现不规则形状。粉末的表面是粗糙的并且含有一些氧化物。由于散热

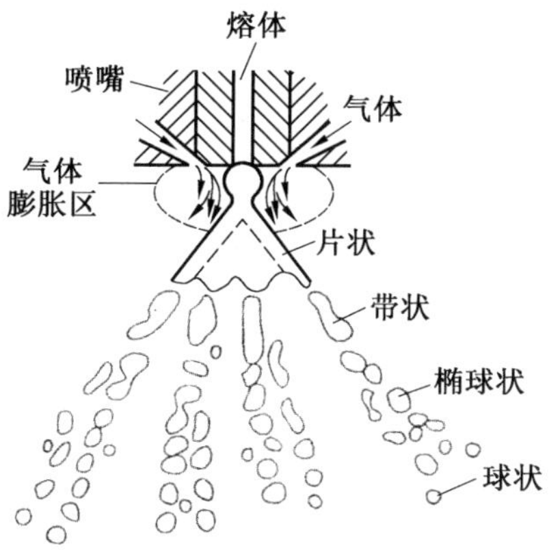

图 3.11 气雾化装置示意图

快，过热度要超过熔融金属熔点较多，以便控制粉末的形状。在水雾化中，包括制取合金粉末在内，其化学偏析是非常有限的。

在水雾化时，金属液滴的形成是水滴对液体金属表面的冲击作用而不是剪切作用。水雾化中，雾化的粉末平均粒度 d 主要与水速 v 有关：

$$d=\frac{C}{v\sin\alpha} \tag{3.10}$$

（3）影响二流雾化粉末性能的因素。

雾化粉末有三个重要的性能：①粒度，它包括平均粒度、粒度分布及可用粉末收得率等；②颗粒形状及与其有关的性能，如松散密度、流动性、压坯密度及比表面积等；③颗粒的纯度和结构。影响这些性能的主要因素是雾化介质、金属液流的特征及雾化装置的结构特征等。

2. 离心雾化

用离心力破碎液流称为离心雾化，其原理是将金属熔体借助离心力的作用以熔滴的形式甩出去，随后冷却成粉末颗粒。在冷却过程中一般会加上一定压力的气体进行对流冷却，冷速超过 10^5 K/s，粉末一般为片状。离心雾化的形式有很多种，如旋转圆盘法、旋转坩埚法、旋转电极法、激光自旋雾化法等。

（1）旋转圆盘法。

在旋转圆盘法中，熔融金属液通过漏嘴自由下落至高速旋转的转盘中心。在离心力的作用下，金属熔液沿切线方向喷射出来形成微滴，微滴在高速氦气流的强制对流冷却下迅速凝固成粉末。

旋转圆盘法离心雾化的效果主要受转盘结构、转速、过热度的影响。转盘的设计和材料会影响其强度和耐热性，从而影响雾化效果。转盘的转速直接影响离心力的大小，转速越高，产生的微滴越小，但过高的转速可能导致滑移现象加剧。熔融金属的过热度影响其流动性，过高的过热度可能导致金属液在转盘上形成厚的沉积层。旋转圆盘法离心雾化原理图如图 3.12 所示。

（2）旋转电极法。

在旋转电极法中，消耗电极的圆形原料棒沿其长轴方向高速旋转，末端伸入雾化室，

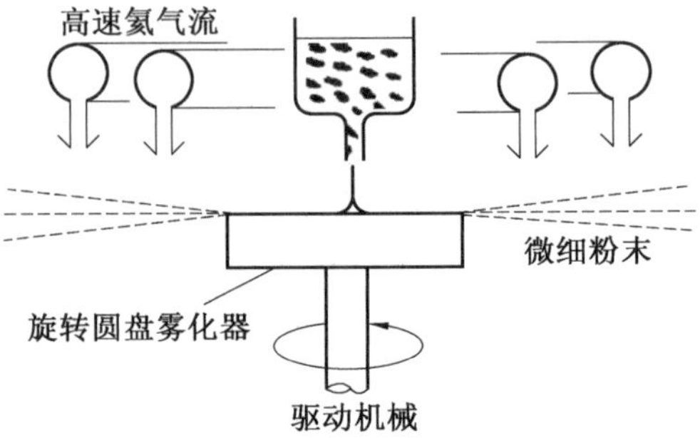

图 3.12 旋转圆盘法离心雾化原理图

并通过钨电极的电弧熔化。由于旋转的作用,熔融金属液在切线方向上发散成小液滴。液滴在凝固前有足够的时间球化,从而获得光滑的球形粉末。棒料还可以采用等离子弧、激光或电子束熔化,以减少钨电极的污染。旋转电极法由于熔化过程不在坩埚内进行,熔液十分洁净,因此该方法常用于生产活性金属的高纯粉末,如钛、铌、钽、钒和其他金属粉末。

在等离子旋转电极法中,将等离子炬配置在稍微偏离电极表面和熔体中心线的位置,偏离量取决于电极材料和电极直径。通过这种配置,金属溶液可以在旋转电极的光滑表面上运动,从而通过熔体的偏离获得良好的球形粉末。旋转电极法已应用于工业生产,但此方法的工艺参数不易控制,导致所生产的粉末粒度分布难以符合预定要求。为了解决这一问题,需要对工艺参数进行更深入的研究和优化,以确保粉末的均匀性和质量。旋转电极雾化装置示意图如图 3.13 所示。

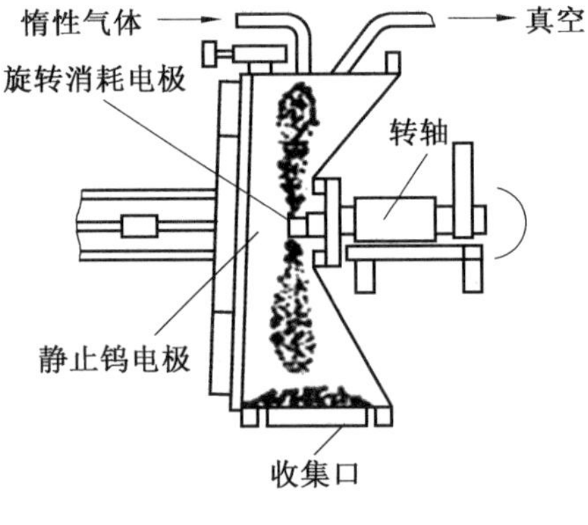

图 3.13 旋转电极雾化装置示意图

3. 其他雾化工艺

除了用水或气体冲击熔化金属,以及和旋转相关的雾化方法之外,还有一些可使用熔融金属破碎的工艺方法,如辊筒雾化法、振动电极雾化法、熔滴雾化法、超声雾化法及真空雾化法等。

(1)辊筒雾化法。

辊筒雾化法是通过高频加热使坩埚内的合金熔化,达到所需的温度后,通入氩气以防止氧化;同时,在氩气压力的作用下,熔融金属液经喷嘴喷射到高速反向旋转的双辊辊缝中,熔液通过辊缝时形成平板液流,随后雾化成液滴,这些液滴进入快速冷却的熔池中,迅速凝固成粉末。为了防止金属液在辊缝中预先凝固，必须严格控制辊轮的热扩散条件。通常，辊面采用耐热材料，或在金属辊面涂覆一层碳，以显著降低辊面的导热系数。通过辊筒雾化法形成的粉末颗粒形状多样，包括片状、针状、不规则形状或球形，对于厚为200 μm的长片状粉末，其冷却速度达 $10^5 \sim 10^6$ ℃/s，这种快速冷却有助于获得细小且均匀的粉末颗粒。双辊雾化工艺原理示意图如图 3.14 所示。

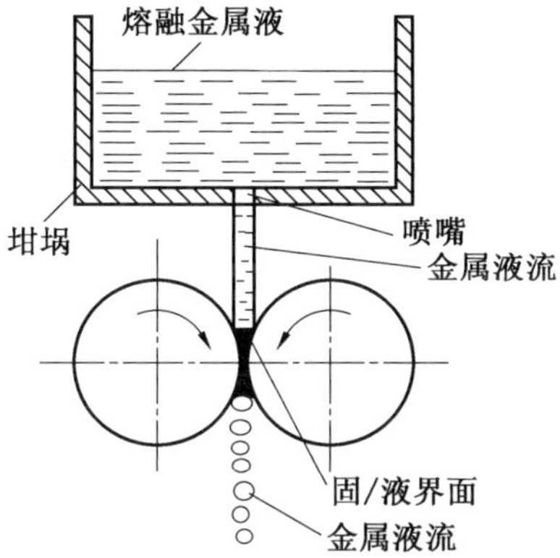

图 3.14 双辊雾化工艺原理示意图

(2)振动电极雾化法。

振动电极雾化法是在真空或惰性气体保护室中，一端自由的原料棒电极不断向另一固定的水冷电极移动，原料棒的自由端通过电弧熔化，形成熔融金属液。原料棒电极的振动由共振器产生，振动使熔融金属液体形成液滴。由于液滴的飞行速度较慢，振动电极雾化法能够获得较为均匀的球形粉末，该方法的冷却速度相对较低，小于 10 ℃/s。振动电极雾化法适用于生产高纯度或高活性金属粉末，如钛、铌等。然而，由于其生产效率较低且工艺复杂，该方法尚未得到广泛应用，也不具备进行工业大规模生产的潜力。

(3)超声雾化法。

超声雾化法是通过与超声工具头直接或间接接触的方式，将超声波的能量传递给待雾化液体并进行破碎的方法。该方法成本低、可控性高、设备和工艺简单，得到的球形金属粉末球形度较好、粒度分布较窄，制备粒径小于 20 μs 的高性能球形金属粉末时极具优势。超声雾化法分为接触式超声雾化技术和非接触式超声雾化技术。

接触式超声雾化技术是将待雾化的液体直接输入至超声换能器的工具头表面并使其形成薄液层，薄液层在超声振动的作用下会激起表面张力波，当液体表层液滴振幅超过工具头振幅时，液滴会飞出被雾化成小液滴。接触式超声雾化技术主要用于生产低熔点金属粉末，在高熔点和高腐蚀性金属粉末的生产中存在一定的限制。

非接触式超声雾化技术是将待雾化液体输入至超声驻波场的声压节点处进行雾化，待雾化液体与工具头无接触，制备粒径为 10 μm 左右的金属粉末时具有较高的收得率和雾化效率。非接触式超声雾化技术生产高熔点、高黏度、细粒度金属粉末时具有较高的优势，未来会有广阔的市场前景。

4. 雾化粉末显微结构的控制

在快速冷却的合金粉末中，显微组织结构的控制取决于形核和长大因素。在凝固中，较大的温度梯度的情况易于形成非晶态，相反，要在低的冷却速率和小的温度梯度的条件下，易形成具有偏析的显微组织结构。

控制雾化粉末的显微结构是一个复杂的过程，涉及多个因素的相互作用。通过优化雾化工艺参数、选择合适的原材料、采用有效的后处理技术及进行适当的表面改性，可以实现对粉末显微结构的精确控制。这不仅有助于提高材料的性能，还能推动新材料的开发和应用。

3.2 物理化学法

3.2.1 氧化一还原法

1. 碳还原

(1)碳还原铁氧化物的基本原理。

铁氧化物的还原是分阶段进行的，即从高价氧化铁到低价氧化铁，最后转变成单质金属：$Fe_2O_3 \rightarrow Fe_3O_4 \rightarrow FeO \rightarrow Fe$。

如果反应在950～1 000 ℃的高温范围内进行，则固体碳直接还原反应是没有实际意义的，因为CO_2在此高温下会与固体碳作用而生成CO。因此应该先讨论CO还原金属氧化物的间接还原规律。

当温度高于570 ℃时，还原反应分三个阶段进行：$Fe_2O_3 \rightarrow Fe_3O_4 \rightarrow$ 浮斯体（FeO、Fe_2O_3 固溶体）$\rightarrow Fe$。

$$3Fe_2O_3 + CO = 2Fe_3O_4 + CO_2 \quad (\Delta H_{298} = -62.999 \text{ kJ}) \tag{3.11}$$

$$Fe_3O_4 + CO = 3FeO + CO_2 \quad (\Delta H_{298} = 22.395 \text{ kJ}) \tag{3.12}$$

$$FeO + CO = Fe + CO_2 \quad (\Delta H_{298} = -13.605 \text{ kJ}) \tag{3.13}$$

当温度低于570 ℃时，由于FeO不能稳定存在，因此，Fe_3O_4直接被还原成金属铁，即

$$Fe_3O_4 + 4CO = 3Fe + 4CO_2 \quad (\Delta H_{298} = -17.163 \text{ kJ}) \tag{3.14}$$

上述各反应的平衡气相组成可通过平衡常数K_p求得：

$$K_p = \frac{P_{CO_2}}{P_{CO}} \tag{3.15}$$

还原在常压下进行，即

$$p_{CO} + p_{CO_2} = 0.1 \text{ MPa} \tag{3.16}$$

$$K_p = \frac{1 - p_{CO}}{p_{CO}} \tag{3.17}$$

$$\varphi_{CO} = p_{CO} \times 100\% \tag{3.18}$$

因此，可根据各反应在给定温度下的相应K_p值求出各反应的平衡气相组成。

式(3.11)为Fe_2O_3的还原反应，则

$$\lg K_p = 4\,316/T + 4.37\lg T - 0.478 \times 10^{-3} T - 12.8$$

由于Fe_2O_3具有很大的离解压，此反应达到平衡时，气相中的CO含量很低，因此，由实验

方法研究的这一反应虽然温度高达 1 500 ℃，但 CO 含量仍然低得难以测定。不同温度下还原 Fe_2O_3 反应的平衡常数与气相组成见表 3.1。

表 3.1 不同温度下还原 Fe_2O_3 反应的平衡常数与气相组成

温度/℃	500	750	1 000	1 250	1 500
lg K_p	5.365	4.410	3.876	3.493	3.226
K_p	2.32×10^5	2.57×10^4	7.52×10^3	3.11×10^3	1.68×10^3
φ(CO)/%	0.000 43	0.003 9	0.013	0.032	0.059

从表 3.1 中的数据可以看出：Fe_2O_3 被 CO 还原时，平衡气相中的 CO 的体积分数极小，CO_2 的体积分数几乎达到 100%。这说明了 Fe_2O_3 很容易被还原，即 CO_2 不易使 Fe_2O_3 氧化。由于它是放热反应，因此温度升高，K_p 减小，平衡气相中 CO 的体积分数升高。

当温度高于 570 ℃时，发生反应(3.12)，即 Fe_3O_4 的还原，则

$$\lg K_p = -1\ 373/T - 0.47\lg T + 0.41\times10^{-3}T + 2.69 \tag{3.19}$$

不同温度下还原 Fe_3O_4 反应的平衡常数与气相组成见表 3.2。

表 3.2 不同温度下还原 Fe_3O_4 反应的平衡常数与气相组成

温度/℃		500	700	900	1 100	1 300
lg K_p		−0.126	0.281	0.559	0.778	1.04
K_p		0.748	1.91	3.623	5.996	10.96
φ(CO)/%	计算值	57.2	34.4	21.6	14.3	8.4
	实测值	—	35.2	22.4	14.1	8.5

从表 3.2 中的数据可以看出：Fe_3O_4 被 CO 还原成 FeO 的反应是吸热反应。该反应 K_p 的值随温度升高而增大，平衡气相中的 CO 的体积分数随温度升高而减小。这说明升高温度对 Fe_3O_4 还原成 FeO 有利，即温度越高，将其还原成 FeO 所需的 CO 的体积分数越小。

当温度低于 570 ℃时，由于 FeO 相极不稳定，故 Fe_3O_4 被 CO 还原成金属铁。反应式(3.14)是放热反应，平衡气相组成中 CO 的体积分数随温度升高而增大。由于此反应是在较低温度下进行的，反应不易达到平衡。

FeO 的反应即反应式(3.13)，则

$$\lg K_p = 324/T - 3.62\lg T + 1.81\times10^{-3}T - 0.066\ 7T^2 + 9.18 \tag{3.20}$$

不同温度下还原 FeO 反应的平衡常数与气相组成见表 3.3。

从表 3.3 中的数据可以看出：该反应是放热反应，K_p 随温度升高而减小，而气相组成中 φ(CO)随温度升高而增大，即温度越高，还原反应所需的 φ(CO)越大。这说明升高温度对 FeO 的还原是不利的。不过随着温度的升高，CO 体积分数的变化并不是很大，例如，从 700 ℃升至1 300 ℃，温度升高 600 ℃，而 φ(CO)的计算值只增加 12.8%，所以升高温度的这种不利影响并不大，但升高温度对 Fe_3O_4 还原成 FeO 的过程是有利的。无论哪

种反应,升高温度都是加快反应速度的。

表 3.3 不同温度下还原 FeO 反应的平衡常数与气相组成

温度/℃		500	700	900	1 100	1 300
lg K_p		0.022	−0.211	−0.381	−0.438	−0.471
K_p		1.052	0.615	0.416	0.365	0.338
φ(CO)/%	计算值	48.7	61.9	70.7	73.3	74.7
	实测值	—	60.0	68.5	73.8	77.1

根据以上对式(3.11)~(3.14)四个反应分析的结果,将其平衡气相组成(以 φ(CO)表示)对温度(T)作图,可以得到图 3.15 所示的四条曲线。

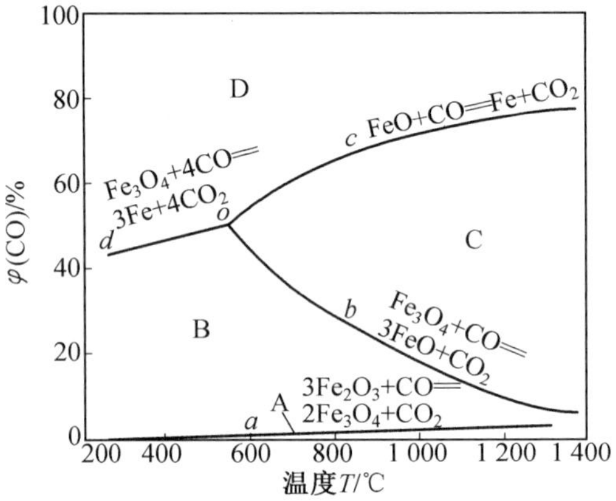

图 3.15 CO 还原 Fe_2O_3 平衡相图

从图 3.15 可以看出:该四条曲线将表示 φ(CO)−T 的平面分成四个区域。当实际气相组成相当于 C 区域内任何一点时,则所有的铁的氧化物和金属铁都转变成 FeO,也就是说在 C 区域内只有 FeO 相稳定存在。因为在这个区域内,任何一点都表示 CO 的含量高于相应温度下 Fe_3O_4 还原反应的平衡气相中 CO 的含量,故 Fe_3O_4 被 CO 还原成 FeO,而金属铁则被 CO_2 氧化成 FeO。例如,要防止铁在 1 100 ℃时被氧化,则平衡气相组成中 CO_2 的质量分数要小于 25%。

同样在 D 区域内只有金属铁能稳定存在;在 B 区域内只有 Fe_3O_4 能稳定存在;在 A 区域内(在 a 曲线下面)只有 Fe_2O_3 能稳定存在。

曲线 b 和 c 相交于 o 点,表示反应(b)和反应(c)相互平衡,即在该点 Fe_3O_4、FeO、Fe 和 CO、CO_2 平衡共存,该点温度为 570 ℃,相应的平衡气相组成中 CO 的质量分数为 52%。

(2)影响还原过程和铁粉质量的因素。

①原料的影响,包括原料中杂质的影响和原料粒度的影响。

原料中杂质的影响:原料中的杂质特别是 SiO_2 的含量超过一定的限度后,不仅还原时间延长,还会使还原不完全,铁粉中 Fe 含量降低。因为有一部分的氧化铁还原到浮斯体阶段就会与 SiO_2 结合生成极难还原的硅酸铁。

原料粒度的影响：多相反应与界面有关，原料粒度越细，界面的面积越大，因而促进反应的进行，但若原料太细，则透气性不好，会使还原反应不彻底。

②还原工艺条件，包括还原温度、时间及料层厚度的影响。

还原温度和时间的影响：在还原反应过程中，如果其他条件不变，还原温度和还原时间会相互影响。实验表明，随着还原温度的升高，还原时间可以缩短，但还原温度过高，会使还原好的海绵铁高温烧结趋向增大，使 CO 难以通过还原产物，导致还原速率下降。

料层厚度的影响：随着料层厚度的增加，还原时间也随之延长。

③引入气体还原剂的影响。

实际中采用管式炉固体碳还原时，同时向炉内通入发生炉煤气（或焦炉煤气、高炉煤气），或用转化天然气的气一固联合还原均可使还原过程加速，所得的海绵铁比较疏松，质量比较高。

④海绵铁的处理。

海绵铁在破碎时会产生加工硬化，并且海绵铁有时含氧量较大或严重渗碳。因此，一般海绵铁粉都要还原退火以起到以下作用：(a)退火软化作用，提高铁粉的塑性，改善铁粉的压缩性；(b)补充还原作用，把 Fe 的质量分数从 95%～97%提高到 97%～98%；(c)脱碳作用，把含碳量从 0.4%～0.2%降到 0.25%～0.05%。

2. H_2 还原

除了固体还原法以外，气体还原方法更为常用。气体还原方法制取的铁粉比固体碳还原法制取的铁粉纯度更高，成本也较低。下面着重介绍氢还原法制取钨粉。

(1) H_2 还原氧化钨的基本原理。

W 有多种氧化物，其中比较稳定的有四种：黄色氧化钨（WO_3，α 相）、蓝色氧化钨（$WO_{2.9}$，β 相）、紫色氧化钨（$WO_{2.72}$，γ 相）和褐色氧化钨（WO_2，δ 相）。W 还有不同的晶型，第一种晶型从室温到 720 ℃是稳定的，为单斜晶型；第二种晶型在 720～1 100 ℃是稳定的，为正交晶型；还有一种晶型在 1 100 ℃以上稳定。

W 有两种同素异构体：α－W 为体心立方晶格，点阵常数为 0.316 nm，在高于630 ℃还原时获得；β－W 为立方晶格，点阵常数为 0.503 6 nm，在低于 630 ℃时用 H_2 还原 WO_3 而获得，它化学活性大，易自燃。β－W→α－W 的转变点为 630 ℃，但不发生 α－W 向 β－W 的转变。有人认为，β－W 是因为杂质（主要为 O 原子）存在，W 晶格发生畸变而形成的。

WO_3 被 H_2 还原的总反应为

$$WO_3+3H_2 = W+3H_2O \tag{3.21}$$

由于 W 具有四种比较稳定的氧化物，实际上还原反应是按照以下四个反应顺序进行的：

$$WO_3+0.1H_2 = WO_{2.90}+0.1H_2O \tag{3.22}$$

$$WO_{2.90}+0.18H_2 = WO_{2.72}+0.18H_2O \tag{3.23}$$

$$WO_{2.72}+0.72H_2 = WO_2+0.72H_2O \tag{3.24}$$

$$WO_2+2H_2 = W+2H_2O \tag{3.25}$$

上述反应的平衡常数用水蒸气分压与 H_2 分压的比值表示：$K_p=\frac{P_{H_2O}}{P_{H_2}}$，平衡常数与温度的等压关系式如下：

$$\lg K_{p(a)}=-3\ 266.9/T+4.066\ 7 \tag{3.26}$$

$$\lg K_{p(b)}=-4\ 508.5/T+1.108\ 66 \tag{3.27}$$

$$\lg K_{p(c)}=-904.83/T+0.906\ 42 \tag{3.28}$$

$$\lg K_{p(d)}=-3\ 225/T+1.650 \tag{3.29}$$

用 H_2 还原钨氧化物的平衡常数见表 3.4。

表 3.4 用 H_2 还原钨氧化物的平衡常数

$WO_3\rightarrow WO_{2.90}$		$WO_{2.90}\rightarrow WO_{2.72}$		$WO_{2.72}\rightarrow WO_2$		$WO_2\rightarrow W$	
T/K	K_p	T/K	K_p	T/K	K_p	T/K	K_p
—	—	873	0.897 8	873	0.746 5	873	0.098 7
903	2.73	903	1.29	903	0.809 0	—	—
—	—	918	1.59	—	—	—	—
—	—	961	2.60	—	—	—	—
965	4.73	965	2.78	965	0.929 7	965	0.176 8
1 023	7.73	1 023	4.91	1 023	1.05	1 023	0.209 5
—	—	1 064	7.64	1 064	1.138	1 064	0.294 6
—	—	—	—	—	—	1 116	0.371 1
—	—	—	—	—	—	1 154	0.435 8
	—	—	—	—	—	1 223	0.561 7

用 H_2 还原氧化钨的四个反应都是吸热反应。对于吸热反应，温度升高，平衡常数增大，平衡气相中 H_2 含量随温度升高而减小，这说明升高温度有利于上述反应的进行。

(2)影响钨粉粒度的因素。

①原料：包括 WO_3 粒度的影响及 WO_3 中杂质的影响。

WO_3 粒度的影响：制取 WO_3 通常有两种方式，一种是煅烧钨酸得到的，另一种是煅烧仲钨酸铵得到的。由于原料的杂质含量和煅烧温度不同，所得的 WO_3 粒度也不相同。WO_3 粒度对钨粉粒度的影响较为复杂，总体来说，粗颗粒的 WO_3 制造不出细颗粒的钨粉，而细颗粒 WO_3 不一定能得到细钨粉，必须根据原料的特性采用合理的还原工艺，才能得到细钨粉。

氧化钨中杂质可分为三类：

a. 以碱金属 Li、Na、K 为代表，无论含量多少均使钨粉颗粒长大。

b. 杂质含量低时，对还原钨粉粒度影响不大，但杂质含量高时会使钨粉颗粒长大，如 Fe_2O_3、As、S 等。

c. 可以抑制钨粉颗粒长大，如 Mo、Cr、V、Re 等。

②H_2 的影响：H_2 的影响主要表现在湿度、流量和通氢方向三个方面。H_2 湿度不允许过大，否则会使还原速度减慢，造成还原不充分，使钨粉颗粒变粗，H_2 在使用前必须经过充分的干燥脱水处理。H_2 流量要适中，H_2 流量增大有利于反应向还原方向进行，并可得到细颗粒钨粉，但流量过大，将会带走物料，降低金属的实际产率。通氢的方向一般与物料行进的方向相反，即逆流通氢，干燥的 H_2 先通过高温还原区，使还原效果更好。实践证明，如果用顺向通氢，加大 H_2 流量，可以得到细钨粉。

3. 金属热还原

由热力学的分析可知，并非所有的金属氧化物都可以用 H_2 还原制取相应的金属粉末，如 Ta、Nb、Zr、Ti、V、Cr 等。还有一些是强碳化物形成元素，如 Ti、V、Cr 等，这些元素的氧化物与 C 发生反应，生成碳化物的吉布斯自由能较生成纯金属的吉布斯自由能低，更倾向于生成碳化物，如：

$$TiO_2 + C \longrightarrow TiC + CO \tag{3.30}$$

$$Cr_2O_3 + C \longrightarrow Cr_3C_2 + CO \tag{3.31}$$

$$V_2O_5 + C \longrightarrow VC + CO \tag{3.32}$$

因此采用还原法制取这些金属粉末时，不能采用 C 还原或 H_2 还原的方法，可以采用金属热还原的方法。

金属热还原的反应可以用一般化学式表示：

$$MeX + Me' \longrightarrow Me'X + Me + Q \tag{3.33}$$

式中，MeX 为被还原的化合物（氧化物或盐类）；Me′为金属热还原剂；Q 为反应的热效应。

根据热力学原理，只有能够形成更稳定的化合物的金属才能作为金属热还原剂。值得注意的是，还应该考虑某些化合物的不同价态的中间化合物阶段，例如 MgO 比 TiO_2 稳定，似乎可以用 Mg 还原 TiO_2 而得到金属 Ti，但 Ti 的低价氧化物 TiO 比 MgO 更稳定。

要使金属热还原顺利进行，还原剂还应该满足以下条件：

(1)还原过程中产生的热效应要大，还原反应能够依靠反应放出的热量自发进行。在大多数金属热还原过程中还原热效应的热量是足以熔化炉料组分的。单位质量的炉料产生的热称为单位热效应。一般认为，铝热法还原过程中的单位热效应按每克炉料计算应不少于 2 300 J。如果炉料发热值低于此标准，则反应不能自发继续进行，必须由外界供给热量。但是，发热值太高的炉料又可能引起爆炸和喷溅，此时，要往原料中添加熔剂，让熔剂吸收一部分过剩的热以控制反应过程；有时添加熔剂还可以得到易熔的炉渣并使生成的金属在高温下不被氧化。如果单位热效应不足以使反应进行，一般向原料中加入由活性氧化剂与金属（通常是金属还原剂）组成的加热添加剂，用作氧化剂的有硝酸盐（$NaNO_3$、KNO_3、$Ba(NO_3)_2$ 等）、氯酸盐（$KClO_3$、$Ba(ClO_3)_2$ 等）、过氧化物（Na_2O_2、BaO_2 等）。

(2)形成的残渣及残余还原剂能够容易用溶剂洗涤、蒸馏或者其他方法分离。

(3)还原剂与被还原金属不能形成合金或者其他化合物。

最适宜的金属热还原剂有 Ca、Mg、Na 等，有时也可采用金属氢化物。Ta、Nb 的氧化物最好用 Ca 还原，也可用 Mg 还原；Ti、Zr、Th、U 的氧化物最合适的还原剂也是 Ca；Ca、

Na、Mg 均可作为 Ta 及 Nb 氯化物的还原剂，考虑到价格和工艺性，还原剂常用 Mg。

金属热还原法在工业上比较常用的有：用 Ca 还原 TiO_2、UO_2 等；用 Mg 还原 $TiCl_4$、$ZrCl_4$、$TaCl_5$ 等。

3.2.2 还原一化合法

各种难熔金属的化合物(碳化物、硼化物、硅化物、氮化物等)有广泛的应用，如用于硬质合金、金属陶瓷、各种难熔化合物涂层及弥散强化材料。生产难熔金属化合物的方法很多，但常用的有用 C(或含 C 气体)、B、Si、N 与难熔金属直接化合，或用 C、B_4C、Si、N 与难熔金属氧化物作用而制得碳化物、硼化物、硅化物和氮化物。生产难熔金属化合物的两种基本反应通式见表 3.5。

表 3.5 生产难熔金属化合物的两种基本反应通式

难熔金属化合物	化合反应	还原一化合反应
碳化物	$Me+C \longrightarrow MeC$ $Me+CO \longrightarrow MeC+CO_2$ $Me+C_nH_m \longrightarrow MeC+H_2$	$MeO+C \longrightarrow MeC+CO$ C_nH_m(烷、烯炔类)
硼化物	$Me+B \longrightarrow MeB$	$MeO+B_4C \longrightarrow MeB+CO$
硅化物	$Me+Si \longrightarrow MeSi$	$MeO+Si \longrightarrow MeSi+SiO_2$
氮化物	$Me+N_2 \longrightarrow MeN$ $Me+NH_3 \longrightarrow MeN+H_2$	$MeO+N_2+C \longrightarrow MeN+CO$ $MeO+NH_3+C \longrightarrow MeN+CO+H_2$

1. 还原一化合法制取碳化钨粉

W—C 系状态图如图 3.16 所示。由图可见，W 与 C 形成三种碳化钨：W_2C、α—WC 和 β—WC。β—WC 在 2 525～2 785 ℃能够稳定存在，低于 2 450 ℃时，W—C 系只存在两种碳化钨：W_2C 和 α—WC(w(C)=6.12%)。

钨粉碳化过程的总反应为

$$W+C \xlongequal{} WC \tag{3.34}$$

钨粉碳化主要通过与含碳的气相发生反应，在不通 H_2 的情况下，总反应是下面两个反应的综合，即

$$CO_2+C \xlongequal{} 2CO \tag{3.35}$$

$$W+2CO \xlongequal{} WC+CO_2 \tag{3.36}$$

$$W+C \xlongequal{} WC \tag{3.37}$$

在通 H_2 的情况下，碳化反应为

$$nC+\frac{1}{2}mH_2 \xlongequal{} C_nH_m \tag{3.38}$$

$$nW+C_nH_m \xlongequal{} nWC+\frac{1}{2}mH_2 \tag{3.39}$$

H_2 先与炉料中的碳反应形成碳氢化合物，主要是甲烷(CH_4)。炭黑小颗粒上的碳氢

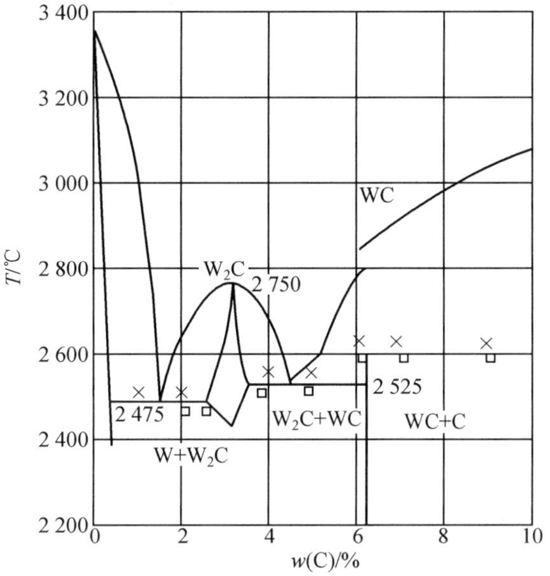

图 3.16 W—C 系状态图

化合物的蒸气压比 WC 颗粒上的碳氢化合物的蒸气压大得多，C_nH_m 在高温下很不稳定，在 1 400 ℃时分解为 C 和 H_2。此时，离解出的活性炭沉积在钨粉颗粒上，并向钨粉内扩散使整个颗粒逐渐碳化，而分解出的 H_2 又与炉料中的炭黑反应生成碳氢化合物，如此循环往复。H_2 实际上只起碳的载体的作用。

2. 还原一化合法制取硼化物

(1)碳化硼法。

采用过渡金属氧化物与碳化硼相互作用，其基本的反应通式为

$$MeO + B_4C \longrightarrow MeB + CO \tag{3.40}$$

在碳管式炉中进行，温度为 1 800～1 900 ℃。可加 B_2O_3 或不加 B_2O_3，加 B_2O_3 是为了降低产品中碳化物含量；也可以在有碳的情况下使金属氧化物与碳化硼作用，加 C 是为了除 O，其基本反应通式为

$$MeO + B_4C + C \longrightarrow MeB + CO \tag{3.41}$$

(2)氧化硼法。

可用 B_2O_3 代替 B_4C 作为硼的来源，过渡金属氧化物与 B_2O_3 的混合物用 C 还原，其基本反应通式为

$$MeO + B_2O_3 + C \longrightarrow MeB + CO \tag{3.42}$$

(3)金属热还原法。

过渡金属氧化物与 B_2O_3 的混合物用金属还原剂(如 Al、Mg、Ca、Si 等)代替碳来还原，其基本反应通式为

$$MeO + B_2O_3 + Al(Mg,Ca,Si) \longrightarrow MeB + Al(Mg,Ca,Si)_xO_y \tag{3.43}$$

总之，制取硼化物的还原一化合法中以碳化硼用得较多。例如，制取 TiB_2 的 B_4C，反应可分为三个阶段进行：

$$2TiO_2+B_4C+3C = Ti_2O_3+B_4C+2C+CO \tag{3.44}$$

$$Ti_2O_3+B_4C+2C = 2TiO+B_4C+C+CO \tag{3.45}$$

$$2TiO+B_4C+C = 2TiB_2+2CO \tag{3.46}$$

B_4C 中的 C 和 B 没有参加 $TiO_2 \rightarrow Ti_2O_3 \rightarrow TiO$ 的还原，而只是在 TiO 到 TiB_2 的过程中起作用。实验研究表明，在真空度为 267 Pa 时，反应第三阶段从 1 120 ℃开始，在 1 400 ℃反应 1 h，可以得到合格的 TiB_2。一般以工业规模真空制取 TiB_2 的温度是 1 650～1 750 ℃。B_4C 法制取难熔金属硼化物的工艺条件见表 3.6。

表 3.6　B_4C 法制取难熔金属硼化物的工艺条件

硼化物	组分	炉内气氛	温度范围/℃
TiB_2	TiO_2+B_4C+炭黑	H_2	1 800～1 900
		真空	1 650～1 750
ZrB_2	ZrO_2+B_4C+炭黑	H_2	1 800
		真空	1 700～1 800
CrB_2	$Cr_2O_3+B_4C+$炭黑	H_2	1 700～1 750
		真空	1 600～1 700

3. 还原一化合法制取难熔金属氮化物

金属与 N 直接氮化制取难熔金属氮化物的反应通式为

$$Me+N_2 \longrightarrow MeN$$

$$Me+NH_3 \longrightarrow MeN+H_2 \tag{3.47}$$

还原一化合法制取氮化物是金属氧化物在有 C 存在时用 N_2 或 NH_3 进行氮化，其基本的反应通式为

$$MeO+N_2+C \longrightarrow MeN+CO$$

$$MeO+NH_3+C \longrightarrow MeN+CO+H_2 \tag{3.48}$$

还原一化合法制取难熔金属氮化物的工艺条件见表 3.7 和表 3.8。

表 3.7　金属与 N 直接氮化制取难熔金属氮化物的工艺条件

氮化物	基本反应	温度范围/℃
TiN	$2Ti+N_2 = 2TiN$ $2TiH_2+N_2 = 2TiN+2H_2$	1 200
ZrN	$2Zr+N_2 = 2ZrN$ $2ZrH_2+N_2 = 2ZrN+2H_2$	1 200
HfN	$2Hf+N_2 = 2HfN$	1 200
VN	$2V+N_2 = 2VN$	1 200
TaN	$2Ta+N_2 = 2TaN$	1 100～1 200
CrN	$2Cr+2NH_3 = 2CrN+3H_2$	800～1 000

表 3.8 金属氧化物与 N 和 C 作用的工艺条件

氮化物	基本反应	温度范围/℃
TiN	$2TiO_2+N_2+4C=2TiN+4CO$	1 250～1 400
ZrN	$2ZrO_2+N_2+4C=2ZrN+4CO$	1 250～1 400
NbN	$2Nb_2O_5+2N_2+10C=4NbN+10CO$	1 200

4. 还原一化合法制取难熔金属硅合物

金属与 Si 直接硅化制取难熔金属硅化物的基本反应为

$$Me+Si \longrightarrow MeSi \tag{3.49}$$

该反应通常于固态在惰性气氛或 H_2 中进行，也能以熔融状态进行。

还原一化合法制取硅化物的方案有以下几种。

(1)Si 或 SiC 还原法。

过渡族金属氧化物与 Si 或 SiC 相互作用，其基本反应通式为

$$MeO+Si \longrightarrow MeSi+SiO_2 \tag{3.50}$$

$$MeO+SiC \longrightarrow MeSi+CO \tag{3.51}$$

如果 Si 还原金属氧化物在真空下进行，则生成可挥发的一氧化硅，即

$$MeO+2Si \longrightarrow MeSi+SiO \tag{3.52}$$

(2)碳还原法。

过渡金属氧化物与 SiO_2 和 C 相互作用，其基本反应通式为

$$MeO+SiO_2+C \longrightarrow MeSi+CO \tag{3.53}$$

(3)金属热还原法。

过渡族金属氧化物与 SiO_2 加 S 用 Al(Mg)还原，加 S 是为了造成易溶渣，其基本反应通式为

$$MeO+SiO_2+Mg+S \longrightarrow MeSi+MgSO_4$$

$$MeO+SiO_2+Al+S \longrightarrow MeSi+Al_2(SO_4)_3 \tag{3.54}$$

总体看来，工业规模制取硅化物中，金属与 Si 直接硅化和 Si 还原金属氧化物两种方法应用较多。还原一化合法制取难熔金属硅化物的工艺条件见表 3.9 和表 3.10。

表 3.9 金属与 Si 直接硅化制取难熔金属硅化物的工艺条件

硅化物	组分	炉内气氛	温度范围/℃
$TiSi_2$	Ti+Si	惰性气体(如 Ar)	1 000
$ZrSi_2$	Zr+Si	惰性气体(如 Ar)	1 100
VSi_2	V+Si	惰性气体(如 Ar)	1 200
$NbSi_2$	Nb+Si	惰性气体(如 Ar)	1 000
$TaSi_2$	Ta+Si	惰性气体(如 Ar)	1 100
$MoSi_2$	Mo+Si	惰性气体(或 H_2)	1 000
WSi_2	W+Si	惰性气体(或 H_2)	1 000

表3.10 Si还原法制取硅化物的工艺条件

硅化物	组分	炉内气氛	温度范围/℃
$TiSi_2$	TiO_2+Si	真空	1 350
VSi_2	V_2O_5+Si	真空	1 550
$NbSi_2$	Nb_2O_5+Si	真空	1 400
$TaSi_2$	Ta_2O_5+Si	真空	1 600

5.还原一化合法制取难熔非金属化合物

比较有价值的难熔非金属化合物有 B_4C、SiC、BN、Si_3N_4、SiB_6 五种。工业生产的 B_4C 是将硼酐(B_2O_3)与炭黑混合,在碳管式炉中进行碳化,反应温度为2 100~2 200 ℃,基本反应为

$$2B_2O_3+7C \longrightarrow B_4C+6CO \tag{3.55}$$

工业上制备SiC是将石英砂与C(石墨、炭黑等)在1 300~1 500 ℃按下式进行反应:

$$SiO_2+3C \longrightarrow SiC+2CO \tag{3.56}$$

该反应实际上是分两步进行的:

$$SiO_2+2C \longrightarrow Si+2CO \tag{3.57}$$

$$Si+C \longrightarrow SiC \tag{3.58}$$

或

$$3Si+2CO \longrightarrow 2SiC+SiO_2 \tag{3.59}$$

生产BN是将 B_2O_3 用 NH_3 或 NH_4Cl 进行氮化,其基本的反应为

$$B_2O_3+2NH_3 \longrightarrow 2BN+3H_2O \tag{3.60}$$

$$B_2O_3+2NH_4Cl \longrightarrow 2BN+2HCl+3H_2O \tag{3.61}$$

更完善的方法是在有C作还原剂的情况下将 B_2O_3 氮化。第一步将 B_2O_3 与炭黑混合进行焙烧,第二步将焙烧后的原料在碳管式炉中用氮进行氮化,温度为1 400~1 700 ℃。硼粉直接氮化也可以制取BN。

制取 Si_3N_4 时一般是将硅粉在1 450~1 550 ℃用 N_2 或 NH_3 进行氮化。

3.2.3 热分解法

粉末颗粒还可以通过气体分解法来制备。最常见的是羰基铁 $Fe(CO)_5$ 和羰基镍 $Ni(CO)_4$ 的热分解反应。如金属Ni与CO反应形成羰基镍 $Ni(CO)_4$,其中形成羰基气体分子需要同时加压和升温。羰基气体分子在43 ℃下冷却为液体,用分馏法提纯。在催化剂的作用下再对液体加热,导致气体分解,从而制得金属粉末,制得的镍粉纯度为99.5%(质量分数),微粒尺寸很小,呈不规则的圆形或链状。由羰基气体热分解法制备的Ni金属粉末具有较小的尺寸和长而尖的形状。通过控制反应条件可以控制粉末尺寸为0.2~20 μm,当粉末尺寸较大时,通常呈圆形。

其他的金属(如Cr、Pt、Rh、Au和Co)也可以通过羰基气体分解法制备。

通过气相同质形核制备金属粉末取得了最新的进展。这种制备金属粉末的方法目前

还处于探索阶段，但是它提供了一种制备极小微粒的途径。金属在微压力氩气中加热汽化，温度与金属到汽化源的距离呈急剧下降的关系，使汽化的金属产生激冷，从而使气体凝固形核，生成尺寸为 50～1 000 nm 的微粒。微粒的最终形态呈面心或立方。这种方法制备的粉末纯度高、粒径小，因此这种方法已开始应用于制备大多数金属粉末，包括 Cu、Ag、Fe、Au、Pt、Co 和 Zn。

3.2.4 气相沉淀法

气相沉淀法是用挥发性金属化合物经高温化学反应后的沉淀过程制备粉末。采用这种方法制备粉末时不需要熔化，不需要接触坩埚，因而可以避免一个污染物的主要来源。为了保证高纯度，它依靠气体蒸馏和挥发进入气相，然后在气态中经反应后，生成固体金属粉末沉积。

气相沉积法在粉末冶金中主要有以下几种：①金属蒸气冷凝法。这种方法主要用于制取具有蒸气压较大的金属粉末，这些金属的特点是具有较低的熔点和较高的挥发性，将这些金属的蒸气在冷却面上冷凝下来，便可以形成很细的球状粉末。②羰基物热离解法。③气相还原法，包括气相氢还原和气相金属热还原。④化学气相沉积法。

1. 羰基物热离解法

羰基物热离解法（简称羰基法）就是离解金属羰基化合物而制取粉末的方法。粉末冶金中使用羰基镍粉或羰基铁粉，偶尔也使用羰基钴粉。某些金属，特别是过渡族金属能与 CO 生成羰基化合物[$Me(CO)_n$]。羰基化合物一般为易挥发的液体或者易升华的固体，例如：$Ni(CO)_4$ 为无色的液体，熔点为 −25 ℃，沸点为 43 ℃；还有 $Fe(CO)_5$、$Cr(CO)_6$、$Mo(CO)_6$ 等，它们均为易升华的晶体。

羰基法制取的金属粉末的特点是粉末粒度细小，如羰基镍粉一般粒度为 2～3 μm；羰基粉末多为球形的粉末，纯度非常高。羰基法的缺点是成本较高，另外羰基化合物挥发时都具有不同程度的毒性，因此在生产过程中要采取严密的防毒措施。

羰基化合物生成反应的通式为

$$Me + nCO \longrightarrow Me(CO)_n \quad (3.62)$$

例如：

$$Ni + 4CO \longrightarrow Ni(CO)_4 \quad (\Delta H_{298} = -163\ 670\ J) \quad (3.63)$$

该反应为放热反应，体积减小，因此提高压力有利于反应的发生，提高温度有利于提高反应的速度，但会使反应向羰基镍分解的方向进行。羰基镍的生成在低温下进行得较为彻底，如果升高温度，则工艺中必须采用高压。

羰基化合物离解的通式为

$$Me(CO)_n \longrightarrow Me + nCO \quad (3.64)$$

例如

$$Ni(CO)_4 \longrightarrow Ni + 4CO \quad (3.65)$$

离解反应是吸热反应，体积增大，升高温度和降低压力均有利于离解反应。四羰基镍离解在 230 ℃左右开始，生成的气态金属经形核，长大得到镍粉。工业上生产四羰基镍粉一般在 280～300 ℃，常压状态下进行。

2. 气相还原法

气相还原法包括气相氢还原法和气相金属热还原法。本节主要讨论气相氢还原法。气相氢还原法是指用氢气还原气态金属卤化物(主要是氯化物),可以制备 W、Mo、Ta、Nb、V、Cr、Co、Ni、Sn 等粉末。

下面以气相氢还原六氯化钨(WCl_6)制取超细钨粉为例介绍气相氢还原法的基本过程。

WCl_6的沸点为 346.7 ℃,可以通过钨矿石、三氯化钨、钨一铁合金、金属钨或硬质合金废料与氯气反应获得。不同的原料氯化产物是不完全相同的,如果有多种氯化物时,需按产物中各种氯化物的不同沸点分级蒸馏而得到纯净的 WCl_6。

WCl_6 的 H_2 还原反应式为

$$WCl_6 + 3H_2 = W + 6HCl \tag{3.66}$$

反应在 400 ℃开始,此时生成的钨多以镀膜状态沉积于反应器壁上;随着反应温度升高,粉末状钨逐渐增多;到 900 ℃,得到的全是钨粉。粉末的粒度取决于反应的温度和 H_2 比例,反应温度越高,得到的钨粉粒度越细;增加 H_2 的浓度,钨粉力度也变细。表3.11给出了一些金属氯化物氢还原的工业条件。

表 3.11 金属氯化物氢还原的工业条件

沉积物		原料	工业条件	
			温度/℃	气氛
单质	Al	$AlCl_3$	800～1 000	H_2
	Ti	$TiCl_4$	800～1 200	H_2+Ar
	Zr	$ZrCl_4$	800～1 000	H_2+Ar
	V	VCl_4	800～1 000	H_2+Ar

3. 化学气相沉积法

化学气相沉积(Chamical Vapor Deposition,CVD)法是从气态金属卤化物(主要是氯化物)还原化合沉积制取难熔化合物粉末和各种涂层(包括碳化物、硼化物、硅化物、氮化物等)的方法。

从气相氢还原 WCl_6 制取超细钨粉的原理可知,在一定的条件下,产物可能是镀膜状,也可能是粉末状,取决于反应的温度和氢气的质量浓度。化学气相沉积法也遵循这一规律,在产物的质量浓度较低时,不足以形核长大为粉末的条件下,必要沉积于工件表面形成镀层;反之也可以控制反应条件获得所需的粉末。因此,化学气相沉积法虽然多用于涂层工艺,但也是制取难熔化合物超细粉末的一种很好的方法。

从气态金属卤化物还原化合沉积各种难熔化合物的反应通式为:

①碳化物。金属氯化物 $+ C_mH_n + H_2 \longrightarrow MeC + HCl + H_2$,$C_mH_n$ 一般为 CH_4、C_3H_8、C_2H_2 等。

②硼化物。金属氯化物 $+ BCl_3 + H_2 \longrightarrow MeB + HCl$。

③硅化物。金属氯化物 $+ SiCl_4 + H_2 \longrightarrow MeSi + HCl$。

④氮化物。金属氯化物$+N_2+H_2 \longrightarrow MeN+HCl$。

例如：

①化学气相沉积法制取碳化钛的反应为

$$TiCl_4+CH_4+H_2 \longrightarrow TiC+4HCl+H_2 \tag{3.67}$$

$$3TiCl_4+C_3H_8+2H_2 \longrightarrow 3TiC+12HCl \tag{3.68}$$

②制取氮化钛的反应为

$$2TiCl_4+N_2+4H_2 \longrightarrow 2TiN+8HCl \tag{3.69}$$

③制取 B_4C 和 SiC 的反应为

$$4BCl_3+CH_4+4H_2 \longrightarrow B_4C+12HCl \tag{3.70}$$

$$SiCl_4+CH_4+H_2 \longrightarrow SiC+4HCl+H_2 \tag{3.71}$$

化学气相沉积法还可以制取氧化物的涂层，例如：

$$2AlCl_3+3CO_2+3H_2 = Al_2O_3+3CO+6HCl \tag{3.72}$$

不难发现有些反应式中 H_2 既是反应物又是产物，这是因为 H_2 既是还原剂又是载体气体，还起到稀释剂的作用。

3.2.5 液相沉淀法

液相沉淀法是指在液相中通过物理、化学作用沉淀出粉末的方法。液相可以是熔盐、熔融金属、水溶液等。

从熔盐中沉淀即是熔盐金属热还原，例如，将 $ZrCl_4$ 与 KCl 混合，加入 Mg，加热到 750 ℃可以还原出金属 Zr，产物冷却后经破碎，再用 HCl 处理去除杂质，即可得到 Zr 粉。

从水溶液中沉淀的方法应用最广泛，特别是在陶瓷粉末制备领域。其原理是选择一种或多种可溶性金属盐类配制成溶液，使各元素呈离子或分子态存在，再选一种合适的沉淀剂或用蒸发、升华、水解等操作，使金属离子均匀沉淀或结晶出来，最后对沉淀物或结晶物进行脱水或者加热分解而得到所需粉末。根据制备的过程不同，水溶液沉淀法又分为以下几种。

(1)沉淀法。沉淀法包括直接沉淀法、共沉淀法和均相沉淀法等。

(2)水热法。这是一种在水溶液中通过高温高压作用发生化学反应形成超细粉沉淀的方法，可以获得通常得不到或难以得到的，粒径从几纳米到几百纳米的金属氧化物、金属复合氧化物粉末。

(3)溶胶一凝胶法(简称 Sol－Gel)。原材料的水溶液进行水解缩合等化学反应，在溶液中形成稳定的透明溶胶体系，溶胶沉化后，胶粒间经过缓慢聚合，形成三维空间网络结构的凝胶，凝胶网络间充满了失去流动性的溶剂，将凝胶进行干燥，即制备出超细甚至纳米级别的金属氧化物粉末。

1. 沉淀法

(1)直接沉淀法。

直接沉淀法是在金属盐溶液中加入沉淀剂，在一定的条件下生成沉淀析出，沉淀经洗涤、干燥和热分解等处理工艺后得到纳米粉末。李江等以 $NH_4Al(SO_4)_2 \cdot 12H_2O$ 为原料，NH_4HCO_3 为沉淀剂，采用直接沉淀法制备了平均粒径为 150 nm 的 $\alpha-Al_2O_3$ 纳米粉末，并系统研究了 $\alpha-Al_2O_3$ 籽晶和氟化物对 Al_2O_3 晶型转变和颗粒形貌的影响。研究结果表明，在生成的前驱体中加入的少量 $\alpha-Al_2O_3$ 籽晶能降低形核温度，有效提高相转变速率，在较低的温度下(约 1 100 ℃)完成向 $\alpha-Al_2O_3$ 的相转变。而在前驱体中添加质量分数 2%的 LiF、AlF_3，在 900 ℃煅烧即获得结晶性和分散性良好、平均粒径为 2 μm 的 $\alpha-Al_2O_3$ 纳米粉体。李强等利用 Na_2CO_3 溶液在剧烈搅拌下与 $Zn(NO_3)_2$ 溶滚反应获得碱式碳酸锌沉淀，所得的沉淀经水洗后，再用无水乙醇洗涤，100 ℃干燥后再经 250 ℃煅烧得到分散性好、平均晶粒尺寸仅为 10 nm 的 ZnO 纳米粉末。

直接沉淀法操作简单易行，对设备技术要求不高，不易引入杂质，产品纯度很高，有良好的化学计量性，成本较低。缺点是洗涤原溶液中的阴离子较难，得到的粒子分布较宽，分散性较差。

(2)共沉淀法。

共沉淀法是指在溶液中含有两种或多种阳离子，它们以均相存在于溶液中，加入沉淀剂，经过沉淀反应后，可以得到各种成分均一的沉淀，再将沉淀物经过干燥或煅烧，制得高纯微细的粉末。它是制备含有两种或者两种以上金属元素的复合氧化物超细粉末的重要方法。

共沉淀的原理是根据各种物质的结构差异改变溶液的某些性质(如 pH、极性、离子强度、金属离子等)，从而使提取液中有效成分的溶解度发生变化。即在溶解有各种成分离子的电解质溶液中添加合适的沉淀剂，使其发生反应，生成组分均匀的沉淀，再通过煅烧得到高纯微细的粉末材料。

共沉淀法具有以下特点：

①共沉淀法是所有制备粉末的湿法化学方法中，工艺最简单、成本最低并且最终能制备出具有优良性能的粉末的方法。其优势在于成本低，工艺简单，可重复性好，有利于工业化，制备条件易于控制，合成周期短等，已成为目前研究最多的制备方法。

②该法可以通过溶液中的各种化学反应直接得到化学成分均一的纳米粉末材料，容易制备粒度小且分布均匀的纳米粉末。

③所得的沉淀物中杂质的含量及配比难以精确控制。

④该法在共沉淀制备粉末的过程中从共沉淀到沉淀的漂洗、干燥、煅烧的每个阶段均可能导致颗粒长大及团聚体的形成。

(3)均相沉淀法。

均相沉淀是在均相溶液中，借助于适当的化学反应，有控制地产生为沉淀作用所需的离子，在整个溶液中缓慢析出密实且较重的无定形沉淀或大颗粒的晶态沉淀的过程。通常的沉淀操作是把一种合适的沉淀剂加到一个欲沉淀物质的溶液中，使之生成沉淀。均相沉淀法总会有局部过浓现象，因此整个溶液不是到处均匀的，这种在不均匀溶液中进行沉淀所发生的局部过浓现象通常会给分析带来不良后果。例如，它会引起溶液中其他物质的共沉淀，使沉淀污染；它会使晶态沉淀成为细小颗粒，给过滤和洗涤带来困难，而无定形沉淀则很蓬松，既难过滤沉淀，又很容易吸附杂质。

2. 水热法

(1)水热法概述。

水热法又称热液法,是一种液相反应法,其基本原理是在一定的温度和压力下,使原本难溶或者不溶的反应物在水中溶解并重结晶,在液相中完成反应。水热反应主要分为水热结晶、水热还原、水热氧化、水热水解、水热沉淀等几类,其中水热结晶用得最多。

在水热反应过程中,水既是溶剂又是压力传递介质。通过水的加压,一方面可以完成常温常压下不能发生的反应,另一方面,和固态反应相比,反应温度大大降低,可以在200 ℃左右完成固态反应中需要加热到800~900 ℃才发生的反应,这给一些需要高温合成的化合物的制备带来了极大的便利。由于水热反应的高压、低温、液相的反应条件,水热产物通常具备结晶度高、颗粒尺寸小、粒度分布均匀、分散性好等优点,同时水热法制备的粉末不需要后期煅烧晶化的过程,工艺简单,且避免了后期研磨、煅烧等处理过程中引起的团聚、晶粒长大、混入杂质等缺陷。

(2)水热制备技术。

实验表明,H_2O 的离子积 K_w 随着温度、压力的升高而急剧增大。当温度为1 000 ℃、压力为 100 kbar(10^7 kPa)时,水的离子积对数为

$$-\lg K_w = 7.85 \pm 0.3 \tag{3.73}$$

当温度为 1 000 ℃、压力为 150~200 kbar 时,H_2O 的密度为 1.7~1.9 g/cm^3,此时水已经完全电离为 H_3O^+ 和 OH^-,其行为同熔盐类似,与常见熔盐 NH_4F、NaOH 等同,相当于电子化合物。

在水热反应过程中,最为重要的两个因素为温度和压力。图 3.17 给出了水热条件下水的温度一填充度一压力三者的关系曲线。其中,填充度指的是常温常压下,加入水热釜反应腔中的液体体积与反应腔体积(或水热釜容积)的比值。由图可以看出,水热体系的压力主要由填充度决定。当填充度大于 32%时,H_2O 的液相一气相曲线呈凸形,在 H_2O 的临界温度以下时水热釜反应腔被液相充满。当填充度为 80%时,H_2O 的临界温度为245 ℃,在临界温度以上时,反应腔内为气一液两相共存。当填充度小于 32%时,其情形正好相反。仅在少数情况(例如进行脱水反应)时,才选择低填充度进行水热反应。

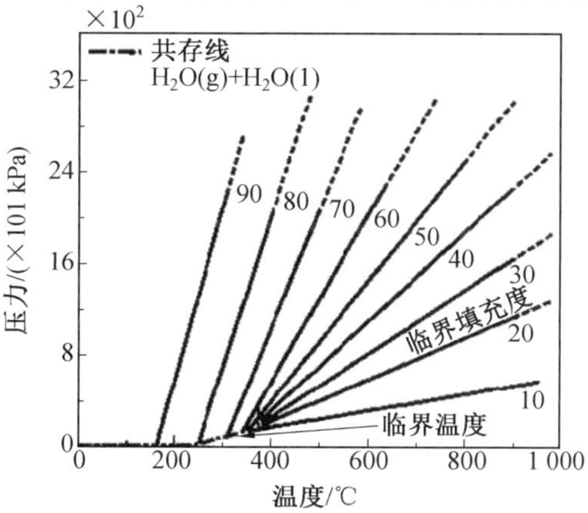

图 3.17 水热条件下水的温度一填充度一压力的关系曲线

由于水热釜材质的限制,水热反应通常在较低温度下进行,在水热溶液中,最难溶解的组分的溶解度低限一般为 2%～5%。图 3.18 为水与某种微溶于水的组分 A 的温度—压力—溶解度的等压截面图,它的熔点远高于水的冰点。图中阴影部分是通常进行水热制备实验的温度区域。在此区域内,组分 A 在纯水中的溶解度仍然较小。为了提高难溶组分的溶解度,通常在水热溶液中加入溶于水的酸、碱或其他能与难溶组分形成络合物的可溶性物质,即矿化剂。

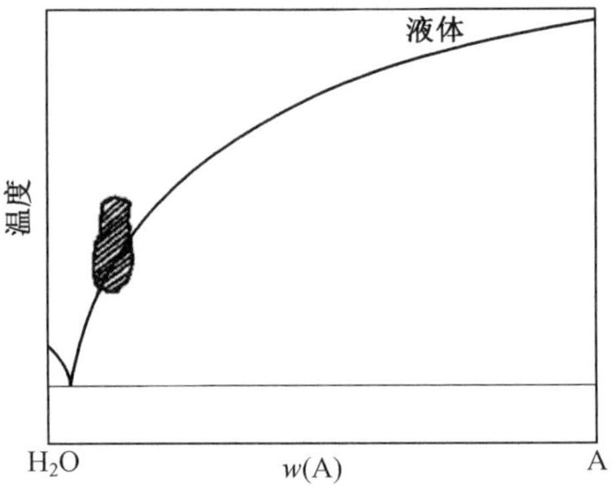

图 3.18 水与微溶于水的组分 A 的温度—压力—溶解度的等压截面图

①水热温差技术。

水热温差技术是通过水热法制备单晶材料最常见的技术。在水热反应过程中,通过温度分区控制,在水热釜内部沿轴向形成溶解区和生长区,并且溶解区温度高于生长区。溶解区与生长区间的温度差可以提供晶体生长所需的过饱和度。设 ρ 为水热溶液的密度,则沿水热釜轴向有不同的 ρ 值。ρ 值的大小与水热溶液的浓度 C 和水热反应的温度 T 有关。增大溶液浓度,将增大水热溶液的密度 ρ;提高反应温度,则降低水热溶液的浓度 ρ。在实际的水热反应中,有

$$\rho(C_1, T_1) < \rho(C_2, T_2) \tag{3.74}$$

式中,C_1、T_1 为溶解区溶液的浓度和温度;C_2、T_2 为生长区溶液的浓度和温度,并有如下关系式:

$$\frac{\partial \rho}{\partial C}(C_1 - C_2) + \frac{\partial \rho}{\partial T}\rho(T_2 - T_1) < 0 \tag{3.75}$$

对于任何一种晶体,都存在使其以适宜速率生长的最小过饱和度 $\sigma_{\min}$。

②水热降温技术。

与水热温差技术不同,水热降温技术通过逐步降低水热溶液的温度来获得过饱和度。在水热温差法的反应过程中,物质向结晶相的输运主要通过溶解区与生长区的对流来实现;而水热降温法中,则主要通过扩散实现物质输运。随着体系温度的不断降低,大量的晶体在水热釜内自发成核、结晶与生长。这一方法的缺点在于难以控制晶体粉末的生长过程,因而在应用中存在一定的限制。

③水热亚稳相技术。

水热亚稳相的化学原理是依据在水热条件下,前驱体物相的溶解度与结晶相的溶解度之间存在一定差异的特点。采用这一技术制备粉末时,所选取的前驱体物相在水热条

件下为热力学不稳定的化合物，或者为目标产物的同质异构体，且后者可行的前提是前驱体的溶解度大于产物的溶解度。随着前驱体溶解，目标产物逐渐结晶、长大。水热亚稳相技术通常可以与水热温差技术或水热降温技术结合使用，以调控产物的性状。

④前驱物分置技术。

前驱物分置技术是在水热温差技术的基础之上发展形成的，更多用于制备含有两种或多种组分的复杂氧化物粉末。在前驱物分置法的反应过程中，不同组分的前驱体分别放置于水热釜的不同位置，通常水热釜下部放置易溶解的组分，上部放置难溶解的组分。在溶解阶段，放置在下部的易溶解成分首先溶解，并通过液体对流输运到反应釜上部，并与该位置的难溶组分反应，结晶析出目标产物。例如把 TiO_2 放置在反应釜下部，将 PbO 放置在反应釜上部，在一定的水热条件下，二者可以合成 $PbTiO_3$ 单晶粉末。

⑤不同组分的前驱体和溶液分置技术。

不同组分的前驱体和溶液分置技术需要使用特制的水热釜。以制备同时含有 Sb^{3+} 和 Sb^{5+} 的 $SbSbO_4$ 为例，如图 3.19 所示，在图中所示隔板的一侧放置 Sb^{3+} 前驱体 Sb_2O_3，并选用 KF 水溶液作为反应介质；隔板另一侧放置 Sb^{5+} 前驱体 Sb_2O_5，并选用 $(KHF_2+H_2O_2)$ 水溶液作为反应介质。所选的反应溶液使得两种前驱体在反应体系中有相似的溶解度，以控制形成产物的离子有恰当的摩尔比。而水热产物在隔板顶端的多孔小容器中生长，通过控制小容器上的孔的数量和大小，可以获取晶体生长适宜的过饱和度。这种技术特别适用于制备含有不同价态的同种离子(或同一族的离子)的化合物。

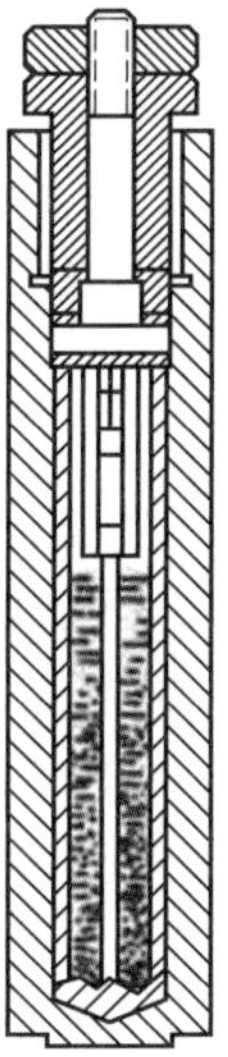

图 3.19 分隔式高压反应釜结构示意图

⑥倾斜反应技术。

倾斜反应技术主要用于水热法单晶外延薄膜的制备。在这种方法中，水热产物以薄膜的形式生长在特定的模板上。在达到预定的反应温度之前，溶液不与模板接触；达到反应温度后，将反应釜倾斜，使模板与水热溶液充分接触，在模板表面生长一层均匀的薄膜。

(3)水热制备技术的特点。

水热制备技术的特点主要有以下几点：

①水热法可以制备其他方法难以制备的物质的某些物相。由于水热反应是在密闭容器内进行的，因此能够对反应气氛种类及气压进行控制，形成特定的氧化或还原条件，制备出其他反应方法难以制备的物相。这一技术尤其适合用于制备过渡金属化合物。例如在水热条件下，用过量的 CrO_3 氧化 Cr_2O_3，可以生成 CrO_2，化学反应式为

$$\begin{cases} Cr_2O_3 + CrO_3 \longrightarrow 3CrO_2 \\ CrO_3 \longrightarrow CrO_2 + \frac{1}{2}O_2 \end{cases} \tag{3.76}$$

在反应过程中，过量的 CrO_3 分解生成氧气，反应体系中维持一定的氧分压，使得 CrO_2 能够在高温中稳定存在。

②水热法可以在较低的温度下制备其他方法难以制备的物质的低温相。由于相变温度的限制，某些物质的低温相不能用固相反应等方法合成，而水热法反应温度较低，在制备低温相时具有独特优势。例如，ZnS 的低温相闪锌矿(等轴晶系)将在 1 296 K 转变为纤锌矿(六方晶系)，因此，不能用高温熔体法生产闪锌矿晶体。而使用水热法，可以在远低于相变温度的 300～500 ℃之间合成闪锌矿晶体。又如 CuI 的室温相为闪锌矿结构的 γ－CuI，390～440 ℃为纤锌矿结构的 β－CuI，440 ℃以上则转变为 NaCl 结构的 α－CuI。制备 γ－CuI 时，可以使用水热法在低于 390 ℃的条件下制取。

③水热法反应速率较高。在水热条件下，体系中存在温度梯度，溶液具有相对较低的黏度，较大的密度变化，使溶液对流更加迅速，溶质传输更为有效，化学反应具有更高的反应速率。例如在水热条件下，非晶相的晶化速率较通常条件提高了几个数量级。

水热法可以加速氧化物晶体的低温脱溶和有序、无序转变。

3. 溶胶－凝胶法

溶胶－凝胶法是指金属有机或无机化合物经过溶液、溶胶、凝胶而固化，再经热处理而形成氧化物或其他化合物固体的方法。该方法可以追溯到 19 世纪中期，Ebelman 发现正硅酸乙酯水解形成的 SiO_2 呈玻璃状，随后 Graham 发现 SiO_2 凝胶中的水可以被有机溶剂置换，此现象引起了化学家的注意。经过长时间的探索，胶体化学学科逐渐形成。Xu 等以乙二醇为溶剂，醋酸为催化剂，次硝酸铋和硝酸铁分别为 Bi、Fe 源合成了单相 $BiFeO_3$ 并研究了粉体的形核过程。图 3.20 显示了使用溶胶－凝胶法制备的干凝胶经过不同温度焙烧 1 h 后得到的 $BiFeO_3$ 粉体的 SEM 图。该方法在制备材料初期就进行控制，使得均匀性可以达到亚微米级、纳米级甚至分子级水平，也就是说在材料制备早期就着手控制了材料的微观结构，利用此方法可以对材料性能进行控制。

溶胶－凝胶法不仅可用于制备微粉，而且可用于制备薄膜、纤维、体材料和复合材料。其优、缺点如下：纯度高，粉料(特别是多组分粉料)制备过程中无须机械混合，不易引进杂质；化学均匀性好，由于在溶胶—凝胶的过程中，溶胶由溶液制得，化合物在分子级水平混合，胶粒内及胶粒间化学成分完全一致；颗粒细，胶粒尺寸小于 0.1 μm；可容纳不溶性组分或不沉淀组分，不溶性颗粒均匀地分散在含不产生沉淀的组分的溶液中，经溶胶凝化，不溶性组分可自然地固定在凝胶体系中，不溶性组分颗粒越细，体系化学均匀性越好；掺杂分布均匀，可溶性微量掺杂组分分布均匀，不会分离、偏析，比醇盐水解法优越；合成温度低，成分容易控制；工艺、设备简单，但原材料价格昂贵；烘干后的球形凝胶颗粒自身烧

图 3.20 干凝胶经过不同温度焙烧 1 h 后得到 $BiFeO_3$ 粉体的 SEM 图

结温度低，但凝胶颗粒之间烧结性差，即体材料烧结性不好；干燥时收缩大。

溶胶一凝胶法的基本原理：溶胶一凝胶法是以金属醇盐的水解和聚合反应为基础的，其反应过程通常用下列方程式表示。

水解反应：

$$M(OR)_4+xH_2O = M(OR)_{4-x}(OH)_x+xROH \tag{3.77}$$

缩合一聚合反应：

失水缩合

$$-M-OH+OH-M- = -M-O-M-+H_2O \tag{3.78}$$

失醇缩合

$$-M-OR+OH-M- = -M-O-M-+ROH \tag{3.79}$$

缩合产物不断发生水解、缩聚反应，溶液的黏度不断增加，最终形成凝胶（含金属一氧一金属键的网络结构）的无机聚合物。正是由于金属一氧一金属键的形成，使溶胶一凝胶法能在低温下合成材料。溶胶一凝胶法的关键就在于控制条件发生水解、缩聚反应形成溶胶、凝胶的过程。

以溶胶一凝胶法合成 $BaTiO_3$ 纳米粉末的工艺流程及原理为例，钛酸四丁酯是一种非常活泼的醇盐，遇水会发生剧烈的水解反应，如果有足够的水参与反应，一般将生成性能稳定的氢氧化钛。因此，在溶胶一凝胶工艺中，必须严格地控制水的掺量，甚至不掺水，

使水解反应不充分(或不完全),其反应式可表示为

$$Ti(OR)_4 + xH_2O \longrightarrow Ti(OR)_{4-x}(OH)_x + xROH \qquad (3.80)$$

式中,$R = C_4H_9$ 为丁烷基;RO 或 OR 为丁烷氧基。未完全水解反应的生成物 $Ti(OR)_{4-x}(OH)_x$ 中的(OH)—极易与丁烷基(OR)或乙羰基($R' = CH_3CO$)结合,生成丁醇或乙酸,而使金属有机基团通过桥氧聚合成有机大分子。如本实验中可能发生典型的聚合反应的结构反应式为

$$—\overset{|}{\underset{|}{Ti}}—OH + R'—O—Ba—O—R' \longrightarrow —\overset{|}{\underset{|}{Ti}}—O—Ba—O—R' + R'OH \qquad (3.81)$$

或

$$—\overset{|}{\underset{|}{Ti}}—OR + —\overset{|}{\underset{|}{Ti}}—OH \longrightarrow —\overset{|}{\underset{|}{Ti}}—O—\overset{|}{\underset{|}{Ti}}— + ROH \qquad (3.82)$$

实验中的水解及聚合反应在缓慢的过程中不断地进行,实际上是金属有机化合物经过脱酸脱醇反应,Ti^{4+} 和 Ba^{2+} 通过桥氧键聚合成了有机大分子团链,随着这种分子团链聚合度的增大,溶液黏度增加,溶胶特征明显,经过一定时间就会变成半固体透明的凝胶。凝胶经过烘干,煅烧得到 $BaTiO_3$ 粉末。

3.2.6 固一固反应合成法

对于采用高温固一固反应合成的粉末,合成物比原料组分具有更高的热力学稳定性。例如,Fe_3Al、NiTi、Ti_5Si_3 等金属间化合物都是采用固一固反应合成法制得的。金属间化合物是导电的,拥有许多陶瓷才具有的特性,包括高温稳定性等。当由单质组分制备化合物时,释放出大量的热。例如 NiAl 的制备,NiAl 的熔点是 1 649 ℃,而 Al 的熔点是 660 ℃,Ni 的熔点是 1 453 ℃。它的反应合成式为

$$Ni(s) + Al(s) \longrightarrow NiAl(s) + Q \qquad (3.83)$$

如果不控制反应,释放的热量足以使 NiAl 产物熔化。将镍粉和铝粉混合起来而进行反应制备复合粉末时,一旦反应进行,它将是一个自发的过程,通常称为自蔓燃反应,与氢和氧合成水一样释放出大量热能。

通过固态反应合成而制备金属粉末时,一般先将各单质组分混合再压缩成坯块。坯块点燃时,会产生自蔓燃反应波,这个反应波一般以 10 mm/s 的速度扩展而生成产物。反应产物具有多孔结构,经研磨而形成粉末。这种方法多用来制备陶瓷粉末和金属间化合物,如 Al、Si 和 Ti 的化合物,包括 NiTi、Ni_3Al、Ni_3Si、TiAl、Ti_5Si_3、$NbAl_3$、Fe_3Al 和 $TaAl_3$ 等。

固相反应法是指两种或两种以上的源固相物质进行化学反应而生成新的固相化合物质,合成物比原料组分具有更高的热力学稳定性。固相反应不使用溶剂,具有高选择性、高产率、低能耗、工艺过程简单等特点。固相反应可以分为四个阶段:扩散一反应一成核一生长。即在整个反应热力学可行的条件下,参与固相反应的反应物必须首先可以长距离扩散,使两个反应物分子充分接触而发生化学反应,生成产物分子,当产物分子积累

到一定程度，出现产物的晶核，随着晶核的生长，达到一定的大小后便有产物的独立晶相出现。传统的固相反应法只有在高温下才能够发生。这是因为对于一般的无机氧化物材料来说，扩散与形核过程都需要很高的能量。

固相反应法制备多晶陶瓷粉末是将原料粉末按一定的比例混合，经研磨、预烧等工艺生成粉末的过程。在预烧中通常会发生合成与分解两类反应，其中合成反应是比较简单的两种或多种化合物，通过高温作用而生成比较复杂的化合物，预烧温度和时间应控制在反应基本完成而粉粒之间未有明显烧结为宜；分解反应可以除去一些有机物质、高温挥发的无机杂质，并可使碳酸盐分解，使之成为超细、高活性的原料。

固相反应法制备多晶陶瓷粉末具体的制备工艺过程可分为“配料－混料－预烧”几个阶段，下面以 $La_{2/3}Sr_{1/3}MnO_3$ 粉末为例来做具体说明。

1. 配料

选用高纯度的 La_2O_3、$SrCO_3$ 及 MnO_2 粉料为原料，按目标物质（$La_{2/3}Sr_{1/3}MnO_3$）中金属元素的摩尔比例分配原料的摩尔比（$\frac{1}{3}La_2O_3+\frac{1}{3}SrCO_3+MnO_2$），并依此计算出所需的各种原料的质量，利用电子天平称量出各种原料，通常在称量之前，原料应放置于真空干燥箱进行烘干处理。

2. 混料

将称量好的原料置于球磨罐中进行球磨混合，球磨过程中不应将其他杂质混入混合料，球磨时间和球的材质、大小应根据实验样品和具体颗粒度要求不同而调整。

3. 预烧

将充分混合的粉料置于耐高温坩埚中并压实和加盖，然后在高温烧结炉中进行预反应。预烧的温度比烧结的温度要低，预烧的时间和温度应该控制在粉粒之间未有明显的结块为宜。为获得高质量的多晶粉末，可以进行多次预烧和研磨，并适当调整预烧温度和时间。

3.3 电解法

电解法在粉末生产中占有重要地位，其生产规模在物理化学法中仅次于还原法。不过，电解法耗电较多，其成本比还原法、雾化法高。因此，在粉末总产量中，电解法所占的比例是较小的。电解法又可分为水溶液电解、熔盐电解、有机电解质电解和液体金属阴极电解，其中用得较多的还是水溶液电解和熔盐电解，而熔盐电解主要用于制取一些稀有难熔金属粉末。下面主要讨论水溶液电解法，也简单介绍熔盐电解法。

3.3.1 水溶液电解法

水溶液电解法可生产铜、镍、铁、银、锡、铅、铬、锰等金属粉末，在一定条件下可使几种元素同时沉积而制得 Fe－Ni、Fe－Cr 等合金粉末。

从所得粉末特性来看，电解法有一个提纯过程，因而所得粉末较纯；同时，由于电解结晶粉末形状一般为树枝状，粉末压制成形性较好；电解还可以控制粉末粒度，因而水溶液电解法可以用于生产超细粉末。

1. 电化学原理

(1)电极反应。

当电解质溶液中通入直流电后,会产生正、负离子的迁移,正离子移向阴极,负离子移向阳极,在阳极上发生氧化反应,在阴极上发生还原反应,从而在电极上析出氧化产物和还原产物。这两个过程是电解的基本过程。因此,电解是一种借电流作用而实现化学反应的过程,也是由电能变为化学能的过程。现以水溶液电解铜粉为例来分析电极反应。

电解铜粉时电解槽内的电化学体系为

$$(-)Cu(粉)/CuSO_4, H_2SO_4, H_2O/Cu(纯)(+)$$

电解质在溶液中电离或部分电离成离子状态:

$$CuSO_4 = Cu^{2+} + SO_4^{2-} \tag{3.84}$$

$$H_2SO_4 = 2H^+ + SO_4^{2-} \tag{3.85}$$

$$H_2O = H^+ + OH^- \tag{3.86}$$

当施加外直流电压后,溶液中的离子担负起传导电流的作用,在电极上发生电化学反应,把电能转变为化学能。加入酸是为了降低溶液的电阻。

在阳极,主要是 Cu 失去电子变成离子而进入溶液:

$$Cu \longrightarrow Cu^{2+} + 2e^- \tag{3.87}$$

$$2OH^- - 2e^- \longrightarrow H_2O + \frac{1}{2}O_2 \uparrow \tag{3.88}$$

在阴极,主要是 Cu^{2+} 放电而析出金属:

$$Cu^{2+} + 2e^- \longrightarrow Cu \tag{3.89}$$

$$2H^+ + 2e^- \longrightarrow 2H \longrightarrow H_2 \uparrow \tag{3.90}$$

Cu 电解时杂质金属的行为取决于它们自身的电位与电解液的组成。阳极 Cu 的杂质为:标准电位比 Cu 更负的金属杂质,如 Fe、Ni 等;标准电位比 Cu 更正的金属杂质,如 Ag、Au 等;标准电位与铜接近的金属杂质,如 Bi。

①标准电位比 Cu 更负的金属杂质。在阳极,这类杂质优先转入溶液;在阴极,这类杂质留在溶液中不还原或比铜后还原。铁离子的存在会增大电解液电阻,降低溶液的导电能力,同时,溶液中的 Fe^{2+} 可能被溶于溶液中的氧所氧化($2Fe^{2+} + 2H^+ + \frac{1}{2}O_2 = 2Fe^{3+} + H_2O$),所生成的 Fe^{3+} 在阴极上将 Cu 溶解下来($2Fe^{3+} + Cu = 2Fe^{2+} + Cu^{2+}$)。这样,Fe 在溶液中反复进行氧化一还原反应,结果使电流效率降低。

镍离子的存在也会降低溶液的导电能力,还可能在阳极表面生成一层不溶性化合物薄膜(如氧化镍)而使阳极溶解不均匀,甚至引起阳极钝化。

②标准电位比 Cu 更正的金属杂质。在阳极,这类杂质不氧化或后氧化;在阴极,这类杂质先还原。例如,Ag 在阳极不溶解,而从阳极表面脱落进入阳极泥。如果少量的 Ag 以 Ag_2SO_4 形态转入溶液中,则在阴极会优先析出,造成 Ag 的损失。在电解含 Ag 的 Cu 阳极时,需往溶液中加入 HCl,使生成 AgCl 沉淀而进入阳极泥以便回收。

③标准电位与 Cu 接近的金属杂质。这类杂质在阳极与 Cu 一起转入溶液中。当电

流密度较高，阴极区 Cu^{2+} 浓度降低时，它们便会在阴极上析出而使阴极产物中含有这类杂质。

(2)分解电压和极化。

电解时，如逐渐增加电解池阴阳两极上的外加电压，最初电压增加，但电流增加不大。直到电压增加到一定的数值，电流才剧烈地增加，电解得以顺利进行。使电解能顺利进行所必需的最小电压称为分解电压。

因为电解过程是原电池的可逆过程，为使电介质能够在两极不断地进行分解，必须在两个电极上加上一个电位差，这个电位差必须大于电解反应的逆反应所生成的原电池的电动势。这样的外加最低电位就是理论分解电压。理论分解电压也就是阳极平衡电位与阴极平衡电位之差，即

$$E_{理论}=\varepsilon_{阳}-\varepsilon_{阴} \tag{3.91}$$

由于不同物质的理论电位不同，因此理论分解电压也不同。

实际电解过程中，分解电压比理论分解电压大得多，分解电压比理论分解电压超出的部分称为超电压：

$$E_{分解}=E_{理论}+E_{超} \tag{3.92}$$

电流密度越高，电压超出的数值越大，对每个电极来说，其偏离平衡电位值也越多，这种偏离平衡电位的现象称为极化。根据极化产生的原因，其可以分为浓差极化、电阻极化和电化学极化。电解制粉一般是在高电流密度条件下进行的，三种极化产生的超电压都不可以忽视。

(3)电解的定量定律。

在电解过程中所通过的电量与所析出物质的物质的量之间的关系可以定量得出。电解时，在任一电极反应中，发生变化的物质的物质的量与通过的电量成正比，即与电流强度和通过电流的时间成正比，这就是法拉第第一定律。在各种不同的电解质溶液中通过等量的电流时，发生变化的每种物质的物质的量与它们的电化当量成正比，此即法拉第第二定律。在这里，96 500 C 称为法拉第常数，如果以 A・h 为单位来表示，则等于 26.8 A・h。

因此电化当量 q 为

$$q=\frac{W}{96\ 500n}=\frac{W}{26.8n} \tag{3.93}$$

式中，W 为物质的相对原子质量；n 为原子价。

电解产量 m 等于电化当量与电量的乘积，用公式表示为

$$m=qIt \tag{3.94}$$

式中，I 为电流强度，A；t 为电解时间，h。

由式(3.94)可以看出，电流强度越大，电量越大，则电解的产量越高。常见元素的电化当量见表 3.12。

表 3.12 常见元素的电化当量

元素	相对原子质量	化合价	物质的量	电化当量/(g·(A·s)$^{-1}$)
氢	1.008	+1	1.008	0.037 6
氧	16.0	−2	4	0.298 5
银	107.9	+1	107.9	4.026
铜	63.54	+2	15.8	1.186
铁	55.85	+2	13.965	1.042 0
镍	58.71	+2	14.68	1.095 3

(4)成分条件。

如上所述,Cu、Ni、Fe、Ag 等均可通过水溶液电解析出,但要求阴极沉积物呈粉末状态,所以还需掌握电解时成粉的规律。电解实验证实:① 在阴极开始析出的是致密金属层,一直要到阴极附近的阳离子浓度由原来的 c 降低到一定值 c_0 时才开始析出松散的粉末。在低电流密度电解时,c_0 值通常是达不到的,因为离子的浓度减少会不断靠扩散而得到补充;只有采用高电流密度时,阴极附近的阳离子浓度急剧下降,才能在很短时间内达到 c_0 值。这一点说明,要形成粉末,电流密度和金属离子浓度起关键作用。② 当通电时,只是在距阴极表面距离 h 以内的阳离子于阴极析出。金属离子浓度与至阴极的距离的关系如图 3.21 所示。

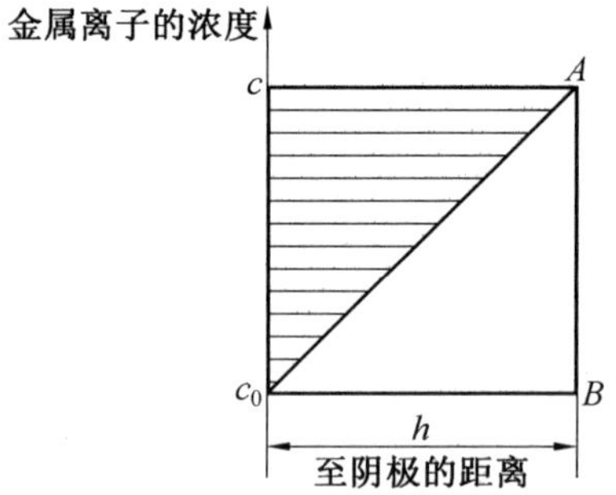

图 3.21 金属离子浓度与至阴极的距离的关系

c— 溶液中阳离子的最初浓度;c_0— 析出粉末的阳离子浓度

当金属以粉末状在阴极析出之前,从靠近阴极面积 A 的体积($A \cdot h$) 内析出的阳离子数目为

$$\frac{c-c_0}{2} \cdot A \cdot h(c \text{ 的单位为 mol/L})$$

根据法拉第定律应有下面的等式:

$$\frac{c-c_0}{2} \cdot A \cdot h = \frac{Q}{n \cdot F} \tag{3.95}$$

式中,Q 为通过面积 A 的电量,C;n 为离子价数;F 为法拉第常数,即 96 500 C。

同时,质量浓度梯度与电流密度 i 的关系为

$$\frac{dc}{dh}=ki \tag{3.96}$$

式中，k 为比例系数。

将式(3.96)积分

$$\int_{c_0}^{c} dc = ki\int_{0}^{h} dh$$

得

$$c-c_0=kih \tag{3.97}$$

所以

$$h=\frac{c-c_0}{ki}$$

将 h 值代入式(3.96)，则得

$$\frac{(c-c_0)^2\cdot A}{2ki}=\frac{Q}{n\cdot F} \tag{3.98}$$

以 $Q=I(A)\cdot t(s)=i\cdot A\cdot t$ 代入式(3.98)，得

$$(c-c_0)^2=\frac{2k\,i^2}{n\cdot F}\cdot t \tag{3.99}$$

如果 $c_0 \ll c$，可得一个简单关系式：

$$c=a\cdot i\cdot t^{0.5} \tag{3.100}$$

式中，$a=\sqrt{\frac{2k}{n\cdot F}}$。

在电流密度可以保证析出的条件下，假定 1 s 后开始析出粉末，式(3.100)成为

$$c=ai$$

则

$$i=\frac{1}{a}\cdot c=Kc \tag{3.101}$$

多次实验表明，无论怎样的电流密度，开始析出粉末的最长时间都是有一定限度的。如果在 20～25 s 内还未析出粉末，则在此种电流密度下便不能再析出粉末。以 $t=25$ s 代入式(3.101)，有

$$c=25^{\frac{1}{2}}\cdot a\cdot i$$

则

$$i=\frac{1}{5a}\cdot c=0.2Kc \tag{3.102}$$

表 3.13 列出了一些常用盐类的 a 值和 K 值。K 值一般为 0.5～0.9，其中硫酸盐的 K 值都一样。

因此，电解时要得到松散粉末，则选择 $i \geqslant Kc$；要得致密沉淀物，则选择 $i \leqslant 0.2Kc$。以横坐标表示浓度 c，以纵坐标表示电流密度 i，则得出 $i-c$ 关系图。如图 3.22 所示，图中 $i_1=Kc$ 和 $i_2=0.2Kc$ 两根直线把整个图面分成三个区域：Ⅰ —— 粉末区域；Ⅱ —— 过渡区域；Ⅲ —— 致密沉淀物区。

表 3.13　一些常用盐类的 a 值和 K 值

盐类	a	K	盐类	a	K
Ag_2SO_4	1.87	0.53	$CuCl_2$	1.11	0.90
$AgNO_3$	1.73	0.58	$Cu(NO_3)_2$	1.24	0.80
$CuSO_4$	1.87	0.53	$ZnSO_4$	1.87	0.53

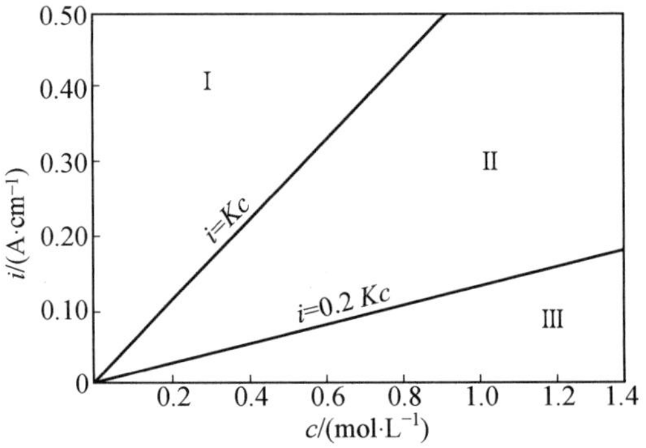

图 3.22　$i-c$ 关系图

例如，用质量浓度为 50 g/L 的 $CuSO_4 \cdot 5H_2O$ 热电解制取铜粉时，选择多大的电流密度，从图中便可查出。50 g/L $CuSO_4 \cdot 5H_2O$ 的物质的量浓度相当于 0.2 mol/L，要得到粉末，则电流密度 i 要大于 0.1 A/cm^2（相当于 10 A/dm^2）。这就是说，采用 $\rho(Cu^{2+})$ = 13 g/L 的电解液时，要得到粉末，则电流密度至少在 10 A/dm^2 以上。如果电流密度低于 10 A/dm^2，则得到粉末和致密沉淀物的混合物或致密沉淀物。

2. 电解过程动力学

电极上发生的反应是多相反应，与其他多相反应有相似处也有不同处。不同的是有电流流过固一液界面，金属沉积的速度与电流成正比；而相似的是在电极界面上也有附面层（扩散层）。由于有附面层，扩散过程便叠加于电极过程中，因此电极过程也和其他多相反应一样，可能是扩散过程控制的，也可能是化学过程或中间过程控制的。

上面已经指出，根据法拉第定律，电解产量等于电化当量与电量的乘积：

$$m = q \cdot I \cdot t = \frac{W}{n \cdot 96\,500} \cdot I \cdot t \tag{3.103}$$

将此式改写一下，并以 mol/s 表示金属沉积速度，则

$$沉积速度 = \frac{m/W}{t} = \frac{I}{n \cdot 96\,500} = \frac{I}{n \cdot F} \tag{3.104}$$

所以根据法拉第定律，金属沉积的速度仅与通过的电流有关，而与温度、浓度无关。

由于阴极放电的结果，界面上金属离子浓度降低，这种消耗被从溶液中扩散来的金属离子所补偿，可得

$$扩散速度 = \frac{DA}{\delta}(c - c_0) \tag{3.105}$$

式中，D 为扩散系数；A 为阴极放入溶液中的面积；δ 为扩散层厚度。

在平衡时两种速度相等，即

$$\frac{I}{n \cdot F}=\frac{DA}{\delta}(c-c_0) \tag{3.106}$$

$$\frac{I}{A}=\frac{n \cdot F \cdot D}{\delta}(c-c_0) \tag{3.107}$$

这说明随着电流密度(I/A)增大，($c-c_0$)值将增大，因为界面上的金属离子迅速贫化；同时也可以看出，在恒定的电流密度下，搅拌电解液使扩散层厚度 δ 减小，($c-c_0$)值也应减小，即 c_0 增大。

金属沉积物常为结晶形态，故电解沉积时发生成核和晶体长大两个过程。晶体尺寸取决于这两个过程的速度比。如果成核速度远远大于晶体长大速度，形成的晶核数越多，产物粉末越细；反之，如果晶体长大速度远远大于成核速度，产物将为粗晶粒。

从动力学角度看，当界面上金属离子浓度趋近于零，即电极过程为扩散过程控制时，则成核速度远远大于晶体长大速度，因而有利于沉积出粉末；当电极过程处于化学过程控制时便沉积出粗晶粒。

3. 电流效率和电能效率

(1)槽电压。

在电解过程中，除了极化现象引起超电压外，还有电解质溶液中的电阻引起的电压降，电解槽各接点和导体的电阻所引起的电压损失，因此，电解槽中的槽电压应为这些电压的总和，即

$$E_{槽}=E_{分解}+E_{液}+E_{接} \tag{3.108}$$

电解时，使用高的槽电压，电能消耗增加，因此必须设法降低槽电压。可以通过下列方法搅拌和提高电解液温度(增加扩散速度)来降低浓差极化的影响；经常刷去金属粉末或及时除去气体以减小电阻极化的影响；向电解液中加入酸来降低电阻；提高温度，增加溶液电导率；改善各接点的接触状况。值得注意的是，升高温度可能对粉末的粒度造成负面的影响，促进粗颗粒沉淀物的形成。

(2)电流效率。

电流效率(η_i)就是在一定电量下电解出来的产物的实际质量与理论计算质量之比的百分数，用公式表示为

$$\eta_i=\frac{M}{qIt}\times 100\% \tag{3.109}$$

式中，M 为电解出产物的实际质量。

电流效率反映电解时电量的利用情况。虽然，法拉第定律计算电解析出量时不受温度、压力、电极和电解槽的材料与形状等因素的影响，但在实际电解过程中，电解时析出的物质的质量往往与计算结果不一致。这是由于在电解过程中存在副反应和电解槽漏电等原因，因而引出电流效率的问题，即电流有效利用的问题。为了提高电流效率，要减少副反应的发生，防止设备漏电。在工作好的情况下，电流效率可以达到 95%～97%。

(3)电能效率。

电能效率(η_e)反映电能的利用情况，即在电解过程中生产一定质量的物质在理论上所需的点能量与实际消耗的电能量之比，相当于电流效率(η_i)和电压效率(η_v)的乘积，即

$$\eta_e = \eta_i \eta_v \tag{3.110}$$

因此，为了提高电能效率，除提高电流效率外，还要提高电压效率。降低槽电压是降低电能消耗、提高电能效率的主要措施。实际上，每吨铜粉的电能消耗为 2 700～3 500 kW·h。

4. 影响粉末粒度和电流效率的因素

通过对电解过程的分析，已知粉末形成是电极和电解液组成(如金属离子质量浓度、酸度等)发生内在变化的结果，而电流密度、电解液温度等工艺条件影响电解过程的进步。另外，电流密度、电解液温度、金属离子质量浓度、酸度等都对电解粉末的粒度和电流效率有重大影响。

(1)金属离子质量浓度的影响。

电解制粉时电流密度较高，其金属离子质量浓度比电解精炼致密金属时低得多。电解铜粉时 Cu^{2+} 质量浓度与粉末粒度的关系见表 3.14。

表 3.14 电解铜粉时 Cu^{2+} 质量浓度与粉末粒度的关系

Cu^{2+} 的质量浓度/(g·L^{-1})	8	10	12	16	20
平均粒度/μm	94	110	124	160	205

注：H_2SO_4 的质量浓度为 130 g/L，电流密度为 18 A/dm^2，温度为(56±1)℃，电解时间为 20 min。

从表中可以看出，在能析出粉末的金属离子质量浓度范围内，Cu^{2+} 的质量浓度越低，粉末颗粒越细。因为在其他条件不变时，Cu^{2+} 的质量浓度越低，扩散速度越慢，过程为扩散所控制，也就是说向阴极扩散的金属离子量越少，成核速度远远大于晶体长大速度，故粉末越细；如果提高 Cu^{2+} 的质量浓度，则质量浓度对电流效率的影响相应地扩大了致密沉积物的区域(图 3.21)，使粉末变粗。

图 3.23 所示为上述实验(电流密度为 14 A/dm^2，H_2SO_4 的质量浓度为 140 g/L，温度为 50 ℃)中 Cu^{2+} 的质量浓度对电流效率的影响。随着 Cu^{2+} 质量浓度的增加，电流效率是增大的，因为 Cu^{2+} 质量浓度的增加有利于提高阴极的扩散电流，从而有利于铜的沉积，可提高电流效率。但是，综合考虑电流密度和金属离子质量浓度对粉末粒度和电流效率的影响，可以看出：要得到细粉末，则应降低电流效率；如果提高电流效率，则粉末变粗。因此，应当根据要求综合考虑，适当控制有关条件。

(2)酸度(或 H^+ 质量浓度)的影响

一般认为，如果在阴极上 H_2 与金属同时析出，则有利于得到松散粉末。从这个观点出发可知，凡是能降低 H_2 的超电压的杂质，也可促使粉末形成。但是，有的实验证明，形成粉末时并不都有 H_2 析出，或者，析出 H_2 时并没有形成粉末。例如在电解锌盐溶液时，在较低电流密度下，析出粉末而并不析出 H_2；在电解氰络盐溶液时，析出银时有 H_2 析出，但得到的是致密沉积物。因此，H^+ 质量浓度的影响是很复杂的，要针对不同电解液和不同电解条件加以分析。

一般认为，提高酸度有利于 H_2 的析出，电流效率是降低的。根据电解硫酸铜溶液制铜粉的实验结果可看出，随着 H^+ 的质量浓度的增大，析出致密沉积物区扩大。采用 $\rho(Cu^{2+})=10$ g/L，在电流密度为 14 A/dm^2、温度为 50 ℃时，随着 H_2SO_4 质量浓度的增

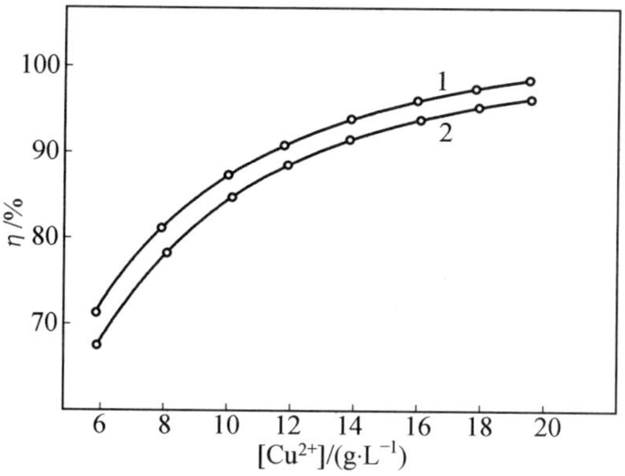

图 3.23 Cu^{2+} 的质量浓度对电流效率的影响

1—经过 30 min 取粉；2—经过 20 min 取粉

加，电流效率有所降低，如图 3.24 所示。

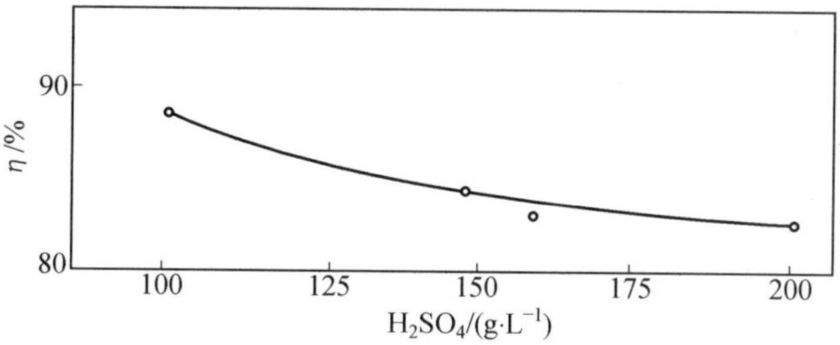

图 3.24 H_2SO_4 的质量浓度对电流效率的影响

但是，另一个电解 $CuSO_4$ 溶液制铜粉的实验，却得到了相反的结果。采用 $\rho(Cu^{2+})=31.8$ g/L，在电流密度为 8.1 A/dm² 时，随着 H_2SO_4 质量浓度的增加，粉末松装密度降低，粉末变细，并且松装密度不随电流密度而改变。电流效率随 H_2SO_4 质量浓度增加而提高，当 H_2SO_4 质量浓度为 80 g/L 时电流效率可达 90%。这种电流效率随 H_2SO_4 质量浓度增加而提高的具体条件是：电流密度较低，金属离子质量浓度较高。电流密度低，金属离子质量浓度高都是有利于提高电流效率的。

3.3.2 熔盐电解法

熔盐电解法可以制取 Ti、Zr、Ta、Nb、Th、U、Be 等金属粉末，也可以制取如 Ta－Nb 等合金粉末以及各种难熔化合物（如碳化物、硼化物和硅化物等）粉末。

熔盐电解与水溶液电解没有什么原则区别。上述难熔金属由于与氧的亲和力大，因而在大多数情况下不能从水溶液中析出，必须使用熔盐作为电解质，并且在低于金属的熔点下电解。所以，熔盐电解比水溶液电解困难得多。首先是温度较高会使操作困难，产物与熔盐的挥发损失增加，而且还会产生副反应和二次反应。其次是把产物与熔盐分开困难较多，要采取多种办法。熔盐电解制取大多数金属粉末的电解质是氯化物，有些金属的电解质是氟化物。例如，熔盐电解法制取钽粉是用 Ta_2O_5 在（K_2TaF_7＋KCl＋KF）中的熔盐作电解质的。熔盐电解在量上亦服从法拉第定律。由于熔盐电解过程中伴随有二次反应和副反应，因此电流效率较低。

影响熔盐电解过程和电流效率的主要因素有电解质成分、电解质温度、电流密度和极间距离等。

1. 电解质成分

电流效率与理论值产生偏差的基本原因之一是金属溶解于电解质中会被阳极气体氧化，即产生二次反应。因此，最好是加入添加剂降低金属在电解质中的溶解度，也降低熔盐的熔点。添加剂一般是碱金属和碱土金属的氯化物和氟化物，这些盐类比析出的金属具有更负电性的阳离子，它们能显著降低金属在熔盐中的溶解度，从而提高电流效率。

2. 电解质温度

随着电解质温度的升高，金属在熔盐中的溶解度增大，金属与熔盐之间的化学作用（如氧化、氯化）增强。有些反应生成产物（低价金属化合物）的蒸气压高，随着温度升高，金属的挥发损失增加。要在尽可能低的电解质温度下进行电解，但温度降得太低，电解质黏度增大，会引起金属的机械损失。保持电解质的物理化学性质不变时，使副反应和二次反应尽可能少发生的温度是最适宜的温度。加入添加剂也是为了降低电解质的熔点。

3. 电流密度

电流效率随电流密度增加而增加，当其他条件相同时，金属损失相同，电流密度增加使沉积速度增加，因而电流效率增加。但电流密度太高并不提高电流效率，反而增加槽电压，使电能消耗增大。最适宜的电流密度应有最高的电流效率。

4. 极间距离

熔盐电解时，极间距离增加，电流效率也增加。因为金属的损失包括金属的溶解，金属由阴极转移到阳极而氧化等。当极间距离增加时，转移的距离也增加了，浓度梯度因此降低，金属损失减少。当然，极间距离有一定限度，如果距离过大，槽电压就会增加，使电能消耗增大。

例如，在熔盐电解法制取钽粉时适宜的电解质为：Ta_2O_5(8.5%)、K_2TaF_7(8.5%)，KCl(60%)和KF(23%)的混合物（质量分数）。这种成分的电解质在750 ℃时流动性最好。用厚壁石墨坩埚作阳极，装入坩埚炉中，电流由镍接触环导入坩埚，用钼棒作阴极，在约14 A/dm^3 的电流密度下电解。阴极析出的钽颗粒机械地黏着一层电解质并形成梨状物。把阴极和梨状物一起取出，换上新的钼棒。待梨状物冷却后，经球磨、空气分离、精选、清洗和干燥，所得的电解钽粉比钠热还原钽粉的纯度高，颗粒较粗。

本章思考题

1. 纳米粉末在粉末冶金中有哪些应用和前景？
2. 金属间化合物在机械粉碎时，比纯金属更容易粉碎，原因是什么？
3. 液相沉淀法制备粉末的关键点有哪些？

第 4 章　粉末特性及其检测方法

粉末冶金材料的组织和性能与原始粉末的性能息息相关,因此,对粉末性能进行研究很重要。粉末的性能主要包括粉末粒度、粉末形状、粉末密度和粉末的化学性能等。粉末的这些性能将对坯体压制和烧结产生不同的影响。粉末及其制备得到的材料均属于固态物质,并具有相同的化学组成及熔点、密度、显微硬度等基本物理性质,但是粉末在分散性方面与其制备出的材料有所区别。通常,固态物质依据分散程度(或尺寸)的不同分为致密体、粉末体和胶体三种类别,其中粒径大于 1 mm 的称为致密体,粒径小于 0.1 μm 的称为胶体,而尺寸介于两者之间的即为粉末体。随着粉末制备合成技术的发展,尺寸分布在纳米数量级范围内的超细粉末也运用在粉末冶金制备过程中。

4.1　粉末及粉末颗粒

粉末中能分开并独立存在的最小实体称为单颗粒。单颗粒如果以某种形式聚集就构成所谓二次颗粒,其中的原始颗粒就称为一次颗粒。颗粒的聚集状态和聚集程度不同,粒度的含义和测试方法也就不同。粉末颗粒的聚集状态和程度对粉末的工艺性能影响很大。从粉末的流动性和松装密度看,二次颗粒相当于一个大的单颗粒,流动性和松装密度均比细的单颗粒高,压缩性也较好。而在烧结过程中,一次颗粒的作用则比二次颗粒显得更重要。

金属及多数非金属颗粒都是结晶体,制粉工艺对粉末颗粒的结晶构造起着重要作用。一般来说,粉末颗粒具有多晶结构,而晶粒的大小取决于工艺特点和条件,极细粉末中可能出现单晶颗粒。粉末颗粒实际构造的复杂性还表现为晶体的严重不完整性,即存在许多结晶缺陷,如空隙、畸变、夹杂等。因此粉末总是储存较高的晶格畸变能,具有较高的活性。

粉末颗粒的表面状态十分复杂。一般粉末颗粒越细,外表面越发达;同时粉末颗粒的缺陷越多,内表面也就越大。粉末发达的表面储藏着高的表面能,因而超细粉末容易自发地聚集成二次颗粒,在空气中极易氧化和自燃。

粉末是颗粒与颗粒间的空隙所组成的集合体。因此研究粉末体时应分别研究单颗粒、粉末和粉末的空隙等的一切性质。

单颗粒的性质:由粉末材料决定的性质,如点阵结构、理论密度、熔点、塑性、弹性、电磁性质、化学成分等;由粉末生产方法所决定的性质,如粒度、颗粒形状、密度、表面状态、晶粒结构、点阵缺陷、颗粒内气体含量、表面吸附的气体与氧化物、活性等。

粉末的性质:除单颗粒的性质以外,还有平均粒度、粒度组成、比表面积、松装密度、振实密度、流动性、颗粒间的摩擦状态等性质。

粉末的孔隙性质:总孔隙体积、颗粒间的孔隙体积、颗粒内孔隙体积、颗粒间孔隙数量、平均孔隙大小、孔隙大小的分布及孔隙的形状。

在实践中,通常按化学成分、物理性能和工艺性能对粉末性能进行划分和测定。

化学成分主要是指金属的含量和杂质含量。

物理性能包括颗粒形状与结构、粒度与粒度组成、比表面积、颗粒密度、显微硬度,以及光学、电学、磁学和热学等性质。实际上,粉末的熔点、蒸气压、比热容与同成分的致密材料差别很小,一些性质与粉末冶金关系不大,因此本部分仅介绍颗粒形状、粒度及粒度组成、比表面积、颗粒密度、粉末体密度及其测试的方法。

工艺性能包括松装密度、振实密度、流动性、压缩性和成形性等。

4.2 粉末的取样及分析

4.2.1 取样数目

由于粉末在装料、出料、运输过程中及储存时都可能因受到振动等影响而造成物料分布不均匀。因此,取样要按国家标准(GB 5314—85)进行。如果粉末是装在容器中的,则按表4.1所示的数目取样。如果整批粉末是通过一个孔口连续流动的,则取样应在全部出料时间内,按一定的时间间隔进行。

取样数目取决于要求的精确度。至少应取三份试样,一份在出料开始后不久,一份在出料过程中,一份在出料结束前不久。

表4.1 取样数目参考表

装一批粉末的容器数目	1～5	6～11	12～20	21～35	36～60	61～99	100～149	150～199	200～299
应取样的容器数目	全部	5	6	7	8	9	10	11	12

注:之后每增加约100个装一批粉末的容器数目,相应增加1个取样的容器。

4.2.2 取样和分样

如果是在连续流动出料时取样,则在垂直于粉流方向上,等速地用粉末流截面的矩形取样器贯穿粉末流即可。取出的粉末注入总样容器内,插入式取样器示意图如图4.1所示。

总样容器内的试样粉末要分成若干份,以随后进行测试之用。可用分样器进行分样,以达到测定粉末性能所要求的粉重。

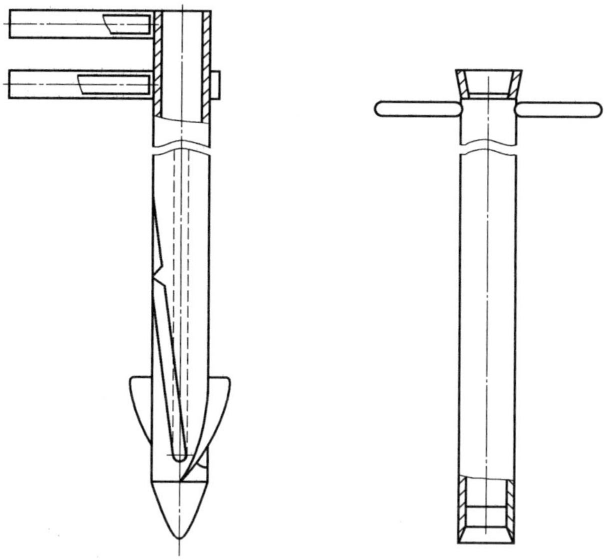

(a) 用于松散装填的粉末　(b) 用于难以装填的粉末

图 4.1　插入式取样器示意图

4.3　粉末的化学检验

对金属粉末的化学分析与常规的分析方法相同，首先测定主要成分的含量，然后测定其他成分（包括杂质的含量）。

金属粉末的化学成分包括主要金属的含量和杂质的含量。杂质主要包括：与主要金属结合，形成固溶体或化合物的金属或非金属成分，如还原铁粉中的 Si、Mn、C、S、P、O 等；从原料和从粉末生产过程中代入的机械夹杂，如 SiO_2、Al_2O_3、硅酸盐、难熔金属碳化物等酸不溶物；粉末表面因吸附的 O_2、水蒸气和其他气体（N_2、CO_2）；制粉工艺带进的杂质，如水溶液电解粉末中的氢，气体还原粉末中溶解的碳、氮和氢，羰基粉末中溶解的碳等。

金属粉末的化学成分测定与基本的金属含量分析方法相同。例如测定金属粉末的含氧量，除采用库仑分析以外，还可根据 GB 4164—2008 和 GB 5158—2011 的标准分别测定金属粉末中可被 H_2 还原的含氧量。非水滴定法也可测定含氧量，它是将含有金属氧化物的金属粉末试样置于纯净、干燥的氢气流中加热，金属氧化物与 H_2 反应生成的水用试剂滴定，从而确定含氧量。而氢损测定是把金属粉末的试样在纯氢气流中燃烧足够长的时间（铁粉为 1 000～1 050 ℃，1 h；铜粉为 875 ℃，0.5 h），粉末中的 O 被还原生成水蒸气，某些元素（C、S）与 H_2 生成挥发性化合物，与挥发性金属（Zn、Cd、Pb）一同排出，测得试样粉末的质量损失称为氢损。氢损值按下式计算：

$$氢损值=\frac{A-B}{A-C}\times 100\% \tag{4.1}$$

式中，A 为粉末样品加上容器的质量；B 为样品在氢气流中充分燃烧后的剩余物加上容器的质量;C 为容器质量。

金属粉末的杂质测定方法还采用酸不溶物法。粉末试样用某种无机酸(Cu 用硝酸,Fe 用盐酸)溶解。将不溶物沉淀并过滤,在 980 ℃下煅烧 1 h 后称重,再按下式计算酸不溶物的含量,例如测定铁粉时:

$$铁粉盐酸不溶物的质量分数=\frac{A}{B}\times 100\% \tag{4.2}$$

式中,A 为盐酸不溶物的质量;B 为铁粉样品的质量。

4.4 粉末的粒度及其测定

粉末的粒度和粒度组成对金属粉末的加工性能有重大影响,在很大程度上,它们决定着粉末冶金材料和制品的性能。粉末的粒度和粒度的组成主要与粉末的制取方法和工艺有关。机械粉碎粉末一般较粗,气相沉积粉末极细,而还原粉末和电解粉末则可以通过还原温度或电流密度,在较宽的范围内变化。

4.4.1 粒度和粒度组成

粒度是指颗粒的大小,用颗粒的直径表示。由于组成粉末的无数颗粒有不同的粒径,于是又用不同粒径的颗粒占全部粉末的百分比来表示粉末颗粒大小的状况,称为粒度组成,又称粒度分布。因此,粒度仅指单颗粒,粒度组成则指整个粉末体。但通常所说的粒度包含粉末平均粒度,也就是粉末的某种统计学平均粒径。

1. 粒径基准

多数粉末颗粒由于形状不对称,仅用一维几何尺寸不能精确地表示颗粒的真实大小,可用长、宽、高三维尺寸的某种平均值来度量,这称为几何学粒径。由于度量颗粒的几何尺寸非常麻烦,计算几何学平均粒径比较烦琐,因此又有通过测定粉末沉降速度、比表面积、光波衍射和散射等性质,而用当量或名义直径表示粒度的方法。可以采用四种粒径作为基准:

(1)几何学粒径 d_g。用显微镜投影几何学原理测得的粒径称为投影径。一般要根据与颗粒最稳定平面垂直方法投影所测得的投影像来测量,然后取各种几何学平均粒径;还可根据颗粒最大投影面积 S 与颗粒体积 V 相同的矩形、正方形或圆、球的边长或直径来确定颗粒的平均粒径,称为名义粒径。

(2)当量粒径 d_e。用沉降法、离心法或水利学方法(风筛法、水筛法)测得的粉末粒度称为当量粒径。当量粒径中有一种斯托克斯径,其物理意义是与被测粉末具有相同沉降速度且服从斯托克斯定律的同质球形粒子的直径。由于粉末的实际沉降速度还受颗粒形状和表面状态的影响,故形状复杂、表面粗糙的粉末的斯托克斯径总比按体积计算的几何学名义径小。

(3)比表面粒径 d_{sp}。利用吸附法、透过法和润湿热法测定粉末的比表面积,再换算成具有相同比表面积值的均匀球形颗粒的直径表示,称为比表面粒径。因此,由比表面积相同、大小相等的均匀小球直径可以求得粉末的比表面粒径。

(4)衍射粒径 d_{sc}。对于粒度接近电磁波波长的粉末,基于光和电磁波(如X射线等)的衍射现象所测得的粒径称为衍射粒径。X射线小角度衍射法测定极细粉末的粒度就属于这一类。

2. 粒度分布基准

粉末粒度组成为各种粒径的颗粒在全体粉末总数量中所占的百分数,可用某种统计分布曲线或统计分布函数来描述。粒度的统计分布可以选择四种不同的基准。

(1)个数基准分布:以每一粒径间隔内的颗粒数占全部颗粒总数中的个数表示,又称为频度分布。

(2)长度基准分布:以每一粒径间隔内的颗粒总长度占全部颗粒的长度总和的多少表示。

(3)面积基准分布:以每一粒径间隔内的颗粒总表面积占全部颗粒的总表面积和的多少表示。

(4)质量基准分布:以每一粒径间隔内的颗粒总质量占全部颗粒的质量总和的多少表示。

四种基准之间虽存在一定的换算关系,但实际应用的是频率分布和质量分布。

3. 粒度分布函数

粒度分布函数的数学表达称为粒度分布函数。Hatch 和 Choate 利用正态分布函数导出了计算粉末中具有粒径 d 的颗粒频度 n 的公式:

$$f(d)=n=\sum \frac{n}{\sigma_a}\sqrt{2\pi}\exp\left[1-0.5\left(d-\frac{d_a}{\sigma_a}\right)^2\right] \tag{4.3}$$

式中,d_a 为算术平均粒径;σ_a 为标准偏差。按正态分布函数作出频度分布曲线以算术平均值为均值,此时算术平均值与多数径和累积分布曲线中的中粒径是一致的,为最理想的分布曲线。而实际上,用各种粉末测试得到的粒度分布曲线通常比正态分布曲线更为复杂(图4.2)。

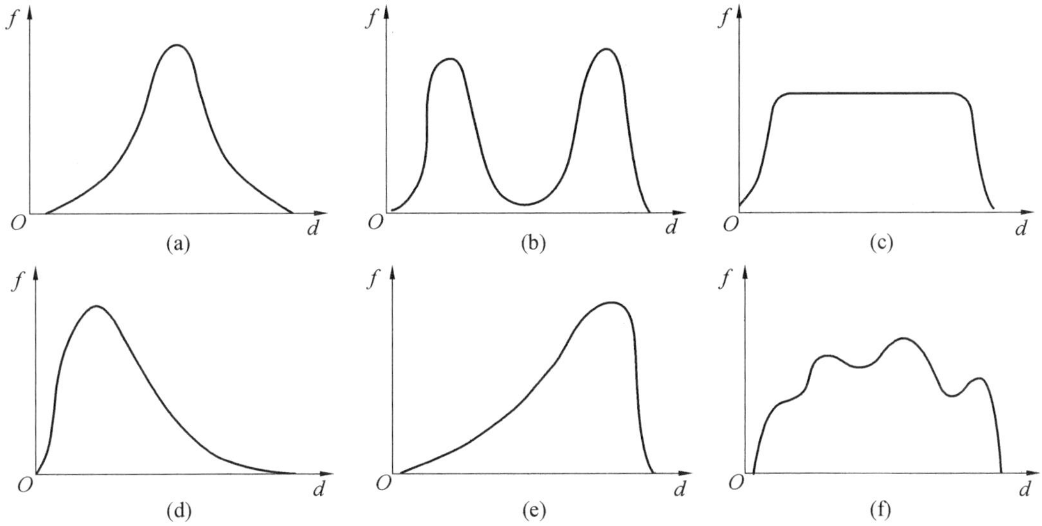

图4.2 几种类型粒度分布曲线((a)为理想情况下的标准正态分布的粒度曲线,(b)~(f)为实测得到的粒径分布曲线)

4. 平均粒度

粉末粒度组成的数学表达较为复杂,不利于实际应用,故大多数情况下只需粉末的平均粒度这一参数来衡量粉末的粒径分布。粉末统计平均粒径的计算公式见表4.2。公式中的粒径可以按上述四种基准中的任一种来进行统计。

表4.2 粉末统计平均粒径的计算公式

平均粒径	计算公式	说明
长度平均粒径	$d_l=\sum nd^2/\sum nd$	d—— 个数为 n 的颗粒粒径
体积平均粒径	$d_v=\sqrt[3]{\sum nd^3/\sum n}$	ρ—— 颗粒密度
面积平均粒径	$d_s=\sqrt{\sum nd^2/\sum n}$	S_ω—— 粉末克比表面积
体面积平均粒径	$d_{vs}=\sum nd^3/\sum nd^2$	K—— 粉末颗粒的比形状因子
质量平均粒径	$d_w=\sum nd^4/\sum nd^3$	
比表面积平均粒径	$d_{sp}=K/\rho S_\omega$	

4.4.2 颗粒形状

颗粒的形状是指粉末颗粒的几何形状,可以笼统地将其划分为规则形状和不规则形状两大类。规则形状的颗粒外形可近似地用某种几何形状的名称描述,它们与粉末生产方法密切相关。表4.3描述了颗粒形状与粉末生产方法的关系。粉末颗粒的形状如图4.3所示。

表4.3 颗粒形状与粉末生产方法的关系

颗粒形状	粉末生产方法	颗粒形状	粉末生产方法
球形	气相沉积,液相沉积	树枝形	水溶液电解
近球形	气体雾化,置换(溶液)	不规则形	金属氧化物还原
多角形	塑性金属机械研磨	多孔海绵形	金属旋涡研磨
片形	机械粉碎	碟形	水雾化,机械粉碎,化学沉淀

一般来说,准确描述粉末颗粒的形状是很困难的。在测定和表示粉末粒度时,常常采用的参数为表形状因子、体积形状因子和比形状因子。

对于任意形状的颗粒,其表面积和体积可以认为与某一相当的直径的平方和立方成正比,而比例系数则与选择的直径有关。形状越复杂,比形状因子就越大(表4.4)。颗粒的形状对粉末的流动性、松装密度及压制和烧结均有影响。

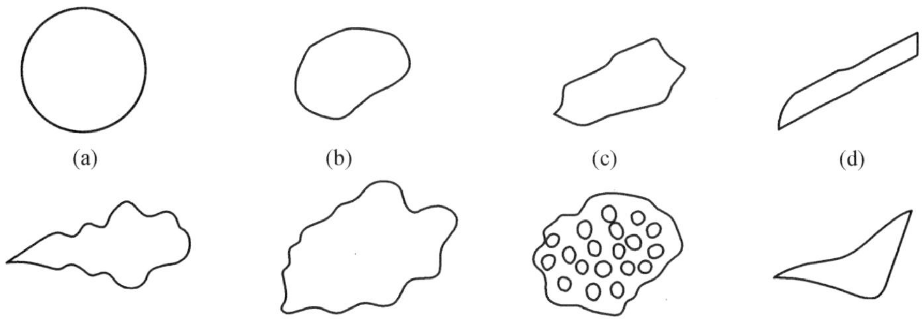

图 4.3 粉末颗粒的形状

表 4.4 金属粉末的形状因子

粉末名称	颗粒形状	f	K	f/K
雾化锡粉	球形	π(3.14)	π/6(0.524)	6.0
	近球形	2.90	0.4	7.3
不锈钢粉	多角形	2.65	0.36	7.4
钨粉	不规则角形	3.37	0.45	7.5
铝粉	长球形	2.75	0.32	8.6
铝一镁合金粉	多角形	2.67	0.25	10.7
电解铜粉	树枝形	2.32	0.18	12.9
电解铁粉	细长不规则形	2.73	0.18	18.2
铝箔	薄片形	1.60	0.02	80.0

4.4.3 粉末粒度的测定方法

粉末粒度的测定是粉末冶金生产中检验粉末质量，以及调节和控制工艺过程的重要依据。测定粉末粒度的方法有很多。表 4.5 为粒度测定主要方法一览表。

表 4.5 粒度测定主要方法一览表

粒径基准	方法	测量范围/μm	粒度分布基准
几何学粒径	筛分析	>40	质量分布
	光学显微镜	500～0.2	个数分布
	电子显微镜	10～0.01	个数分布
	电阻(摩尔特计数器)	500～0.5	个数分布

续表 4.5

粒径基准	方法名称	测量范围/μm	粒度分布基准
当量粒径	重力沉降	50～1.0	质量分布
	离心沉降	10～0.05	质量分布
	比浊沉降	50～0.05	质量分布
	气体沉降	50～1.0	质量分布
	风筛	40～15	质量分布
	水簸	40～5	质量分布
	扩散	0.5～0.001	质量分布
光衍射粒径	吸附(气体)	20～0.001	比面积平均粒径
	透过(气体)	50～0.2	比面积平均粒径
	润湿热	10～0.001	比面积平均粒径
	光衍射	10～0.001	体积分布
	X 光衍射	0.05～0.000 1	体积分布

1. 筛分析法

筛分析法是粒度分布测量方法中最简单、最快速的方法，应用很广。筛分析所用的设备主要有振筛机和试验筛。习惯上以网目数(简称目)表示筛网的孔径和粉末的粒度。所谓目数是指筛网 1 英寸(25.4 mm)长度上的网孔数。目数越大，网孔越细。

$$m=\frac{25.4}{a+d} \tag{4.4}$$

式中，m 为目数；a 为网孔尺寸；d 为网丝直径。

网筛标准则因各国制定的标准不同，网丝直径和筛孔大小也不同。目前，国际标准采用泰勒标准筛制(表 4.6)。泰勒标准筛制的分度是以 200 目筛孔尺寸(0.074 mm)为基准，当其乘或除以主模数($\sqrt{2}$)的 n 次方($n=1,2,3,\cdots$)，就得到比 0.074 mm 粗或细的筛孔尺寸；当其乘或除以副模数($\sqrt[4]{2}$)的 n 次方，则得到分度更细的一系列目数的筛孔尺寸。表 4.7 中的数据即为采用副模数来分类的筛孔尺寸。

表 4.6 标准筛尺寸

目数	孔径/μm	目数	孔径/μm
18	1 000	100	150
20	850	120	125
25	710	140	106
30	600	170	90
35	500	200	75
40	425	230	63
45	355	270	53
50	300	325	45
60	250	400	38
70	212	450	32
80	180	500	25

2. 显微镜法

光学显微镜的分辨能力在理想情况下可达到 0.2 μm，它和光源的波长、透镜的数值孔径有关。但在实际应用中，光学显微镜的粒径测量范围是 0.8～150 μm，再小的粉末粒度唯有电子显微镜等方法才能观察和测定。

表 4.7 泰勒标准筛制

目数 m	筛选尺寸 a/mm	网丝直径 d/mm	目数 m	筛选尺寸 a/mm	网丝直径 d/mm
32	0.495	0.300	115	0.124	0.097
35	0.417	0.310	150	0.104	0.066
42	0.351	0.254	170	0.089	0.061
48	0.295	0.234	200	0.074	0.053
60	0.246	0.178	250	0.061	0.041
65	0.208	0.183	270	0.053	0.041
80	0.175	0.142	325	0.043	0.036
100	0.147	0.107	400	0.038	0.025

由于反射光工作的光学显微镜仅能测量粒径大于 5 μm 的颗粒物质，因此粒度分析一般采用透射光工作的显微镜。

为了计算颗粒的大小，在显微镜目镜上配有显微刻度尺。常用于分析的显微刻度尺有三种：①带十字线的直线刻度尺；②网络显微刻度尺；③花样显微刻度尺。三种刻度尺使用时事先都应校准。

用透射显微镜测定时，一般采用玻璃片制样。此时，分散介质的选择是重要的，对分散介质的要求：①分散介质与所测粉末颗粒不起化学反应；②分散介质挥发的蒸气对显微镜镜头没有腐蚀作用；③分散介质应是无色透明的，并能较好地湿润所测颗粒；④分散介质对人体健康没有危害。

显微镜法测量的是颗粒的表现粒度，即颗粒的投影尺寸。对称性好的球形颗粒（如雾化粉）或立方体颗粒可直接按直径或长度计算。但对于非球形的不规则颗粒，不能用直接计算的方法，必须考虑不同的表示方法。

实际上，测量粒度应用垂直投影法比较简单，而比垂直投影法更简单的是线切割法。

显微镜法最大的缺点是操作烦琐且费力。

3. 激光粒度分析法

随着工业中对粒径测量精度要求的提高，激光粒度分析仪的应用也日益广泛。激光粒度分析法是采用米氏散射理论对分散粉末进行粒度分布测量的。其原理如图 4.4 所示，当一束平行的单色光照射到颗粒上，将会在透镜的焦平面上产生颗粒的散射光谱，且这种散射光谱不随颗粒运动而改变，通过这些散射光谱可以得出粉末的粒度分布。根据米氏散射理论，假设粒度相同的颗粒为球形，则散射光谱会按照艾里斑的形状分布，即在透镜的焦平面形成一系列同心圆光环，光环的直径与发生散射的颗粒大小有关，粒径越小,散射角 θ 越大,则光环的直径越大;反之,粒径越大,散射角 θ 越小,光环的直径也越小,如图 4.5 所示。用激光做光源,光为波长一定的单色光,散射的光能的空间(角度)分布就只与粒径有关。对分散的粉末颗粒的散射,各颗粒粒径的大小决定着对应各特定散射角处所获得的光能量的大小,各特定角处获得的光能量在总光能量中的比例,应反映各粒度的分布密度。

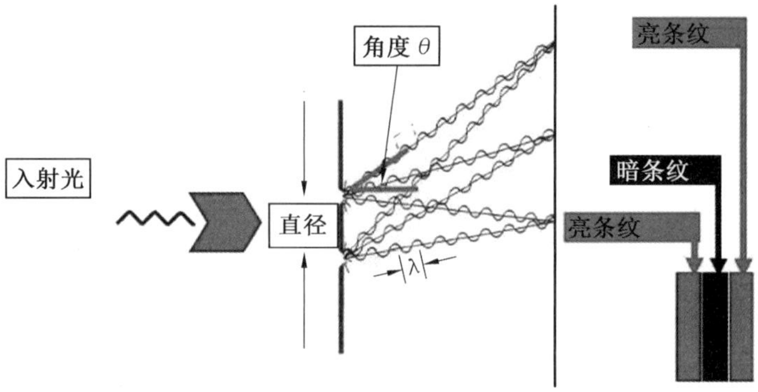

图 4.4　激光粒度分析法的几何原理示意图

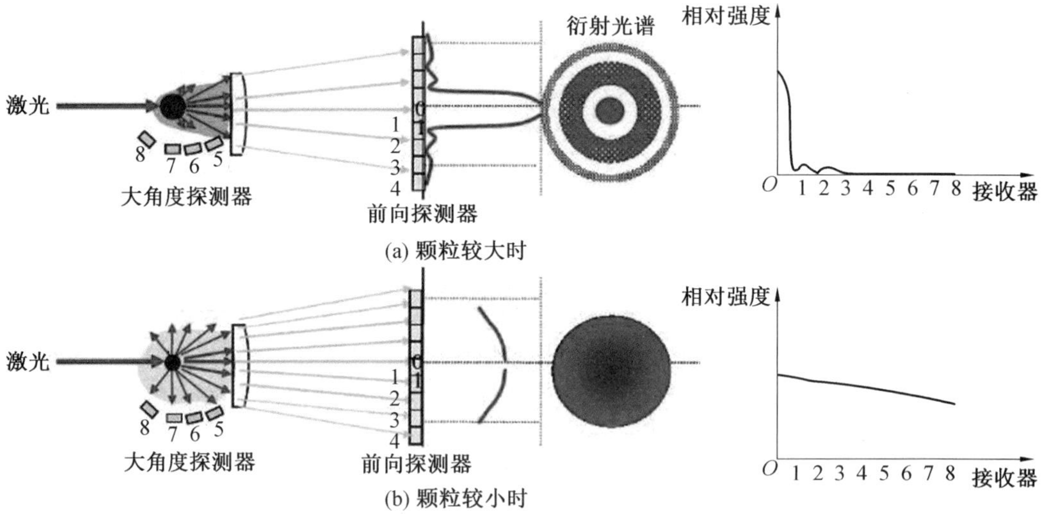

图 4.5　不同粒径的散射效率

如图 4.6 所示,激光粒度分析仪主要由激光光源、光学器件、检测器、样品递送系统和测量软件五个部分组成。

激光光源:提供单色、平行的相干光束,要求光源的稳定性高、寿命长,且信噪比低。

光学器件:激光束处理单元,其对粉末样品粒度检测的影响因素在于准直系统、样品通道位置和接收透镜角度,必须保证粒度测量的光信号能实时全面地传送到检测器单元。

检测器:一般由光敏硅片按仪器的检测角度和几何形状离散组成,其数量与排列方式直接影响仪器的分辨率。

样品递送系统:如图 4.7 所示,控制样品通过激光束的方式,一般为悬浮液/乳液循环系统,也可以通过压缩机/真空系统直接对干粉样品的粒度进行测量。

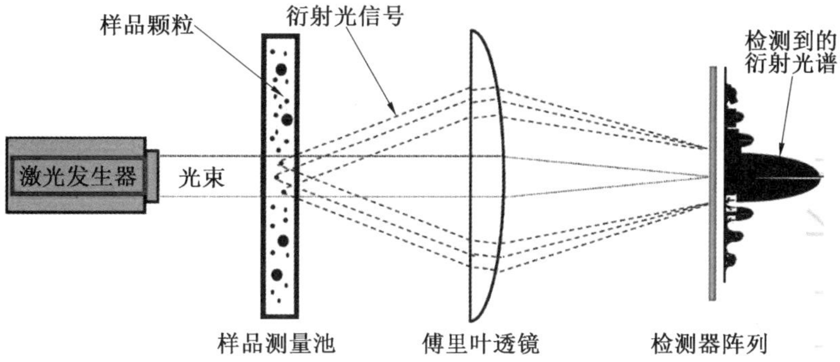

图 4.6 激光粒度分析仪的构成和工作原理示意图

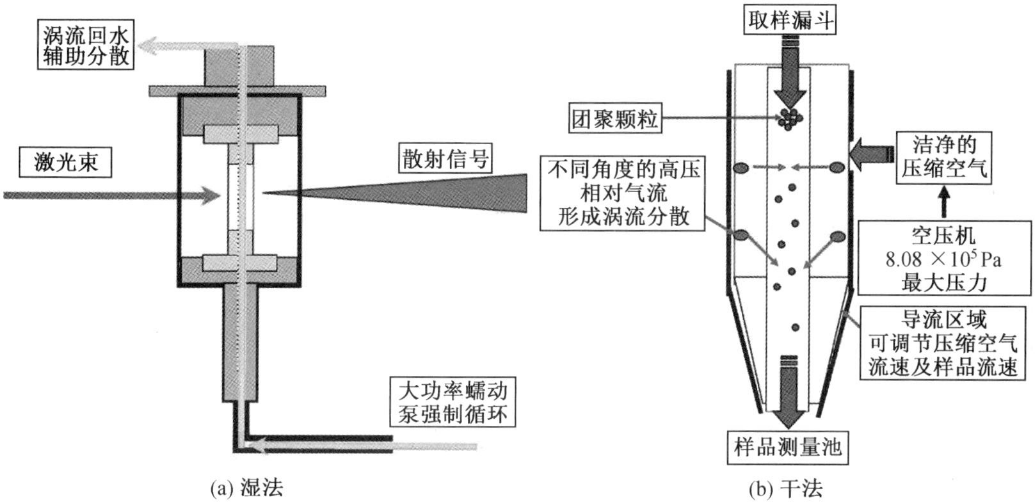

图 4.7 样品递送系统

测量软件：利用不同的数学模型解析、拟合粉末样品的散射图谱，得到样品的粒度分布结果。

激光粒度分析仪对粉末样品分散性要求较高，以便得到准确的粉末样品粒度分布。激光粒度分析仪对粉末样品的递送分为湿法和干法两种。对于湿法，虽然仪器内置超声分散，保证了粉末样品的分散性，但在仪器内超声会产生气泡，气泡对光束的衍射将会干扰测量结果；干法则是利用压缩空气流之间的剪切力、颗粒与颗粒之间的碰撞力及颗粒与器壁之间的摩擦力对粉末进行分散，对样品的测量结果较湿法而言更为准确。

影响激光粒度分析仪对粉末粒度分布测试的因素有很多，主要有颗粒对激光束的作用、颗粒形状、颗粒颜色、颗粒折射率和样品的分散性等。

①颗粒对激光束的作用：如图 4.8 所示，由于实际情况下，激光光束和颗粒的相互作用不只是颗粒对光的散射，还包含了吸收、折射和反射，所以粉末样品的散射光谱(图4.9)不仅与粒径有关，还需考虑不同粒径对光的吸收、折射和反射的因素。

②颗粒形状：当颗粒为球形时，激光束照射到颗粒上将会产生稳定的折射光，在某些角度容易与颗粒的散射光干涉，称为共振现象，并在图谱上反映出共振峰；当颗粒的形状不是球形，则其折射光难以与散射光进行稳定的干涉效应，故不会出现共振峰。

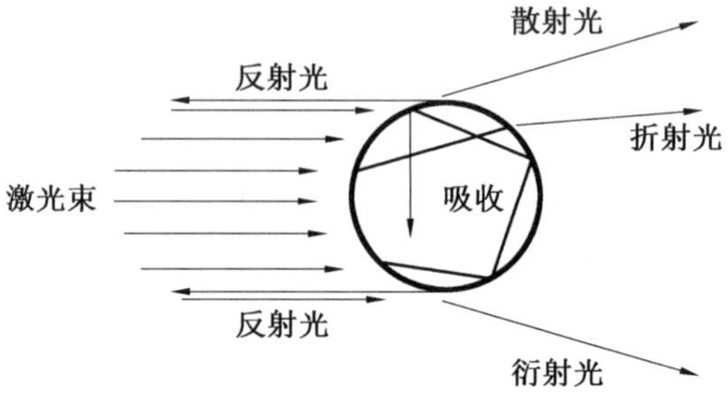

图 4.8 颗粒对激光束的作用

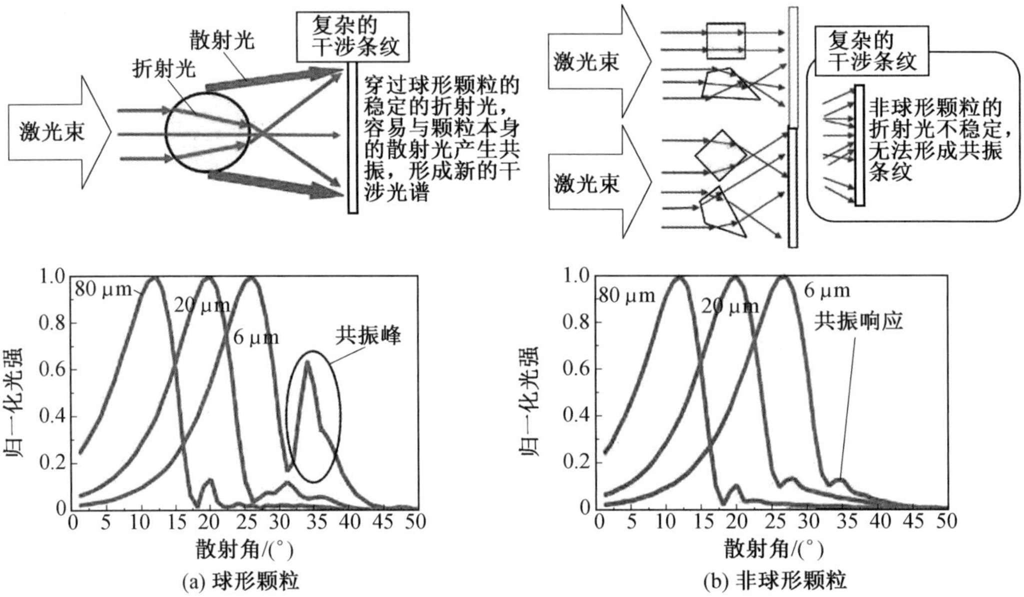

图 4.9 不同颗粒形状的散射光谱

③颗粒颜色:颗粒的颜色影响颗粒对激光束的吸收和折射,也会产生类似共振峰的“假象”。

④颗粒折射率:由于同一材料对不同波长入射光的折射率不一样,因此在计算和测量中,需要针对使用的激光光源输入相应的折射率参数,排除因折射率引起的误差。粒径小于 0.7 μm 或大于 10 μm 时,折射率对测量结果的影响不大。折射率对球形颗粒的影响大于非球形颗粒。

⑤样品的分散性:由于激光粒度分析仪的检测对象为颗粒的当量粒径,所以当样品分散性较差,二次颗粒和团簇较多时,测得的粒度分布结果将会使粒度大的比例增多,不能正确反映粉末样品的原始粒度分布情况。提高样品的分散性可以通过添加表面活性剂的方法,常见的表面活性剂有油酸、六偏磷酸钠、环己烷和聚乙二醇 PEG－4000 等。

4. 沉降分析法

沉降分析法测定粉末颗粒大小的原理在于测定粉末颗粒在某一分散介质中的沉降速度。颗粒在介质中等速降落时同时受三种力的作用:颗粒重力、介质(一般只用液体)的浮力和悬浊液介质对球形颗粒运动的阻力。沉降的方法一般分为液体沉降和气体沉降两大类。沉降法的优点是粉末取样较多，代表性好，使结果的统计性和再现性提高，能适应较宽的粒度范围(0.05～50 μm)。

(1)液体沉降法。

利用液体沉降法测定粉末粒度的形式很多，有压力法、天平法、比重计法、吸液管法、浊度法和压差法等。图 4.10 为各液体沉降法的工作原理示意图。

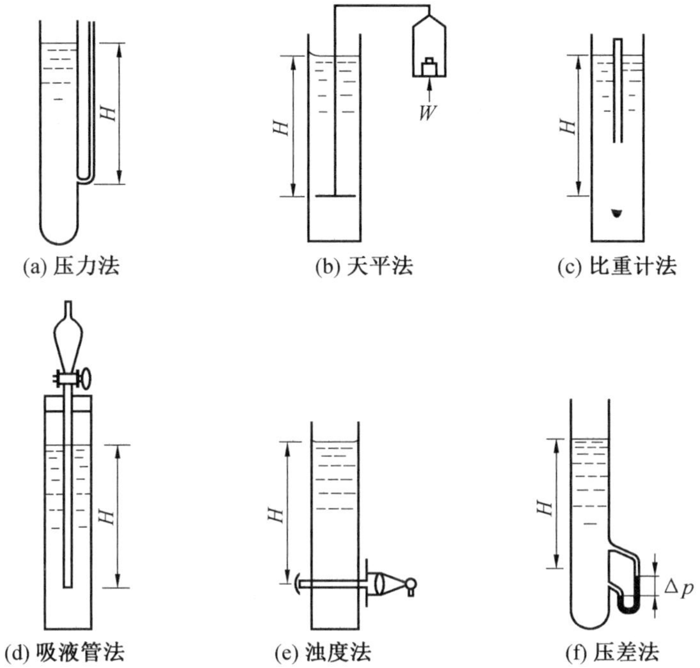

图 4.10 各液体沉降法的工作原理示意图

(2)光透过法。

光透过法属于增量分析法，特点是沉降槽容积小、悬浊液浓度稀薄且用量少。光透过式粒度测定仪常见的有：比浊仪、X 光比浊仪和光扫描比浊仪。图 4.11 为比浊仪原理图。

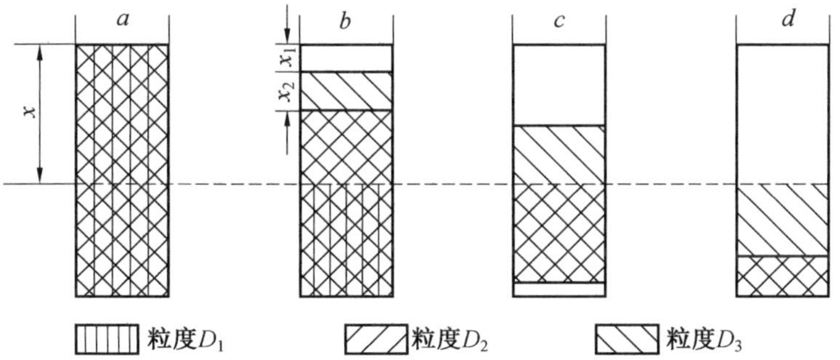

图 4.11 比浊仪原理图

(3)X 光透过法。

对于 0.1～1 μm 的细颗粒，可采用 X 光作为入射光源，这样既避免细颗粒组分的散射效应，又可直接测得悬浊液的颗粒浓度。

(4)光扫描比浊法。

该法的原理为:在固定沉降时间 t 内,如果可测定沉降槽中不同高度的悬浊液浓度差,便可求出悬浊液中颗粒的粒度组成(图 4.12)。

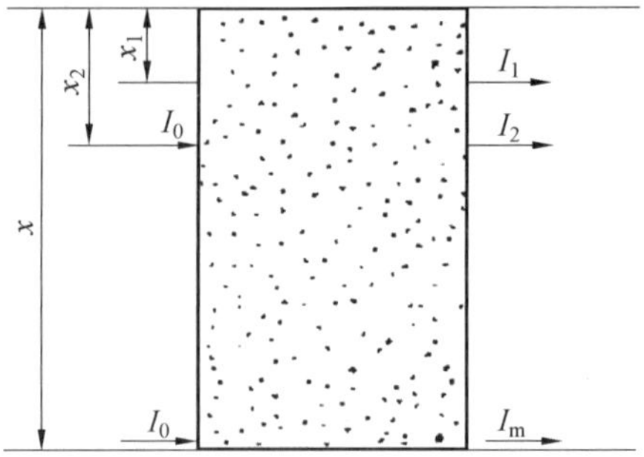

图 4.12 光扫描比浊法示意图

5. 淘析法

利用颗粒在流动介质(气体或液体)中发生非自然沉降而分级的方法称为重力淘析法或简称淘析法。气体淘析就是风选,液体淘析也称为水力分级。淘析法用于极细和超细粉末的分级,具有设备简单、操作方便和效率高的特点。淘析分级器主要分为水平液流式、上升液流式和离心淘析式等。图 4.13 为水平液流式淘析法测试粒度示意图。

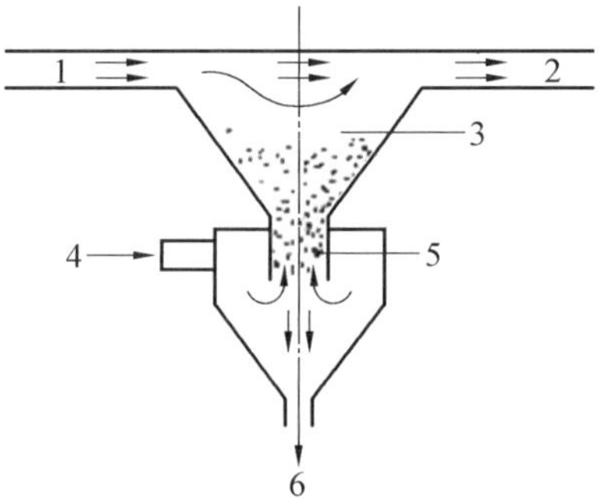

图 4.13 水平液流式淘析法测试粒度示意图
1—含粉末样品的原液;2—含细粉的溢流;3—沉降区;4—淘析液;5—分级区;6—含粗粉的液体

4.5 粉末的比表面积及其测定

比表面积属于粉末体的一种综合性质,是由单颗粒性质和粉末体性质共同决定的。

粉末比表面积定义为 1 g 质量的粉末所具有的总表面积,是粉末的平均粒度、颗粒形状和颗粒密度的函数。测定粉末比表面积通常采用吸附法和透过法。

尺寸效应法是根据粉末粒度组成和形状因子计算表面积的一种方法。如以 f 为表面形状因子,K 为体积形状因子,ρ_e 为颗粒有效密度,则计算的比表面积为

$$S=\left(\frac{f}{\rho_e K}\right)\times 10^4/d_{vs} \tag{4.5}$$

式中，d_{vs}为体面积平均粒径，μm。

因此，按式(4.5)由均匀球形颗粒比表面积计算的统计粒径就是体面积平均粒径。

4.5.1 气体吸附法

利用气体在固体表面的物理吸附测定物质比表面积的原理是：测量吸附在固体表面上气体单分子层的质量或体积，再由气体分子的横截面积计算 1 g 物质的总表面积，即得粉末的比表面积。描述吸附量与气体压力关系的有等温吸附曲线，如图 4.14 所示。

气体吸附法测定比表面积的灵敏度和精确度最高。它分为静态法和动态法两大类，前者又包括容量法、质量法和简易单点吸附法。

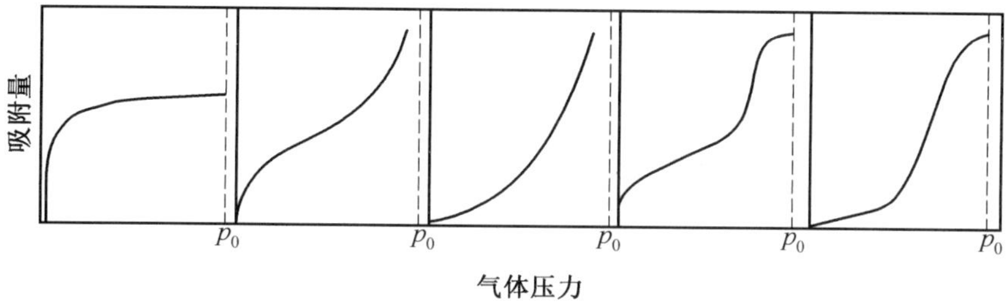

图 4.14　等温吸附曲线的几种类型

4.5.2 透过法

气体透过法是通过测定气体透过粉末层(床)的透过率来计算粉末比表面积或平均粒径的方法。透过法测定的粒度是一种当量粒径，即比表面平均粒径。根据所用的介质的不同，透过法可分为气体透过法和液体透过法。后者只适用于粗粉末或孔隙较大的多孔性固体(如金属过滤器)，在粉末测试中用得很少。

液体透过粉末床的透过率和所受的阻力与粉末的粗细或比表面积的大小有关。当粉末床的孔隙度不变时，液体通过粗粉末比通过细粉末的流量大。根据柯青－卡门推导，可得出粉末比表面积 S_0 的基本公式：

$$S_0=\sqrt{\frac{\Delta p g A\theta^3}{K_C Q_0 L\eta\,(1-\theta)^2}} \tag{4.6}$$

式中，K_C 为柯青常数；Δp 为粉末床两端气压差；g 为重力加速度；A 为粉末床截面积，Q_0 为流经粉末床的气体流量；L 为粉末床的几何长度；η 为气体黏度；θ 为孔隙度。

如果将比表面平均粒径的计算式 $d_m=6/S_0$ 代入上式并以 μm 为单位，则平均粒度的计算公式为

$$d_m=6\times10^4\times\sqrt{\frac{K_C Q_0 L\eta\,(1-\theta)^2}{\Delta p g A\theta^3}} \tag{4.7}$$

1. 空气透过法

常压空气透过法分为稳流式和变流式两种基本形式。稳流式是在空气流速和压力不变的情况下来测定粉末的比表面积和平均粒度的，如费歇尔微粉粒度分析法。变流式则在空气流速和压力随时间而变化的条件下，测定粉末的比表面积或平均粒度，如布莱

因法。

(1)费歇尔微粉粒度分析法。

费歇尔粒度分析仪简称费氏仪,已被许多国家列入标准。费氏仪测试原理如图 4.15 所示。

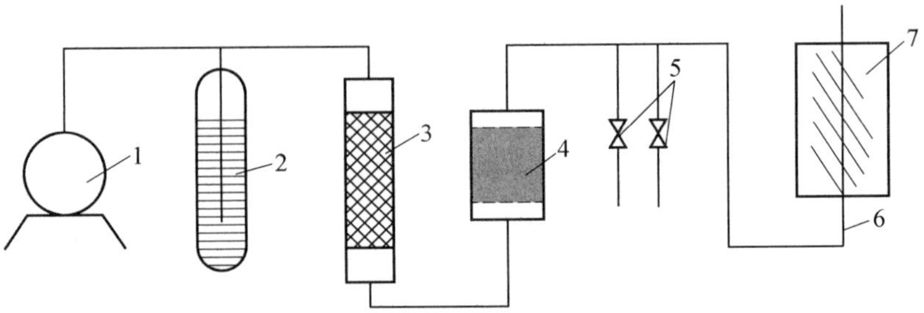

图 4.15　费氏仪测试原理

1—微型空气泵;2—压力调节装置;3—干燥装置;4—粉末样品;5—针型阀;6—压力计;7—粒度曲线板

(2)布莱因法。

与费歇尔法不同,布莱因法是在变流条件下测定空气透过粉末床时,平均压力或流量达到某规定值时所需的时间。图 4.16 为布莱因法微粉测试仪示意图。变流透过法计算比表面积 S_0 的近似公式是凯斯提出的:

$$K_B^2 S_0^2 = \frac{1}{\ln\left(\frac{H_i}{H_j}\right)} \times \frac{\theta^3}{(1-\theta)^2} \times \frac{t}{L} \tag{4.8}$$

式中,K_B 为仪器结构所决定的系数,$K_B^2 = \frac{K_C A_m \eta}{2Ag\rho_f}$,其中 A_m 为 U 形管截面面积,ρ_f 为 U 形管内液体密度;H_i 为初始液面高度;H_j 为经过时间 t 后的液面高度。

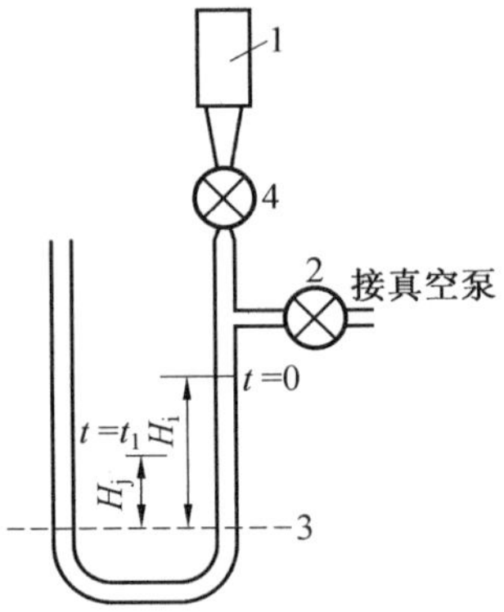

图 4.16　布莱因法微粉测试仪示意图

1—样品管;2—阀门;3—平衡位置标准线;4—阀门

2. 低压气体扩散法

用气体扩散装置来测定比表面,就可适用于粒度小至 0.01 μm 的粉末。气体扩散法分为静态和动态两类。前者与常压透过法相同,测试的是外比表面,而用动态法测定的才接近于全比表面。

(1)静态扩散装置。

图 4.17 为克努曾流动仪,它利用的公式是:

$$S_w = 0.481 \frac{A\theta^2}{\rho q\sqrt{M(273+t)}} \times \frac{\Delta p}{L}\left(\frac{760}{p} \times \frac{273+t}{273}\right) \tag{4.9}$$

式中,A 为试样管截面积;L 为试样管内粉末层厚度;q 为气体流速;p 为气体压力最高值;M 为气体平均摩尔质量;ρ 为气流的密度。

在实验中,只要测出 p 和 q 就可计算出比表面积 S_w。

(2)动态扩散实验装置。

当粉末颗粒内存在大量潜孔和微细裂隙时,可利用分子流原理,设计动态扩散实验装置(图 4.18)。此时,测定全比表面积的计算公式为

$$S_0 = \frac{144}{3} \times \frac{\theta}{1-\theta} \times \frac{t}{L^2} \times \sqrt{\frac{2RT}{\pi M}} \tag{4.10}$$

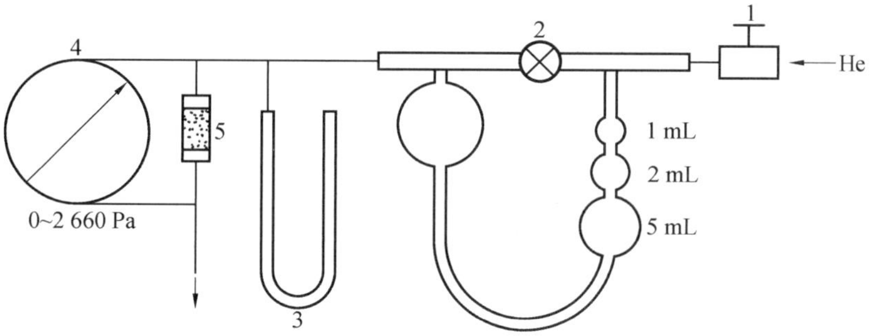

图 4.17 克努曾流动仪

1—压力调节器;2—流速计阀门;3—压力计;4—压差计;5—粉末试样

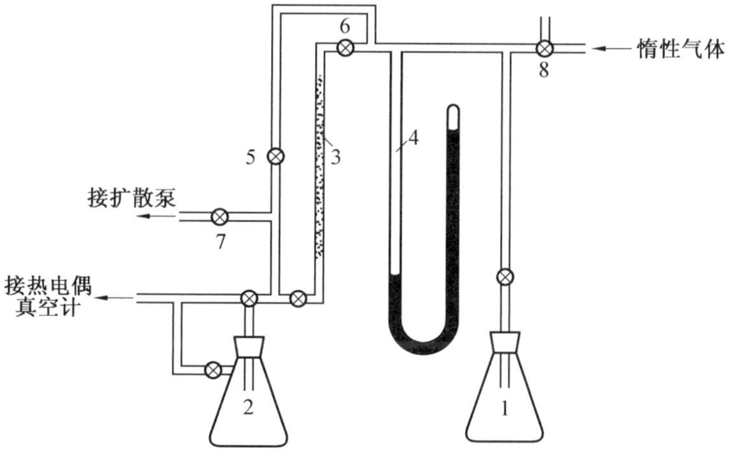

图 4.18 动态扩散实验装置

1,2—储气瓶;3—粉末试样;4—压力计;5,6,7,8—阀门

4.6 粉末工艺性能测试

粉末的工艺性能包括松装密度、振实密度、流动性、压缩性和成形性。粉末工艺性能主要取决于粉末的生产方法和粉末的处理工艺(球磨、退火、加润滑剂、制粒等)

4.6.1 粉末松装密度和振实密度的测定

1. 松装密度

松装密度是粉末试样自然地充满规定的容器时单位容积的粉末质量。松装密度可用漏斗法、斯柯特容量计法或振动漏斗法来测定。

漏斗法是用图4.19所示的标准漏斗来测定粉末松装密度的。本法仅适用于能自由流过孔径为2.5 mm或5 mm标准漏斗的粉末。斯柯特容量计法(图4.20)适用于不能自由流过漏斗法中孔径为5 mm的漏斗和用振动漏斗法易改变特性的粉末,特别适用于难熔金属及化合物粉末。

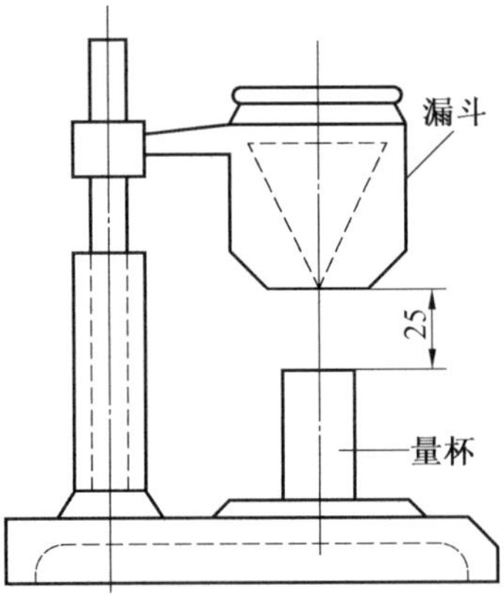

图4.19 漏斗法测定松装密度装置

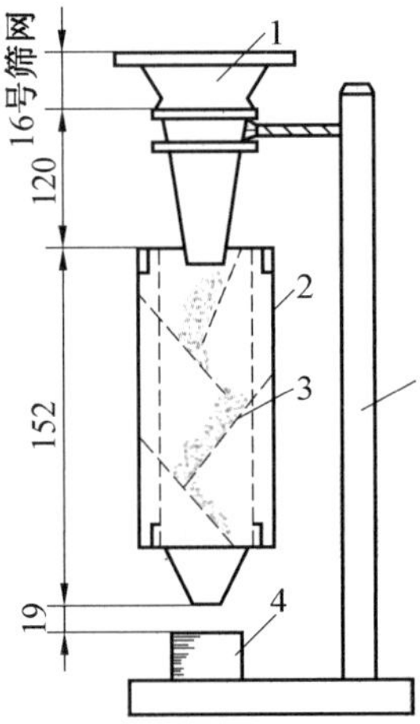

图4.20 斯柯特容量计法测定松装密度装置

1—漏斗;2—阻尼箱;3—阻尼隔板;4—量杯;5—支架

振动漏斗法适用于不能自由流过漏斗法中孔径为5 mm漏斗的粉末,但不适用于在振动过程中易于破碎的粉末,如团聚颗粒、纤维状或针状的粉末。振动漏斗法测定松装密度装置如图4.21所示。

2. 振实密度

粉末的振实密度是指将粉末装入振动容器中,在规定条件下经过振实后测得的粉末密度。一般振实密度比松装密度高20%～30%。

振实密度的测定通常是在振实装置上进行的。振实装置上的量筒有几种,因此所用量筒和粉末量应根据粉末的松装密度来选择(表4.8)。

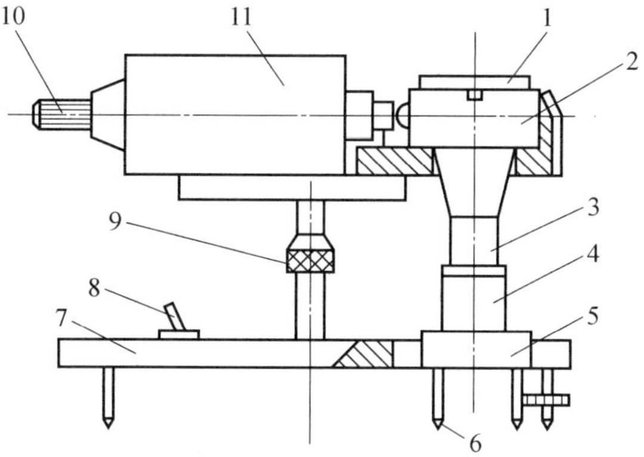

图 4.21 振动漏斗法测定松装密度装置

1—漏斗;2—滑块;3—定位块;4—量杯;5—支座;6—调节螺钉;7—底座;8—开关;9—振动器支架;10—振幅调节钮;11—振动器

表 4.8 测量振实密度的量筒选择范围

量筒体积/cm^3	松装密度/($g \cdot cm^{-3}$)	试验粉末质量/g
100	≥1	100±0.5
	<1	50±0.2
25	>4	100±0.5
	2~4	50±0.2
	1~2	20±0.1

3. 影响松装密度和振实密度的因素

松装密度是粉末自然堆积的密度,因而取决于颗粒间的黏附力、相对滑动的阻力及粉末体孔隙被小颗粒填充的程度、粉末体的密度、颗粒形状、颗粒密度和表面状态、粉末的粒度和粒度组成等因素。

粉末颗粒形状越规则,其松装密度就越大;颗粒表面越光滑,松装密度也越大。表4.9为粒度大小和粒度组成大致相同的三种铜粉,由于形状不同而表现出密度和孔隙度的差异。

表 4.9 三种颗粒形状不同的铜粉的密度和孔隙度

颗粒形状	松装密度/($g \cdot cm^{-3}$)	振实密度/($g \cdot cm^{-3}$)	松装时孔隙度/%
片状	0.4	0.7	95.5
不规则形状	2.3	3.14	74.2
球形	4.5	5.3	49.4

粉末颗粒越粗大,其松装密度就越大。表 4.10 为钨粉的平均粒度对松装密度的影响。细粉末形成拱桥和互相黏结妨碍了颗粒相互移动,故粉末的松装密度减小。

表 4.10 钨粉的平均粒度对松装密度的影响

费歇尔平均粒度/μm	松装密度/(g·cm^{-3})	费歇尔平均粒度/μm	松装密度/(g·cm^{-3})
1.20	2.16	6.85	4.40
2.47	2.52	26.00	10.20
3.88	3.67	—	—

粉末颗粒越致密,松装密度就越大。表面氧化物的生成提高了粉末的松装密度。

粉末粒度范围窄,松装密度都较低。当粗细粉末按一定比例混合均匀后,可获得最大的松装密度。

4.6.2 粉末有效密度的测定

粉末材料的理论密度通常不能代表粉末颗粒的实际密度。因此计算颗粒密度时,颗粒的体积因是否计入这些孔隙的体积而会有不同的值,一般说来有下列三种颗粒密度:真密度、有效密度和表观密度。其中测量有效密度的方法主要有两种:一种是比重瓶法(图 4.22),另一种是吊斗法(图 4.23)。

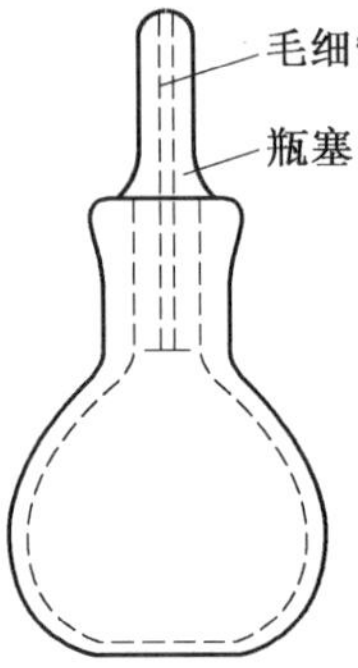

图 4.22 比重瓶法测量有效密度的装置

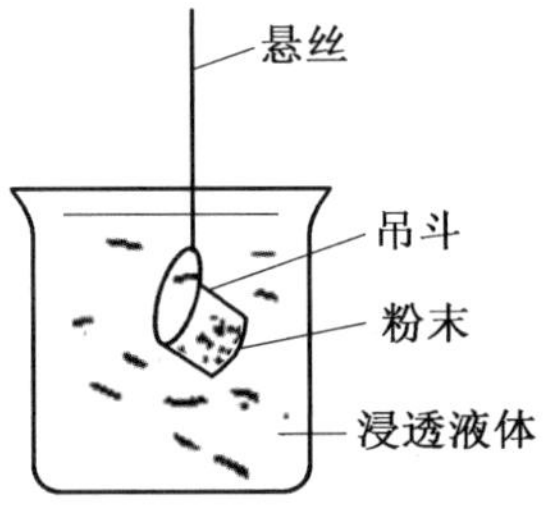

图 4.23 吊斗法测量有效密度的装置

4.6.3 粉末其他工艺性能的测定

粉末的其他工艺性能还有流动性、压制性和成形性,以及与成形和烧结有联系的尺寸测定。

1. 流动性

粉末的流动性是指 50 g 粉末从标准的流速漏斗流出所需的时间,单位为 s/50 g。其倒数是单位时间流出粉末的质量,称为流速。流速的测定方法可采用图 4.19 所示孔径为 2.5 mm 的标准漏斗。

粉末颗粒越大,颗粒形状越规则,粒度组成中极细粉末所占比例越小,流动性越好。粉末氧化能提高流动性。如果颗粒密度不变,相对密度增加,会使流动性提高。对于陶瓷粉末来说,提高粉末流动性的常用方法是加入黏结剂。例如添加 5%的聚乙烯醇(PVA)水溶液到干燥的粉末中,施加适当的压力长时间研磨直至水分挥发,则可以利用 PVA 的黏性对粒径分布进行调整,从而提高粉末的流动性,有利于后续粉末的压制成形过程。黏结剂在粉末压制成坯体后，通过低温热处理便很容易去除，对烧结的影响较小。颗粒表面吸附水分、气体或加入成形剂会降低粉末流动性。

2. 压缩性和成形性

压缩性是压缩性和成形性的总称。压缩性就是粉末在规定的压制条件下被压紧的能力。成形性是指粉末压制后，压坯保持既定形状的能力。

压缩性的测定是在封闭模具中采用单轴双向压制，在规定的润滑条件下加以测定的，用规定的单位压力下粉末所达到的压坯密度来表示。成形性的测定可通过转鼓试验。我国国家标准规定采用矩形压坯的横向断裂来测定压坯强度的方法表示成形性。

影响压缩性和成形性的主要因素有颗粒的塑性和颗粒形状。

在评价粉末的压制性时，必须综合比较压缩性和成形性。一般来说，成形性好的粉末，往往压缩性差；压缩性好的粉末，成形性差。

3. 粉末与成形和烧结有联系的尺寸测定

粉末与成形和烧结有联系的尺寸变化(简称尺寸变化)，通常是指粉末在压制成形过程中发生的弹性后效，以及压坯在烧结中发生的尺寸缩小或增大。

(1)尺寸变化的测量。

与粉末成形和烧结有联系的尺寸变化有下列三种：

①从模腔尺寸到压坯尺寸(弹性后效引起的尺寸变化)：

$$\delta=\frac{L_P-L_D}{L_P}\times 100\% \tag{4.11}$$

②从压坯尺寸到烧结尺寸(烧结引起的尺寸变化)：

$$\Delta L_{SP}=\frac{L_S-L_P}{L_P}\times 100\% \tag{4.12}$$

③从模腔尺寸到烧结尺寸(总尺寸变化)：

$$\Delta L_{SD}=\frac{L_S-L_D}{L_D}\times 100\% \tag{4.13}$$

式中，L_D 为模腔尺寸；L_P 为压坯尺寸；L_S 为烧结尺寸；δ 为弹性后效引起的尺寸变化；ΔL_{SP}为烧结引起的尺寸变化；ΔL_{SD}为总尺寸变化。

(2)影响尺寸变化的因素。

影响粉末与成形和烧结有联系的尺寸变化的因素很多，主要有三种因素：

①粉末的类型不同(包括粉末性能)，其尺寸变化也不同。与尺寸变化有联系的性能是粉末的粒度及其组成、颗粒形状和内部结构、粉末的塑性或加工硬化情况，以及粉末的化学组成等。粒度越细，颗粒表面越光滑，含氧量越高及粉末塑性越低，其弹性后效越大。

②成形压力与尺寸变化关系十分密切。一般而言，低压成形时，粉末的弹性后效随成形压力的增大而增大；高压成形时，粉末的弹性后效随成形压力的增大而减少。

③烧结条件通常以烧结温度、时间和气氛为主要条件。升温速度、冷却速度等对烧结时的尺寸变化也有影响。

本章思考题

1.测定粉末粒度有哪些方法？试比较其优缺点。

2.一次颗粒和二次颗粒的概念分别是什么？

3.除了本书列出的测定粉末粒度的方法外，还有哪些手段可以测定粉末粒度及粒度分布？

第5章　粉末的压制成形

粉末成形是通过外加压力把粉末压制成所需几何形状并具有一定密度的过程。粉末成形时压力施加的方式、粉末特性和模具设计是决定最终密度的主要因素。

在粉末冶金中成形是使金属粉末密实成具有一定形状、孔隙度和强度的坯块的工艺过程。粉末成形分普通模压成形和特殊成形两大类。前者是将金属粉末或混合料装在钢制压模内通过模冲对粉末加压，卸压后，将压坯从模具内压出。在这个过程中，粉末与粉末、粉末与模冲和模壁之间由于存在着摩擦，压制过程中力的传递和分布发生改变，压力分布的不均匀造成了压坯各个部分密度和强度分布的不均匀，从而在压制过程中产生了一系列复杂的现象。对于特殊类型的粉末，如高硬度和脆性粉末成形时，需要在粉末中加入成形剂。通常应根据粉末性能选择成形剂的成分。特殊成形包括注射成形、连续成形、粉浆浇注、温压成形、挤压成形等，这些工艺还须考虑粉末分散剂、混合物的均匀性、流变学行为以及成形过程中工艺变化的影响。为了正确地制订成形工艺规范、合理地设计压模结构、计算压模参数等，有必要对这些现象进行详细的研究。

本章将从成形前原料的预处理、金属粉末在压制过程中的变化、压制压力与压坯密度的关系、压制成形中力的分析、压制密度及其分布、废品分析以及影响压制过程和压坯质量的其他因素等方面研究介绍粉末的压制成形。

5.1　粉末成形前的预处理

不同类型的粉末在成形性能上具有较大的差别，为保证粉末压制质量，粉末原料在成形之前要经过预处理，一般包括分级、合批、粉末退火、筛分、混合、制粒、加润滑剂、加成形剂等主要步骤。

混合一般是指将两种或两种以上不同成分的粉末混合均匀的过程。混合也是制备用于成形的粉末－黏结剂混合物的第一步。有时为了需要也将成分相同而粒度不同的不同批次粉末进行混合，这一过程称为合批。在粉末冶金成形中所有的混合物都要求粉末颗粒和黏结剂混合均匀，这一点至关重要，因为混料不均匀在后续工艺中是无法调整的。然而要制成均匀一致，特别是微观状态均匀的混合物存在一定的困难。粉末混合的机制是扩散、对流和剪切三种力的作用。为了得到不同粒度分布的混合物，混合和合批是必需的步骤。烧结过程中不同成分的粉末将生成新的合金。一般而言，添加润滑剂改善粉末压缩性能，添加黏结剂改善粉末成形性能等都需要经过混合或合批过程。

当压制硬度较高的粉末（如氧化物、碳化物或某些金属间化合物）时，也需要将粉末与有机物黏结剂相混合，这有利于增加压坯的强度，特别是在压制陶瓷粉末时，这种增加压坯强度的作用必不可少。粉末冶金中最重要的材料体系——硬质合金在成形时，就必须在粉末中加入成形剂，以保证压坯在烧结前的一系列操作中具有足够的强度。润滑剂和黏结剂一般在烧结过程中蒸发或分解。通常在制备粉末过程中超细粉末会发生团聚，这是由于小颗粒具有较大的比表面能，而且小颗粒之间具有较大的摩擦力，具有自动聚集成团的趋势，在此过程中，粉末的流动性得到改进，因此，超细粉末的团聚有利于自动机械装置的操作。

在粉末的制备和处理过程中有可能对粉末体造成污染或形成结构缺陷，导致粉末脏化或产生加工硬化，因此需要去除粉末表面污染和减少粉末结构缺陷。常采用的方法是通过退火，来还原表面氧化物及减少其他杂质，在粉末还原退火时，为了避免颗粒之间发生烧结，一般采用较低的还原温度和还原能力较高的氢气进行还原退火。

上述是粉末压制前预处理的主要步骤，中间有些步骤是和粉末的制备过程同时进行的。本节主要介绍粉末的混合、粉末填充及成形剂和添加剂的作用。

5.1.1 粉末的混合

通过混合不同粒度的粉末颗粒得到较高的粉末松装密度在许多领域得到了应用，如食品包装、煤炭运输、混凝土混合和粉末加工。采用粒度差异较大的粉末进行混合可以得到较大的松装密度，但是达到理想状态下的混合是困难的。McGeary 证明了自由填充的粉末松装密度理论上的最大值是 95%，如果颗粒尺寸比是 7∶1，则充分混合后的粉末具有较高的松装密度，以单一粒度的球形粉末混合为例，不同尺寸比的球形粉末混合后松装密度的比例见表 5.1。

表 5.1 单一粒度的球形粉末混合后松装密度的比例

组元数	尺寸比	质量分数	松装密度
1	—	100	0.64
2	7∶1	73∶27	0.86
3	49∶7∶1	75∶14∶11	0.95
4	343∶49∶7∶1	73∶14∶10∶3	0.98

较宽的粉末颗粒分布可以提高粉末的松装密度，0.82～0.96 大致是松装密度的上限。这些值与具有大尺寸比的二元体系和多元体系的体积密度是一致的。粉末颗粒的粒度分布用 Andreasen 方程式表达时，松装密度最大。Andreasen 方程式为

$$W = AD^q \tag{5.1}$$

式中，W 为粒径小于 D 的颗粒的质量分数；A、q 为经验常数，用来适应粉末粒度分布的调整，q 位于 0.5～0.67 范围内时松装密度值最大。高比例含量的小颗粒有助于填充作为连续基体的大颗粒间的空隙。

每种混合粉末都有一个最佳的混合比例，使粉末的松装密度达到最大，但粉末的松装密度达到最大时，较大的粉末颗粒形成骨架，较小的颗粒填充残留的空隙，未均匀混合的粉末结构会降低粉末的松装密度，因此在实践操作中很难得到理论松装密度。

物料的混合结果可以根据物料的工艺性能来检验，即检验粉末的粒度组成、松装密度、流动性、压制性和烧结性，测定烧结体的力学性能，或者用化学分析和微量化学分析等

方法进行检验。实践中通常只是检验混合料的部分工艺性能，并且进行必要的化学分析。至今还没有方便而又快速地评价粉末料混合质量的可靠的检验方法。用仪器检测混合质量还处于研究阶段，尚未广泛使用。

检测混合好坏与否或不同粉末粒度区间样品的分散情况，可在不同时间取样进行成分变化分析，掌握分散程度。混合均匀性可进一步通过样品密度、比热容、电导性及显微结构的检测来表征。如图 5.1 所示，均匀性分成三种水准，从分层混合物表现为大范围的分散，到部分均匀化的团聚结构，最后到理想的均匀分散结构。由此产生了混合物均匀性指数 M、样品粉末的质量分数变量 S^2、随机试样变量 $S_r{}^2$ 和初始分散混合物的变量 S_0，其关系式为

$$M=\frac{S_0^2-S^2}{S_0^2-S_r^2} \tag{5.2}$$

这里均匀性指数的范围为 0～1.0，用一致性来表征均匀混合物，用标准统计方法确定均匀混合物的上述各个变量。均匀性指数的准确度与样品数目的平方根成正比。取样数目越多，准确程度越高。初始分散混合物变量可按下式计算：

$$S_0^2=X_p(1-X_p) \tag{5.3}$$

式中，X_p 是粉末主相的质量分数，最终充分混合的样品体系的随机变量应趋近于 0，因而 $S_r \approx 0$。因此，通常情况式(5.2)可简化为

$$M=1-\frac{S^2}{S_0^2} \tag{5.4}$$

混合物的不均匀主要有两种形式，黏结剂与粉末分离，以及在黏结剂中因颗粒粒度不同而产生的分离。因颗粒形状、密度引起的颗粒分散会使最终产品产生不均匀的密度分布和烧结件变形。为了达到均匀一致，小颗粒粉末和不规则形状颗粒粉末需要更长的混合时间，小颗粒存在团聚趋势，因此需要增加混合时间以形成均匀一致的混合物。出现团聚时，粉末则很难混合均匀，因此需要在颗粒表面涂覆上一层极性分子涂层，颗粒上的极性分子涂层所产生的排斥力可减少团聚和颗粒间的摩擦力，改善填充状态，这对于超微颗粒的混合非常重要。

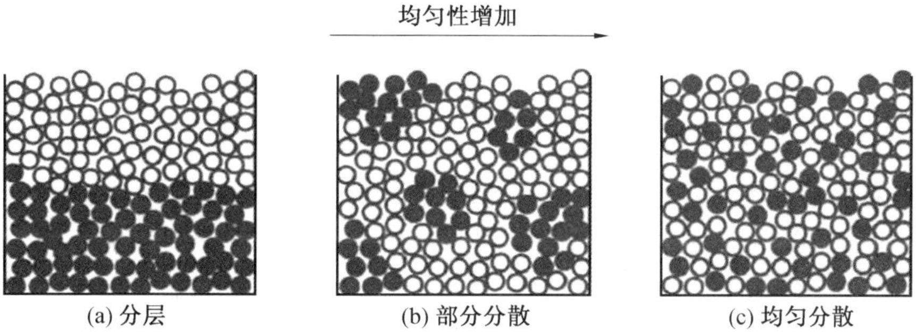

图 5.1 粉末各组元的分散程度

混合过程的重要性通常被忽视，但粉末原料混合阶段对后续粉末冶金工艺以及产品的性能同样有很大的影响。混合或合批过程的工艺参数包括材料的种类、粉末颗粒的粒度、混合容器的类型、混合容器的尺寸、粉末在混合容器中的体积分数、混合时的速度、剪

切力大小及混合时间等。此外环境因素(如温度、湿度等)也会影响粉末的混合。

混合时,最初是通过剪切力来击碎大的颗粒团,随着混合的不断进行,团聚的粒度减小,从而使黏结剂分散到颗粒间的空隙中。

混合动力学表明均匀度 M 与混合时间 t 之间存在指数关系,即

$$M=M_0+\exp(kt+c) \tag{5.5}$$

式中,M_0 是初始混合物的均匀度;t 是时间;c 和 k 是给定条件下的常数。

在混合初期均匀性提高很快,但是在黏结剂的黏度较小和粉末粒度分布较宽的情况下,在混合容器中分散反而使得均匀性逐渐降低。

有时混合的目的是使颗粒表面均匀涂覆黏结剂,使原料中的黏结剂与粉末颗粒均匀分布。对于热塑性黏结剂,混合应在中温条件下进行,这时对粉末颗粒的作用力主要是剪切力。在过高温度下混合,因混合物黏度过低而降低了黏结剂的作用或使粉末分散。为了保证操作过程的可重复性,黏结剂的质量和温度必须精确控制。

粉末混合方法有机械法和化学法两种。其中用得最广泛的是机械法,即用各种混合机械如球磨机、V形混合器、锥形混合器、酒桶式混合器和螺旋混合器等将粉末或混合料机械地掺和均匀而不发生化学反应。机械法混料又可分为干混和湿混,干混在铁基制品生产和钨、碳化钨粉末的生产中被广泛采用,湿混在制备硬质合金混合料时常被采用。湿混时使用的液体介质常为酒精、汽油、丙酮、水等。为了保证湿混过程顺利进行,对湿混介质的要求是:不与物料发生化学反应、沸点低、易挥发、无毒性、来源广泛且成本低廉。湿混介质的加入量须适当,过多时浆料的体积增加,球与球之间的粉末相对减少,从而使研磨和混合效率降低;而介质过少时,浆料黏度增加,球的运动困难,球磨效率降低。

机械混合的均匀程度取决于下列因素:混合组元的颗粒大小和形状、组元的相对密度、混合时所用介质的特性、混合设备的种类和混合工艺(装料量、球料比、时间和转速等)。在生产实践中,混合工艺参数大都由实验方法选定。

在球磨机或振动球磨机中混料时,可以把混合和研磨工艺合并进行,在这些设备中,粉末可以得到比较强烈的混合,同时,粉末颗粒也会进一步粉碎,在硬质合金、结构材料和其他材料的生产中得到广泛的应用。此时,软金属(如 Cu、Co、Ni 等)会把较硬的组元颗粒覆盖起来,使物料分布均匀。

在制备粉末一黏结剂混合物时,用来处理干粉的普通混合槽(双锥双面)的混合效果较差。黏结剂需要高剪切力使之在颗粒间产生分子级的分散,因此通常采用双行星磨、单旋挤压机、柱塞挤压机和双旋挤压机等。化学法混料是将金属或化合物粉末与添加金属的盐溶液均匀混合,或者是各组元全都以某种盐的溶液形式混合,然后经沉淀、干燥、还原等处理方法而得到均匀分布的混合粉末,与机械法比较,化学法能使物料中的各组元分布得更加均匀,从而更有利于烧结的均匀化。而且,由于化学混料的结果,基体组元的每一个粉末表面都包覆了一层金属添加剂,这有利于烧结过程中的合金化,因此,所得的最终产品组织结构较理想,综合性能优良。在现代粉末冶金生产中,为了获得高质量的产品,已广泛采用化学法,如制造 W－Cu－Ni 高密度合金、Fe－Ni 磁性材料、Ag－Cd 触头合金等。化学混合法的缺点是操作较烦琐,劳动条件较差。

5.1.2 粉末填充

填充粉末颗粒的结构是粉末成形的关键。粉末的填充密度直接关系到粉末的体积压实程度、黏结剂的含量和烧结时的收缩率。粉末的自由填充是大多数粉末冶金采用的工艺。自由充填的理想情况为单粒度的球形粉末，其松装密度$\left(\frac{\text{体积密度}}{\text{理想密度}}\times 100\%\right)$位于60％～64％之间，而有效密度取决于粉末体本身的特性，包括粉末的粒度、形状以及吸附的润湿剂。对常用的冶金用粉末，松装密度的范围一般是30％～65％。不规则状和海绵状粉末的松装密度较低。

由于颗粒表面的不规则性，颗粒间存在摩擦力。表面粗糙度越大，形状越不规则，则粉末的松装密度越低。对于粒度相同形状不同的粉末，松装密度随着形状偏离球形程度的加大而降低。图5.2表示的是粒度相同、形状不同的粉末颗粒的松装密度，球形粉末颗粒的松装密度较大。随着颗粒的长径比增大，松装密度降低。图5.3中的曲线表明了松装密度与纤维长径比的关系，具有等轴形状的颗粒松装密度最大，自由填充的长纤维松装密度低于10％。显然，具有光滑表面、等轴形状的粉末有较好的填充性能。

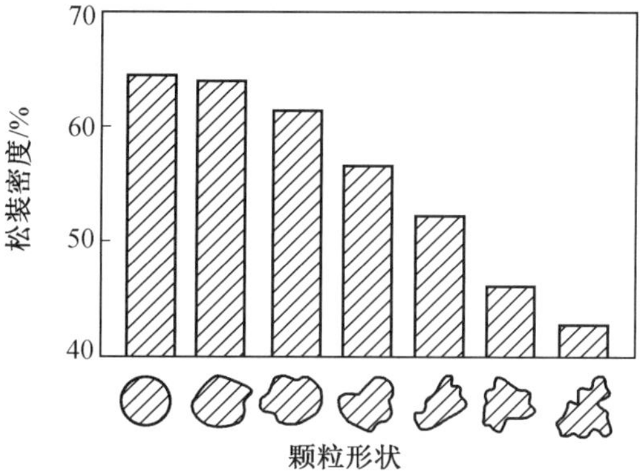

图5.2 粉末的松装密度与颗粒形状的关系

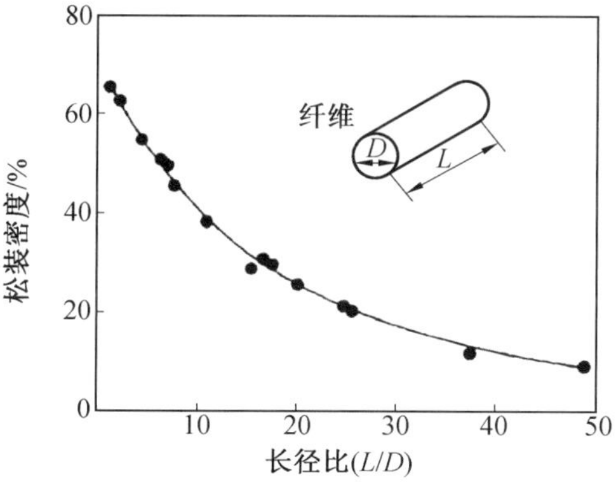

图5.3 松装密度与纤维长径比的关系

为了克服粉末填充时附着力的限制，通过调整粉末的粒度分布以得到较高的松装密度是比较困难的。同种粉末不同粒度混合后的松装密度比单一粒度粉末的松装密度要高。改善粉末填充性能的关键是调整粉末中颗粒的尺寸比例。小颗粒可以填充大颗粒间的空隙而不会使大颗粒发生分离,小颗粒甚至可以填充残留空隙,而使松装密度有所提高。图5.4为由大小颗粒组成的混合粉的成分与粉末松装密度的关系,在粉末松装密度达到最大时,大颗粒形成紧密的填充,小颗粒填充在空隙里,大小粉末颗粒混合后的体积密度可以用一个函数来表达。在最高值时,大颗粒所占的比例比小颗粒要大,通过调整大小颗粒的比例可以提高粉末的松装密度。在有限的范围内,颗粒的尺寸比越大,最大松装密度值就越大。

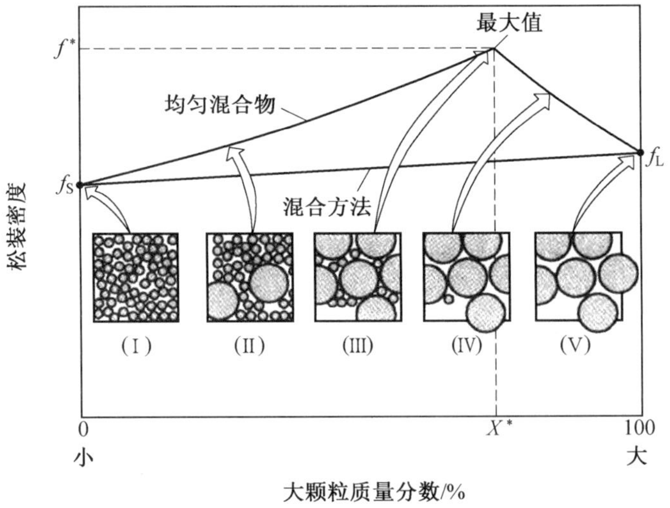

图5.4 由大小颗粒组成的混合粉的成分与粉末松装密度的关系

先用大颗粒填充,再加入小颗粒,填充大颗粒间的空隙,使松装密度增大,这与图5.4中右半部分一致。小颗粒逐渐填充上大颗粒间所有的空隙,随后再加入的小颗粒会使大颗粒发生分离,这时粉末的松装密度不会再增加。相反,开始用小颗粒填充,然后再用大颗粒,小颗粒群和它们间的空隙就会被大颗粒取而代之,因为大颗粒是密实的,多孔区域被密实的大颗粒取代后,松装密度变大,直至大颗粒间发生接触。图5.4左边部分表明了这种变化。最大的松装密度是两条曲线的交汇处。松装密度最大发生在大颗粒间相互接触,所有的空隙被小颗粒填充时。大颗粒的最佳质量分数 X^* 取决于大颗粒间孔隙的体积($1-f_L$,f_L 是大颗粒的松装密度)。

$$X^* = \frac{f_L}{f^*} \tag{5.6}$$

最佳的 f^* 用松装密度表示如下:

$$f^* = f_L + f_S(1 - X^*) \tag{5.7}$$

5.1.3 成形剂和添加剂的作用

在压制成型前,粉末混合料中常常要添加一些改善压制过程的物质——成形剂或者添加在烧结中能造成一定孔隙的物质——造孔剂。另外,为了降低压形时粉末颗粒与模壁和模冲间的摩擦、改善压坯的密度分布、减少压模磨损和有利于脱模,常加入一种添加物——润滑剂，如石墨粉、硫黄粉和下述的成形剂物质。

成形剂是为了提高压坯强度或为了防止粉末混合料离析而添加的物质，在烧结前或烧结时该物质被除掉，有时也称为黏结剂，如硬脂酸锌、合成橡胶、石蜡等。

选择成形剂、润滑剂的基本条件是有较好的黏结性和润滑性能，在混合粉末中容易均匀分散，且不发生化学变化；软化点较高，混合时不易因温度升高而熔化；混合粉末中不会因添加这些物质而使其松装密度和流动性明显变差，对烧结体特性也不能产生不利影响；加热时，成形剂和润滑剂从压坯中容易呈气态排出，并且这种气体不影响发热元件、耐火材料的寿命。

硬质合金制造工艺中常用石蜡、合成橡胶作成形剂，此外，还有聚乙烯醇、乙二醇等。成形剂通常在混料过程中以干粉末的形式加入，与主要成分的金属粉末一起混合，在某些场合（如硬质合金生产）也以溶液状态加入，此时，先将石蜡或合成橡胶溶于汽油或酒精中，再将它掺入料浆或干的混合料中。压制前，需将其中的汽油或酒精挥发。

5.2 粉末的压制过程

5.2.1 粉末的压制现象

粉末料在压模内的压制如图5.5所示。压力经上模冲传向粉末时，粉末在某种程度上表现出与液体相似的性质，粉末向各个方向流动，于是引起了垂直于压模壁的压力——侧压力。粉末在压模内所受压力的分布是不均匀的，这与液体的各向均匀受压情况有所不同。因为粉末颗粒之间彼此摩擦、相互楔住，所以压力沿横向（垂直于压模壁）的传递比垂直方向要困难得多。并且粉末与模壁在压制过程中也产生摩擦力，此力随压制压力而增减。因此，压坯在高度上出现显著的压力降，接近上模冲端面的压力比远离它的部分要大得多，同时中心部位与边缘部位也存在着压力差，结果，压坯各部分的致密化程度也就有所不同。

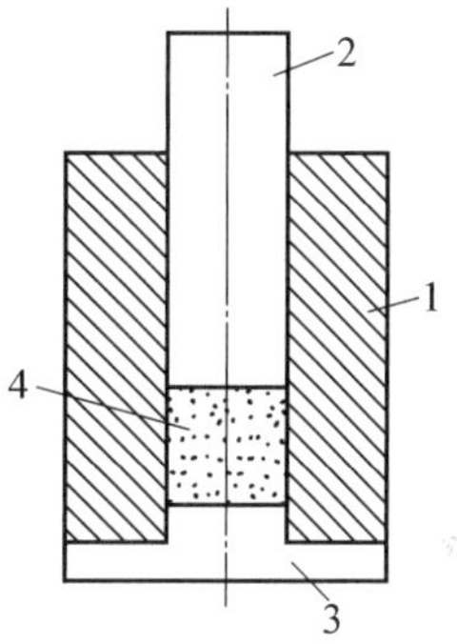

图5.5 压制示意图
1—阴模；2—上模冲；3—下模冲；4—粉末

5.2.2 粉末压制时的位移与变形

粉末在压模内经受压力作用后就变得较密实且具有一定的形状和强度，这是由于在压制过程中，粉末之间的孔隙度大大降低，彼此的接触面积显著增大。即粉末在压制过程中出现了位移与变形，如图5.6所示，起初随着颗粒间拱桥的消失将发生颗粒重排；随着压制压力的提高，颗粒的弹塑性变形是主要的致密化机制。

1. 粉末的位移

粉末在松装堆积时，由于表面不规则，彼此之间有摩擦，颗粒相互搭架而形成孔洞的

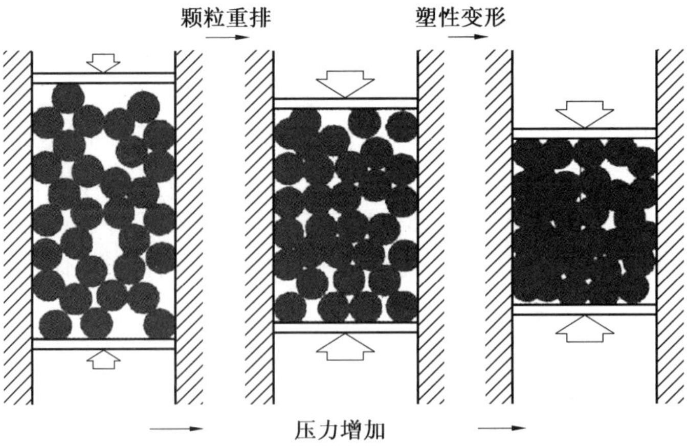

图 5.6　金属粉末压制过程中的简化阶段

现象,称为拱桥效应。粉末体具有很高的孔隙度,如还原铁粉的松装密度一般为 2～3 g/cm^3,而致密铁的密度是 7.8 g/cm^3;工业用中颗粒钨粉的松装密度是 3～4 g/cm^3,而致密钨的密度是 19.3 g/cm^3。当施加压力时,粉末体内的拱桥效应遭到破坏,粉末颗粒便彼此填充孔隙,重新排列位置,使接触面积增大。现用两个粉末颗粒来近似地说明粉末的位移情况,如图 5.7 所示。

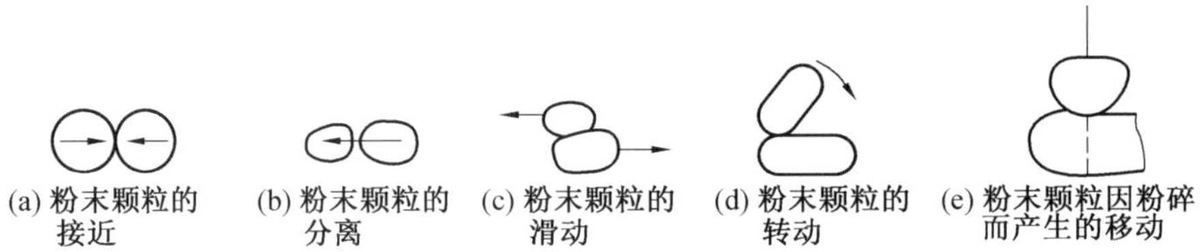

图 5.7　粉末位移的形式

2. 粉末的变形

如前所述,粉末体在受压后体积大大减少,这是因为粉末在压制时不但发生了位移,而且发生了变形。粉末变形可能有三种情况:

(1)外力卸除后粉末形状可以恢复原形。

(2)压力超过粉末的弹性极限,变形后不能恢复原形。压缩铜粉的实验指出,发生塑性变形所需要的单位压力是该材质弹性极限的 2.8～3 倍。金属塑性越大,塑性变形也就越大。

(3)单位压制压力超过强度极限后,粉末颗粒发生粉碎性的破坏。当压制难熔金属(如 W、Mo)或其化合物(如 WC、Mo_2C 等)脆性粉末时,除有少量塑性变形外,主要是脆性断裂。

压制时粉末的变形如图 5.8 所示。由图可知,压力增大时,颗粒发生形变,由最初的点接触逐渐变成面接触,接触面积随之增大,粉末颗粒由球形变为扁平状,当压力继续增大时,粉末就可能碎裂。

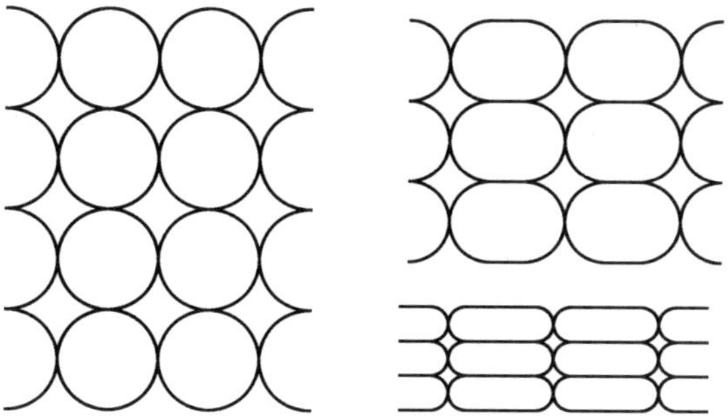

图 5.8 压制时粉末的变形

5.2.3 粉末的压坯强度

在粉末成形过程中，随着成形压力的增加，粉末体的孔隙减少，压坯逐渐致密化，由于粉末颗粒之间联结力的作用，压坯的强度也逐渐增大。粉末颗粒之间的联结力大致可分为粉末颗粒之间的机械啮合力和粉末颗粒表面原子之间的引力两种。

(1)粉末颗粒之间的机械啮合力。如前所述，粉末的外表面呈凹凸不平的不规则形状，通过压制，粉末颗粒之间由于位移和变形可以互相楔住和勾连，从而形成粉末颗粒之间的机械啮合，这是压坯具有强度的主要原因之一。粉末颗粒形状越复杂，表面越粗糙，则粉末颗粒之间彼此啮合得越紧密，压坯的强度越高。

(2)粉末颗粒表面原子之间的引力。当金属粉末处于压制后期，粉末颗粒受强大外力作用而发生变形，粉末颗粒表面上的原子彼此接近，进入引力范围之内时，粉末颗粒便由于引力作用而联结起来，于是压坯便具有一定的强度，粉末的接触区域越大，压坯强度越高。

应当注意的是，上述两种联结力在压坯中所起的作用并不相同，且与粉末压制过程有关。对于任何金属粉末来说，压制时粉末颗粒之间的机械啮合力是使压坯具有强度的主要联结力。压坯强度是指压坯反抗外力作用而保持其集合形状和尺寸不变的能力，也是反映粉末质量优劣的重要标志之一。压坯强度的测定方法目前主要有：压坯抗弯强度试验法和测定压坯边角稳定性的转鼓试验法，以及圆柱形或轴套形压坯沿其直径方向加压测试破坏强度(压溃强度)的方法。

5.3 压制过程中力的分析

压制过程实际上是一个施加力与力的传递的过程。在力的传递过程中，伴随着力的损耗及相互作用等情况的发生，这说明除了所施加的轴向作用力之外，还存在着摩擦力、侧向压力和弹性内应力等力。

5.3.1 侧压力与模壁摩擦力

轴向压制压力对模腔中的粉末具有双重作用，或者说，它可以分解为两种力的作用：用以克服粉末与粉末之间的摩擦力，对应内摩擦力；用以克服粉末与模具侧壁之间的相互作用力,对应外摩擦力或模壁摩擦力。由于存在着压力损耗,压模内各个部分的应力分布是不均匀的:位于压模上部的应力要比下部的大;对于接近模冲上部的同一断面,靠近边缘的应力要比中间部位的大,而远离模冲的压模底部的应力大小分布则与之相反。除此之外,由于力的作用是相互的,粉末在压模中受压膨胀的同时,还要受到模具侧壁对其的反作用力,称为侧压力。

1. 侧压力

为了力分析的简明化,在此以一个如图 5.9 所示的简单立方体压坯为例进行说明。

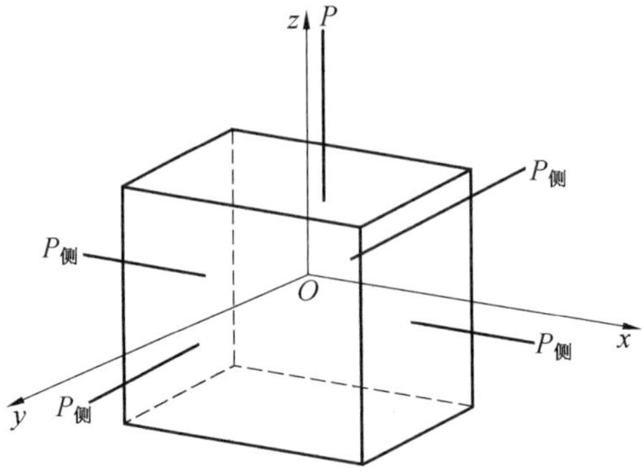

图 5.9　压坯受力示意图

当坯体受到一个垂直压应力 P 的作用,坯体在 x 轴方向会相应地发生应变量为 ε_{x1} 的膨胀:

$$\varepsilon_{x1}=\upsilon P/E \tag{5.8}$$

式中,υ 和 E 分别为泊松比和弹性模量。

同样,沿 y 轴方向的侧压力也会使坯体沿 x 轴方向发生应变量为 ε_{x2} 的膨胀:

$$\varepsilon_{x2}=\upsilon P_{侧}/E \tag{5.9}$$

然而,沿 x 轴方向的侧压力 $P_{侧}$ 却使得坯体沿 x 轴方向发生了压缩应变 ε_{x3}:

$$\varepsilon_{x3}=-P_{侧}/E \tag{5.10}$$

但实际上由于受到压模的限制,立方坯体并不能在侧向发生膨胀,故在 x 轴方向的膨胀量总和等于压缩值总量,即有

$$\varepsilon_{x1}+\varepsilon_{x2}+\varepsilon_{x3}=0 \tag{5.11}$$

所以可得

$$\xi=P_{侧}/P=\upsilon/(1-\upsilon) \tag{5.12}$$

式中,ξ 为侧压系数,即侧压力 $P_{侧}$ 与压制压力 P 之比。

对于式(5.12),它的使用前提是:横向膨胀在弹性变形范围之内。然而在实际中,粉末的塑性变形、坯体的孔隙率及模壁的弹性变形等因素不可避免地都会产生影响,所以该计算公式只能作为侧压力计算的一个参考。另外,在坯体轴向的不同位置处,所对应的侧压力由于外摩擦力的影响而不同,因此通过上述公式所计算出的侧压力其实只是一个平均值。有相关研究表明,对于高度为 7 cm 的铁粉压坯,当采用单相压制法进行压制时,样品顶部的侧压力要比底部的侧压力大 40%～50%。

侧压力的大小具有重要的意义:首先,平均压制压力是确定压坯密度具体变化规律的

必要因素，而平均压制压力的确定取决于侧压力数值的大小；另外，侧压力的数值大小也是压模设计所必需的。正是由于侧压力的重要作用以及目前对其实验和理论的研究还不够成熟，所以引起了众多研究者的关注。有学者认为，侧压系数取决于压坯孔隙度，而且通过一些试验发现，粉末的侧压系数与相对密度有以下的近似关系：

$$\xi = \rho \xi_{max} \tag{5.13}$$

式中，ρ 为压坯的相对密度；ξ_{max} 为达到理论密度的侧压系数。

对铁粉进行相关研究，结果表明，当外加压力在 160～400 MPa 范围内变动时，侧压力 $P_{侧}$ 与压制压力 P 具有如下计算关系：

$$P_{侧} = (0.38 \sim 0.41)P \tag{5.14}$$

对使用天然气还原氧化物得到的铁粉进行试验，结果见表 5.2。

表 5.2 侧压系数与压力、压坯密度的关系

压坯密度/(g·cm^{-3})	压制压力/MPa	侧压力/MPa	侧压系数 ξ
4.52	148.83	22.32	0.150
4.92	205.65	37.01	0.180
5.17	259.78	50.91	0.196
5.51	316.66	75.21	0.247
5.76	375.23	106.94	0.285
6.00	434.70	143.45	0.330
6.17	476.26	165.26	0.347
6.40	549.32	212.03	0.386
6.51	608.86	243.54	0.400
6.61	666.55	278.61	0.418
6.73	734.91	316.01	0.430
6.88	780.48	359.02	0.460
6.94	895.45	463.05	0.495

由该表可知，随着侧压力的增加，侧压系数 ξ 也增大，或者说，当侧压力沿着压坯高度逐渐减小时，侧压系数 ξ 也随之减小。

2. 模壁摩擦力

一般来说，模壁摩擦力的大小主要受粉末与模壁之间的摩擦系数、模壁的加工粗糙度、坯体的长径比等因素的制约，其数值大小 f 可表示为

$$f = \mu P_{侧} \tag{5.15}$$

式中，$P_{侧}$ 为侧压力；μ 为粉末与模壁之间的摩擦系数。

正是由于模壁摩擦力的存在，作用在坯体上的压制压力沿轴向不断损耗，模具底部所受到的压力 P' 可用式(5.16)表示：

$$P' = P\exp\left(-\frac{4h\xi\mu}{d}\right) \tag{5.16}$$

式中,h 和 d 分别为坯体的高度和直径。

由于摩擦力是一种接触力,只有坯体与模壁接触的部分才受到模壁摩擦力的影响,故当坯体的高度确定后,横截面积越大的坯体,其所受到的模壁摩擦力作用的粉末比例越小,进而所消耗的压力也越小。反映坯体尺寸与相应的比表面积的表 5.3 正说明了这一点。由该表可知,压坯的比表面积随着其尺寸的增加而相对减小,从而导致由外摩擦所引起的压力损耗相对减小。因此,坯体的尺寸越大,所需施加的单位压制压力越小。

表 5.3 坯体尺寸与比表面积

坯体边长/cm	总表面积/cm^2	坯体体积/cm^3	比表面积/cm^{-1}
1	6	1	6
2	24	8	3
3	54	27	2
4	96	64	1.5
5	150	125	1.2
…	…	…	…

5.3.2 脱模压力

轴向的压制压力使得坯体较为牢固地束缚在模具当中,要想将其取出,就需要施加一定大小的压力,即脱模压力。脱模压力的影响因素有粉末本身的特性、所施加的压制压力、坯体的形状以及是否使用润滑剂等。当把压制压力去除后,假如坯体不发生任何形变,则脱模压力大小就等于粉末与模壁的摩擦力大小,这是理想的情况,实际上,经过压力作用后的坯体或多或少都会发生一定量的变形。然而,在通常计算中,对于塑性变形能力较好的金属粉末,由于在压坯过程中所发生的形变量较小,可以近似认为脱模压力等于模壁摩擦力。

随着压坯长径比的减小,脱模压力会降低,润滑剂的使用也可以使脱模压力降低。一般来说,当压制压力不是很大时,脱模压力与压制压力有如下的近似计算关系:

$$P_{脱}=CP \tag{5.17}$$

式中,$P_{脱}$ 为脱模压力;P 为压制压力;C 为比例系数,对于普通的铁粉,比例系数 $C\approx0.13$。

5.3.3 弹性后效

当施加了压制压力并保压一定时间后,就可以将坯体从模具中取出,即脱模。由于粉末在之前的压制阶段产生了弹塑性变形,从而在坯体内部会产生一定量的弹性内应力,其方向恰好与粉末所受到的外力方向相反,进而对粉末颗粒的变形起到阻碍作用。所以,在脱模过程中,弹性内应力会发生松弛,坯体发生膨胀,这种现象即称为弹性后效。弹性后效的程度 δ 一般使用坯体发生的弹性膨胀量占卸压后长度的百分比来表示:

$$\delta=\left(\frac{l-l_0}{l_0}\right)\times100\% \tag{5.18}$$

式中，l 为坯体卸压之前的直径或高度；l_0 为坯体卸压之后的直径或高度。

因为坯体在压制过程中各个方向的受力是不同的，即具有各向异性，所以弹性后效也是各向异性的。又由于压制过程中坯体的轴向受力大于侧向受力，因此沿轴向的弹性后效程度更大，这就导致在脱模过程中，坯体可能会沿着侧向产生裂纹，导致压制失败。

弹性后效受到多种因素的影响，如粉末的塑性变形能力、粉末颗粒度、所用压模的材质与结构等。其中，粉末的塑性变形能力越差，脱模过程中所产生的弹性后效就越严重，也就越容易在坯体侧向产生裂纹。另一方面，坯体的致密度越低（即孔隙度越大），所产生的弹性后效越小。另外在压坯过程中使用润滑剂也可以减小弹性后效带来的影响。

5.4 压制压力与压坯密度的关系

通常，样品致密化程度的提高有利于其性能的提高。坯体的致密化程度对后期的烧结块体的致密化有着重要影响，而压坯的致密化程度（即密度）又取决于压制压力。

5.4.1 压坯密度的阶段性变化

在加压的起始阶段，受压制压力的作用，模具中的粉末颗粒会发生重新排列，原本存在于松散排列的粉末中的大量空隙会被填充，从而使压坯密度得到初步提高。随着加压过程的继续进行，粉末颗粒之间的孔隙率逐步降低，颗粒趋于更为紧密地排列，但是由于受力的各向异性，坯体不同部位的粉末其密度提高的程度也不同。

在加压的后期阶段，随着压力的增加，坯体的总体密度会进一步提高。通常的金属粉末，由于其塑性变形能力较强，在压力增大时会产生明显的塑性变形，使颗粒之间的空隙间距进一步降低，从而提高坯体的致密化程度；但是对于陶瓷或硬质合金等不易发生塑性变形的粉末，在进一步加压时，粉末颗粒由于局部压力集中会产生部分的破碎，小的碎片可填充较大的空隙，使坯体的密度进一步提高。坯体中气体的存在不利于致密度的提高，尤其是对于塑变能力很差的陶瓷之类的粉末，在加压后期粉末颗粒的密集重排会使排气通道逐渐受阻，从而加剧气体在坯体中的存留。这部分气孔内的压力较大，在压制压力撤去后，气孔内的压力大于周围的压力，气孔会重新扩展而发生回弹，坯体在侧向发生开裂。综上所述，在粉末的施压过程中，压制压力不宜过大，通常在 50～100 MPa 范围内即可；保压时间也要适当，因为足够的保压时间有利于压制压力的均匀传递，从而有利于压坯密度的提高。

5.4.2 粉末压制相关理论

理论源于实践，而理论又反过来更好地指导实践。对压制压力与压坯密度的关系，不仅要有定性的认识，而且更要有定量化的见解。坯体压制是粉末冶金生产零件的重要程序之一。在这一步骤中，粉末颗粒被压缩到一起，形成具有一定致密度和强度的坯体。压制这一重要工序不仅决定零件的几何形状，还影响零件的烧结、零件的最终强度等。在压力作用下，粉末颗粒发生流动重排，孔隙逐渐变小，粉末颗粒发生弹性变形和塑性变形，体积减小，密度提高，由松散的粉末形成致密度较高的坯体。自 1923 年以来，国内外很多学者提出了上百种压制理论及压力与压坯密度的方程式(表5.4),下面将介绍几种典型的压制理论。

表5.4 几种典型压制方程的数学公式

方程名称	提出者	公式形式	注解
葛荣德方程	葛荣德	$\log\left[\ln\frac{1}{1-D}\right]=A\log p+B$	D:压坯相对密度 p:压力 A、B:常数
巴尔申方程	巴尔申	$\lg P=\lg P_{max}-L(\beta-1)$	β:相对体积 L:比例系数 P:压力
巴尔申－米尔逊方程	米尔逊	$\lg P=\lg\sigma_k-m\lg\beta$	β:相对体积 m:压缩因子 P:压力 σ_k:材料硬度
川北公夫方程	川北公夫	$\frac{P}{C}=\frac{1}{ab}+\frac{1}{a}P$	C:体积压缩率 P:压力 a,b:常数
黄培云方程	黄培云	$\ln\ln\frac{(d_m-d_0)d}{(d_m-d)d_0}=n\ln P-\ln M$	d_m:致密金属密度 d_0:压坯原始密度 d:压坯密度 P:压力,MPa M:弹性模量 n:加工硬化指数的倒数
Parilak方程	Parilak	$\ln\left[\left(\ln\left(\frac{\delta_0}{\delta}\right)\right)\right]=A-B\cdot n+n\cdot\ln p$	δ:施加压力p时的孔隙率 δ_0:压力p为0时的孔隙率 n:与颗粒塑性变形能力有关 A、B:常数

1. 巴尔申压制理论

巴尔申压制理论是1938年苏联粉末冶金专家M. Ю. 巴尔申从胡克定律出发,推导出的压制压力与压坯密度关系的数理方程,表达式为

$$\lg P=\lg P_{max}-L(\beta-1) \tag{5.19}$$

式中,P为总压力,N;P_{max}为最大极限压力,N;L为比例系数;β为相对体积,即压坯体积V和致密金属体积V_k的比值。

巴尔申压制方程由胡克定律推导而来,胡克定律中采用的假设与近似,在巴尔申压制理论中亦有体现。胡克定律成立的前提条件是保证应力在一定范围内变化。当应力超过一定极限后,金属的压缩变形就会超过弹性变形的范围,金属开始发生塑性变形,并出现加工硬化的现象,从而使胡克定律失效。因此,只有将加工硬化带来的影响忽略不计,上述方程才能适用于致密金属的塑性变形。

粉末压制过程示意图如图 5.10 所示。

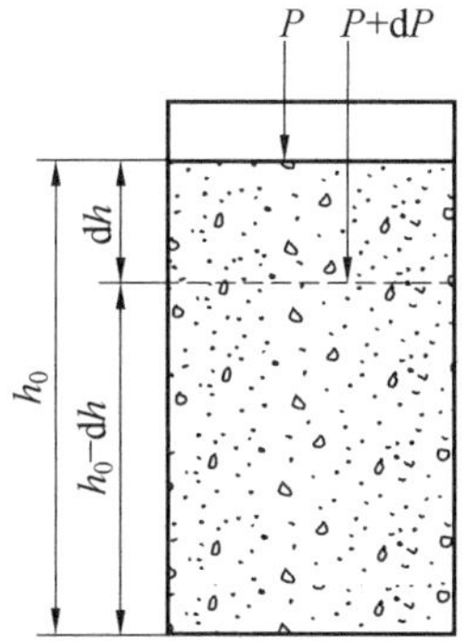

图 5.10　粉末压制过程示意图

(1) 方程式的推导过程。

巴尔申压制理论把压制坯体看作致密金属体，当致密金属弹性压缩变形时，其应力的无限小增量 $d\sigma$ 与变形的无限小增量 dh 成正比：

$$d\sigma = \frac{dP}{A} = \pm k dh \tag{5.20}$$

式中，P 为总压力，N；A 为试样横截面面积，mm^2；σ 为试样横截面上的应力，N/mm^2；h 为试样高度，mm；k 为比例系数。

而胡克定律为 $\sigma = E\varepsilon$，其中 ε 为相对应变，$\varepsilon = \frac{dh}{h} \times 100\%$，如图 5.10 所示，假设压制压力为 P 时，压坯的横截面面积为 A_H，压坯的高度为 h_0；当压力增加 dP 时，压坯高度减少 dh，压坯所受压应力为 $\frac{P}{A'_H}$，压应力增量为

$$d\sigma = \frac{dP}{A'_H} \tag{5.21}$$

若用绝对应变量来表示应力－应变关系，则按胡克定律(5.21) 可表示为

$$d\sigma = \frac{dP}{A'_H} = -k dh \tag{5.22}$$

式中，k 为比例系数，负号表示高度减少。

上述两式中，比例系数 k 均与粉末原始高度 h_0 有关，则

$$d\sigma = \frac{dP}{A'_H} = -k' \frac{dh}{h_0} \tag{5.23}$$

式中，k' 为比例系数，在加工硬化忽略不计时相当于弹性模量 E_0。

式(5.23) 仍不能直接使用，由于 h_0 是压制前装粉高度，受很多因素的影响，其数值较为不稳定。但压坯经受压力后得到最终产品的高度 h_k(此时孔隙度接近为零) 较为稳定，使用 h_k 进行计算可以得到更接近实际的公式：

$$d\sigma = -k' \frac{dh}{h_0} = -k'' \frac{dh}{h_k} \tag{5.24}$$

式中，k'' 为压缩模数。

当压坯横截面面积一定时，即 $S = S_k$，有

$$\beta=\frac{V}{V_k}=\frac{hS}{h_kS_k}=\frac{h}{h_k} \tag{5.25}$$

式中，β 为相对体积，即压坯体积 V 和致密金属体积 V_k 的比值，$\beta>1$。

$$\mathrm{d}\beta=\frac{\mathrm{d}h}{h_k} \tag{5.26}$$

将式(5.26) 代入式(5.24)，得到

$$\frac{\mathrm{d}P}{A'_{\mathrm{H}}}=-k''\frac{\mathrm{d}h}{h_k}=-k''\mathrm{d}\beta \tag{5.27}$$

巴尔申认为，在不考虑加工硬化时，压坯发生塑性变形，接触区的应力不变。由于金属粉末颗粒接触区的应力不变，则可认为压坯横截面上的压应力也不发生变化，则压坯的横截面面积可用压力和应力表示：$A'_{\mathrm{H}}=\frac{P}{\sigma_k}$，显然 σ_k 应等于金属的硬度，为常数。将其代入式(5.27) 中，得到 $\frac{\mathrm{d}P}{P}\sigma_k=-k''\mathrm{d}\beta$，整理得

$$\frac{\mathrm{d}P}{P}=-\frac{k''}{\sigma_k}\mathrm{d}\beta=-l\mathrm{d}\beta \tag{5.28}$$

式中，l 为压制因素，$l=\frac{k''}{\sigma_k}$(常数)。式(5.28) 表示粉末压缩时压力变化与压坯相对体积变化之间的关系。

压制过程中压坯体积的减小过程同时也是孔隙的缩小过程，因此除了压坯的相对体积，也可以用孔隙度来表示相对变形量：

$$\frac{\mathrm{d}P}{P}=-l\mathrm{d}\varepsilon=-l\mathrm{d}(\beta-1) \tag{5.29}$$

式中，ε 为孔隙度系数，$\varepsilon=\beta-1$。

如前所述，孔隙度 $\theta=1-d=1-\frac{1}{\beta}$，其中 d 为相对密度。

$$d=\frac{\rho_{压}}{\rho_{\mathrm{m}}}\quad \beta=\frac{V_{压}}{V_{\mathrm{m}}}=\frac{\rho_{\mathrm{m}}}{\rho_{压}}$$

式中，$\rho_{压}$ 和 ρ_{m} 分别为压坯和致密金属的密度。

所以，$\beta=\frac{1}{1-\theta}$，$\varepsilon=\beta-1=\frac{1}{1-\theta}=\frac{\theta}{1-\theta}$，即孔隙度系数 ε 为孔隙体积与粉末颗粒的体积之比。

将式(5.29) 两边积分得

$$\int\frac{\mathrm{d}P}{P}=\int-l\mathrm{d}(\beta-1)$$

$$\ln P=-l(\beta-1)+C \tag{5.30}$$

由式(5.30) 可知，当 $\beta=1$ 时，$C=\ln P$。由 β 的定义可知 $\beta=1$ 时，压坯体积 V 和致密金属体积 V_k 相等，即坯体达到完全致密的状态，则常数 C 为将坯体压到完全致密状态时所对应的压力对数 $\ln P_{\max}$，此压力称为最大极限压力，将其代入式(5.30) 得

$$\ln P=\ln P_{\max}-l(\beta-1) \tag{5.31}$$

取常用对数：

$$\lg P = \lg P_{\max} - L(\beta - 1) \tag{5.32}$$

或

$$\lg P = \lg P_{\max} - L\left(\frac{1}{\theta} - 1\right)$$

式中，$L = 0.434l$。

式(5.32)即为巴尔申方程。以压坯的相对体积β为横坐标，以 $\lg P$ 为纵坐标，理想压制曲线如图 5.11 所示。

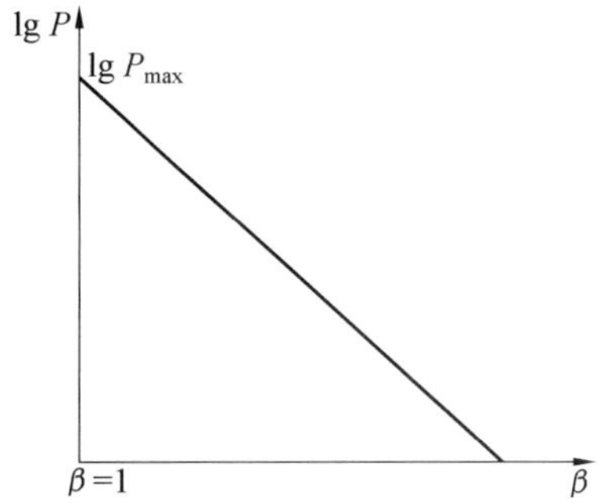

图 5.11 理想压制曲线

(2) 巴尔申压制理论的前提与缺陷。

巴尔申压制理论的假设包括：① 塑性变形时没有加工硬化现象，因此粉末颗粒接触区域的应力不变，即金属的硬度 σ_k 为常数；② 胡克定律适用于粉末体塑性变形；③ 无孔隙致密金属的形变规律，即方程($d\sigma = \pm k dh$) 中 dh 的变化与压坯中孔隙容比 $d\varepsilon$ 的变化规律相同。

以上三点是巴尔申压制理论的基本假设，但实际应用中不一定能满足假设条件，巴尔申压制理论的缺点主要有以下三点：

① 在方程的推导过程中，曾令压制因素 $l = \dfrac{k''}{\sigma_k}$ 为常数，显然只有当 k'' 和 σ_k 都为常数时，l 才是常数。但当实际金属中有塑性变形和加工硬化时，k'' 和 σ_k 均不为常数，因此方程中的 l 和 L 并不是常数。实验结果表明 $\ln P$ 和 β 并非直线关系。

② 巴尔申的三个假设只有第一个是重要的，只要根据第一个假设条件，就能运用数理推导得到压制方程。

③ 没有考虑摩擦力的影响，因此不能用于计算具体零件的密度，当压制品径厚比 $\dfrac{H}{D}$ 不同时，密度也不相同。

(3) 巴尔申－米尔逊压制方程。

米尔逊为了简化推导过程，只采用巴尔申的第一个假设条件“粉末既没有塑性变形也没有加工硬化”进行了理论推导。米尔逊的假设为：粉末塑性变形时无加工硬化，也无接触区的应力变化。

在压坯断面上，某颗粒接触断面面积 A'_{H} 与压坯断面面积 $S_{压坯}$ 的比值$\dfrac{A'_{H}}{S_{压坯}}$ 与相对密度有关,对于松装粉末,其值很小,约为$10^{-3} \sim 10^{-6}$之间。随着粉末逐渐压实,当$h \to h_k$时,$\beta \to 1$,$d \to 1$,即$\dfrac{h}{h_k}=\beta=\dfrac{1}{d} \to 1$。

由于$\dfrac{A'_{\mathrm{H}}}{S_{压坯}}$的增加比$\beta$降低(孔隙率降低、压坯密度增加)快得多,所以

$$\frac{A'_{\mathrm{H}}}{S_{压坯}}=d^m=\frac{1}{\beta^m} \tag{5.33}$$

式中,m为压缩因子。

又由于

$$\frac{P}{A'_{\mathrm{H}}}=\sigma_k=C \tag{5.34}$$

式中,C为常数。

将式(5.34)代入式(5.33)得

$$\frac{P}{\sigma_k}=\frac{1}{\beta^m} \tag{5.35}$$

两边取对数:

$$\lg P-\lg \sigma_k=-m\lg \beta$$

$$\lg P=\lg \sigma_k-m\lg \beta \tag{5.36}$$

式(5.36)即为巴尔申-米尔逊压制方程,当P取最大值时,约为该金属的硬度值。其中HBS为布氏硬度,HV为维氏硬度。

$$P_{\max}=\sigma_k \approx \mathrm{HM} \approx \mathrm{HBW} \approx \mathrm{HV}$$

式中,HM为马氏硬度;HBW为布氏硬度;HV为维氏硬度。

L和m均受加工硬化的影响,同时又受粉末粒度和粒度组成的影响,因此实际的压制曲线不等于直线。

2. 川北公夫压制理论

在研究了大量的粉末尤其是金属氧化物粉末之后,日本学者川北公夫于1956年在发表的研究报告中总结了粉末在压制过程中的经验公式。川北公夫压制方程是在以下几个假设下进行推导的:

(1) 粉末层内各个点的压力相等。

(2) 粉末层内各个点的压力是粉末内部固有压力和外力的总和,内压力的产生与粉末的屈服值关系密切,可以用粉末的聚集力或者吸附力来加以考虑。

(3) 粉末层内各个断面上的外压力和断面上粉末的实际断面积所受到的压力总和保持平衡态,若外加压力增加,则粉末会被压缩。

(4) 每个粉末颗粒只能够承受它所固有的屈服极限的能力。

(5) 粉末压缩所对应的各个颗粒位移的概率和其邻近的空隙大小成正比,若无空隙,即使外力非常大,也不会产生压缩。

在上述假设下,川北公夫进行了压制过程的具体分析。假设粉末在无压力和承受外加单位压力P时的体积分别为V_0和V,粉末所固有的内部单位压力为P_0,则粉末各个部分所受到的力的总和为$P=P_0$,并设粉末的断面面积为S_0,则粉末各层所受到的力的总

和为$(P+P_0)S_0$。若各层的粉末数为n,各个粉末的平均断面积为s_0,颗粒所固有的屈服强度为π,粉末完全填充时的颗粒数为n_∞,则有

$$n_\infty = S_0/s_0 \tag{5.37}$$

一个颗粒所邻接的空隙概率$\omega=(n_\infty-n)/n_\infty$,根据上述川北公夫的假设条件可推知,粉末层各部分所承受的负荷为$\pi s_0 n/\omega$,在平衡状态时则等于$(P+P_0)S_0$,故有

$$(P+P_0)S_0 = \pi s_0 n n_\infty/(n_\infty - n) \tag{5.38}$$

若以V_∞表示全部粉末颗粒的实际体积,则由几何关系可知:

$$n s_0/S_0 = V_\infty/V \tag{5.39}$$

联立上述方程式(5.37)、式(5.38)和式(5.39)可得

$$(P+P_0)(V-V_\infty) = \pi V_\infty = C \tag{5.40}$$

式中,C为常数。

当$P=0$时,$V=V_0$。

由式(5.40)可得粉末所固有的内压力P_0和屈服强度π之间有如下关系式:

$$P_0 = \pi V_\infty/(V_0 - V_\infty) \tag{5.41}$$

将式(5.40)代入式(5.41),并令

$$a=(V_0-V_\infty)/V_0,\quad b=1/P_0=(V_0-V_\infty)/\pi V_\infty$$

由此可得

$$\pi = a/[b(1-a)] \tag{5.42}$$

故可得川北公夫压力-体积经验公式如下:

$$C=(V_0-V)/V_0 = abP/(1+bP) \tag{5.43}$$

式中,P为压制压力;V和V_0分别为施加压力和未施加压力P时的坯体体积;C为粉末体积减小率,a和b均为常数(a越小,则粉末压缩性能越好;b为$P=100$ MPa时的坯体密度值)。

表5.5罗列出了常用粉末的a、b和π的数值:

表5.5 常用粉末的a、b和π的数值

名称	a	b	π
镍粉	0.357 1	0.164	—
铁粉	0.526 3	0.076	—
粗铜粉	0.588 2	0.171	—
细铜粉	0.653 6	0.153	—
锡粉	0.613 5	0.096	—
锌白粉	0.555 9	0.124	10.1
氧化镁	0.730 7	0.228	11.9
二氧化硅	0.793 7	0.252	15.3

川北公夫对10种不同的粉末进行压制研究,所得到的粉末体积减小率与压制压力的关系如图5.12所示。

3. 黄培云压制理论

多数理论把粉末作为弹性体处理,忽略了时间作用因素,使压制理论在实际应用中受

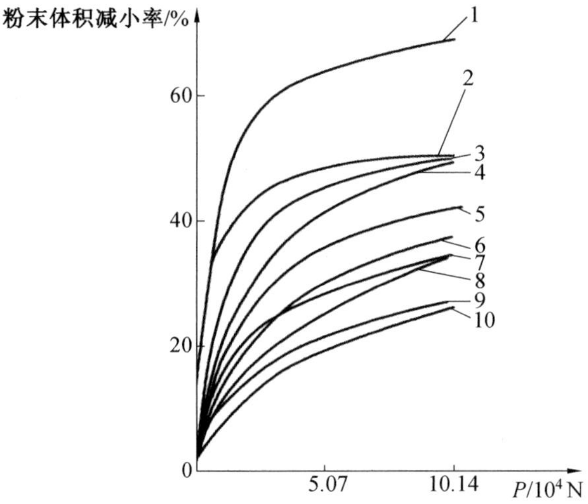

图 5.12 粉末体积减小率与压制压力的关系

1— 氧化镁;2— 滑石粉;3— 硅酸铝;4— 氧化锌;5— 皂土;6— 氯化钾;7— 硅酸镁;8— 糖;9— 碳酸钙;10— 糊精

到限制。黄培云教授将金属粉末压制过程中的弛豫及硬化现象对压制过程的影响考虑在内,采用自然应变理论,最终得到以下方程:

$$\ln \ln \frac{(\rho_m - \rho_0)\rho}{(\rho_m - \rho)\rho_0} = n\ln P - \ln M \tag{5.44}$$

式中,ρ_m 为致密金属密度,g/cm^3;ρ_0 为坯体原始密度,g/cm^3;ρ 为坯体密度,g/cm^3;P 为单位压制压力,Pa;M 为压制模数;n 为加工硬化指数的倒数($n=1$,无加工硬化)。

理想的弹性体的应力－应变关系服从胡克定律,$\sigma = M\varepsilon$ 或 $\frac{d\sigma}{dt} = M\frac{d\varepsilon}{dt}$,其中 M 为弹性模量。对一个同时具有弹性和黏滞性的固体(弹滞体)来说,其应力应变关系应服从麦克斯韦(Maxwell)方程:

$$\frac{d\sigma}{dt} = M\frac{d\varepsilon}{dt} - \frac{\sigma}{\tau_1} \tag{5.45}$$

式中,τ_1 为应力弛豫时间。

当上述弹滞体中存在应变弛豫现象时,其应力－应变方程应服从开尔文(Kelvin)方程:

$$\sigma = M\varepsilon + \eta\frac{d\varepsilon}{dt} = M\left(\varepsilon + \tau_2\frac{d\varepsilon}{dt}\right) \tag{5.46}$$

式中,η 为黏滞系数,$\eta = M\tau_2$;τ_2 为应变弛豫时间。

当弹滞体中同时存在应力弛豫和应变弛豫时,其应力应变关系服从阿夫雷(Alfrey)和多特(Doty)方程:

$$\left(\sigma + \tau_1\frac{d\sigma}{dt}\right)^n = E\left(\varepsilon + \tau_2\frac{d\varepsilon}{dt}\right) \tag{5.47}$$

式中,n 为系数,一般 $n < 1$。

在压力为恒应力 σ_0 的情况下,$\frac{d\sigma}{dt} = 0$,上式可简化为

$$\sigma_n^0 = E\left(\varepsilon + \tau_2 \frac{d\varepsilon}{dt}\right)$$

$$\frac{dt}{\tau_2} = -\frac{d\left[\frac{\sigma_n^0}{E} - \varepsilon\right]}{\frac{\sigma_n^0}{E} - \varepsilon}$$

积分后得到

$$\varepsilon = \varepsilon_0 \exp\left(-\frac{t}{\tau_2}\right) + \frac{\sigma_n^0}{E}\left[1 - \exp\left(-\frac{t}{\tau_2}\right)\right] \tag{5.48}$$

当粉末压制过程中充分弛豫，即 $\tau \gg \tau_2$ 时，$\exp\left(-\frac{t}{\tau_2}\right) \to 0$，上式可简化为

$$\varepsilon = \frac{\sigma_n^0}{E}$$

$$\ln \varepsilon = n\ln \sigma_0 - \ln E \tag{5.49}$$

设粉末压制前体积为 V_0，压坯体积为 V，同等质量的致密金属体积为 V_m，压制前粉末体中孔隙体积为 V'_0，压坯中孔隙体积为 V'，实际上粉末压缩过程中体积变化可用 $V'_0 \sim V'$ 来表示。致密金属体积 V_m 变化很小，可以忽略不计，所以压坯体积的变化主要是孔隙体积发生了变化，可将其视为粉末压制过程中出现的应变。应用自然应变的概念，并用单位压制压力 p 代替恒应力，可得

$$\ln \ln \frac{(\rho_m - \rho_0)\rho}{(\rho_m - \rho)\rho_0} = n\ln p - \ln M \tag{5.50}$$

式中，ρ 为密度；ρ_0 为压坯原始密度；ρ_m 为致密金属密度；p 为单位压制压力；n 为硬化指数的倒数，$n=1$ 时，无加工硬化出现；M 为压制模数。

4. 通用粉末压制理论

1995 年葛荣德通过对现有的各种粉末压制方程分析研究发现，大多数的粉末压制方程可归结为两类微分方程，其中第一类微分方程表达式为

$$\frac{dD}{dp} = K_1 \frac{D^a}{p^b} \tag{5.51}$$

式中，D 为压坯相对密度；p 为压制压力常数；K_1、a、b 均为常数。对 a、b 取不同数值，可分别成为巴尔申方程($a=2, b=1$)、Gurnham 方程($a=1, b=1$)、Smith 方程($a=0, b=2/3$) 等。

第二类微分方程表达式为

$$\frac{dD}{dp} = K_2(1-D)D^c \tag{5.52}$$

式中，K_2、c 均为常数。

显然，对常数 c 取不同数值，可分别成为不同的压制方程。例如：取 $c=0$，可推导出艾西方程、黑克尔(Heckel) 方程、川北公夫方程等；取 $c=1$，则可以推导出巴尔豪逊(Bllhausen) 方程。研究发现：第一类微分方程在高压区会出现大的误差，第二类微分方程则在低压区会出现较大的偏差。从粉末压制过程的两个极端($p=0$ 和 $p=\infty$) 情况分析，对于第一类微分方程，当压力 p 接近 0 时，$\frac{dD}{dp}$ 趋向无穷大，即当粉末处于松散堆积状态时，即使施加非常微小的压力，也会使压坯相对密度 D 显著增加，这与粉末的实际压制

情况是吻合的，但当 p 接近无穷大时，D 则理应无穷大，这显然与实际情况不符。由此必然导致第一类微分方程在高压区出现较大的误差；同样地，对于第二类微分方程，当 p 接近无穷大时，D 等于 1，与粉末的实际压制情况一致，但当 p 接近 0 时，$\frac{dD}{dp}$ 接近 $K_2(1-D_0)D_0^c$，即当 D_0 无限接近 0 时，$\frac{dD}{dp}$ 也是一个固定值，显然与实际情况不符，这也就导致第二类微分方程在低压区会出现较大的误差。为了克服这两类微分方程的缺点，葛荣德将这两种方程用一种通用的方程综合表示：

$$\frac{dD}{dp}=K\frac{(1-D)D^n}{p^m} \tag{5.53}$$

式中，K、m、n 均为常数。

对式(5.53)中的 n 取不同值时，可导出一系列粉末方程，且均满足 $\left.\frac{dD}{dp}\right|_{p\to 0}\to\infty$ 及 $\left.D\right|_{p\to\infty}\to 1$。此外，采用线性回归方法证明，当参数 n 在 0 ～ 4 范围内取值时，由式(5.53)推导出的一系列粉末压制方程的线性相关系数均非常接近 1，即 n 值的变化(在 0 ～ 4 范围内)对式(5.53)的精确性无明显影响。在实际应用中，一般取 $n=0$，式(5.53)可简化为

$$\log\left[\ln\frac{(1-D_0)}{(1-D)}\right]=A\log p+B \tag{5.54}$$

式中，A、B 均为常数，其中，$A=1-m$，$B=\log\left(\frac{K}{1-m}\right)$。

与粉末压制过程中最常用的巴尔申方程、黑克尔方程和川北公夫方程等进行比较，结果表明，对 Pb 和 Sn 等较软的金属粉末，巴尔申方程的误差较大；黑克尔方程对中等硬度及较硬的金属粉末应用效果较好，但对较软的 Pb 粉末和 Sn 粉末及较硬的 WC 粉末和 TiC 粉末，误差较大；川北公夫方程对大多数金属粉末具有较高的精度，但对陶瓷粉末误差较大。而式(5.54)无论应用于软金属粉末和硬金属粉末，还是应用于陶瓷粉末，均能保持较高的精度。

然而在实际粉末压制过程中，尤其是在等静压情况下，粉末的初始堆积密度 D_0 通常难以准确测量，使式(5.54)的应用受到一定的限制。如果定义一个初始压力 p_0，当 $p_0\ll p$ 时，式(5.54)还可进一步简化为

$$\log\left[\ln\frac{1}{1-D}\right]=A\log p+B \tag{5.55}$$

表 5.6 为部分粉末等静压或模压数据对式(5.55)进行线性回归分析结果。结果显示，该方程的线性相关系数 R 仍非常接近 1。因此，即使在粉末的初始堆积密度未知的前提下，用式(5.55)计算粉末的密度－压力关系仍具有较高的精确性。

表 5.6　不同粉末条件下的线性回归分析结果

粉末编号	粉末材料	A	$-B$	R	p_0 /MPa
1	Pb	0.361 2	0.096 2	0.997 2	0.405
2	Sn	0.499 8	0.442 4	0.997 5	3.708

续表5.6

粉末编号	粉末材料	A	$-B$	R	p_0 /MPa
3	Cu	0.512 8	1.091 4	0.996 5	12.158
4	Cu	0.470 0	0.899 9	0.993 8	9.161
5	Cu∶Fe∶Ni = 4∶5∶1	0.386 3	0.744 6	0.999 2	3.206
6	不锈钢	0.417 9	0.904 1	0.997 3	23.72
7	Mo	0.363 8	0.990 3	0.998 5	1.173
8	W	0.349 8	0.942 1	0.998 2	0.973
9	WC	0.192 4	0.526 0	0.999 2	0.272
10	TiC	0.143 4	0.322 5	0.997 3	0.814

5. 现代粉末压制理论

如前所述，各种压制方程可以较为准确地描述粉末压制过程，但方程大多涉及两个参数。参数 A 和 B 的物理性质定义几乎相同。参数 A 与塑性变形致密化有关，而参数 B 反映低压下的压制行为，主要与颗粒的几何形状有关。压制方程的双参数模型表明：粉末的致密化是一个由变形机制叠加控制的连续过程，该变形机制与在增加压制压力下颗粒的几何形状和塑性发生的连续变化相关。这种压制致密化行为的物理原理对于各种粉末来说是相同的，但作用机制的效率不同，这是颗粒的几何形状和塑性特定组合的结果，并且对于不同的粉末来说是不同的。近期，Parilak 在 Shapiro 压制模型的基础上，提出了一个新方程：

$$\delta = \delta_0 \cdot \exp(-K \cdot p^n) \tag{5.56}$$

式中，δ 为在施加压力 p 时的孔隙率；δ_0 为压力取 0 时的孔隙率；K 和 n 构成一对整体协同参数，表征粉末压制压力范围从 $p=0(\delta=\delta_0)$ 到 $p\to\infty(\delta\to 0)$，参数 K 与粉末颗粒的几何形状有关，参数 n 与颗粒材料塑性变形的能力有关。通过绘制 205 种金属粉末组的参数 K 和 n 之间的相关性（图 5.13），半对数关系 $\ln K$ 与 n 被证实具有足够高的相关系数（$R=0.964\ 0$）。因此，Parilak 等提出以下关系：

$$\ln K = 1.295\ 2 - 7.334\ 9 \cdot n \tag{5.57}$$

代入式(5.56)

$$\ln\left[\left(\ln\left(\frac{\delta_0}{\delta}\right)\right)\right] = 1.295\ 2 - 7.334\ 9 \cdot n + n \cdot \ln p \tag{5.58}$$

进一步化简为

$$\ln\left(\frac{\delta_0}{\delta}\right) = 3.651\ 7 \cdot \left(\frac{p}{1\ 532.9}\right) \tag{5.59}$$

由于常数 K 和 n 之间建立了函数关系，压制方程被转换为只有一个常数的方程，简化了描述不同粉末的压制过程，但显然此类方程无法考虑粉末形态和性能的巨大差异。压制过程中粉末行为的所有差异均以一个参数进行平均，这可能会降低某些粉末致密化过程描述的准确性。

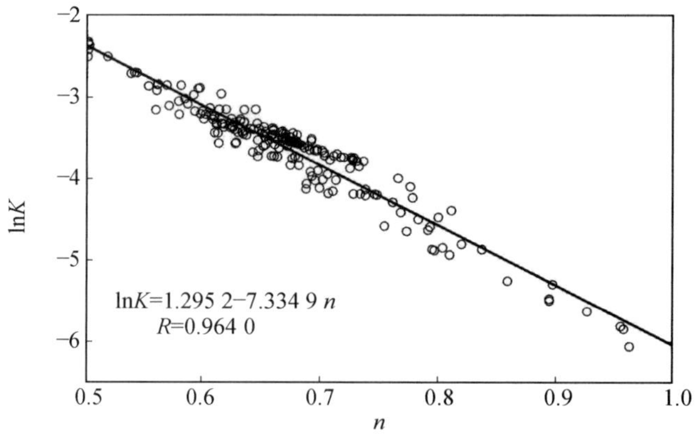

图 5.13　205 种金属粉末组的 ln K 与 n 的相关性

与 Parilak 类似，Montes 尝试最大限度地减少方程中实验常数的数量，并使用物理参数，这些物理参数是粉末材料的特征，并且可以从参考书中提前获知，并提出了以下方程：

$$p=\frac{\sqrt{3}}{2}\cdot\xi\cdot k\left[\ln\left(\frac{1-\delta}{1-\delta_0}\right)\right]^n\cdot\frac{1-\delta/\delta_0}{\sqrt{\delta/\delta_0}} \tag{5.60}$$

式中，p 为粉末压制时的外部压力；δ 和 δ_0 为粉末样品当前和初始的孔隙率；ξ 为考虑粉末对模具壁影响的摩擦系数；k 和 n 为 Hollomon 方程参数，表征在粉末压制过程中的硬化规律。参数 k 和 n 是已知的，参数 δ_0 和 ξ 是通过将式(5.60)的曲线与实验压制曲线拟合来确定的。然而，Montes 所提出的方程没有考虑粉末压制过程中颗粒重排的现象，以及颗粒本身的应变硬化与由这些颗粒制成的致密样品的应变硬化之间可能存在的差异。

5.5　压坯密度对压坯强度的影响

压制压力影响压坯密度，而压坯密度同样对压坯强度有着重要的影响。因为压坯中存在孔洞，而孔洞会降低压力载荷，所以在粉末压制过程中，压坯强度随着压坯横截面积的减小而减小。而且，众所周知，材料内部的孔洞是应力的集中作用点，容易导致裂纹的产生和扩展。另外，在坯体压制过程中，还不可避免地存在着压坯结构不均匀等方面的问题，主要表现为坯体开裂或分层、密度梯度和强度梯度分布及加工性能差等。粉末的粒度分布与表面形貌、粉末之间的摩擦因数等性质都是影响压坯强度的重要因素，从而导致压坯强度随着压坯密度的变化而变化。

经研究发现，压坯强度与压坯相对密度有如下近似关系：

$$\sigma=C\sigma_0 f(\rho) \tag{5.61}$$

式中，σ 为压坯强度；C 为常数；σ_0 为全致密材料的强度；$f(\rho)$ 为与压坯相对密度有关的函数。

有很多方法可以增加压坯强度。一般来说，压坯强度是随着粉末之间接触程度的提高而提高的。在粉末压制过程中，由于粉末之间存在啮合作用，因此，通过增加粉末的表面粗糙度可以提高压坯强度；而当压制压力固定时，减小粉末的粒径可以增加粉末之间的接触面积，进而也可以提高压坯强度。除此之外，在压制细小粒径的粉末时，由于其压制性能较差，因此，为了提高粉末之间的冷焊效果，要求粉末表面光滑度尽可能高、无杂质存在。通常,润滑剂由于会在粉末之间形成薄膜而降低压坯强度。

下面列出了一些金属粉末在压制时的压坯强度与压坯密度的关系式:

$\sigma = A\rho^m - B$

$\sigma = A(\rho - \rho_0)(1 - \rho_0)$

$\sigma = (A\rho + B)/(C - K\rho)$

$\sigma = A[(\rho - \rho_0)(1 - \rho_0)]^2$

$\sigma = A\exp[K(\rho - 1)]$

$\sigma = A(1 - \rho)^m\exp[K(\rho - 1)]$

$\sigma = A - B\exp(Cp^m + K)$

$\sigma = A - B(1 - \rho)^{2/3}$

$\sigma = (A + B)^{2/3}$

…

注:σ 为压坯强度;ρ 为压坯密度;ρ_0 为松装密度;A、B、C、K 和 m 为常数。

5.6 压坯密度的分布

5.6.1 分布的不均匀性

如前所述,压制压力在传递过程中由于摩擦力的损耗作用,压坯密度无论是在轴向还是侧向,都是不均匀的。在这里,仍以小立方体形状的坯体为例。很多研究表明,压坯的密度变化情况与硬度的变化是相似的,具体来说:在与模冲相接触的坯体上方,坯体密度和硬度都是从中部位置向四周逐渐增大的,因此顶部的边缘部分所对应的密度及硬度都是最大的;对于压坯的纵向层,密度和硬度则均随着所受轴向力的方向自上而下降低;但是,在靠近模壁的纵向层中,由于外摩擦力的作用,轴向压力的降低要比坯体中部位置大得多,从而使得坯体底部的边缘密度比中部密度低,换言之,坯体下层的密度和硬度变化恰好与上层相反。还原铁粉压坯密度和硬度的分布如图 5.14 所示。在压力为 700 MPa,凹模直径为 20 mm,长径比为 0.87 时,镍粉压坯密度分布如图 5.15 所示,从中可以清晰地看到,靠近上模冲边缘部分的压坯密度最大,而靠近模底边缘部分的压坯密度则是最小的。

5.6.2 分布的影响因素

对于普通的钢模压制,在坯体压制过程中的压力摩擦损耗是导致坯体密度分布不均匀的主要原因,另外,模壁的表面粗糙度和压制方式等因素也都会影响坯体密度的分布。研究表明,坯体的长径比越大,即圆柱形坯体的高度与底面直径越大,密度分布越不均匀,密度差别越大。因此,为了减小密度差,使密度分布更加均匀,使用大直径和小高度的坯体是适宜的。模壁侧表面的光洁度也会影响坯体密度的分布,因此,在模壁上适当涂抹润滑剂可以减小摩擦,进而提高坯体密度分布的均匀性。除此之外,压制方法也会在很大程度上影响坯体密度的均匀性,采用双向压制或等静压压制都可以有效提高坯体密度的均匀性,降低密度差异。

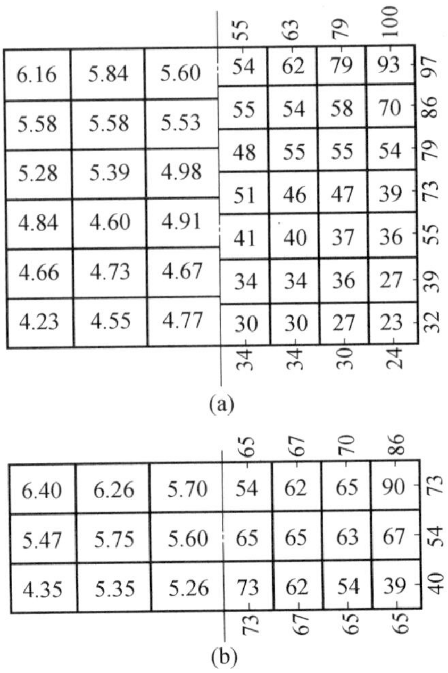

图 5.14　还原铁粉压坯密度和硬度的分布

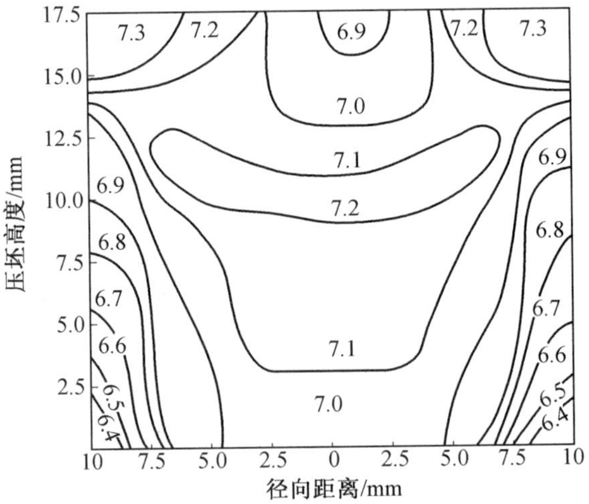

图 5.15　镍粉压坯密度分布

在进行横截面不同的复杂坯体的压制时，保证整个坯体密度的均匀性尤为重要，否则，在密度分布差异较大的两部分结合处就容易产生内应力，从而导致坯体产生裂纹。因此，为了避免这种不良现象的发生，对于形状复杂的横截面不同的坯体，有必要专门设计不同动作的多模腔冲压模具，并且要保证不同模具的压缩比相同。

在实际的生产生活中，为了使坯体密度分布更加均匀化，常采用如下几种方法：

(1)在压制之前，对粉末进行相应的预处理，如退火，目的是降低粉末的加工硬化及表面杂质等。

(2)使用适当而适量的润滑剂和黏结剂，提高粉末的压制性能，如铁基粉末中加入硬脂酸锌，陶瓷粉末中加入聚乙烯醇(PVA)。

(3)改善压制方法，采用双向加压或等静压，根据坯体长径比的不同而设计出相应的压模。

(4)对坯体形状或模具结构进行适当的改进，避免不同截面的连接部位急剧化转折的出现；为了提高坯体密度的均匀化粉末，要求在粉末压制过程中，模具的表面粗糙度尽可能小，通常应低于 $Ra0.3\ \mu m$，此外，模具的硬度也要达到相应的要求，一般要求为 HRC58～63。

5.7 压制废品分析

在压制过程当中，由于对压制方式、参数的选择不当等因素，不可避免地会产生“废品”，即形状、坯体密度等不满足要求的压坯。通过对废品含有的缺陷进行分析，可以得知压制过程中的不当处并据此对工艺进行调整。压制缺陷的形式主要有两大类：形状缺陷与超差，具体而言则包括分层、剪切裂纹、表面划伤、单重超差和同轴度超差等。以下介绍各种缺陷的形式及其预防措施。

1. 分层

分层是压制过程中最常见的缺陷之一，表现为由侧面起始，与压制方向垂直的宏观裂纹(图 5.16(a))。出现严重的分层时，压坯上下两端甚至会完全分离。分层的主要原因是脱模时压坯的弹性后效的出现。由于轴向压力大于侧向压力，由弹性后效导致的轴向膨胀比径向膨胀程度大，因此压制过程中形成的微孔沿径向连接起来，导致分层。另外，粉末湿度大、流动性差也会导致分层。

防止分层就需要减轻弹性后效，改善粉末流动性，有效的手段包括多种，下面列举六种：①减小压制压力。②减慢加压、卸压速率。快速卸压会引起很大的弹性后效，慢速卸压则可通过行程变化速率限制弹性膨胀，因此能抵制分层。③在阴模上部加工出一定的维度，使脱模过程中压坯逐渐膨胀。④压制时加入表面活性润滑剂(如油酸)，使弹性变形转变为塑性变形。⑤调整粉末粒度、形状与配比，使之达到最佳粒度比。⑥充分干燥粉末。

2. 剪切裂纹

压制缺陷中的剪切裂纹一般由棱边处起始，与压制方向成 45°(图 5.16(b))。产生剪切裂纹的原因与分层类似，但产生条件有所不同。剪切裂纹一般见于不等径压坯的径向尺寸骤变区。该区域两侧坯体密度不一致，弹性应变程度不同，是最常见的剪切裂纹源。

抑制分层的手段大多也能抑制剪切裂纹，同时也可采用多模替换单模的方式抑制该缺陷。

3. 表面划伤

含该种缺陷的压坯形状如图 5.16(c)所示，造成该种缺陷的可能原因包括阴模内表面有毛刺，阴模较软，填粉时靠近阴模处有硬物或者脱模时压坯粘模。

降低阴模内表面粗糙度可以有效解决该问题。具体手段有：对模具进行重新加工，去除毛刺；换用硬度更高的模具，如铁粉配套硬质合金模具；在阴模上部加工出一定的锥度；检查阴模与压头的配合间隙；筛除粉末中的硬质颗粒后重新填粉。

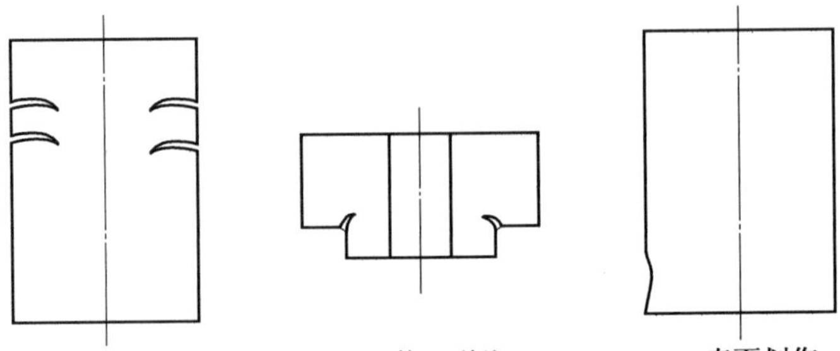

图 5.16 几种压制缺陷

4. 单重超差

压坯单重超差指压坯实际质量与计算值偏差超过标准误差。粉末密度分布不均匀、流动性差都会导致压坯单重超差。通过使用干燥粉末或调整粉末粒度比可以改善该问题。

5. 同轴度超差

对于环类、套类零件，压制时容易出现同轴度超差的问题。这种超差主要是由模具与压力机精度不够、装填方式不合理造成的，因此需要从提高压力机精度、模具精度、上下压头与阴模的同轴度及上下压头、滑块工作表面的平行度等方面改善粉末的流动性。

5.8 影响压制过程和压坯质量的因素

评价压坯的质量，主要从其密度、密度分布、强度等性质方面考查。压制过程中，原料、设备、操作等大大小小的因素都会影响压坯质量，这些因素主要可以分为四大类，即粉末性质、加压方式、压制参数与添加剂。下面逐一对这四类因素进行分析。

1. 粉末性质的影响

评价粉末的压制性质主要是评价其压缩性与成形性。压缩性指粉末在压制时可被压紧的能力，相同模具、润滑条件、装粉高度时，在给定压力下所能达到的压坯高度越小或压坯致密度越高，则表明粉末的压缩性越好。成形性指粉末成形为坯体的难易程度，越容易保持形状则表明其成形性越好。

不同化学组成的粉末，其压制性能不同。塑性好、显微硬度低的粉末压缩性更好，在给定压力下能达到更高的致密度。一般而言，金属的模量与强度不如陶瓷，因此金属粉末更容易变形，所需压制压力更小。金属粉末的纯度越高，越容易压制，因为其中杂质一般是覆盖在颗粒表面的高硬度氧化物层，在压制时会阻碍粉末的变形。

粉末的形状既影响其压缩性，也影响其成形性，且对两者的影响一般是相反的。球形粉末容易接近密堆结构，且流动性更好，因此压缩性优于不规则形状粉末；但后者的单位表面积大，粉末间机械啮合力更强，因此成形性好于球形粉末。

粉末的粒径配比是影响其压缩性的另一个重要因素。前已述及，合适的粒径配比可以使小粒径粉末充分填充大粒径粉末的间隙，因此与均一粒径体系相比，合适的粒径配比将增强粉末的压缩性。同时，粒径配比对于成形性的影响较小。

2. 加压方式的影响

模压加压的形式包括单向压制、双向压制、浮动模压制与摩擦杆芯压制等。从压坯的受力角度分类，实际上只有单向与双向压制两种形式。单向压制是最基本的加压方式，对于小高径比的简单圆柱形压坯，该种加压方式可以满足要求。但对于大高径比或形状复杂的零件，单向压制所得到的压坯强度就较低，压坯强度与密度分布也不甚均匀，如其密度分布呈现出上大下小、里大外小的形式。双向压制可以明显改善压坯的强度与密度分布，同时压坯各处的强度也会得到整体提升。对于有台阶或通孔的零件，仅仅使用双向压制也是不够的，压坯的台阶上下部分会出现强度与密度的不均匀分布，台阶处也容易产生剪切裂纹等压制缺陷。使用浮动模压制此类零件压坯可以减少压制缺陷，均匀密度分布。使用摩擦杆芯压制也是同理，该种压制方式适用于含通孔的零件并可以利用摩擦来减小压坯密度分布的不均匀性。

除以上常规加压方式，也可以采用一些辅助手段来提高压坯的强度，振动压制即是一例。该种压制方式是在模压基础上加入振幅数百微米、频率 104/min 以上的低幅高频振动，促进粉末颗粒重排并提高压坯的密度。此外，与常规压制方式相比，振动压制还可以大幅降低压制压力。压制氧化铝、碳化钛等高硬度、低塑性陶瓷粉末时，使用振动压制仅需常规单向压制数十分之一的压力就可以达到相同的高密度。

3. 压制参数的影响

同为单向压制，加压、卸压速率，保压时间与压制压力等压制参数也会影响压坯质量。

(1)加压与卸压速率。

常规模压是准静态压制，加压速率很低，一般不超过 0.1 m/s，此时加压速率的快慢对于压坯质量影响不大。当加压速率增大到 10 m/s 量级时，压制过程转变为动态压制，对于金属粉末而言，其塑性变形因局部高温而加剧，加工硬化被部分抑制，因此与准静态压制相比压坯的强度得到很大提高。使用动态或准静态方式压制还原铁粉时，前者所得压坯强度比后者所得高 50%以上。陶瓷粉末的强度高、模量大、塑性变形能力弱，因此动态压制对陶瓷粉末压坯强度的影响不大。

准静态压制时，减慢压制速率有利于排除粉末间隙的空气，因此适当减慢压制速率可以减少压制缺陷，提高压坯强度。减慢卸压速率同样有利于减少分层、剪切裂纹、表面划伤等压制缺陷。

(2)保压时间。

加压到指定压力后保压一段时间有助于改善压坯的密度与强度分布，这一点对于大型构件尤其明显。延长保压时间有三个好处：①使压头压力在压坯中的传递均匀充分；②使粉末的变形与滑动充分；③有利于粉末间隙空气的排出。对于直径数厘米的简单圆柱形零件，保压 3～5 min 即可实现压力均匀传递并增加压坯强度，再延长保压时间则无法继续提高强度。

(3)压制压力。

压制压力是影响压坯质量的最重要的压制参数。对于金属粉末而言，压坯密度变化可以分为三个阶段(图 5.17)。压制压力从零开始增加时，压坯密度快速增大，此时压坯中颗粒发生重排、气孔减少；压力继续增加，粉末发生塑性变形与加工硬化，通过粉末变形填补空隙使得气孔进一步减少，压坯密度缓慢上升；压力增加至数百兆帕后，粉末发生脆性断裂，气孔的减少通过压坯的整体压缩来实现。进入第三阶段后，通过增加压制压力已很难提高压坯密度，且容易损坏模具、产生压制缺陷。

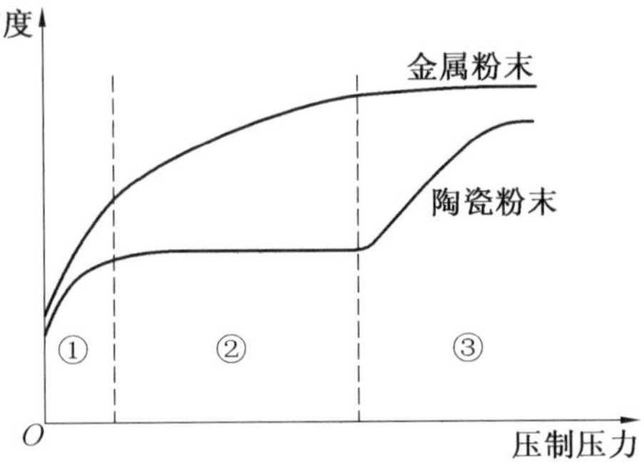

图 5.17 粉末压制过程中的压缩行为

陶瓷粉末的压缩行为与金属粉末有较大区别：其一，陶瓷粉末的塑性变形很小，几乎没有塑性变形阶段，取而代之的是一段平台区；其二，陶瓷粉末的模量大，硬度高，要取得与金属粉末相同的压坯强度、致密度则需更大的压制压力。

4. 添加剂的影响

为改善粉末的成形、脱模与烧结性能，常在原料粉末中加入添加剂。根据添加剂功能的差异，可将其分为成形剂(也称塑化剂、黏结剂)与润滑剂(也称脱模剂)，前者用于改善粉末的粒度分布与黏结能力，可同时增强粉末的压缩性与成形性，后者则通过降低脱模压力来减小脱模难度、减少压制缺陷。

选用添加剂有四个基本要求：常温化学性质稳定，不与原料粉末或模具反应；软化点在室温以上，且高于压制时所能达到的局部高温；分解温度远低于烧结温度，且分解产物不与原料粉末、炉膛加热体反应；黏结性或润滑性好。满足这些要求的成形剂一般是有机高分子聚合物，润滑剂则是高表面活性的有机小分子或大分子。

常用的成形剂与润滑剂见表 5.7。

表 5.7 粉末冶金常用的添加剂

成形剂	润滑剂
聚乙烯醇(PVA)	乙烯双硬脂酸酰胺(EBS)
聚乙烯醇缩丁醛(PVB)	脂肪酸酰胺
甲基纤维素(MC)	氰尿酸三聚氰胺(MCA)
乙基纤维素(EC)	对苯二甲酸
石蜡	石蜡
硬脂酸盐(锂、镁、钙、锌)	硬脂酸盐(锂、镁、钙、锌)

聚乙烯醇(PVA)等高分子聚合物是丝状或带状聚合体，在使用时常配制为高黏度的水或乙醇溶液，并按照一定比例加入原料粉末中，通过造粒工艺混合均匀。硬脂酸盐等小分子则以粉末形式加入原料粉末中。使用粉末冶金制备钢材或铜基零件时，常用硬脂酸锌作为成形剂；而生产硬质合金零件时则用石蜡作为成形剂；对于形状简单的金属零件也可不加入成形剂。陶瓷成形时必须使用成形剂，否则即使是简单圆片也难以获得较高致密度的压坯。成形剂的质量分数占原料粉末的1%～3%，若配制为溶液则成形剂质量分

数为 5%～10%。

添加成形剂时，必须严格控制其加入量及排出工艺。成形剂质量分数超过 5%则反而使排出后压坯中孔隙增多，不利于后续烧结时的致密化，且过量成形剂不易排净，残留的成形剂可能以碳或碳化物形式存在于烧结零件内部或表面，从而对零件的性能和外观产生影响。制定排出工艺时，应首先测定成形剂的热重曲线，并根据热重曲线的吸热峰标定排出成形剂时的保温温度。排出成形剂时，应缓慢升温并在保温温度长时间保温以排尽成形剂。

润滑剂的使用方式与成形剂类似，且其添加量也并非越多越好。成形剂与润滑剂的最大用量 W_L 可由式(5.62)得到：

$$W_L=\frac{(1-f)\rho_L}{(1-f)\rho_L+\rho_p f} \tag{5.62}$$

式中，f 为压坯的理论致密度；ρ_p、ρ_L 分别为原料粉末与添加剂的密度。

乙烯双硬脂酸酰胺(EBS)和脂肪酸酰胺为常用润滑剂，但制备具有复杂阶梯结构的零件时润滑剂易残留在阶梯处，故近来呈现用氰尿酸三聚氰胺(MCA)与对苯二甲酸替代前两者的趋势。

5. 纳米粉末的压制

近年来材料的纳米化研究越加深入，纳米粉末的压制成形也成为重要的研究方向。由于比表面积大，纳米粉末在制备过程中极易发生团聚和桥接，这会劣化粉末的压缩性与成形性，使得压坯致密度极低(小于 40%)，并常出现压制缺陷。

解决纳米粉末压制问题需破坏粉末团聚与桥接。为此，可先对粉末进行 0.5～1 h 的超声分散处理，破坏粉末间的软团聚；再使用沉降法舍去率先沉降的硬团聚粉末，并收取较上层的纳米粉末。此外，还可以使用高能球磨机或高速剪切粉碎机对粉末进行短时间处理，进行二次纳米化。

总之，纳米粉末的团聚和桥接是阻碍其成形的最重要原因，压制纳米粉时应首先考虑控制团聚粉末占比，尽量使用分散的纳米粒径粉末进行压制。

本章思考题

1. 压制形状复杂且不对称的坯体时，容易产生哪些缺陷？有什么手段可以解决？

2. 对于单向压制的圆柱形坯体，脱模后发现下边缘有裂纹产生，试分析应当如何改变工艺。

3. 粉末性能对压制过程有哪些影响？

4. 讨论一种在压坯密度不变的情况下提高压坯强度的方法。

第 6 章　粉末的烧结

为了提高压坯或松装粉末体的强度，把压坯或松装粉末体加热到其基本组元熔点以下的温度(约 $0.7\sim0.8T_0$，T_0 为绝对熔点)，借颗粒间的黏结以提高强度的热处理称为烧结。烧结工艺是粉末冶金生产过程中的一个重要环节，对粉末冶金材料和制品的性能有着决定性的影响。如果烧结条件控制得当，烧结体的密度、力学性能及其他物理性能可以接近或达到相同成分致密材料的理论性能。用粉末烧结方法可以制得各种纯金属、合金、化合物、陶瓷及陶瓷基复合材料。

为了反映烧结的主要过程和特点，对于烧结的分类目前并不统一。按照烧结过程中是否施加外压力，可以分为加压烧结和不加压烧结。按粉末原料组成可以分为：由纯金属、化合物或固溶体组成的单元系烧结；由金属与金属，金属与非金属，金属与化合物组成的多元系烧结。按照烧结过程中是否有明显的液相出现和烧结系统的组成，可以将烧结分为如图 6.1 所示的几种。

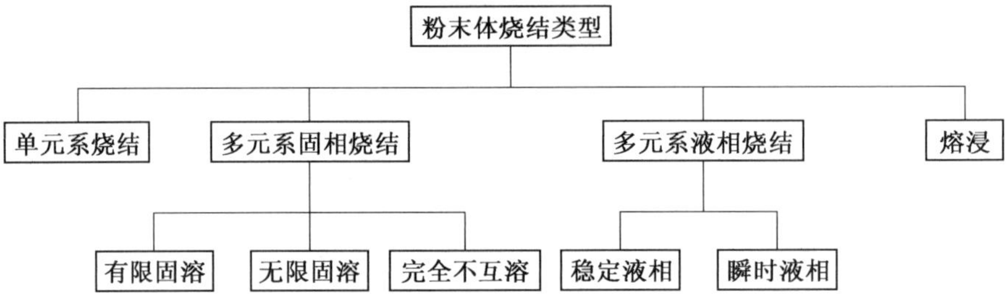

图 6.1　粉末体烧结过程分类示意图

(1)单元系烧结是指纯金属(如难熔金属和纯铁软磁材料)或稳定成分化合物(Al_2O_3、B_4C、BeO、$MoSi_2$ 等)在其熔点以下的温度进行固相烧结过程。

(2)多元系固相烧结是指由两种或两种以上的组分构成的烧结体系，在其低熔组分的熔点以下温度所进行的固相烧结过程。根据系统组元之间在烧结温度下有无固相溶解存在，又可以分为有限固溶系(如 Fe－C、W－Ni 等)、无限固溶系（如 Cu－Ni、Fe－Ni 等）及完全不互溶体系(如 Ag－W、Cu－C 等所谓的“假合金”)。

(3)多元系液相烧结是指以超过系统中低熔组分的熔点温度所进行的烧结过程。由于低熔组分同难熔固相之间相互溶解或形成合金的性质不同，液相可能消失或者始终存在于全过程中，故液相烧结又可分为稳定液相烧结系统（W－Cu－Ni、W－Cu、Fe－Cu($\omega_{cu}>10\%$)等)和瞬时液相烧结系统(Fe－Cu($\omega_{cu}<10\%$)、Re－Co 合金等)。

(4)熔浸是指将粉末坯块与液相金属接触或浸在液体金属内，借助于多孔骨架中的毛细管缝隙吸力，将熔化的金属或合金吸入多空骨架材料中，让坯块内空隙被金属液填充，冷却下来得到致密材料或零件的工艺。熔浸是液相烧结的特例，多孔骨架的固相烧结(烧结前期)和低熔金属浸透骨架后的液相烧结(烧结中后期)同时存在。

6.1 烧结过程中的热力学与驱动力计算

我们通常所说的烧结，是指在高温下，粉末颗粒被加热，颗粒之间发生黏结的现象。严格意义上讲，烧结指的是高温下粉末颗粒间发生冶金结合的过程，通常在主要成分组元的熔点下进行，并经由原子定向运动完成物质迁移。通过微观结构观察，可以发现颗粒之间的接触颈长大，并因此导致性能的变化。

烧结的机制就是研究烧结过程中原子运动的路径和方式。对金属粉末而言，烧结通常是原子在颗粒表面或者沿着晶界以及通过晶格点阵进行的扩散。对于晶体，几乎每个颗粒接触面都将发展成一个具有晶界能的晶界。晶界对原子移动很重要，是原子迁移的重要通道。

烧结的研究主要围绕两个最基本的问题：一是烧结为什么会发生？即所谓烧结的原动力或热力学问题；二是烧结是怎样进行的？即烧结的机制和动力学问题。这是本小节将要着重介绍的内容。

6.1.1 烧结热力学

从热力学角度讲，粉末烧结是系统自由能减小的过程，即烧结体相对于粉末在一定条件下处于能量较低的状态。烧结系统降低的自由能即是烧结过程中所需的驱动力，主要为烧结前存在于粉末和粉末压坯内的过剩自由能(表面能和畸变能)。表面能是指同环境气氛接触的颗粒和孔隙的表面自由能，在烧结过程的早期阶段，驱动力主要来源于粉末颗粒表面能的降低。粉末粒度越小，粉末体的表面积越大，相对具有的表面能越高，所储存的能量也就越高，这样的粉末要释放能量使其变为低能状态的趋势也就越大，烧结就更易于进行，表 6.1 列出了几种金属粉末的比表面积。

表 6.1 几种金属粉末的比表面积

金属粉末的种类	制取方法	粒度/μm	比表面积/($cm^2 \cdot g^{-1}$)
钼(鳞片状)	球磨粉碎	约 1(厚度方向)	34 000
钨(海绵状)	氢还原	约 0.3	10 000
镍(球状)	羟基物离解	约 10	4 000
铁(海绵状)	氢还原	约 60	1 000
铜(树枝状)	电解	约 150	500

在烧结温度为 T 时，烧结体的自由能、熵和热力学能的变化分别用 ΔA、ΔS 和 ΔU 表示，烧结的热力学公式可表示为

$$\Delta A = \Delta U - T\Delta S \tag{6.1}$$

一般来说，ΔA 总是小于 ΔU，根据烧结前后系统热力学能的变化可以估计烧结的驱动力。采用电化学测定电动势或测定比表面积均可计算自由能的变化。

烧结后颗粒的表面转变为晶界面，由于晶界能更低，因此总的能量是降低的。随着烧

结的进行，烧结颈处的晶界可以向两边的颗粒移动，而且颗粒内原来的晶界也可以通过再烧结或者聚晶长大发生移动并减少。因此晶界能进一步降低就成为烧结颈形成与长大后烧结继续进行的主要动力，这时烧结颗粒的联结强度进一步增加，烧结体密度等性能进一步提高。

在烧结过程中，孔隙表面自由能的降低，始终是烧结过程的另一种驱动力。因为不管总孔隙度是否降低，孔隙的总表面积总是减小的。闭孔隙形成后，在孔隙体积不变的情况下，表面积减小主要靠孔隙的球化，球形孔隙的继续收缩和消失使总表面积进一步缩小。

畸变能指的是颗粒内由于存在过剩空位、位错及内应力所造成的能量的升高，在烧结过程中，随着物质迁移过程的逐步进行，晶体内的空位等缺陷浓度逐渐降低，同时内应力得到释放，畸变能降低。如果烧结过程属于反应烧结，在烧结过程中原料粉末发生化学反应，则反应焓也是烧结驱动力之一。从能量大小来看，表面能比畸变能、化学反应中的能量变化都小很多，但是一般认为表面能的降低是发生烧结的原动力。

6.1.2 烧结的基本过程

粉末压坯经烧结后，烧结体的强度增加，首先是颗粒间的联结强度增大，即联结面上原子间的作用力增大。在粉末或粉末压坯内，颗粒间接触面上能达到原子引力作用范围的原子数目有限。但是在高温下，由于原子振动的振幅加大，发生扩散，接触面上才有更多的原子进入原子作用力的范围，形成黏结面，并且随着黏结面的扩大，烧结体的强度也增加。黏结面进一步扩大就形成了烧结颈，原来的颗粒界面形成晶界，随着烧结的继续进行，晶界可以向颗粒内部移动，导致晶粒长大。其次，烧结体的强度增大还反映在孔隙体积和孔隙总数的减少及孔隙形状变化等几方面，如图6.2所示，用球形颗粒模型表示孔隙形状的变化过程。

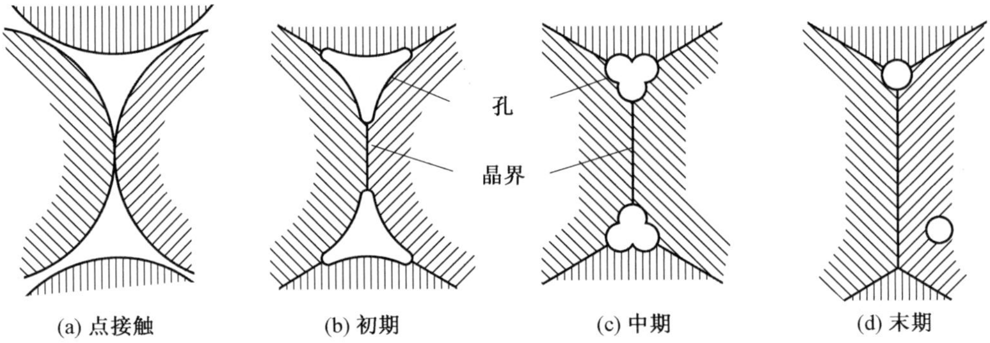

图6.2 烧结阶段的孔隙结构变化示意图

粉末的等温烧结过程，按时间大致可以划分为三个界限不十分明显的阶段。

烧结初期：这是一个颗粒黏结阶段，颗粒间的原始接触点或面转变成晶体结合，即通过成核、结晶长大等原子过程形成烧结颈。颗粒间的晶粒不发生变化，颗粒外形也基本不变，整个烧结体不发生收缩，密度变化不显著，但烧结体的强度和导电性由于颗粒间结合面增多而有明显的增加。烧结初期之后，由晶界和孔隙结构来控制烧结率。

烧结中期：烧结中期的开始阶段，孔隙的几何外形是高度连通的，并且孔隙位于晶界交汇处。随着烧结的进行，孔隙半径减小，烧结体致密化程度有所提高。在这一阶段，原子向颗粒结合面大量迁移，烧结颈不断扩大，颗粒间距离缩小，形成连续的孔隙网络；同时由于晶粒长大，晶界越过孔隙移动，被晶界扫过的地方，孔隙大量消失。烧结体收缩、密度和强度增加是这个阶段的主要特征。

烧结末期：这是一个闭孔隙的球化和缩小阶段，当烧结体密度达到 90%以后，多数孔隙被完全分隔，闭孔数量增加，孔隙由于被移动的晶界改变形状而趋近球形并不断缩小。在这个阶段，烧结体的收缩主要靠小孔的消失和孔隙数量得到减少，但是孔隙对晶粒生长的阻碍作用导致收缩缓慢。这一阶段可以延续很长时间，但是仍会残留少量的闭孔隙不能消除。

图 6.3 给出了 $Bi_{3.15}Nd_{0.85}Ti_3O_{12}$ 陶瓷烧结致密化过程微观结构变化图。由图可以看出，在较低烧结温度下(850 ℃)，陶瓷内部有大量的孔隙存在。随着温度升高(950 ℃)，大量孔隙消失，只留下由片状晶粒自由排列堆积起来的三角孔隙，这些三角孔隙在只有固相反应烧结的过程中很难消除。但是随着温度进一步升高(1 180 ℃)，烧结过程中晶粒长大并有少量液相生成，加上晶界移动比孔隙迁移或消失得快，三角孔隙大大减少。当温度升至 1 250 ℃时，更多液相生成，三角孔隙几乎消失，陶瓷烧结致密化完成。

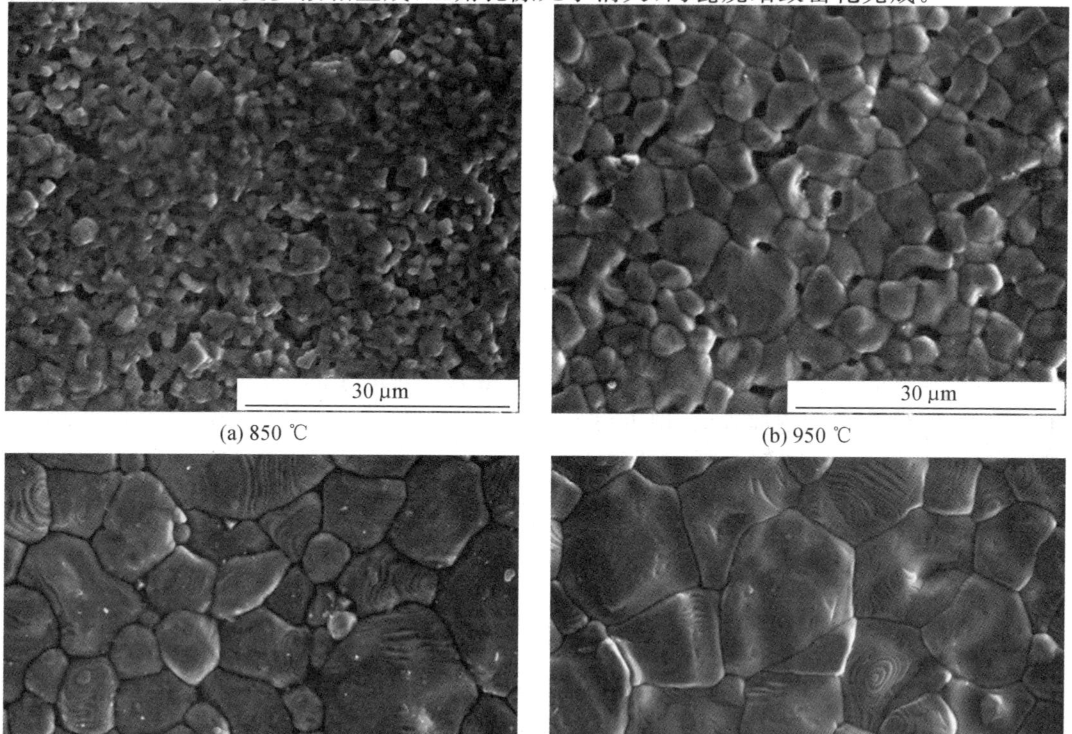

(a) 850 ℃　(b) 950 ℃

(c) 1 180 ℃　(d) 1 250 ℃

图 6.3　$Bi_{3.15}Nd_{0.85}Ti_3O_{12}$ 陶瓷在不同温度下的微观结构

6.1.3 烧结驱动力

前面定性地讨论了烧结过程的驱动力,但是考虑到烧结系统和烧结条件的复杂性,要从热力学方面计算驱动力的具体数值几乎是不可能的。可以采用库钦斯基的简化烧结模型,定量地推导出烧结驱动力的计算公式。这里将著名的拉普拉斯方程(6.2)应用于烧结,着重讨论推导过程依据的物理过程本质,从而更深刻地认识烧结过程。关于详尽的定量推导,读者可以参阅相关专著。

拉普拉斯方程给出了应力与曲面的关系,即

$$\sigma=\gamma\left(\frac{1}{R_1}+\frac{1}{R_2}\right) \tag{6.2}$$

式中,γ 为表面张力;R_1、R_2 为曲面的主曲率半径,如图 6.4 所示。

对于一个凸表面,其曲率半径为负,产生的应力为拉伸应力;对于一个凹表面,其曲率半径为正,产生的应力为压应力。

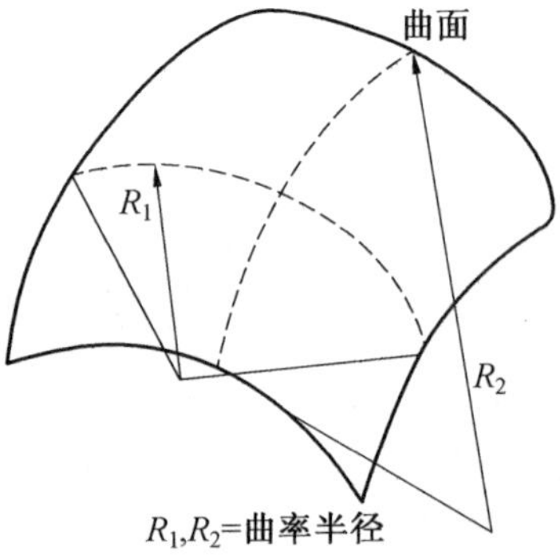

图 6.4　根据曲面上的两个主曲率半径点得到的曲率

根据理想的两球模型,如图 6.5 所示,可以看到烧结颈的颈部表面是一个马鞍形曲面,两个主曲率半径分别为 x 和 ρ。x 在颗粒内,定义它为正;ρ 的半径在孔隙中,定义它为负。将式(6.2) 应用到颈部表面,即可得

$$\sigma=\gamma\left(-\frac{1}{\rho}+\frac{1}{x}\right) \tag{6.3}$$

由于烧结颈半径 x 比曲率半径 ρ 大得多,即 $x\gg\rho$,可以忽略 x^{-1} 项,于是颈部受到的拉应力为

$$\sigma=\gamma\left(-\frac{1}{\rho}\right) \tag{6.4}$$

负号表示作用在曲颈面上的应力 σ 是张应力,方向朝烧结颈向外,作用是使得烧结颈 ($2x$) 扩大。随着烧结颈($2x$) 的扩大,负曲率半径($-\rho$) 的绝对值也增大,烧结动力 σ 将相应减小。

烧结初期 ρ 很小,假设绝大多数金属的 γ 值为 1 ~ 1.5 N/m,则对于很小的 ρ,如 $\rho=0.1\ \mu m$,经计算,颈部受到的拉应力将达 100 ~ 150 MPa。对于表面张力不大的非金属,γ 的数量级为 J/m^2,假设颗粒半径 $a=2\ \mu m$,颈半径 $x=0.2\ \mu m$,则 ρ 不会超过 0.01 ~ 0.001 μm,此时的烧结动力约为 10 MPa,这也是很可观的。烧结初期的孔隙受到向孔隙

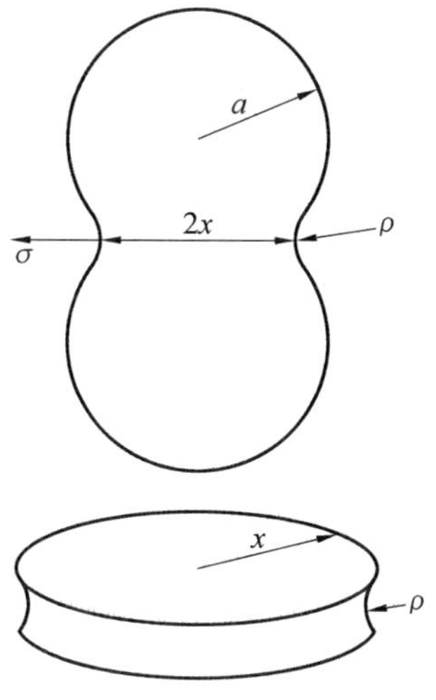

图 6.5　两球烧结模型

中心的拉应力如此之大，烧结体定会发生收缩。就整个压坯而言，即使不施加外压力烧结也是一个在“颈部”收缩控制下的收缩过程，特别是在烧结初期(10 ～ 15 min) 尤其如此。

在烧结中期，烧结颈不断扩大，使得孔隙形成连通的空隙网，这时孔隙中的气体会阻止孔隙收缩和烧结颈的进一步长大，因此连通孔隙中气体的压力 P_V 与表面张应力之差才是连通孔隙生成后对烧结起推动作用的有效作用力。即

$$P_s = P_V - \frac{\gamma}{\rho} \tag{6.5}$$

因为气体压力 P_V 与表面张应力的符号相反，所以 P_s 仅是表面张应力($-\gamma/\rho$) 中的一部分。当孔隙与颗粒表面连通即开孔时，P_V 可以为 0.1 MPa，这样，只有当烧结颈 ρ 增大，表面张应力减小到与 P_V 平衡时，烧结收缩过程才停止。

在烧结后期，孔隙变为球形并成为互不连通的闭孔隙，对于形成闭孔隙的情况，烧结收缩的动力可用下述方程描述：

$$P_s = P_V - \frac{2\gamma}{r} \tag{6.6}$$

式中，r 为孔隙半径。

式(6.6) 中，$-2\gamma/r$ 代表作用在孔隙表面使孔隙缩小的张应力。如果张应力大于气体压力 P_V，孔隙就能继续收缩。当孔隙收缩时，如果气体来不及扩散出去，P_V 大到超过表面张应力，那么不连通孔隙，就停止收缩。所以，在烧结第三阶段烧结体内总会残留很少一部分隔离的闭孔，仅靠延长烧结时间是很难消除的。

6.2 烧结过程中的物质迁移机制及烧结动力学

6.2.1 物质迁移机制

物质迁移是烧结过程中颗粒接触面上发生的量与质的变化，以及烧结体内孔隙的球化与缩小等过程的前提。烧结机制就是指烧结过程中可能发生的物质迁移方式及迁移速率。

烧结时物质迁移的各种可能过程见表6.2。

表6.2 烧结时物质迁移的各种可能过程

1	不发生物质迁移	表面扩散
2	发生物质迁移，并且原子移动较长的距离	黏结
		晶格扩散(空位机制)
		晶格扩散(间隙机制)
		晶界扩散
		蒸发与凝聚
		塑性流动(小块晶体的移动)
		晶界滑移(小块晶体的移动)
3	发生物质迁移，但是原子移动较短的距离	回复或再结晶

其中，黏结阶段是烧结的早期主要特征，在该阶段烧结体的收缩不明显。这是因为颗粒间的黏结具有范德瓦耳斯力的性质，不需要明显的原子迁移，仅靠颗粒接触面上部分原子排列的改变或位置的调整，所以过程所需的激活能很低，在温度很低、烧结时间很短的情况下就可以发生。

晶格扩散、蒸发与凝聚、塑性流动与晶界滑移等过程属于烧结时期的主要特征，只有在足够高的温度或外力的作用下才能发生。在这些烧结过程中，烧结体收缩明显，性能发生显著变化。这是因为在这些阶段，物质迁移过程中原子移动的距离较长，所需的激活能较大。

而回复或再结晶只有在烧结体晶格畸变严重的粉末烧结时才可能发生。回复和再结晶使压坯中颗粒接触面上的应力得以消除，促进烧结颈的形成。因为粉末中的杂质和孔隙会阻止再结晶过程，所以粉末烧结时的再结晶晶粒长大现象不像致密金属那样明显。

在运用模型方法以后，烧结的物质迁移机制才有可能做定量计算。目前，模型研究及实验主要用简单的单元系，所推导的动力学方程也主要用于烧结的早期阶段。由以上理论，可以采用图6.6所示的两种基本几何模型来推导烧结速度方程，模型为：假定两个同质的均匀小球半径为a，烧结颈半径为x，颈曲面的曲率半径为ρ。图6.6(a)为两球相切，球中心距不变，代表烧结时不发生收缩；图6.6(b)代表两球相贯穿，球中心距减小$2h$，表示烧结时有收缩出现。由图 6.6 所示的几何关系不难证明，在烧结的任一时刻，颈曲率半径与颈半径的关系为：①$\rho=x^2/(2a)$；②$\rho=x^2/(4a)$。

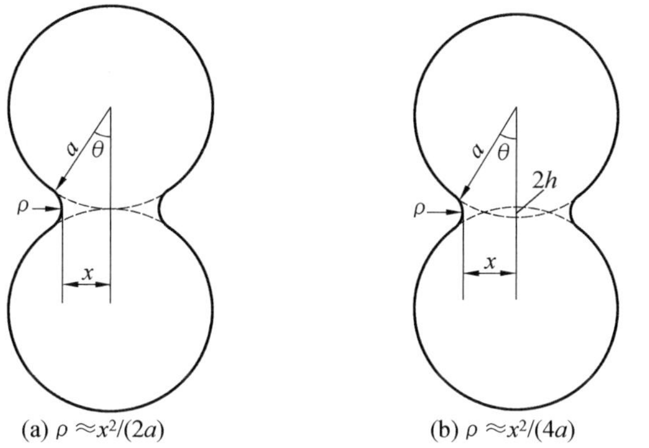

图 6.6 两球几何模型

下面按各种可能的物质迁移机制，给出烧结过程中可能的特征速度方程式。并最后对综合作用烧结理论做简单的介绍。

1. 黏性流动

1954 年，弗仑克尔最早提出了黏性流动的烧结模型，两球几何模型如图 6.7 所示，并模拟了两个晶体粉末烧结早期的黏结过程。他把烧结过程简单地分为两个阶段，即粉末颗粒之间由点接触到面接触的变化过程和后期的孔隙收缩过程。

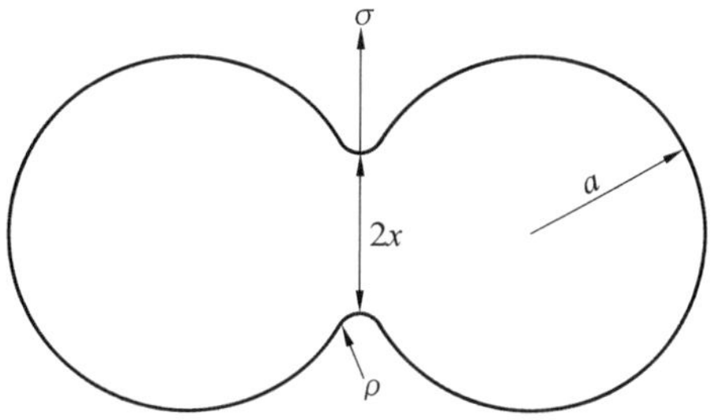

图 6.7 弗仑克尔两球几何模型

在粉末烧结的最初阶段，两个粉末颗粒之间类似两个液滴，从开始的点接触发展到互相聚合，形成一个半径为 x 的圆面接触。此处假设液滴仍保持球形，半径为 a。烧结早期的黏结，即烧结颈的长大，可以看作是在表面张力 γ 的作用下，颗粒发生类似黏性液体的流动(黏性流动)。这种黏性流动被认为是以图 6.8(a)所示的方式来进行的，也就是由于应力的作用使原子或空位顺着应力的方向发生流动。在体积扩散的情况下，则是由于存在空位浓度而使原子发生移动(图 6.8(b))。两者存在一定差别。另外，黏性流动使系统的总表面积减小，表面张力所做的功转换成对外减少的能量。弗仑克尔由此导出烧结颈半径相匀速长大的速度方程为

$$\frac{x^2}{a}=Bt \tag{6.7}$$

$$B=\frac{3}{2}\frac{\gamma}{\eta}t \tag{6.8}$$

式中，η 为黏结系数。

该黏性流动速度方程即烧结颈半径 x 的二次方与烧结时间 t 成比例，被库钦斯基采用同质材料的小球在平板上的烧结模型进一步证实。但是皮涅斯由金属的扩散蠕变理论

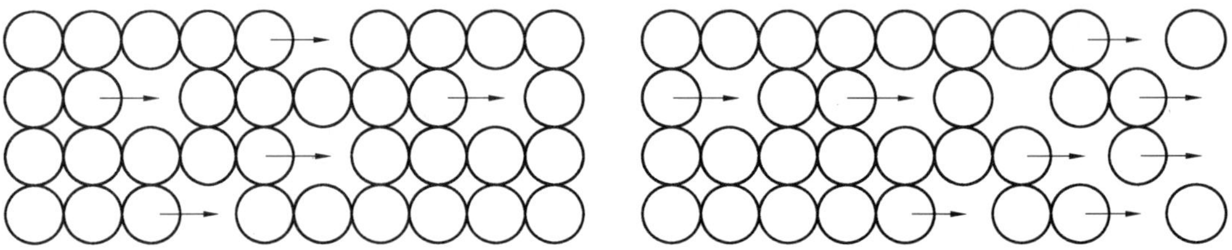

图 6.8 原子移动示意图

证明，弗仑克尔的黏性流动速度方程只对非晶物质有效。

2. 蒸发和凝聚

烧结颈与平面饱和存在蒸气压差 ΔP，当球表面蒸气压 P_a 与平面蒸气压相比忽略不计时，球表面的蒸气压与颈表面(凹面)蒸气压的差 ΔP_a 就会以一定方式存在。该蒸气压差 ΔP_a 的存在就会使原子从球的表面蒸发，重新在烧结颈凹面上凝聚下来，这就是蒸发与凝聚物质迁移模型，由此引起的烧结颈长大的烧结机制称为蒸发与凝聚。

假定在单位时间内，在接触处的单位面积上凝聚的物质为 G，根据南格缪尔公式，则 G 与 ΔP_a 成比例，$G=k\Delta P_a$。经数学处理后便可以得到

$$\frac{x^3}{a}=Bt \tag{6.9}$$

$$B=3M\gamma\left(\frac{M}{2\pi RT}\right)^{1/2}\frac{P_a}{d^2RT}t \tag{6.10}$$

式中，M 为烧结物质的相对原子质量；R 为摩尔气体常数；d 为粉末的理论密度；A 为烧结颈曲面的面积。

从式(6.9)和式(6.10)可以看出，蒸发与凝聚机制的速度方程是烧结颈半径 x 的三次方与烧结时间 t 成正比。不过，只有那些具有较高蒸气压的物质才可能发生蒸发一凝聚的物质迁移过程，在烧结后期，蒸发一凝聚对孔隙只能起到球化作用。

金捷里·伯格用半径为 66～70 μm 的氯化钠小球在 700～750 ℃烧结后，测量了小球间烧结颈半径 x 随 t 的变化，并作出 $\ln(x/a)$ 对 $\ln t$ 的关系图，如图 6.9 所示。三条直线的斜率分别为 3.3、3.4、2.8。库钦斯基也通过做 66～70 μm 的氯化钠小球烧结实验，验证了式(6.9)。

3. 表面扩散

表面扩散是指在表面之中而不是在表面之上的扩散，即通过颗粒表面层原子的扩散来完成物质的迁移。金属表面即使能够做成在物理上没有畸变的表面，其原子排列也是呈阶梯状的，因此表面原子很易发生移动和扩散。实验表明，表面扩散不同于体积扩散，烧结过程中颗粒的相互联结在颗粒表面进行，因此只需较低温度。由于颗粒表面原子的扩散，颗粒黏结面增大，颗粒表面的凹处被逐渐填平。

在较低和中等烧结温度时，表面扩散起着十分重要的作用；而在更高温度时，表面扩散逐渐被体积扩散所取代。在烧结早期，有大量的连通孔存在，表面扩散使小孔不断缩小与消失，而大孔隙增大，其结果就像小孔被大孔所吸收，所以总的孔隙数量和体积减小，同时有明显的收缩出现；而在烧结后期，形成隔离闭孔后，表面扩散只能促进孔隙表面光滑，

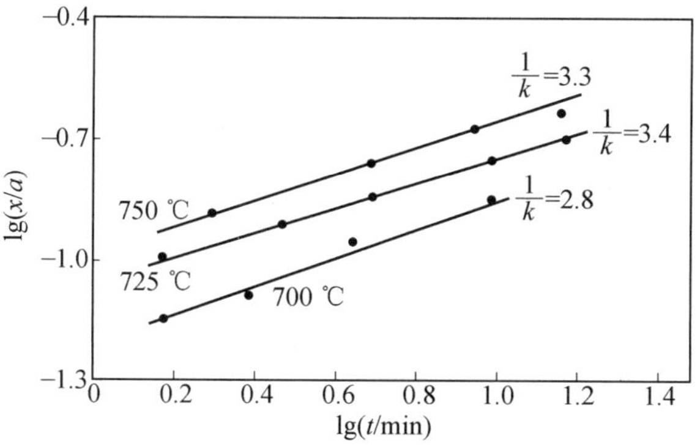

图 6.9　氯化钠小球实验

孔隙球化，而对孔隙的消失和烧结体的收缩不产生影响。

表面扩散机制也是通过表面的原子与表面的空位互相交换位置而进行的，空位扩散比间隙式或换位式扩散所需的激活能低得多。因位于不同曲率表面上原子的空位浓度或化学位不同，所以空位将从凹面向凸面或从烧结颈的负曲率表面向颗粒的正曲率表面迁移，而与此相应的，原子会朝相反方向移动，填补凹面和烧结颈。金属粉末表面有少量氧化物、氢氧化物时，会促进表面扩散的作用。

库钦斯基根据图 6.6 所示的两球几何模型，推导出表面扩散的动力学方程式为

$$\frac{x^7}{a^3}=Bt \tag{6.11}$$

$$B=(66D_s\frac{\gamma\delta^4}{kT})t \tag{6.12}$$

式中，D_s 为原子表面扩散系数。

该式表明在表面扩散机制占优势时，接触颈部半径 x 的 7 次方与烧结时间 t 成正比。并且实验表明：粉末越细，比表面越大，表面的活性原子数越多，表面扩散就越容易。

通过用 3～15 μm 的球形铜粉在铜板上于 600 ℃条件下进行的烧结实验测定出 $\ln(x/a)$ 对 $\ln t$ 的直线关系，其直线斜率为 6.5，与式(6.11)中 x 的指数 7 很接近。并且由 $(\ln D_s-1)/T$ 的关系直线可以测定出表面扩散激活能 $Q_s=235$ kJ/mol，$D_s^0=10^7\,cm^2/s$，可见铜的表面扩散激活能 Q_s 与体积扩散激活能 Q_V 很接近，但是 D_s^0 比 D_V^0 大 10^5 之多。这说明，当以表面扩散为主时，活化原子的数目大约是体积扩散时的 10^5 倍。其他学者如皮涅斯、卡布勒拉等也分别从理论上推导出了表面扩散的特征方程式，指数关系接近于 (x^7-t)。

4. 晶界扩散

空位扩散时，晶界可作为空位“阱”，晶界扩散在许多反应或过程中起着重要的作用。晶界对烧结的重要性有两个方面：烧结时，在颗粒接触面上容易形成稳定的晶界，特别是细粉末烧结后形成许多网状晶界与孔隙互相交错，使烧结颈边缘和细孔隙表面的过剩空位易通过邻接的晶界进行扩散或被它吸收；晶界扩散的激活能只有体积扩散的一半，而扩散系数大 1 000 倍，且随着温度降低，这种差别增大。

如果两个粉末颗粒的接触表面形成了晶界，那么，靠近接触颈部的过剩空位就可以通

过晶界进行扩散。原子则沿空位扩散的相反方向流入接触颈部表面。这样就使接触颈部通过晶界扩散而长大,两个颗粒中心相互靠近。

晶界对烧结颈长大和烧结体收缩所起的作用,可以用图 6.10 的模型来说明。如果颗粒接触面上未形成晶界,空位只能从烧结颈通过颗粒向内表面扩散,即原子由颗粒表面填补烧结颈区(图 6.10(a))。如果有晶界存在,烧结颈边缘的过剩空位将扩散到晶界上消失,结果使颗粒间距缩短,收缩发生(图 6.10(b))。

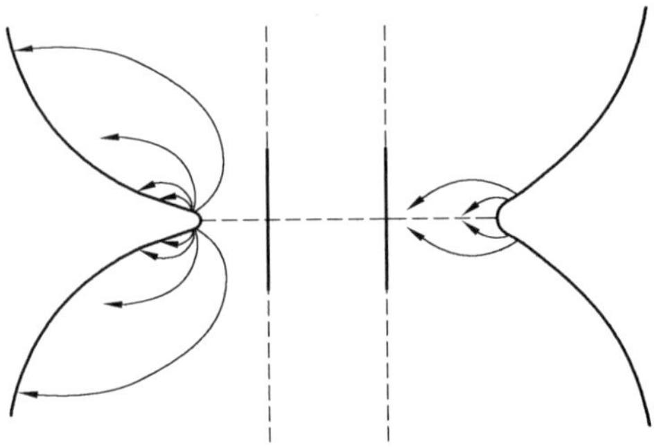

(a) 无晶界　　(b) 有晶界

图 6.10　空位从颗粒接触面向颗粒表面或晶界扩散模型

霍恩斯彻拉发现,烧结材料中晶界会发生弯曲,并且当弯曲的晶界向曲率中心方向移动时,大量的空位被吸收。此外,伯克在研究 Al_2O_3 的烧结时也发现:分布在晶界附近的孔隙总是最先消失,而隔离闭孔却长大并可能超过原始粉末的大小。这一现象证明了在发生体积扩散时,原子是从晶界向孔隙扩散的。

伯克以图 6.11 所示的模型说明了晶界对收缩的作用。图 6.11(a)表示孔隙周围的空位向晶界(空位阱)扩散并被吸收,使孔隙缩小,烧结体收缩;图 6.11(b)表示晶界上孔隙周围的空位沿晶界(扩散通道)向两端扩散,消失在烧结体之外,也使孔隙缩小、烧结体收缩。

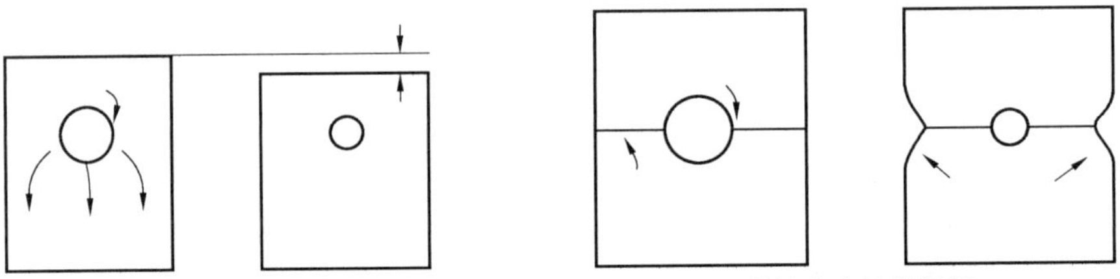

(a) 晶界成为空位阱　　(b) 晶界成为扩散通道

图 6.11　晶界、空位与收缩的关系模型

库钦斯基通过实验证明了晶界扩散机制的数学表达式为

$$\frac{x^6}{a^2}=Bt \tag{6.13}$$

即烧结接触颈半径 x 的 6 次方与烧结时间 t 成正比。

实验证明了晶界在空位自扩散的作用,颗粒黏结面上有无晶界存在对体积扩散特征方程中系数 B 影响较大。根据两球模型,假设在烧结颈边缘上的空位向接触面晶界扩散

并被吸收(6 个原子厚度),采用与体积扩散相似的方法,可导出系数 B 为

$$B=(960D_b \cdot \gamma\delta^4/kT)t \tag{6.14}$$

根据半径为 a 的金属线平行排列制成的烧结模型(1 个原子厚度)推导的系数 B 为

$$B=(48D_b \cdot \gamma\delta^4/\pi kT)t \tag{6.15}$$

根据球一平板模型推导的系数 B 为

$$B=(12D_b \cdot \gamma\delta^4/kT)t \tag{6.16}$$

式中,D_b 为晶界扩散系数。

5. 体积扩散

在扩散理论中,通常认为晶格点阵中原子的迁移是原子连续迁移与空位交换位置的结果。图 6.12 给出了三种体积扩散机制示意图。

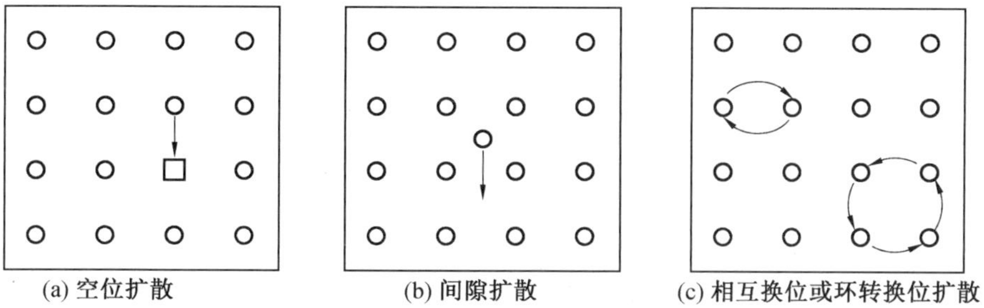

图 6.12　三种体积扩散机制示意图

而在研究粉末烧结的物质迁移机制时,空位及扩散也起到了很重要的作用。弗仑克尔把黏性流动的宏观过程最终归结为原子在应力作用下的自扩散。其基本观点是:晶体内存在超过该温度下平衡浓度的过剩空位,空位浓度就是导致空位或原子定向移动的动力。而皮涅斯认为,在颗粒接触面上空位浓度高,原子与空位交换位置,不断向接触面迁移,使烧结颈长大,烧结后期,在闭孔周围的物质内,表面张力使空位的浓度变大,不断向烧结体外扩散,引起孔隙收缩。皮涅斯用空位的体积扩散机制描绘了烧结颈长大和闭气孔收缩两种不同的致密化过程。他认为,根据 $\sigma=-\gamma/\rho$,在烧结颈的凹曲面上,由于表面张力产生垂直于曲颈向外的张应力,会使得曲颈下的平衡空位浓度高于颗粒的其他部位。而烧结颈作为扩散空位"源",由于存在不同的吸收空位的"阱",空位可以不断扩散。具体的空位体积扩散路径如图 6.13 所示。

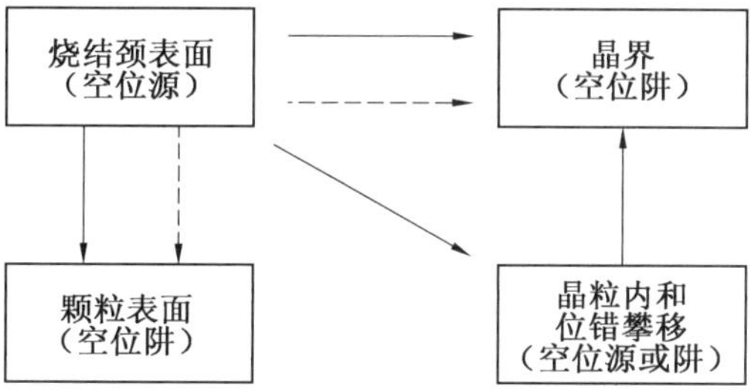

图 6.13　烧结时的空位扩散路径

然而实际上,空位源远不止是烧结颈表面,还有小孔隙表面、凹面及位错;相应的可以

成为空位阱的还有晶界、平面、凸面、大孔隙表面、位错等。颗粒表面相对于内孔隙或烧结颈表面，大孔隙相对于小孔隙都可以成为空位阱，因此，当空位由内孔隙向颗粒表面扩散以及空位由小孔隙向大孔隙扩散时，烧结体就会发生收缩，小孔隙不断消失，平均孔隙尺寸增大。

由图6.6(a)所示模型可以推导出体积扩散烧结机制的动力学方程，空位由烧结表面向邻近的球表面发生体积扩散，即物质沿相反途径向颈迁移。将空位浓度表达式代入菲克第一定律，经数学处理后可以得到：

$$\frac{x^5}{a^2}=Bt \tag{6.17}$$

$$B=(20D_V\frac{\gamma\delta^3}{kT})t \tag{6.18}$$

式中，D_V 为原子自扩散系数；δ 为晶格常数。

金捷里·伯格基于图6.6(b)所示模型，认为空位是由烧结颈表面向颗粒接触面上的晶界扩散的，单位时间和长度上扩散的空位流 $J_V=4D'_VC_V$，并由此推出：

$$B=(80D_V\frac{\gamma\delta^3}{kT})t \tag{6.19}$$

由式(6.17)可以看出，体积扩散机制中，烧结颈长大服从 x^5/a^2-t 的线性关系。参考6.6两种模型的条件下，烧结动力学方程式系数仅相差11倍。如果以 $\ln(x/a)$ 对 $\ln t$ 作图，可以得到一条直线，其斜率接近5。

库钦斯基用粒度为15～35 μm的三种球形铜粉和350 μm的球形银粉，分别在相同的金属平板上烧结。铜粉在500～800 ℃的氢气中烧结90 h后，通过测量烧结后颗粒的断面，可以作出相应的 $\ln(x/a)$ 对 $\ln t$ 关系图，如图6.14所示。将相关实验数据代入式(6.19)计算不同温度下Cu的自扩散系数 D_V，再以 $\ln D_V$ 对 $1/T$ 作图求出 D_V^0 与活化能 Q 值，图中Cu的 $D_V^0=700\ \mathrm{cm^2/s}$，$Q=176\ \mathrm{kJ/mol}$。这些数值与放射性同位素体积所测得的结果是吻合的，证明了体积扩散机制。

6. 塑性流动

塑性流动与黏性流动不同，外应力 σ 必须大于塑性材料的屈服应力 σ_y 才能发生。塑性流动的特征方程可以写为：$\eta\mathrm{d}\varepsilon/\mathrm{d}t=\sigma-\sigma_y$。塑性流动理论的最新发展是将高温微蠕变理论应用于烧结过程。金属的高温蠕变是指在恒定的低应力下发生的微变形过程，而粉末在表面应力(0.2～0.3 MPa)作用下产生缓慢流动，和微蠕变极其相似，所不同的只是表面张力随着烧结的进行逐渐减小，因此烧结速度逐渐变慢。

皮涅斯最早提出了烧结与金属的扩散蠕变过程相似的观点，并根据扩散蠕变与应力作用下空位扩散的关系，找出了代表塑性流动阻力的黏性系数与自扩散的关系式：

$$\frac{1}{\eta}=\frac{D\delta^3}{KTL^2} \tag{6.20}$$

式中，η 为黏性系数；δ 为原子间距离；T 为烧结温度；L 为晶粒或晶块尺寸；D 为扩散系数；K 为比例系数。

7. 烧结动力学方程

以上讨论的烧结物质迁移机制，可以用一个动力学方程通式来描述：

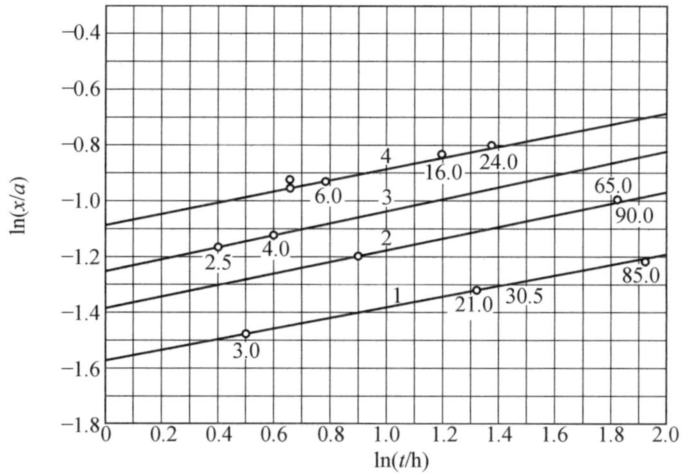

图 6.14　各种温度下烧结铜粉的实验曲线

1—500 ℃；2—650 ℃；3—700 ℃；4—800 ℃

$$x^m/a^n = F(T)t \tag{6.21}$$

$F(T)$仅仅是温度的函数，但是在不同的烧结机制中，包含不同的物理常数，例如扩散系数(D_s、D_V、D_b)、饱和蒸气压p_0、黏性系数η以及许多方程共有的比表面能γ，这些常数均与温度有关。各种烧结机制的特征方程的区别主要反映在指数m和n的不同搭配上，具体见表 6.3。

表 6.3　$x^m/a^n = F(T)t$ 的不同表达式

机制	研究者	m	n	$m-n$
蒸发与凝聚	库钦斯基	3	1	2
	金捷里·伯格	3	1	2
	皮涅斯	7	3	4
	霍布斯·梅森	5	2	3
表面扩散	库钦斯基	7	3	4
	卡布勒拉	5	2	3
	斯威德　$x\rho \gg y$	5	2	3
	斯威德　$x\rho \ll y$	3	1	2
	皮涅斯	6	2	4
	罗克兰	7	3	4
体积扩散	库钦斯基	5	2	3
	卡布勒拉	5	2	3
	皮涅斯	4	1	3
	罗克兰	5	2	3
晶界扩散	库钦斯基、罗克兰	6	2	4
黏性流动	弗仑克尔、库钦斯基	2	1	1

注：$y_s = D_s'\tau_s$；D_s'为吸附原子的表面扩散系数；τ_s为吸附原子达到平衡浓度的弛豫时间。

烧结过程中粉末颗粒的黏结是一个十分复杂的过程,由多方面的因素决定。在具体的烧结过程中,何种机制起主导作用,要由具体情况而定。如细粉末颗粒烧结时,表面扩散机制可能起决定作用;在高温烧结时,主要是体积扩散机制;某些易于蒸发的金属粉末烧结时,可能蒸发—凝聚的过程起着十分重要的作用;加压烧结时,起主要作用的则是塑性流动机制。

在烧结迁移过程中,迁移机制大致可以分为颗粒表面迁移和体积迁移,两种迁移方式的两球模型如图 6.15 所示。表面迁移机制通过从表面源的物质移动供给颈部长大(E—C 为蒸发—凝聚,SD 为表面扩散,VD 为体积扩散)。体积迁移过程从内部的质量源供给颈部长大(PF 为塑性流动,GD 为晶界扩散,VD 为体积扩散)。随着颗粒的靠近,只有体积迁移机制产生收缩。

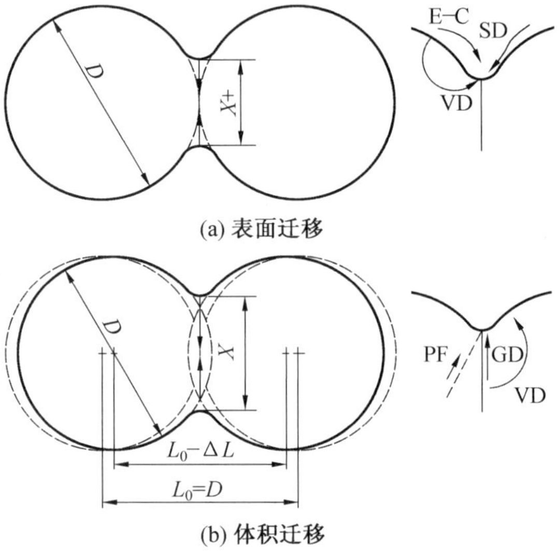

图 6.15 两种迁移方式的两球模型

表面迁移可能促使烧结颈部长大,但颗粒大小不变(没有发生收缩或致密化),这是由于质量流起源于和中止于颗粒表面。表面扩散和蒸发—冷凝是表面迁移时控制烧结的两个主要因素。相反,原子在晶粒或颗粒内部的体积迁移将引起烧结时的收缩。原子自晶粒或颗粒内部迁移并沉积在颈部。体积迁移机制包括体积扩散、颗粒内部晶界扩散、塑性流动和黏性流动。

高温条件下,经塑性流动造成物质的迁移十分重要,特别在粉末压坯中的初始位错密度大的情况下,表面张应力一般还不足以形成新的位错,这样,粉末烧结温度高于回火温度后,位错密度下降,其塑性流动下降。相反,非晶材料(如玻璃和塑料等)是通过塑性流动烧结的,其颗粒连接的速率由颗粒大小和材料黏性决定。黏性流动也可能发生在出现液相时的金属晶界上。对大多数晶体材料而言,晶界扩散对其致密化有较大的作用,如在普通金属的烧结致密化中,晶界扩散对其致密化占主导作用。表面扩散和体积扩散过程都促使烧结颈长大,但出现在不同的烧结时期或不同的致密化阶段。一般来说,体积扩散是高温烧结时物质迁移的主要机制。

6.2.2 烧结初期动力学

在这一烧结阶段，根据上文提到的曲率方程，我们可以估算不同情况下，空位浓度和烧结颈尺寸下的应力状态。当烧结颈部存在负的凹曲度时，物质原子在颈部的蒸气压低于平面蒸气压；相反地，物质原子在凸曲面处的蒸气压高于平面蒸气压，这导致了物质原子由凸曲面向烧结颈部的净流入。此外，曲面上的空位浓度 c 同样取决于其曲率的大小，遵循：

$$c=c_0[1-(\gamma\Omega/kT)(R_1^{-1}+R_2^{-1})] \tag{6.22}$$

式中，c_0 为平衡空位浓度；γ 为表面能；Ω 为原子体积；k 为玻尔兹曼常数；T 为热力学开氏温度。

公式显示，空位浓度偏离平衡浓度的程度与曲率正相关，弯曲越大，空位浓度越高。对于凹曲面，其空位浓度高于平衡浓度。烧结初期，烧结体的粉末粒径与等温烧结时间对烧结颈长大存在影响，用 x/D 来标示测量得到的烧结颈与粒径比例，可得到一个重要的近似方程：

$$(x/D)^n=Bt/D^m \tag{6.23}$$

式中，x 为烧结颈直径；D 为颗粒直径；t 为等温时间；B 为一个与材料、烧结过程相关的常数。

烧结过程中，不同的物质迁移机制具有不同的 n、m、B 值。式(6.23)在 $x/D<0.3$ 时较为精确。m 通常是一个大于 1 的数值(晶界扩散中 $m=4$)，可知烧结颈的长大对颗粒尺寸倒数是高度敏感的，使小颗粒烧结更快。尽管烧结过程中，晶格扩散很常见，但较小的颗粒尺寸使表面扩散和晶界扩散作用更为突出。如果温度出现在指数项中，意味着较小的温度变化对烧结也会产生重大影响。与之相比，烧结时间的影响是比较小的。

在弗仑克尔和库钦斯基的工作基础上，Herring 提出了对烧结测量的法则。对于初始粒径不同的两种粉末(分别为 D_1 和 D_2)，要达到形同的烧结颈长率，即 $x_1/D_1=x_2/D_2$，则所需的等温时间比为

$$t_1/t_2=(D_1/D_2)^m \tag{6.24}$$

对于晶界扩散为主导的烧结过程，若颗粒大小增加两倍，则要达到同样烧结程度(强度相同)则需要烧结时间增加 80 倍。

当烧结颈发生长大时，体积迁移过程会引起颗粒间位置的改变，产生粉末致密化收缩的效果，如图 6.15 所示。烧结过程中压坯收缩与烧结颈尺寸有关：

$$\Delta L/L_0=(x/D)^2 \tag{6.25}$$

式中，$\Delta L/L_0$ 为线收缩率。烧结初期的收缩遵循的动力法则与式(6.24)相似：

$$(\Delta L/L_0)^{n/2}=Bt(2^nD^m) \tag{6.26}$$

式中，$n/2$ 的数值范围一般为 2.5～3；D 为颗粒直径；t 为等温烧结时间；参数 B 与温度有关：

$$B=B_0\exp(-Q/RT) \tag{6.27}$$

其中，R 为摩尔气体常数；T 为热力学温度；B_0 为材料参数的综合因素(表面能、原子大小、原子振动频率、系统几何形状等)。活化能 Q 可衡量原子迁移的难易程度。

一般来说，观察烧结的收缩方法只适合于体积迁移过程，可采用膨胀仪或高速摄像机直接成像等技术连续地记录烧结过程中的收缩；用恒定的升温速率加热压坯，直至烧结完成。

烧结过程中，小颗粒的表面积与时间存在一定的关系，可以用来确定不同阶段的烧结机制：

$$(\Delta S/S_0)^v = C_s t \tag{6.28}$$

式中，$\Delta S/S_0$ 为表面积的变化值与原始表面积之比；C_s 为过程常数；t 为烧结时间；v 近似为 $n/2$(取值范围同式(6.26)相似)。在烧结过程中，压坯很容易发生收缩，并且高温烧结会产生热变形。采用较短的烧结时间并低温烧结，可以较为准确地控制收缩变形。

6.2.3 烧结中期动力学

烧结初期提出的收缩方程仅仅适用于小收缩率的模型。烧结中期孔隙形状趋于球形，致密化程度更高和晶粒长大，都使得收缩量增大，对烧结体性能具有重要影响。

假设位于晶界边缘的圆柱孔是几何学上的理想孔，则致密化速率取决于远离孔隙的空位扩散，致密化速率 $\mathrm{d}\rho/\mathrm{d}t$ 可表示为

$$\mathrm{d}\rho/\mathrm{d}t = JAN\Omega \tag{6.29}$$

式中，J 为扩散通量；A 为扩散面积；N 为单位体积中孔隙的数目；Ω 为原子体积。假定孔隙的消失过程是原子沿着晶界的体积扩散所致，结合菲克第一定律，随着空位消失，孔隙坍缩，可得到烧结密度与烧结时间的关系方程：

$$\rho_s = \rho_i + B_i \ln(t/t_i) \tag{6.30}$$

式中，ρ_s 为烧结密度；ρ_i 为烧结中期开始时烧结体密度；t_i 为烧结中期的某一点时间；t 为等温烧结时间；B_i 根据式(6.27)取值，一般来说，B_i 与晶粒大小的立方成反比，反映了烧结中晶界参数的重要性。由此可知，阻止晶界长大和增加扩散可提高烧结体的致密化程度，一般通过控制温度和颗粒微观结构来达到这一目的。

烧结时平均晶粒大小 G 随时间的增加如下：

$$G_3 = G_0^3 + kt \tag{6.31}$$

式中，G_0 为原始晶粒大小；k 为与因数 B 类似的热活化参数。当晶粒形状为理想的十四面体时，占据晶粒边缘的孔隙半径为 r，晶粒大小为 G，与孔隙率 θ 之间存在如下关系：

$$\theta = 4\pi(r/G)^2 \tag{6.32}$$

该关系表明孔隙闭合(r 增加)或孔隙率减小(θ 减小)都会造成晶粒尺寸的增加。

烧结中期的致密化伴随着体积和晶界的扩散。位于晶界的孔隙比孤立孔隙消得更快。在此阶段，原子表面迁移活跃，孔隙球化程度和沿着晶界的孔隙移动速度随着晶粒长大而变得越加明显，但表面迁移过程并不会引起显著的致密化或收缩。

6.2.4 烧结末期动力学

烧结末期是一个很慢的过程。此时，烧结体中位于晶粒边角上的孤立球形孔隙通过体积扩散不断缩小。对于晶界上的孔隙，晶界能和固气表面能的平衡促使孔隙形成二面角的晶界沟。晶界破坏后形成球形孔。之后，孔隙须将空位扩散到远处的晶界，才能使得

烧结体收缩持续进行，这是一个漫长的过程。随着时间的延长，孔隙数目减少，孔隙粗化，小孔隙消失。孔隙中存在气体时，气体在烧结体中的溶解度影响对孔隙的消除作用，采用真空烧结，有利于孔隙的消失。

因此，烧结末期时，孔隙的消失速率与两个因素有关，即表面能 γ 和孔隙气压 P_g。致密化速率方程如下：

$$\frac{d\rho}{dt}=\frac{12D_V\Omega}{kTG^3}\left(\frac{2\gamma}{r}-P_g\right) \tag{6.33}$$

式中涉及的物理量意义与上述相同。该方程表明，孔隙中气体的存在导致致密化进程在所有气孔消失前停止。不用真空烧结时难以达到全致密，在真空烧结中，孔隙率和烧结时间 t 的关系方程为

$$\frac{d\theta}{dt}=\theta_f-B_f\ln\left(\frac{t}{t_f}\right) \tag{6.34}$$

式中，θ_f 和 t_f 对应烧结中期结束时，孔隙闭合处的数值；B_f 为一个材料常数。

大多数材料的粒径分布和颗粒排列方式决定了烧结末期孔径的分布。烧结时观测的孔径取决于多个因素的联合作用，如颗粒的粗化、相邻颗粒数和烧结收缩等。由于区域空位浓度取决于孔隙半径的倒数，因此长时间的烧结会引起孔径的粗化。小孔隙能产生比大孔隙更多的空位。在致密化终止的临界点，弯曲球形孔的表面能与内部气压达到平衡：

$$\frac{2\gamma_{SV}}{r}=P_g \tag{6.35}$$

式中，γ_{SV}为气固表面能；r 为孔隙半径；P_g 为孔隙中压力。假设烧结气氛压力为 P_1，孔隙率在 8%时的孔隙闭合半径为 r_1。最小孔隙率可通过孔隙中气体的质量守恒来计算。如果孔隙数目和温度不变，且均为球形，则

$$P_1V_1=P_2V_2$$

孔隙的最终半径 r_2 可估算如下：

$$r_2=\left(\frac{r_1^3P_1}{2\gamma_{SV}}\right)^{1/2} \tag{6.36}$$

若 r_1 为 20 μm，P_1 为 0.1 MPa，γ_{SV}为 2 J/m^2，则可估算出 r_2 约为 14 μm。即无论材料烧结时间延长至多久，孔隙的最终半径均维持在 14 μm。

6.3 烧结体显微组织的变化

在合适的条件下，粉末经过压制、烧结的过程可以获得优良的性能。但是对于一般的有孔烧结材料，材料的性能主要受显微组织中的孔隙变化、再结晶与晶粒长大的影响。

1. 孔隙变化

在烧结过程中，材料显微组织中的孔隙(形状、大小和数量)在不停地发生着变化，连通的孔隙逐渐形成孔隙网络，孔隙网络逐渐形成隔离的闭孔，之后隔离的闭孔逐渐球化收缩。具体粉末颗粒烧结时，接触点颈部长大与球形孔隙形成过程的示意图如图6.16所示。

连通孔隙的不断消失与隔离闭孔的收缩是贯穿烧结全过程的组织变化特征。前者主要靠体积扩散和塑性流动，表面扩散和蒸发—凝聚也起到一定作用；闭孔生成后，表面扩

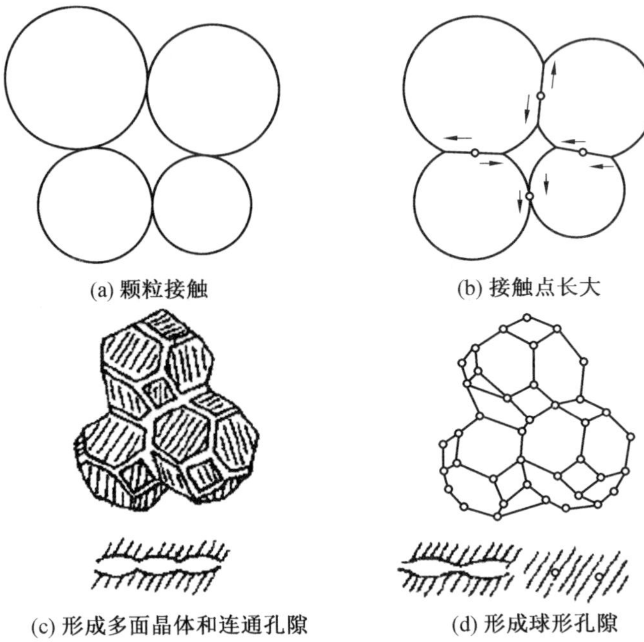

图 6.16 粉末颗粒烧结时接触点颈部长大与球形孔隙形成过程示意图

散和蒸发—凝聚只对孔隙球化有作用,但是不影响收缩,塑性流动和体积扩散决定孔隙收缩。

雾化铜粉末压制后于1 000 ℃条件下烧结的实验证明:当烧结体总孔隙度在5%～10%时,大部分为闭孔隙;当总孔隙度>10%时,大部分为开孔隙。在一般的粉末烧结材料中,孔隙度大部分大于10%,所以,大多数孔隙为开孔隙。

闭孔的球化过程非常缓慢,又由于粉末表面吸附的气体或其他非金属杂质对表面扩散和蒸发—凝聚的阻碍作用,很多粉末制品中的孔隙为不规则形状。只有极细粉末的烧结和某些化学活化烧结才能加快孔隙的球化过程。

莱因斯等研究了铜粉在氢气、1 000 ℃条件下烧结时间对烧结体内孔隙分布的影响(图6.17),发现:随着烧结时间的延长,总孔隙数量不断减少,但孔隙平均尺寸增大,最后孔隙消失。期间,大于一定临界尺寸的孔隙长大并合并。烧结温度越高,上述过程进行得越快。烧结后期,部分孔隙已长大并超过原来的尺寸,而且在接近烧结体表面形成无孔的致密层。

2. 再结晶与晶粒长大

粉末冷压后的烧结中,伴随着回复、再结晶与晶粒长大的过程。其中,回复在烧结保温阶段前就能基本完成,作用是消除弹性内应力,主要在颗粒接触面上出现。再结晶与晶粒长大的过程主要发生在致密化阶段,此时原子重新排列、改组,形成新晶核并长大,或者借助晶界移动使晶粒合并,新的晶粒代替老的晶粒,使晶粒长大。

粉末的粒度、形状和表面状况、成形压力以及烧结的温度和时间均对再结晶与晶粒长大有显著影响。再结晶的核心多数是产生于粉末颗粒的接触点或接触面上,然后再向颗粒内部扩散,这是因为颗粒变形不均匀,导致颗粒间接触表面的变形较大,再结晶成核比较容易。形核后的晶粒长大是通过吸收形变过的颗粒基体来进行的,可以使晶界由一个

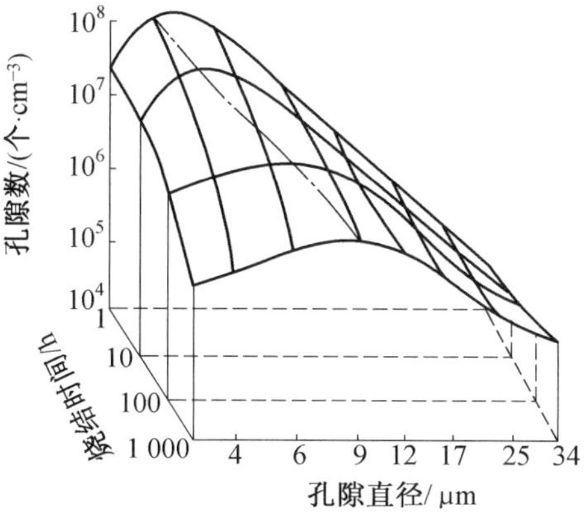

图 6.17 烧结时间对铜烧结体内孔隙分布的影响(1 000 ℃氢气中烧结)

颗粒向另一个颗粒移动。另外一种情况是颗粒接触面间形成的晶界向两边颗粒内部同时移动,颗粒发生合并,进而使得晶粒长大。图 6.18 示意地描述了这种形核、再结晶与晶粒长大的过程。

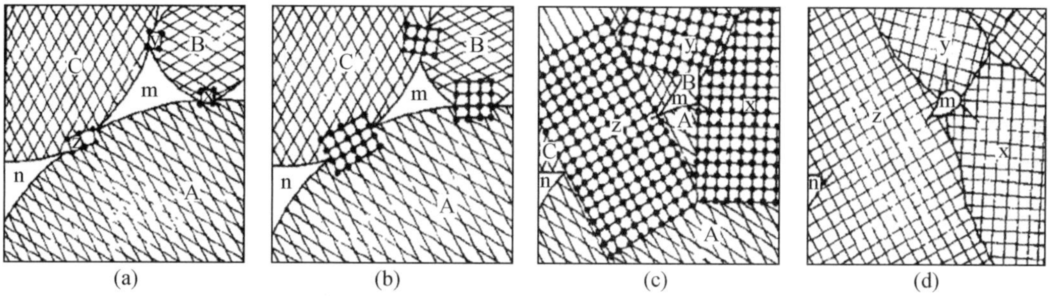

图 6.18 在烧结过程中晶核的形成、再结晶与晶粒长大示意图

A、B、C—受过变形的晶粒;x、y、z—晶核或再结晶的晶粒;m、n—孔隙烧结体中孔隙与存在的杂质等因素会阻碍晶粒长大

(1)孔隙的影响。

孔隙是阻止晶界移动和晶粒长大的主要障碍。晶界上如果有孔隙,晶界长度(实际为晶界表面积)将减小,晶界如果要移动到无孔的新位置,就要增加界面和晶界自由能,所以晶界移动比较困难。尤其是大孔隙,它们仅靠扩散很难消失,经常残留在烧结后的晶界上,造成晶界的钉扎作用。图 6.19 为孔隙阻止晶界移动示意图。

在粉末烧结制品中,晶界一般是弯的,晶界曲率越大代表晶界越长,晶界能也越高,为了降低晶界总能量,晶界力图伸展变直,并向曲率中心的方向移动。因此,部分曲率大的晶界,能够摆脱孔隙的束缚移动,使得晶界曲率减小,降低的晶界能用于晶界跨越孔隙所消耗的能量。图 6.20 显示了氧化铝烧结时,晶界扫过晶粒面上的无数小孔隙向前移动的情况。

晶界扫过之后,由于小孔隙被晶界吸收而消失,留下一片干净无孔的区域,但是由于烧结后残留的大孔隙大多分布于距离晶界较远的晶粒内部,空位扩散的路径较长,很难被移动的晶界扫到,因而就很难消失。

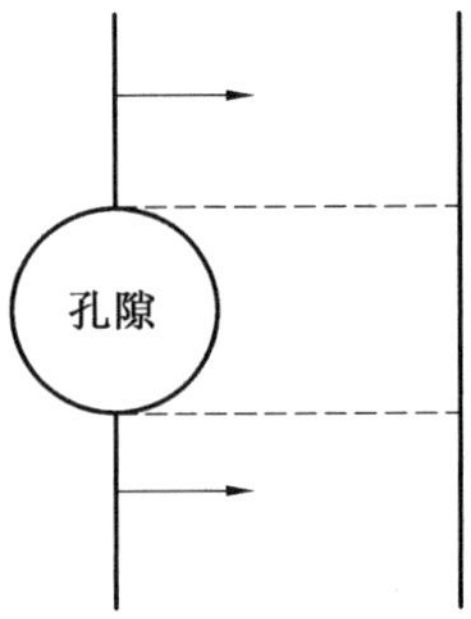

图 6.19　孔隙阻止晶界移动示意图

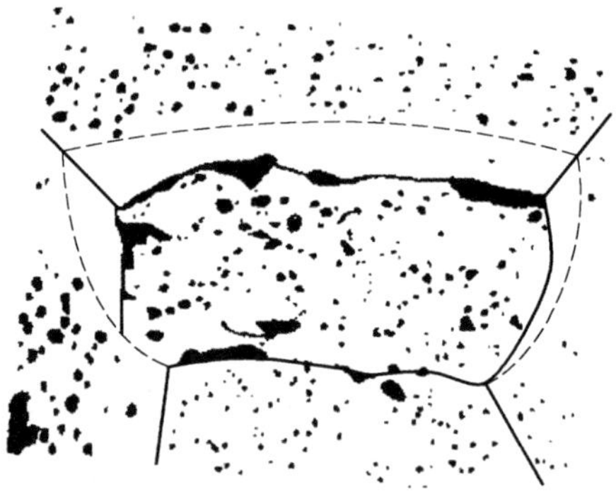

图 6.20　氧化铝烧结时因晶界的移动而扫除了孔隙(原来的晶界位置如虚线所示)

(2)第二相的作用。

图 6.21 是晶界移动通过第二相质点示意图。当原始晶界(图 6.21(a))碰到第二相质点时,晶界首先弯曲,晶界线拉长(图 6.21(b)),杂质相的原始界面的一部分也变为了晶界,使系统总的相界面和能量维持不变。但是如果晶界继续移动,越过杂质相(图 6.21(c)),基体与杂质相的那部分界面就得以恢复,系统又需要增加一部分能量,所以晶界是不容易挣脱质点的障碍向前移动的。当晶界的曲率不大,晶界变直所减小的能量不足以抵消这部分增加的能量时,杂质对晶界的钉扎作用就强,只有弯曲度大的晶界才能越过杂质移动。

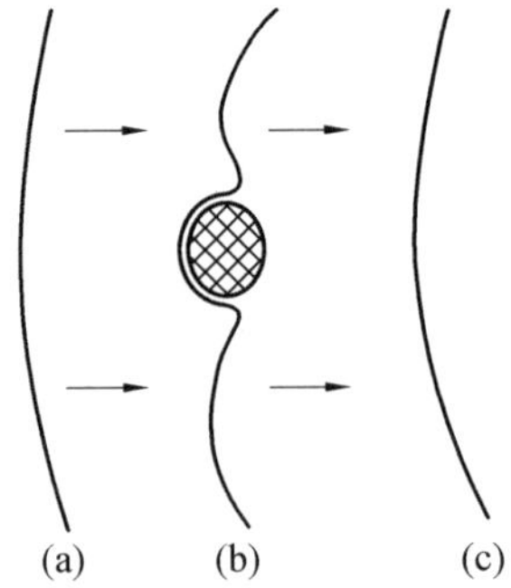

图 6.21　晶界移动通过第二相质点示意图

第二相的体积分数对再结晶与晶粒长大也有很大的影响，体积分数越大，阻力越强，最后得到的晶粒越细；体积分数不变，增大质点的尺寸，能够减弱对再结晶的阻力，最后得到的晶粒尺寸也相对较大。甄纳提出了根据第二相平均直径与体积分数计算所得晶粒直径的公式为

$$d_f = \frac{d}{f} \tag{6.37}$$

式中，d_f 为所得晶粒直径；d 为第二相平均直径；f 为第二相体积分数。

(3)晶界沟的影响。

在多晶材料内，露出晶体表面的晶界会形成所谓的晶界沟(图 6.22(a))。晶界沟是晶界和自由表面上两种晶界张力 γ_b 和 γ_s 相互作用达到平衡的结果。晶界沟的大小用二面角 Ψ 表示，根据力平衡原理，有

$$\cos\left(\frac{\Psi}{2}\right) = \frac{\gamma_b}{2\gamma_s} \tag{6.38}$$

当晶界沟上的晶界移动时(图 6.22(b))，晶界面将增加，使系统界面自由能增大。因此，晶界沟是阻止晶界移动或晶粒长大的。对于致密材料，其阻碍作用不强；但粉末烧结原料晶粒较细，粉末于高温烧结后形成大量类似金属高温退火的晶界沟，导致晶界沟在粉末烧结过程中的阻碍作用更加明显。

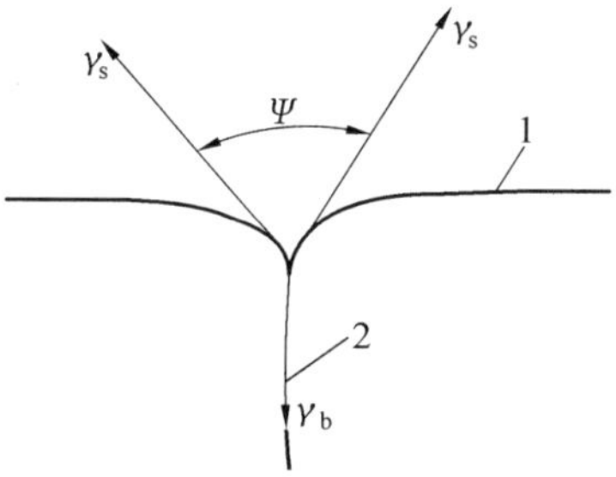

(a) 晶界沟的形成

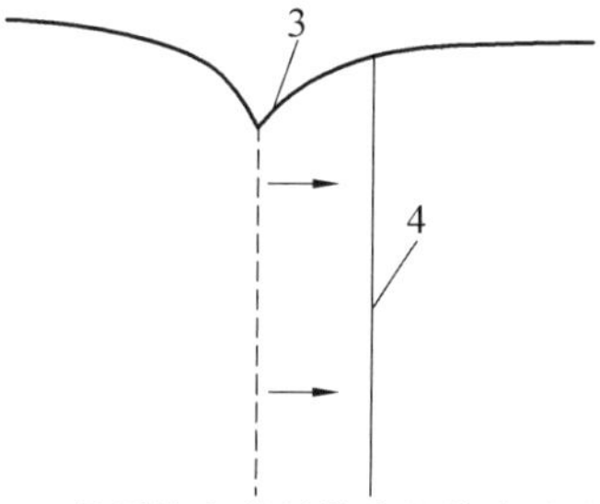

(b) 晶界沟上的晶粒在晶粒内移动

图 6.22 晶界沟的形成和晶界沟上晶界移动示意图

1—晶体自由表面；2—晶粒界面；3—晶界沟；4—移动后的新晶界

3. 缺陷的影响

坯体中存在的缺陷对烧结过程也有着决定性的影响。

本节采用 Gd^{3+} 代替 Zr^{4+}，产生的阳离子缺陷使阳离子的排序复杂化，并增强了离子迁移的无序性，特别是在 Gd 过量的样品中引入更多的 O 缺陷。最后发现 GZO 的有序程度随着 Gd 含量的增加而降低，并且在相同的烧结温度下，Gd 过量的样品通常具有更高的 ρ 和更大的晶粒平均尺寸。与 Gd 过量样品相比，Gd 缺陷的样品通常表现出更小的晶粒平均尺寸，但表现出更多的晶间孔。这表明过量的 Gd 确实通过增强扩散驱动力来促进晶粒生长和致密化。这是空位迁移有限且驱动力不足，无法克服孔隙消失导致的能量障碍。

固相烧结通常需要相对较高的温度，以促进扩散并促进材料致密化。扩散作为主要机制，通过使原子能够跨晶界迁移来促进致密化和晶粒生长。驱动晶粒生长的晶界迁移

主要涉及两个基本过程:原子(或原子簇)在边界处的分离和附着。经典的晶界迁移模型假设一个具有相关活化能的原子分离一附着过程,这种活化能会受到温度和/或晶界化学成分变化的显著影响。过量的 Gd 会引入大量 Vo,从而减少 O^{2-} 迁移所需的能量。此外,由于 GZO 的低缺陷形成能,更容易在晶格和晶界中实现阳离子无序化,从而降低 Gd^{3+} 和 Zr^{4+} 扩散的活化能。原子从一个颗粒扩散到另一个颗粒,填充空隙并减少孔隙率。因此,Gd 过量的样品表现出更快的致密化和晶粒生长,更紧密地填充陶瓷颗粒、填充空隙,并减少孔隙率。这些过程最终导致陶瓷更均匀、更致密,并且可能损害材料光学和机械性能的缺陷更少。

6.4 混合粉末的烧结

6.4.1 多元系固相烧结

多元系固相烧结有三种情况:①均匀(单相)固溶体;②混合粉末;③烧结过程中固溶体分解。但一般讨论混合粉末的烧结较为实际。

使用金属粉末的混合物进行烧结,通常是为了实现其合金化。采用混合粉末来代替预合金粉末的优点是:①容易改变成分;②由于这类粉末具有低的强度、硬度及加工硬化现象,所以容易进行压制成形;③有较高的压坯密度和强度;④可能形成均匀的显微组织,等等。

1. 无限互溶的混合粉末烧结

Cu—Ni、Co—Ni、Cu—Au、Ag—Au、W—Mo、Fe—Ni 等都属于无限互溶的混合粉末。能够相互无限溶解的二元系粉末固相烧结时的均匀化过程可以用"同心球"模型来加以研究,如图 6.23(a)所示。该模型假定相互溶解的两种粉末几何形状均为球形,且 B 粉末颗粒包围 A 粉末颗粒,两颗粒之间无空隙存在。二元粉末的均匀化过程如图 6.23(b)～(d)所示。烧结开始时,即 $t_0=0$,浓度梯度呈台阶状;随着烧结时间的延长,浓度梯度逐渐减缓;最终,当 $t_\infty=\infty$时,达到一个常数值,此时粉末完全均匀化。

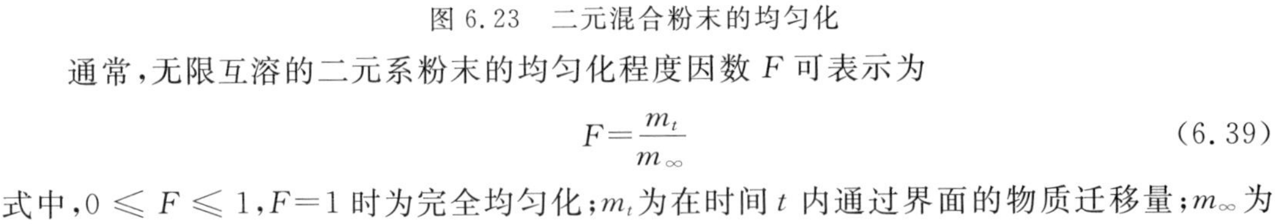

图 6.23 二元混合粉末的均匀化

通常,无限互溶的二元系粉末的均匀化程度因数 F 可表示为

$$F=\frac{m_t}{m_\infty} \tag{6.39}$$

式中,$0 \leqslant F \leqslant 1$,$F=1$ 时为完全均匀化;m_t为在时间 t 内通过界面的物质迁移量;m_∞为时间无限长时通过界面的物质迁移量。

影响二元混合粉末均匀化的因素主要有温度、烧结时间、压坯密度、粉末粒度、杂质等。较细的粉末颗粒、较高的烧结温度、较长的烧结时间及较少的杂质相有利于提高混合粉末的均匀化程度。在原混合粉末中加入一定量的预合金粉末或复合粉末也能够缩短均匀化时间。

均匀化程度可以用定量金相、X 射线衍射或探针技术来测定。图 6.24 为 80%Cu－20%Ni 的合金在 950 ℃烧结前后的 X 射线衍射强度分布曲线。随着烧结时间的延长，衍射强度分布曲线越来越窄，表明合金成分越来越均匀。

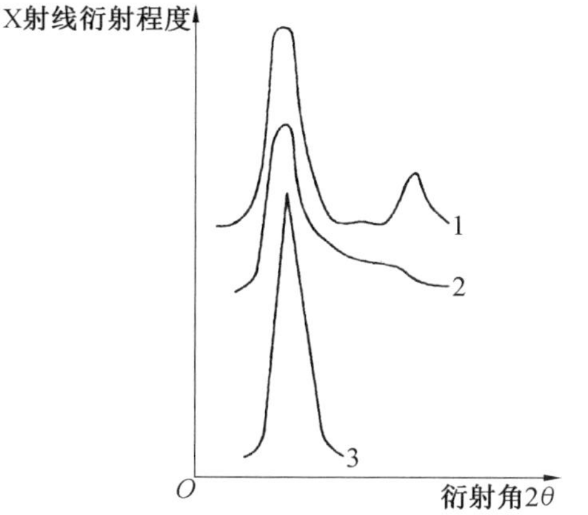

图 6.24　80%Cu－20%Ni 烧结的 X 线衍射强度分布曲线(烧结温度为 950 ℃)

1—未烧结混合粉；2—烧结 1 h；3—烧结 3 h

由于存在均匀化过程，混合粉末的烧结系统会变得较复杂。在 1 000 ℃烧结的 Cu－Ni合金系统中，Cu 向 Ni 中扩散的速率比 Ni 扩散到 Cu 中要快。因此，烧结致密化可能会因不同扩散系数引起的膨胀而被抵消。

图 6.25 是采用 44 μm 的铜粉和 55～71 μm 的镍粉所组成的合金系统的烧结结果。烧结体密度显示出其取决于 Ni 的数量、烧结时间和烧结温度。烧结时间采用对数坐标。在 Ni 含量低的时候，膨胀发生在烧结的中间阶段。因此在烧结过程的早期，由于不同的扩散能力而有孔隙形成的可能性。均匀化之后，孔隙的消失是明显的。

2. 有限互溶的混合粉末烧结

有限互溶的混合粉末烧结合金有 Fe－C、Fe－Cu、W－Ni、Ag－Ni 等，这类合金烧结后得到的是多相合金，其中有代表性的是 Fe－C 烧结钢。通过铁粉与石墨粉混合后压制成的器件在烧结过程中，碳原子会向铁粉中扩散，高温时形成 Fe－C 有限固溶体(γ－Fe)；温度冷却之后形成以 α－Fe 和 Fe_3C 两相组成的多相合金，该合金具有比较高的硬度和强度。

在有限互溶混合粉末烧结的收缩过程中，可以发现收缩与合金中元素的质量分数有关。如图 6.26 所示，Ni－W 粉末混合物在 1 205 ℃烧结时，W 的质量分数在 60%左右时，收缩达到最大。压坯的长大现象与 W 向 Ni 的单向扩散和形成扩散孔隙有关。

在有限互溶混合粉末烧结中，烧结体性能与许多因素有关。例如烧结碳钢的力学性能受合金组织中 C 的质量分数的影响，当 w(C)≈80%时合金的抗拉强度最高；其次，冷却速度的不同可以改变含碳 γ－Fe 的第二相 Fe_3C 在 α－Fe 中的形态和分布，通过合适的热处理工艺能够调整这种状态和分布，进而得到较好的综合性能；同时，其他合金元素

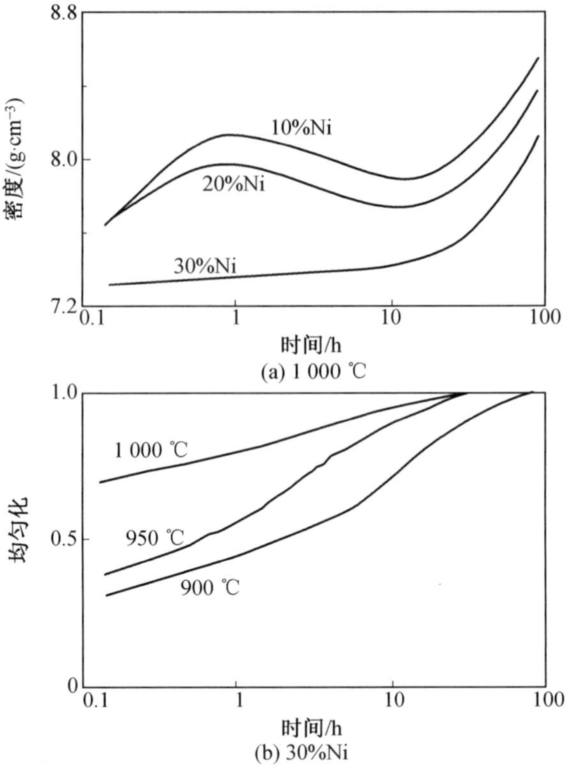

图 6.25　在 Cu—Ni 混合粉末系统中的致密化和均匀化

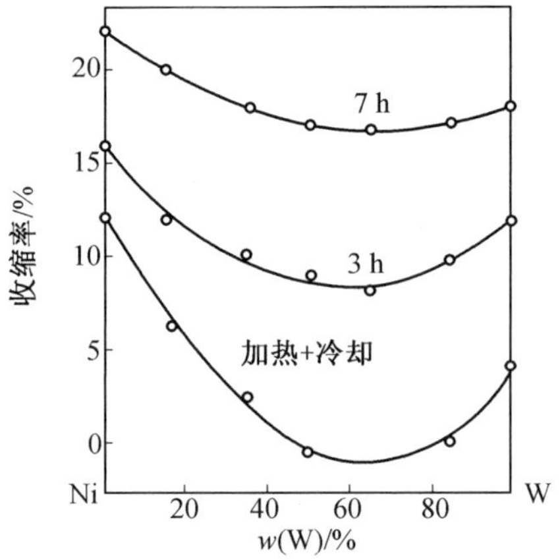

图 6.26　Ni—W 粉末混合物在 1 205 ℃烧结时收缩与元素质量分数的关系

(如 Mo、Ni、Cu、Mn、Si 等)由于能够影响 C 在 Fe 中的扩散速度、溶解与分布,因此可以在 Fe—C合金中通过添加其他合金元素来提高烧结钢的性能。

3. 互不溶解的混合粉末烧结

互不溶解的混合粉末几乎包括了用粉末冶金方法制取的一切典型的复合材料,例如金属—金属、金属—非金属、金属—氧化物及金属—化合物等。

(1)烧结热力学。

互不溶解的两种粉末混合后,能否进行烧结的条件是

$$\gamma_{AB}<\gamma_A+\gamma_B \tag{6.40}$$

即 A—B 的比界面能 γ_{AB} 必须小于 A、B 单独存在时的比表面能(γ_A、γ_B)之和。如果 $\gamma_{AB}>\gamma_A+\gamma_B$,虽然可以在 A—A 或 B—B 之间烧结,但是在 A—B 之间却不能。

在满足式(6.40)的前提下,若 $\gamma_{AB}>|\gamma_A-\gamma_B|$,则在颗粒 A 和 B 之间形成烧结颈,并且颗粒间的接触表面有一些凸出,凸出的方向朝向表面能低的组元。若 $\gamma_{AB}<|\gamma_A-\gamma_B|$,则烧结过程要分两阶段进行。首先是表面能低的组元通过表面扩散来包围另一种组元;而后就与单相烧结一样烧结,在类复合粉末的颗粒间形成烧结颈。在足够长的烧结时间下,混合粉末可以充分烧结,此时得到的是一种成分均匀包裹在另一种成分颗粒表面的合金组织。并且对于以上两种情况,均有 γ_{AB} 越小,烧结动力就越大。

(2)性能一成分关系。

研究表明在不互溶的固相烧结合金中,其性能与组元体积分数之间存二次函数关系。在烧结体内,相同组元颗粒间的接触(X—X、Y—Y)与不同组元接触的相对大小决定了系统的性质。在具有相同体积分数的二组元系中,当不同组元颗粒具有理想且相同的大小与形状时,统计规律表明不同组元颗粒 X—Y 的接触机会最多,因而对烧结体性能的影响是最大的。烧结体的收缩值表达式为

$$\eta=\eta_X c_X^2+\eta_Y c_Y^2+2\eta_{XY} c_X c_Y \tag{6.41}$$

式中,c_X、c_Y 分别为组元 X、Y 的体积分数;η_X、η_Y 分别为组元 X—X、Y—Y 在相同条件下烧结时的收缩值;η_{XY} 为 X—Y 接触时的收缩值。

如果系统中 Y 为非活性组元,不与 X 起任何反应,并且在烧结温度下本身几乎也不产生烧结,那么 η_Y 与 η_{XY} 将等于零。此时,随着合金中非活性组元 Y 含量的增加,烧结体强度值降低,并且孔隙度越低,强度降低的程度越大。

4. 高熵陶瓷的烧结

(1)高熵陶瓷定义。

熵是热力学体系中表征物质状态的参量之一,物理意义为衡量一个系统的混乱和无序程度,代表材料的无序程度,用符号 S 表示,混乱无序程度越高,熵值越大。2004 年,高熵合金的概念首次被引入材料领域:由五种或更多原子分数相等或接近相等的元素形成的具有单一晶体结构的固溶体称为高熵合金。类似地,高熵陶瓷被定义为具有高组态熵的五种或五种以上阳离子或阴离子晶格的固溶体。高熵陶瓷包括多种材料,如高熵氧化物(HEOs)、高熵氮化物(HENs)、高熵碳化物(HECs)、高熵硼化物(HEBs)、高熵氢化物(HEHs)、高熵硅化物(HEIS)、高熵硫化物(HESs)、高熵氟化物(HEFs)、高熵磷化物(HEPs)、高熵磷酸盐(HEPO4s)、高熵氮氧化物(HEON)、高熵碳氮化物(HECN)和高熵硼碳氮化物(HEBCN)等。

在热力学中,固溶体形式的元素混合物的稳定性与吉布斯自由能有关,吉布斯自由能越低,稳定性越高。其吉布斯自由能为

$$\Delta G_{mix}=\Delta H_{mix}-T\Delta S_{mix} \tag{6.42}$$

式中,ΔH_{mix} 为混合物的焓;T 为绝对温度;ΔS_{mix} 为混合熵。

当混合熵增加时，吉布斯自由能降低，固溶体变得更加稳定。熵受温度、元素数量和组合物中每种元素的原子分数的影响。元素的原子分数与混合熵之间的关系由下式计算：

$$\Delta S_{\mathrm{mix}}=-R\sum_{N}^{i=1}x_i\ln x_i \tag{6.43}$$

式中，R 为理想气体常数；x 为第 i 个元素的原子分数；N 为元素总数。

根据式(6.43)，当元素数量较多且原子分数相等时，指定数量元素的混合熵达到最大值。对于等原子组成的混合物，混合熵可以通过下式简单计算：

$$\Delta S_{\mathrm{mix}}=R\ln N \tag{6.44}$$

混合熵与元素数量之间的关系如图6.27所示。高熵陶瓷具有多种特殊性能，包括热力学的高熵效应、结构的晶格畸变效应、动力学的迟滞扩散效应、性能上的“鸡尾酒”效应等。①热力学的高熵效应是指体系的混乱度增加，降低原子有序化和偏析的趋势，进而降低固溶体的自由能，提高了相稳定性。由式(6.42)可知，该效应在高温下尤其显著。②结构的晶格畸变效应。多主元高熵陶瓷由多种元素组成，金属阳离子和非金属阴离子随机分布在晶格上，不同的原子半径、化学性质、化学键长短，使得高熵陶瓷晶格中的畸变、滑移、位错等缺陷相比普通材料大量增加。③动力学的迟滞扩散效应。高熵陶瓷中不同主元之间的作用及产生的晶格畸变，使得晶格间势能相差很大，扩散能垒更高，从而降低高熵材料体系内部原子的有效扩散速率。迟滞效应不仅对相产生影响，还会导致再结晶温度升高，提高热稳定性等。④性能上的“鸡尾酒”效应指高熵陶瓷综合性能不仅是各个相和各组元性能简单的混合叠加，还包含了多组元的协同增效作用，最终体现到宏观性能上，如密度，强度，耐腐蚀性等。

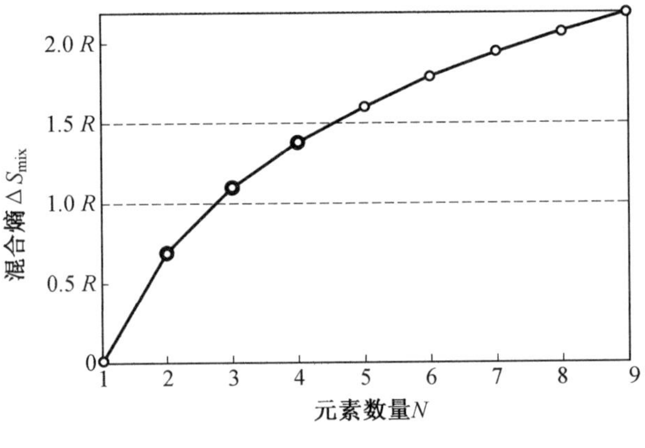

图6.27 混合熵与元素数量的关系

(2)高熵陶瓷的烧结工艺。

与普通陶瓷烧结相比，高熵陶瓷最需要克服的是微区元素分布不均和材料化致密困难的问题。其中，元素偏析会使得材料无法形成均一稳定的单相结构，直接影响高熵陶瓷的性能。而烧结过程中能够促进致密化的多种物质迁移机制都由扩散主导，高熵陶瓷的迟滞扩散效应降低了原子扩散速率，使得致密化过程困难。因此，高熵陶瓷的烧结工艺重点是提高元素均匀性和烧结致密度。

提高元素均匀性主要从粉体制备过程考虑，高熵陶瓷粉体的合成方法有固相法、熔盐法、前驱体转化法、热还原法、高温自蔓延合成法、水热法等。高熵陶瓷块体烧结过程中，由于原子扩散速率低，传统的固相烧结法需要长时间保温，容易导致晶粒粗化，在固相烧结的基础上采用两步烧结法，第一步在高温下短时间保温使致密度达到要求后，第二步在较低温度下长时间保温，可以获得相对致密的样品。此外，多种先进烧结方法也用于高熵陶瓷烧结以提高性能，主要包括放电等离子烧结、热压烧结、高温自蔓延烧结，振荡压力烧结、电弧熔炼、反应闪烧放电等离子烧结等，其优缺点及主要应用范围见表 6.4。

表 6.4 高熵陶瓷烧结工艺优缺点及主要应用范围

烧结方法	优点	缺点	应用范围
放电等离子烧结	加热均匀，时间短，效率高，适用于制备非化学计量化合物	致密化机制复杂，且样品性能受电流波动影响较大，样品尺寸受脉冲电流容量限制	高熵硼化物、高熵碳化物及高熵氧化物等
热压烧结	降低烧结温度，缩短烧结时间，提高致密性，抑制晶粒生长	加工成本高，生产效率低	高熵碳化物、高熵硼化物
高温自蔓延烧结	工艺简单，成本低，时间短，适用于制备非化学计量化合物	中间反应过程难以控制，容易出现高浓度缺陷和低致密度	高熵硼化物
振荡压力烧结	增加晶间物质扩散速率，提高致密度	易引入球磨介质污染，反应时间长	高熵硼化物
电弧熔炼	加热快，时间短，减少杂质	长电弧会造成不稳定或散射，温度控制精度困难，样品需要多次熔化才能保证均匀性	高熵硼化物、高熵碳化物
反应闪烧放电等离子烧结	高熵相形成与烧结同时发生，缩短了制备时间，降低了烧结温度	样品孔隙率高，致密度低	高熵碳化物、高熵硼化物

6.4.2 混合粉末的液相烧结和熔浸

1. 液相烧结的条件

液相烧结是指至少具有两种组分的粉末或压坯在形成一种液相的状态下烧结的过程。混合粉末压坯在有液相烧结的条件下更容易达到致密，因为液相引起的物质扩散速度比固相快很多，并且液相能够填满烧结体内的孔隙。

液相烧结根据固相在液相中的溶解程度可以分为：互不溶系液相烧结，此时固相在液相中不溶解或溶解度很小，如假合金、氧化物一金属陶瓷材料；另一种液相烧结是过程中始终保持有液相存在，并且固相在液相中有一定的溶解度。在这两种液相烧结情况下可以得到多相组织的合金或复合材料，即烧结过程中固相难熔组分的颗粒和提供液相的黏结相一直存在。瞬时液相烧结是指烧结过程中液相量有限，且能够大量溶解于固相进而形成固溶体或化合物，液相在烧结后期会消失的过程。这种情况下液相烧结得到的是单相合金。

液相烧结过程中致密化能否彻底进行，取决于同液相性质相关的三个基本条件。

(1)润湿性。

液相烧结时，液体可以通过为物质提供另一种迁移方式，加快烧结，但是必须满足一定的条件。其中液体必须在固相周围形成薄膜，因此液相对固相颗粒的表面润湿性好便成了液相烧结的首要条件。

如图 6.28 所示，润湿性是由固相、液相的表面张力(比表面能)γ_S、γ_L 以及两相的界面张力(界面能) γ_{SL} 所决定的。当液相润湿固相时，在接触点 A 用杨氏方程表示平衡的热力学条件为

$$\gamma_S=\gamma_{SL}+\gamma_L\cos\theta \tag{6.45}$$

式中，θ 为润湿角或接触角。

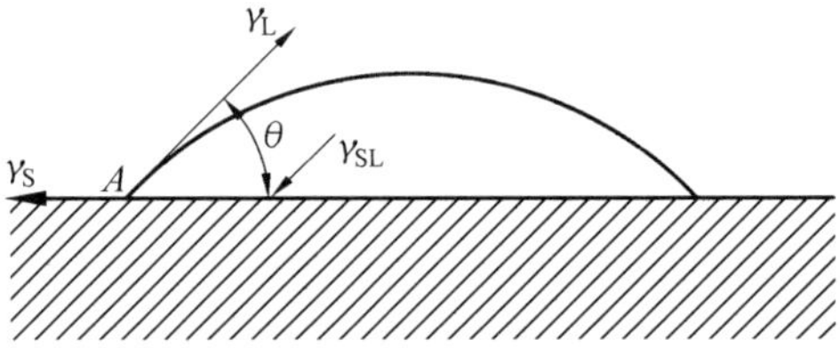

图 6.28　液相润湿固相的平衡示意图

如果液滴能够完全分散在固体表面上，称为完全润湿。润湿角(或接触角)θ 的大小就是润湿性的标志。$\theta=0$ 时，为完全润湿；$\theta>90°$时，为完全不润湿；$0<\theta<90°$时，为部分润湿状态。因此，当 $\theta<90°$时，可以说液体能够润湿固体表面。

若 $\theta>90°$，则在烧结开始时，液相即使生成也会溢出烧结体外，这种现象称为渗漏。渗漏的存在会使液相烧结的致密化过程不能完成。液相只有具备完全或部分润湿的条件，才能渗入颗粒的微孔、裂隙，甚至晶粒间界(图 6.29)。由图 6.29 可见，液相与固相界面张力平衡时有

$$\gamma_{SS}=2\gamma_{SL}+\gamma_L\cos\frac{\psi}{2} \tag{6.46}$$

式中，ψ 为二面角。

由图 6.29 可知，当二面角 ψ 越小时，液相渗进固相界面越深。当 $\gamma_{SS}=2\gamma_{SL}$ 时，$\psi=0°$，此时液相完全包围固相；当$\frac{1}{2}\gamma_{SS}<\gamma_{SL}$ 时，$\psi>0°$；当 $\gamma_{SS}=\gamma_{SL}$ 时，$\psi=120°$，此时液相不能浸入固相界面，只能产生固相颗粒间的烧结。实际上，液相与固相的界面张力 γ_{SL} 越小，液相润湿性越好，二面角 ψ 越小，烧结越容易进行。

但润湿角不是固定不变的，随着烧结时间的延长和烧结温度的提高，润湿角会减小，而使润湿性得到改善。向液相金属中添加某些表面活性物质，可改善许多金属或化合物的润湿性。粉末表面存在吸附气体、杂质，或存在氧化膜、油污等均会降低液体对粉末的润湿性。

影响润湿性的因素是复杂的。根据热力学分析，润湿过程是由所谓的黏着功决定的，可由下式表示：

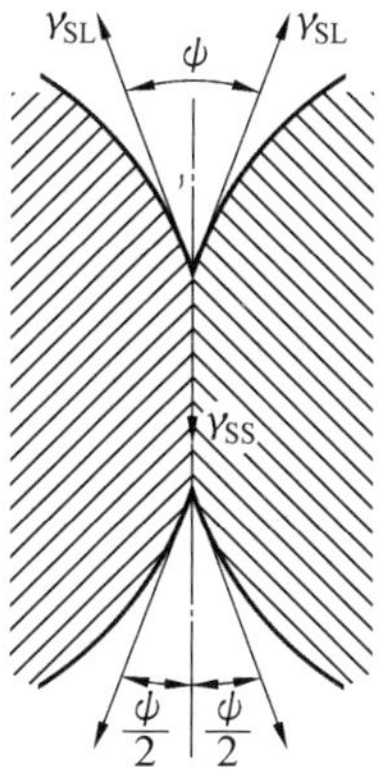

图 6.29 液相与固相界面张力平衡时二面角形成示意图

$$W_{SL}=\gamma_S+\gamma_L-\gamma_{SL} \tag{6.47}$$

将式(6.45)代入式(6.47)可得

$$W_{SL}=\gamma_L(1+\cos\theta) \tag{6.48}$$

上述公式说明，只有当固相与液相表面能之和($\gamma_S+\gamma_L$) 大于固一液界面能(γ_{SL})时，也就是黏着功 $W_{SL}>0$ 时，液相才能润湿固相表面。所以，减少 γ_{SL} 或减小 θ 都将使 W_{SL} 增大，对润湿有利。向液相内加入表面活性物质或改变温度可能影响 γ_{SL} 的大小，但是固、液本身的表面能 γ_S 和 γ_L 不能直接影响 W_{SL}，因为它们变化的同时也会引起 γ_{SL} 的改变，所以增大 γ_S 并不能改善润湿性。实验也证明，随着 γ_S 的增大，γ_{SL} 和 θ 也同时增大。

(2)溶解度。

液相烧结的另外一个重要条件是固相在液相中要有一定的溶解度。主要原因为：固相有限溶解于液相可以改善润湿性；固相溶于液相后，会相对增加液相数量，有利于物质迁移；溶于液相中的成分，冷却时如果能再析出，可以填补固相颗粒表面的缺陷和颗粒间隙，从而增大固相颗粒分布的均匀性。但是，溶解度不宜过大，因为过多的液相数量有可能会使烧结体解体而不利于烧结致密化。

(3)液相数量。

液相烧结时，液相数量应以液相填满颗粒的间隙为限度。一般认为，液相数量以占烧结体体积的 20%～50%为宜，超过这个值则不能保证烧结件的形状和尺寸；液相数量过少，则烧结体内会残留一部分不被液相填充的小孔，而且固相颗粒也会因彼此直接接触而过分烧结长大。液相烧结时的液相数量受多种因素的影响。如果液相能够进入固体且其量又小于该温度下最大的溶解度，那么液相就有可能完全消失，相应的液相烧结作用也会丧失。比如 Fe－Cu 合金，虽然 Cu 能很好地润湿 Fe，但它也能很快地溶解到 Fe 中去。固相和液相的相互溶解可使固体和液体的熔点发生变化，因而增加或减少了液相的数量。

2. 液相烧结的基本过程

液相烧结是一种不施加外压仍能使粉末压坯达到完全致密的烧结工艺。液相烧结的动力是液相表面张力和固一液界面张力。为了更好地认识材料液相烧结过程的基本特点和规律，人们把液相烧结过程大致划分为三个不十分明显的阶段。在实际中，对于任何一个系统，这三个阶段都是互相重叠的。

(1)生成液相和颗粒重新分布阶段。

在单纯的固相烧结时颗粒间是不能发生相对移动的,但是在有液相存在时,固体颗粒能够在液相内形成悬浮状态,而液相在毛细管力的作用下会发生黏性流动,进而可以使悬浮着的固体颗粒调整相对位置、重新分布孔隙并达到最紧密的堆排和最小的总表面积。在这种情况下,烧结过程中烧结体的密度就会迅速增大。

图6.30为液相内的孔隙或凹面所产生的毛细管应力使粉末颗粒相互靠拢的示意图。毛细管的应力 P 与液相的表面张力(表面能)γ_L 成正比,与凹面的曲率半径 ρ 成反比:$P=-\gamma_L/\rho$。固相颗粒大小与表面形状各不相同,因此毛细管内的凹面曲率半径 ρ 不同,进而作用于每个颗粒及各个方向上的毛细管力及其分力不等,使得固相颗粒在液相内漂动,颗粒重排得以完成。

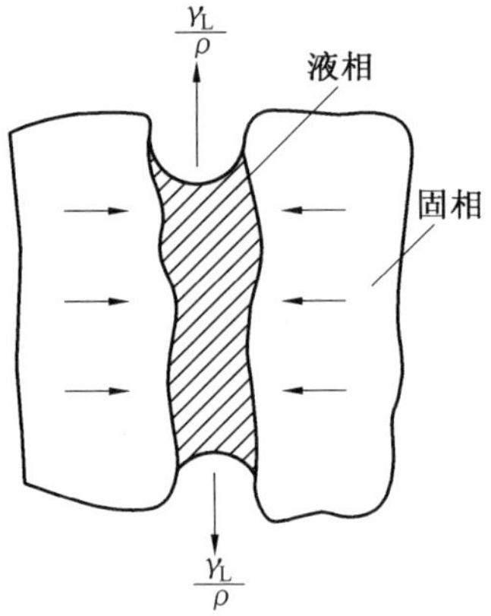

图6.30 液相烧结时颗粒相互靠拢的示意图

对于微细粉末来说,在毛细管应力作用下,粉末颗粒互相靠拢,从而提高了压坯的密度。但是固相颗粒靠拢到一定程度后,液相的黏性流动阻力增大,颗粒重排受阻。因此,在该烧结阶段烧结体无法达到完全致密。

(2)溶解和析出阶段。

固相颗粒的大小、表面形状和各部位不同的曲率会导致颗粒饱和溶解度不同。小颗粒或者颗粒表面曲率较大的部位(如凸起部位)饱和溶解度较大,优先溶解;相反,大颗粒或者有负曲率的颗粒饱和溶解度较低,液相中部分过饱和的原子就会在大颗粒或负曲率部位表面析出。这种溶解和再析出过程是通过液相的扩散来进行的。

同饱和蒸气压的计算一样,具有曲率半径 r 的颗粒,它的饱和溶解度与平面($r\to\infty$)上的平衡浓度之差为

$$\Delta L=L_r-L_\infty=\frac{2\gamma_{SL}\delta^3}{kT}-\frac{1}{r}L_\infty \tag{6.49}$$

式中,δ 为晶格常数。

由式(6.49)可以看出 ΔL 与 r 成反比,因而小颗粒先于大颗粒溶解。溶解和析出的过程使得颗粒外形逐渐趋于球形,小颗粒逐渐减小至消失,大颗粒逐渐长大。同时,颗粒依靠形状适应而得到更加紧密的堆积,促进了烧结体的收缩。

在此阶段,烧结体由于相邻颗粒中心的靠近而发生收缩,但是由于气孔基本消失,颗粒间的距离更小,使液相流进孔隙更加困难,所以致密化过程明显减慢。

(3)固相的黏结或形成刚性骨架阶段。

该阶段主要是液相不完全润湿固相颗粒或液相数量较少导致的,满足 $1/2(\gamma_{SS})<\gamma_{SL}$ 或 $\psi>0°$。此时,大量不被液相包裹的颗粒直接接触,黏结之后形成连续的骨架。骨架形成之后的烧结过程与固相烧结类似。

3. 液相烧结时的致密化和颗粒长大

(1)致密化与影响因素。

液相烧结主要由液相流动、溶解和析出、固相烧结三个阶段组成。在这三个基本过程中,烧结体的致密化系数(α)与烧结时间的关系如图 6.31 所示。致密化系数为

$$\alpha=\frac{\rho_s-\rho_g}{\rho_i-\rho_g}\times 100\% \tag{6.50}$$

式中,ρ_s 为烧结体的密度;ρ_g 为压坯的密度;ρ_i 为理论密度。

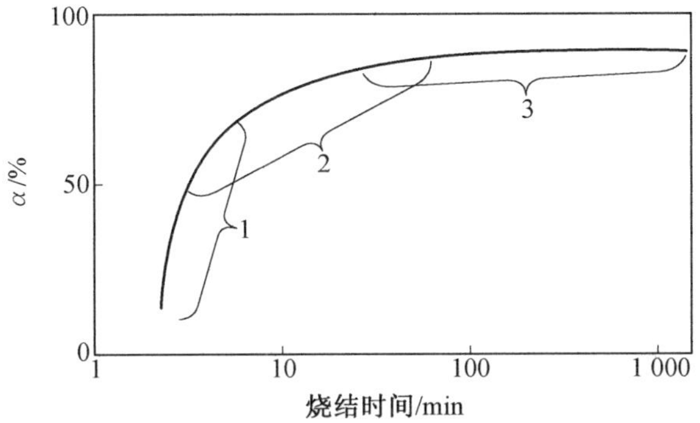

图 6.31 液相烧结的致密化过程

1—液相流动;2—溶解析出;3—固相烧结

金捷里根据液相黏性流动使颗粒紧密排列的致密化机制,定量描述了第一、第二阶段的收缩动力学方程。其中,第一动力学方程为

$$\eta_L=\frac{1}{3}\eta_V=Kr^{-1}t^{1+t} \tag{6.51}$$

式中,η_L 为线性收缩率;η_V 为体积收缩率;r 为原始颗粒半径;t 为时间。

式(6.51)表明,在烧结第一阶段,烧结动力学展现出来的收缩与颗粒大小成反比,与时间近似呈线性函数的关系($x\ll 1$ 时),但是液相流动或颗粒重排的速率与颗粒的尺寸关系不大。

第二阶段的动力学方程是在假定颗粒为球形,烧结过程被原子在液相中的扩散所限制的条件下导出的,其表达式为

$$\eta_L=\frac{1}{3}\eta_V=K'r^{-3/4}t^{1/3} \tag{6.52}$$

式(6.51)与式(6.52)被不同成分和粒度的 Cu－Fe 压坯试样在 1 150 ℃烧结时的收缩率与时间的关系所证实,如图 6.32 所示,d 为粒度,直线转折处对应烧结由初期过渡到中期。转折前,收缩与时间的 1.3～1.4 次方成正比;转折后收缩与时间的 1/3 次方成正比。

第三阶段的动力学方程到目前为止还未有人提出。在该阶段,烧结体的致密化过程几乎停止,只存在晶粒长大和体积扩散现象。

影响致密化的因素有:液相数量、液相对固相的润湿性、各个界面的界面能、固相颗粒大小、固相与液相间的相互溶解度、压坯密度及外力等。其中外力对液相烧结过程是有利的,它可以促进液相流动,加快颗粒重排致密化;增大颗粒接触面上原子的扩散与溶解速

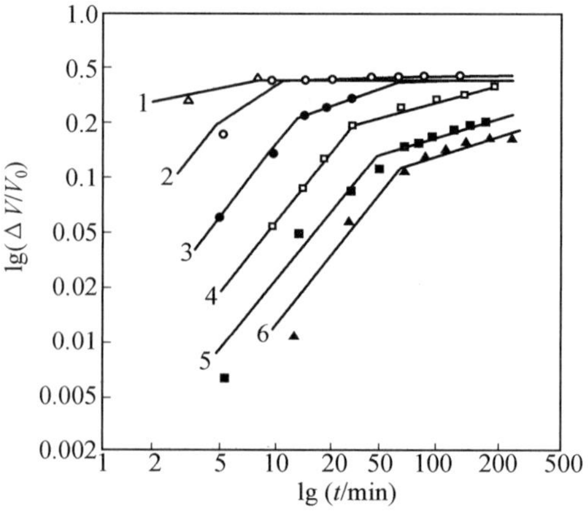

图 6.32 不同成分和粒度的 Fe—Cu 混合粉末压坯液相烧结时的致密化动力学曲线

1—$w(Cu)=43\%$,$d=9.4\ \mu m$;2—$w(Cu)=22\%$,$d=3\ \mu m$;3—$w(Cu)=22\%$,$d=9.4\ \mu m$;4—$w(Cu)=22\%$,$d=15.8\ \mu m$;5—$w(Cu)=11.3\%$,$d=9.4\ \mu m$;6—$w(Cu)=22\%$,$d=33.1\ \mu m$

度;引起固相烧结阶段颗粒内的塑性流动。

(2)颗粒长大。

在液相烧结时,固相颗粒长大一般可以通过两个过程来进行:细小颗粒溶解在液相中,而后通过液相扩散在粗大颗粒表面上沉淀析出;通过颗粒中晶界的移动来进行颗粒的聚集长大,研究通过溶解一析出过程来改变颗粒的外形。

液相烧结过程中,颗粒长大与烧结时间的关系为

$$r_i^n - r_0^n = kt \tag{6.53}$$

4. 熔浸

熔浸,又称熔渗,是指将粉末压坯与液体金属接触或埋在液体金属内,使得压坯的孔隙填充金属液体后冷却得到致密材料或零件的一种工艺。熔浸依靠外部金属液润湿粉末多孔体。在毛细管力作用下,液体金属沿着颗粒间孔隙或颗粒内孔隙流动。从本质上来说,熔浸是液相烧结的一种特殊情形。

熔浸一般应用于生产电接触材料、机械零件以及金属陶瓷材料和复合材料。熔浸的零件基本不产生收缩,烧结时间也比较短。在能够进行熔浸的二元系统中,高熔点相的骨架可以被低熔点金属熔浸,但在工业上已经使用的熔浸系统非常有限,例如 W 和 Mo 被 Cu 和 Ag 熔浸等。

熔浸发生的前提是必须具有如下一些特定条件,例如:骨架材料与熔浸金属材料的熔点相差较大;熔浸金属应能很好润湿骨架材料;骨架与熔浸金属之间不发生互溶或溶解度较小;熔浸金属的量应以填满压坯中的空隙为限度。

计算熔浸速率是熔浸理论研究的重要内容之一。莱茵斯和塞拉克详细地推导出了金属液毛细上升高度和时间的关系。假定毛细管是平行的,则一根毛细管内液体的上升速率可以代表整个坯体的熔浸速率,对于直毛细管,有

$$h = \left(\frac{R_c \gamma \cos\theta}{2\eta} t\right)^{1/2} \tag{6.54}$$

式中，h 为液柱上升高度；R_c 为毛细管半径；θ 为润湿角；η 为液体黏度；t 为熔浸时间。

熔浸的三种方式如图 6.33 所示。其中最简便的是接触法(图 6.33(c))，该方法需要提前根据压坯孔隙计算出所需要的熔浸金属的量，然后把金属压坯或碎块放在被浸零件的上面或下面，送入高温炉中进行烧结。在真空或者熔浸件的一端形成负压的条件下，可以通过减小孔隙气体对金属液流动形成阻力，提高熔浸的质量。

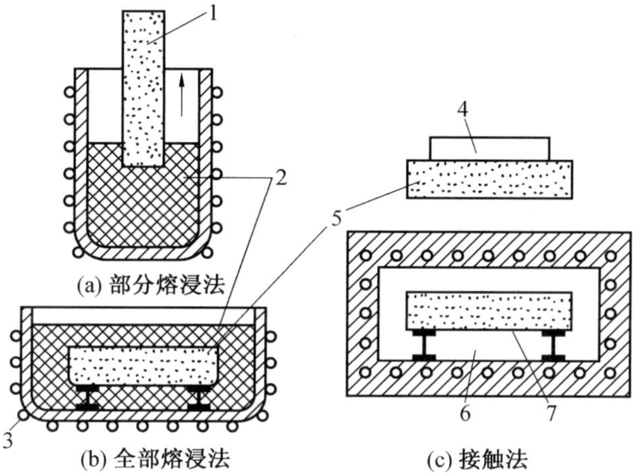

图 6.33　熔浸的三种方式

1，5—多孔体；2—熔融金属；3—加热体；4—固体金属；6—加热炉；7—烧结体

总体来说，熔浸法的生产效率比较低。并且只有熔浸在烧结体表面进行时才能使液相进入微孔，但是毛细作用又只能促使液体定向地流进微孔中，所以很有可能造成材料表面被腐蚀及坯件膨胀等现象。此外，在坯件中会经常存在一些大孔隙，而由于毛细作用力与孔隙大小成反比，所以对于大孔隙的熔浸比较困难。

6.5　活化烧结与强化烧结

6.5.1　活化烧结

采用化学或物理的措施使烧结温度降低，烧结过程加快或使烧结体密度和其他性能得到提高的方法称为活化烧结。活化烧结从方法上大致分为两种基本类型：靠外界因素活化烧结过程，如在气氛中添加活化剂，向烧结填料中添加强还原剂(如氢化物)，周期性地改变烧结温度、施加外应力等；提高粉末的活性，使烧结过程活化，如将坯体适当地预氧化、在坯体中添加适量的合金元素、在烧结气氛或填料中添加活化剂(如适当的水分或化合物蒸气)等。人们又通常把活化烧结分为化学活化烧结和物理活化烧结。

1. 化学活化烧结

化学活化烧结是通过预氧化、添加少量合金元素、在气氛或填料中添加活化剂和使用超细或高能球磨粉末进行活化烧结来实现的。

(1)预氧化烧结。

最简单的活化烧结方法是应用预氧化还原反应,即在空气或蒸气中对粉末或粉末压坯进行低温处理,使粉末表面形成适当厚度的氧化膜,然后在还原性气氛中烧结。在烧结过程中,还原一定量的氧化物对金属的烧结具有良好的作用。图 6.34 为涡旋铁粉与还原铁粉压坯中含氧量对烧结密度的影响。

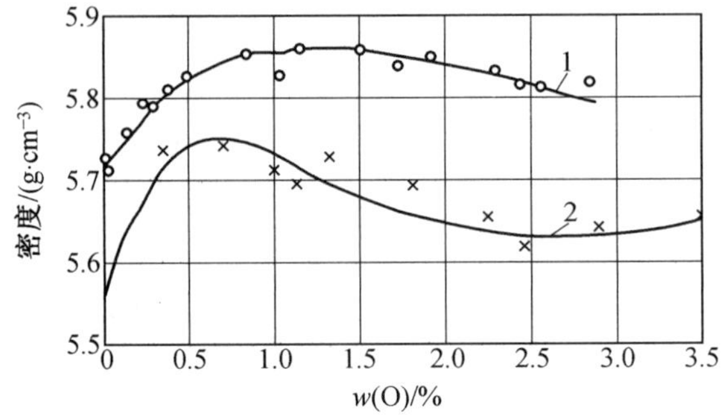

图 6.34 压坯含氧量对铁粉烧结密度的影响(1 200℃,1 h)

1—涡旋铁粉;2—还原铁粉;×,∘—数据点

预氧化烧结过程中,少量氧化物的存在使得表面氧化物薄膜被还原时,颗粒表层内会出现大量的活化因子,明显地降低烧结时原子迁移的活化能,促进烧结。但是,若粉末中有烧结时很难还原的氧化物,那么在烧结过程中只有当氧化物薄膜溶于金属或因升华、聚结而破坏了使颗粒间彼此隔离的氧化物薄膜后,烧结才能有可能进行。

有研究人员将 90W－7Ni－3Fe 合金试样埋入 Al_2O_3 粉末中,于空气炉中加热至 450 ℃保温 30 min 进行预氧化处理,然后经不同温度在氨分解的氢气(低于－20 ℃的露点)中烧结,所得试样与无预氧化处理的直接烧结试样对比,发现:采用预氧化烧结时,烧结温度大大降低,合金变形减少,同时抗拉强度、伸长率、致密度等都大大提高。表 6.5 给出了预氧化烧结与直接烧结得到的钨合金的性能对比结果。

表 6.5 预氧化烧结与直接烧结得到的钨合金的性能对比结果

烧结条件	烧结制度		密度/(g·cm^{-3})	拉伸强度 σ/MPa	伸长率 δ/%
	温度/℃	时间/min			
预氧化＋高温烧结	1 440	60	17.07	894.7	12.3
	1 460	60	17.09	917.4	24.9
	1 460	90	17.09	924.3	27.4
	1 490	60	17.08	940.5	11.4
	1 520	60	17.05	864.4	6.5
直接烧结	1 440	60	16.15	312.4	0.4
	1 460	60	16.74	607.5	2.3
	1 460	90	17.07	884.3	11.6
	1 490	60	17.07	911.2	21.7
	1 520	60	17.06	910.7	19.6

(2)添加少量合金元素。

在压坯中添加某些少量合金元素可以促使烧结体的收缩,进而改善烧结体的性能。这是因为添加的少量合金元素在烧结温度下会形成液相,当固相原子溶解于液相时会加速致密化过程,缩短烧结时间。图 6.35 为添加 Ni 后对 W 制件烧结密度的影响。由图可知,当添加 Ni 的质量分数为 0.075%～0.25%时,在经过 1 300 ℃烧结 16 h 后,W 制件的致密度可以高达 98%。除了 Ni 掺杂外,W 制件的烧结中还可以添加 Ni—P 合金,当 Ni 的质量分数为 0.12%、P 的质量分数为 0.02%时,在 1 000 ℃烧结仅 0.5 h,W 制件的致密度即可达到 97.7%。

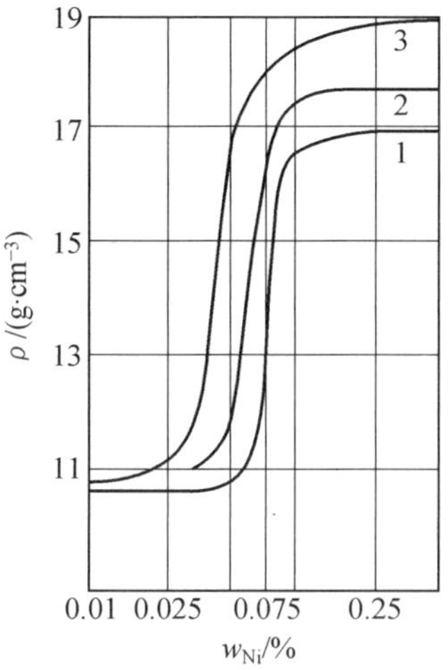

图 6.35 添加 Ni 后对 W 制件烧结密度的影响

1—110 ℃;2—1 200 ℃;3—1 300 ℃

烧结对象不同,掺杂元素产生的效果也不同,具体掺杂元素的选择及加入量的确定需要经过多次试验摸索与数据积累。但是对于添加合金元素的活化机制,人们的看法并不一致,其中主要以体积扩散为主。当颗粒表面覆盖一层扩散系数较大的其他金属薄膜时,由于金属原子主要是由薄膜扩散到颗粒内部,因而在颗粒表面形成了大量的空位和微孔,其结果有助于扩散、黏性流动等物质迁移过程的进行,从而加快烧结致密化过程。

(3)在气氛或填料中添加活化剂。

在烧结气氛中通入卤化物蒸气(大多数为氯化物,其次为氟化物)是促进烧结过程最有效的方法。特别是当制品成分中具有难还原的氧化物时,卤化物的加入具有特别良好的作用。以在烧结气氛中通入 HCl 为例,通常,可以通过两种方法实现:在烧结炉中直接通入 HCl;在填料中加入 NH_4Cl,当 NH_4Cl 分解时便生成 HCl。如在烧结 Fe 中通入 HCl,有相关反应式:

$$Fe + 2HCl \rightleftharpoons FeCl_2 + H_2 \tag{6.55}$$

烧结时,孔隙凸出处的金属原子活性最强,会首先与 HCl 作用生成 $FeCl_2$,然后 $FeCl_2$ 在 670 ℃以上会成为溶液浸入孔隙内,使孔隙变为球形。最后 $FeCl_2$ 或者通过 H_2 流挥发掉,或者被 H_2 还原成 Fe 原子而凝固在自由能最小的地区(颗粒表面的凹处和颗粒的接触处)。Fe 粉压坯在 HCl 气氛中烧结,其压磁性能可以被大大提高,主要原因是产生的球形孔隙在很大程度上可以排除退磁场的影响,从而使试样磁导率增加,并使磁场畴壁的移动比较容易而降低矫顽力;另外,反应产生的 H_2 流能够使得C的质量分数从原始的0.1%降为0.01%~0.02%。

相同的试样在含有 NH_4Cl 或 NH_4F 的填料中也进行了烧结实验,结果表明试样的压磁性能也有所提高,但是没有在HCl气氛中效果明显。这主要是因为试样在不透气的容器中烧结会妨碍 H_2 的通入而不利于C的除去,在填料中烧结后C的质量分数大概能从原始的0.1%降为0.06%~0.07%。大量实验结果表明,气氛中通入HCl烧结时,HCl的最佳含量是5%~10%(体积分数);在填料中加入 NH_4Cl 烧结时,NH_4Cl 的含量为0.1%~0.5%(体积分数)。

研究合金粉末,特别是不锈钢粉末和耐热钢粉末的活化烧结过程是最有实际意义的,因为这些粉末的表面通常含有妨碍烧结的 Cr_2O_3 薄膜,在填料中加入能促进氧化还原反应的卤化物,有利于烧结致密化过程。但是,由于各种粉末颗粒表面化学活性成分不同,因此不是所有牌号的不锈钢粉末都能进行这种活化烧结。而且这种活化烧结有个很大的缺点,即卤化物气氛的腐蚀性很强。如当HCl的含量过高时,不但烧结体表面被腐蚀,烧结炉炉体也会被腐蚀。为了尽可能地把烧结体孔隙中的氯化物清洗掉,在烧结结束时,还必须通入强烈的氢气流。

(4)使用超细或高能球磨粉末进行活化烧结。

如 B_4C 细粉压坯可烧结到相当致密,而烧结 B_4C 粗粉压坯,即使提高烧结温度和延长保温时间,也达不到细粉末烧结的效果。活化烧结主要用于W、Mo、Re、Fe、Ta、V、Al、Ti和硬质化合物材料等的烧结。

此外,化学活化烧结中,活化剂的使用能够减小基体金属中液相线和固相线的间距,使颗粒接触面保持隔离,从而促进烧结过程。但是活化剂的选择需要满足一定条件:活化剂必须是在烧结过程中能够形成低温熔解相的金属或合金;母体金属必须在活化剂中有较大溶解度,相反活化剂在基体金属中溶解度必须要很小。图6.36是活化烧结系统的理想相图,在高温稍高于活化烧结区间时,液相形成。

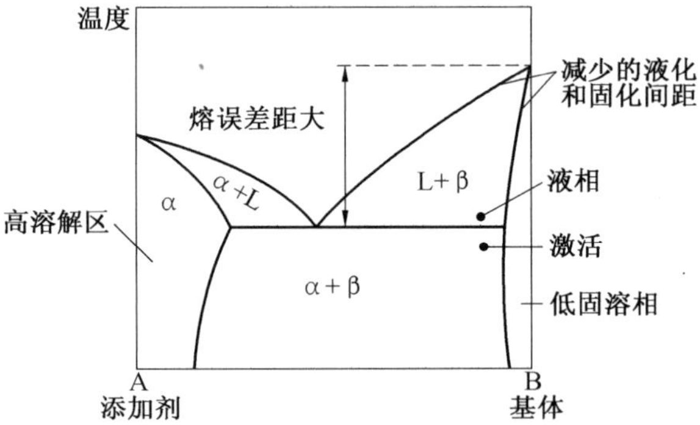

图6.36 活化烧结系统的理想相图

2. 物理活化烧结

物理活化烧结工艺主要依靠周期性改变烧结温度、施加机械振动、超声波和外应力等促进烧结过程。最常见的是电火花烧结,即利用粉末间火花放电所产生的高温且同时受外界应力作用的一种特殊烧结方法。

电火花烧结原理示意图如图 6.37 所示。通过一对电极板和上下模冲向模腔内的粉末通入高频或中频交流和直流的叠加电流。压模由石墨或其他导电材料制成。加热粉末靠火花放电产生的热和通过粉末与模冲的电流产生的焦耳热。粉末在高温下处于塑性状态，通过模冲加压烧结并且由于高频电流通过粉末形成机械脉冲波的作用，致密化过程在极短的时间(1～2 s)就可以完成。

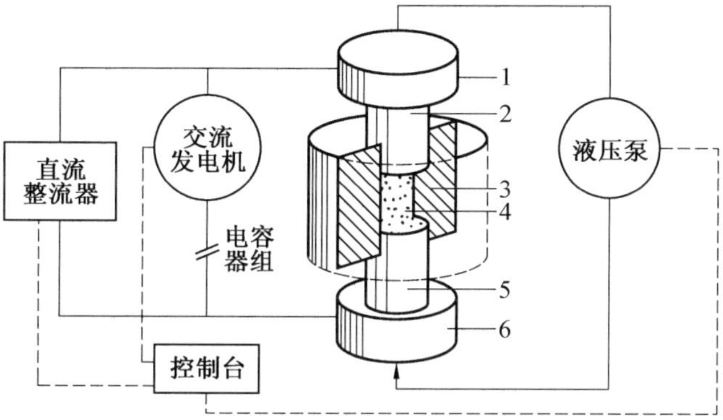

图 6.37　电火花烧结原理示意图

1,6—电极板；2,5—模冲；3—压模；4—粉末

电火花烧结过程如图 6.38 所示。火花放电主要在烧结初期发生，此时预加负荷很小，达到一定温度后控制输入功率并增大压力，直到致密化完成。电火花烧结的零件可接近于致密件，也可有效地控制孔隙度。

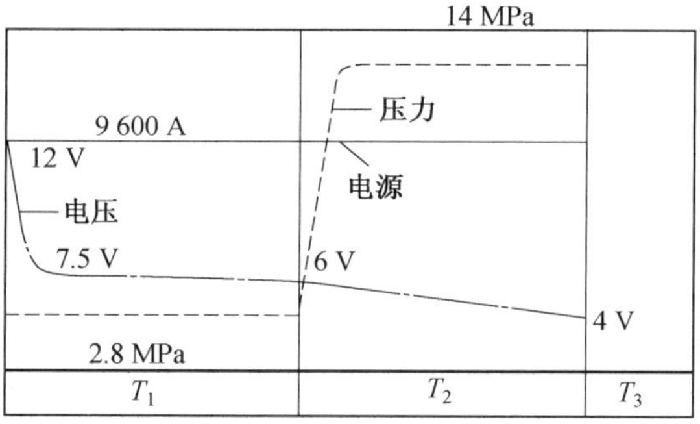

图 6.38　电火花烧结过程

T_1—3 min 烧结；T_2—3 min 压制；T_3—1 min 冷却

电火花烧结与普通电阻或热压烧结的区别为：电阻或热压烧结只靠粉末自身的电阻发热，通入的电流也比较大；热压的压力非常高(约 10^2 MPa)，电火花所用的压力非常小，只有约 10 MPa。

6.5.2 强化烧结

强化烧结又称为广义上的活化烧结，按照现代观点理论包括热压、液相烧结、活化烧结、相稳定或混合相烧结。在强化烧结过程中，热致密化工艺是其一个显著的特征。与预先低温下处理然后再进行烧结处理的传统工艺不同，热致密化工艺是把粉末压制与烧结处理过程合二为一，因此对设备要求相当高。

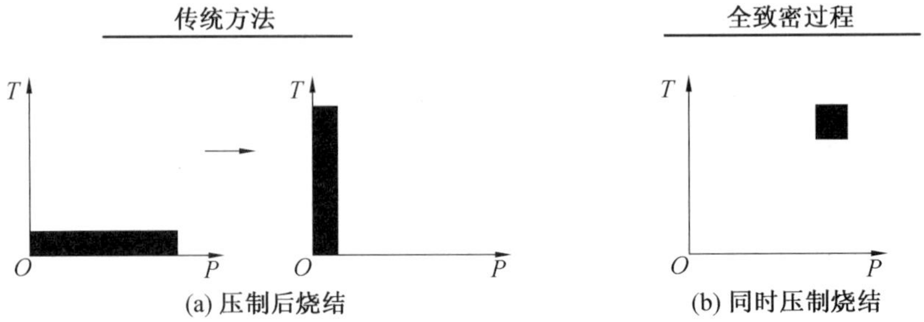

图 6.39　热致密化工艺与传统的先压制后烧结工艺的不同之处

强化烧结过程中，表面能是比较小的驱动力，温度、压力、应变和应变率(即热致密化工艺四要素)对烧结体致密度的提高影响较大。其中，热致密化时温度一般设定在材料熔点的70%～85%。因为当温度过低(小于50%熔点)时，几乎无法达到致密化。应变取决于压力与晶粒大小，决定了材料的加工硬化与变形率。并且剪切应变较大时，会破坏粉末颗粒的表面膜。加压烧结时，应变率对提高致密化速率也至关重要。当应变率较高时，为提高材料的塑性，减少材料断裂，允许对材料做去应力退火处理；当应变率较低时，允许对较高最终密度的压坯进行多次塑性变形处理。压力对致密化过程也起着重要的作用，由位错控制的过程对压力的敏感性比较高，并且晶粒尺寸较大时效果好；但是由扩散控制的过程对压力的敏感性比较低，在晶粒尺寸较小时效果比较好。

随着温度的升高，材料的屈服强度下降，有利于材料的致密化。图 6.40 显示了在晶粒大小为 10 μm 的纯 Ni 基压坯的致密化工艺中，温度和压力对变形率的影响。该图显示了位错滑移、超塑性流动及扩散流动各自发生的区域。在这些区域交界的位置，相邻的两种机制对材料致密化作用的效果相等，图中虚线表示致密化的程度。快速致密化需要较高的温度与压力。

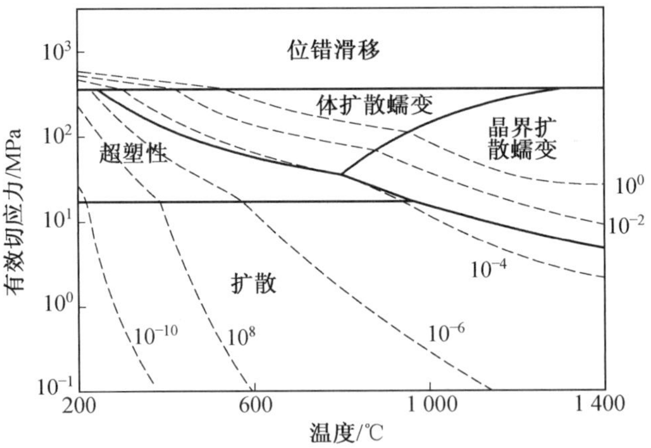

图 6.40　晶粒大小为 10 μm 的纯 Ni 基压坯的变形示意图

图 6.41 为球状粉末在外力作用下的致密化示意图，主要包括塑性屈服、蠕变、晶格与晶界扩散三种机制。对于热压或热等静压，扩散性蠕变机制对最终微孔的消除起决定性

作用。如果有效压力大于处理温度下材料的屈服强度，则会发生塑性变形，致密化过程也会迅速进行。但是当压力较小时，沿着晶界或穿过晶格的塑性流动与压力共同作用，促进完成材料的致密化过程。

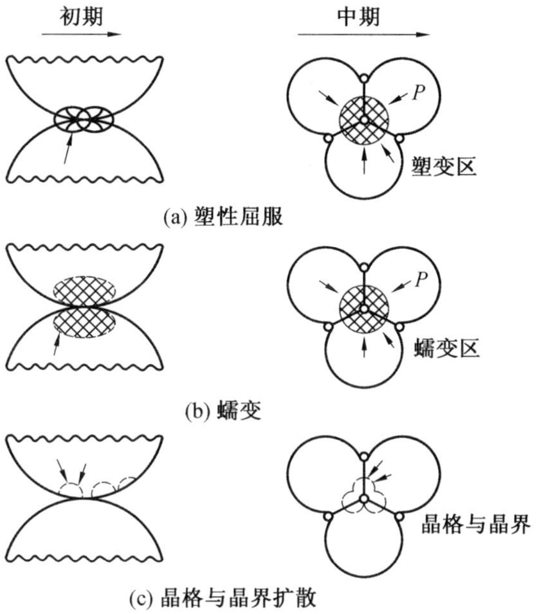

图 6.41 球状粉末在外力作用下的致密化示意图

6.6 烧结气氛与烧结设备

6.6.1 烧结气氛

烧结气氛对于保证烧结的顺利进行和产品的质量十分重要，其作用是控制压坯与环境之间的化学反应以及清除润滑剂的分解产物。对于任何一种烧结情况，烧结气氛有着下列作用之一或更多的作用：

①防止或减少周围环境对烧结产品的有害反应，如氧化、脱碳等，从而保证烧结顺利进行和产品质量稳定。

②排除有害杂质，如吸附气体、表面氧化物或内部夹杂，从而提高烧结动力、加快烧结速度、改善制品的性能。

③维持或改变烧结材料中的有用成分，这些成分常常能与烧结金属生成合金或活化烧结过程，例如烧结钢的碳控制、渗氮和预氧化烧结等。

烧结气氛按其功能可以分为五种基本类型：

①氧化气氛。氧化气氛包括纯氧、空气和水蒸气，可用于贵金属的烧结、氧化物弥散强化材料的内氧化烧结、铁或铜基零件的预氧化活化烧结。

②还原性气氛。还原性气氛包括纯氢、分解氨（氢一氮混合气体）、煤气、碳氢化合物的转化气体（H_2、CO 混合气体）等。

③惰性或中性气氛。惰性或中性气氛包括活性金属、高纯金属烧结用的惰性气体(N_2、Ar、He)及真空;转化气体对某些金属(Cu),CO_2 或水蒸气对 Cu 合金的烧结等也属于中性气氛。

④渗碳气氛。CO、CH_4 及其他碳氢化合物气体对于烧结铁或低碳钢是渗碳性的。

⑤氮化气氛。氮化气氛用于烧结不锈钢及其他含铬钢的 N_2 或 NH_3。

目前,工业用烧结气氛主要是氢气、离解氨气体、吸热或放热型气体和真空,氮气因廉价而安全也日益得到应用。表 6.6 为粉末冶金工业常用的一些烧结气氛。

表 6.6 粉末冶金工业常用烧结气氛举例

气氛种类	应用比例	实际应用
吸热型气体	70%	碳钢
离解氨气体	20%	不锈钢、碳钢
放热型气体	5%	铜基材料
H_2、N_2、真空	5%	铝基材料及其他

(1)还原性气氛。

烧结时常采用含有 H_2、CO 成分的还原性或保护性气体,它们对大多数金属在高温下均具有还原性。对于活性高的,气氛中有极微量的氧或水都是不允许的。要用经过严格脱水和纯净化过的纯氢气,最好采用真空或惰性气体。图 6.42 为金属氧化物的还原平衡温度与露点的关系。由图可见,烧结温度越低,要求 H_2 的露点也越低。

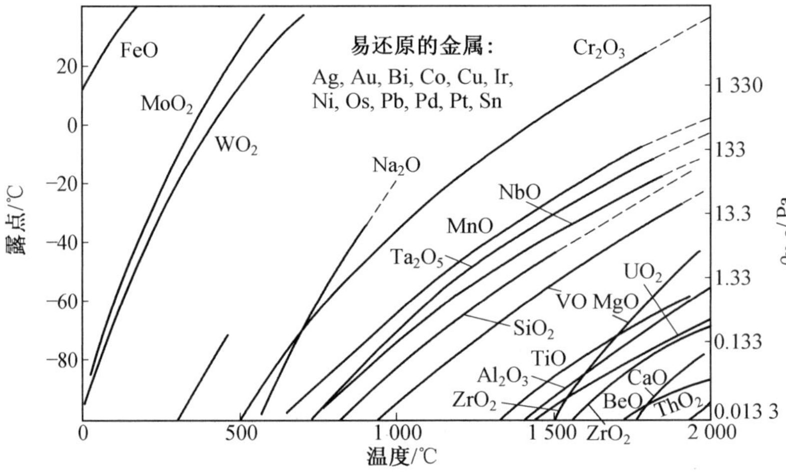

图 6.42 金属氧化物的还原平衡温度与露点的关系

还原能力由金属的氧化一还原反应的热力学决定,当使用纯氢气的时候,其还原平衡反应为

$$MeO_{(s)} + H_{2(g)} \rightleftharpoons Me_{(s)} + H_2O_{(g)} \tag{6.56}$$

平衡常数为

$$K_p = p_{H_2O}/p_{H_2} \tag{6.57}$$

当采用 CO 的时候,其还原平衡反应为

$$MeO_{(s)} + CO_{(g)} \rightleftharpoons Me_{(s)} + CO_{2(g)} \tag{6.58}$$

平衡常数为

$$K_p = p_{CO_2} / p_{CO} \tag{6.59}$$

在指定烧结温度下，上述两个反应的平衡常数都为定值，即有一定的分压比。只要气氛中的分压比小于平衡常数规定的临界分压比，还原反应就能进行。如果高于临界分压比，则金属将被氧化。

(2)可控碳势气氛。

粉末冶金碳钢或合金钢的碳含量对其力学性能的影响很大。要控制烧结体中的含碳量就需要控制好烧结气氛中的碳势。烧结气氛按照其对烧结碳钢中的含碳量的影响可分为三种情况：渗碳、脱碳和中性。渗碳现象是指当烧结体中的含碳量低于临界含量时，气氛就将补充一部分碳到烧结材料中去；相反，如果烧结体中有游离碳(一般为石墨粉)存在或烧结金属中的含碳量超过该气体成分所允许的临界值时，部分碳就会损失到气氛中，这种现象称为脱碳；当气氛控制与烧结体中的某一定含碳量平衡时，就成为中性气氛。控制气氛的碳势就是要在一定温度下维持气体成分的一定比例。图 6.43 为甲烷转化气的类型及组成。

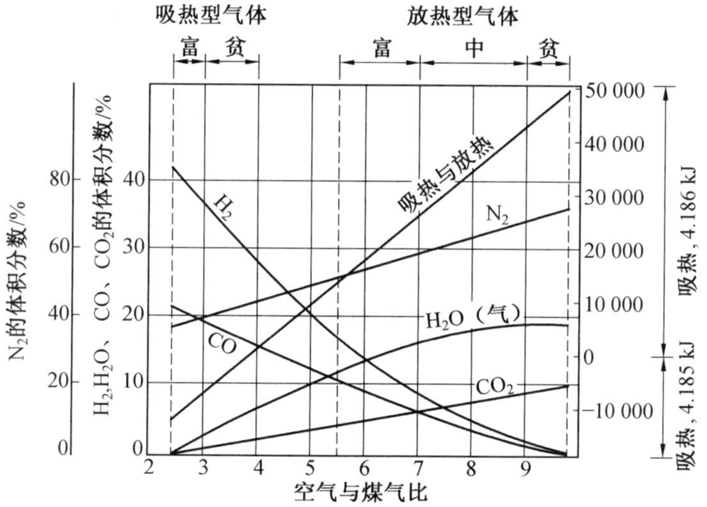

图 6.43 甲烷转化气的类型及组成

Fe 与含碳气体之间进行的渗碳—脱碳反应大概有三种，大致如下：

①烧结 Fe 在 CO 气氛中的渗碳反应，反应式为

$$Fe + 2CO \longrightarrow (Fe,C) + CO_2 \tag{6.60}$$

式中，(Fe,C)为 C 在 Fe 中的固溶体。

假设气氛为 1 atm(约 0.1 MPa)，则平衡常数为

$$K_p = \frac{p_{CO_2} a_C}{p_{CO}^2 a_{Fe}} \tag{6.61}$$

式中，a_C 为 C 在(Fe,C)固溶体中的活度，约等于浓度；$a_{Fe}=1$。

所以上式平衡常数表达式变为

$$K_p = \frac{p_{CO_2} a_C}{p_{CO}^2} \tag{6.62}$$

由此可知，此时控制 p_{CO_2}/p_{CO} 的值便可控制碳势。

②烧结 Fe 在 CH_4 气氛中的渗碳反应，反应式为

$$Fe + CH_4 \longrightarrow (Fe,C) + 2H_2 \tag{6.63}$$

平衡常数为

$$K_p = \frac{p_{H_2}^2 a_C}{p_{CH_4}} \tag{6.64}$$

反应式里有三个自由度，气氛中通过控制 p_{H_2}/p_{CH_4} 的值来控制碳势。

③烧结 Fe 在 CO 和 H_2 气氛中的渗碳反应，反应式为

$$Fe + H_2 + CO \longrightarrow (Fe,C) + H_2O \tag{6.65}$$

平衡常数为

$$K_p = \frac{p_{H_2O} a_C}{p_{CO} p_{H_2}} \tag{6.66}$$

这个平衡常数表明，在 CO 和 H_2 共存时，CO 的渗碳反应还与气氛的 p_{H_2O}/p_{H_2} 的值(露点)有关。实验结果表明，在各种烧结温度下，钢中含碳量与这种气体的露点关系为：随温度升高，不发生脱碳的露点降低；在一定温度下，水蒸气的脱碳作用将随着钢中含碳量增高而加剧。

烧结的实际过程并非处在平衡状态，炉内气氛的成分与刚通入炉内的气体成分有差别，气氛与金属间的反应产物和炉气体本身的反应物如果不能及时排除炉外，将有可能改变在原来热力学平衡基础上的预期结果；而且炉内各部位气氛的成分也有变化，这时气体扩散的快慢是决定反应在各处是否均匀发生的重要动力学条件。

实际生产过程中，必须考虑各种因素对平衡的影响，常用烧结气氛的成分及露点列于表 6.7。

表 6.7　常用烧结气氛的成分及露点

烧结气氛	吸热型气体	放热型气体	分解氨	氮基气体
$\varphi(N_2)/\%$	39	70～98	25	75～97
$\varphi(H_2)/\%$	39	2～20	75	2～20
$\varphi(CO)/\%$	21	2～20	—	—
$\varphi(CO_2)/\%$	0.2	1～6	—	—
$\varphi(O_2)/(\times10^{-6})$	10～15	10～150	10～35	5
露点/℃	−16～−10	−45 ～−25	−50 ～−30	−75～−50

(3)真空。

真空烧结主要用于活化活性金属和难熔金属以及硬质合金、磁性材料和不锈钢等的烧结。真空烧结实际上是最低压(减压)烧结。真空度越低，越接近中性气氛，越难与材料发生化学反应。真空度通常为 $1.3\times10 \sim 1.3\times10^{-3}$ Pa。

真空烧结的优点主要有：减少气氛中的有害成分（水、氧、氮等）对产品的污染；真空是理想的惰性气氛，当不宜用其他还原性或惰性气体时，或者对容易出现脱碳、渗碳的材料，均可采用真空烧结；真空可改善液相烧结的润湿性，有利于烧结过程中的收缩并改善合金的组织结构；真空有利于 Si、Al、Mg、Ca 等杂质或其氧化物的排除，起到提纯材料的作用；真空有利于排除吸附气体，对促进烧结后期的收缩作用明显。

但是，在真空下的液相烧结中，黏结金属易挥发损失，这不仅会改变和影响合金的最终成分和组织，而且对烧结过程本身起到阻碍作用。黏结金属在液态时的挥发速度与金属的蒸气压和真空度有关。所以，必须保证真空烧结的压力高于所有被烧结元素的蒸气压。黏结金属的挥发损失主要是在烧结后期即保温阶段发生的，保温时间越长，黏结金属的蒸发损失越大。通常，在可能的条件下，可缩短烧结时间或在烧结后期关闭真空泵，或充入惰性气体、H_2 以提高炉压。

此外，真空烧结含碳材料会存在脱碳问题，这主要发生在升温阶段，这时炉内残留的空气、吸附的含氧气体（CO_2）以及粉末内的氧化杂质及水分等与碳化物中的化合碳或材料中的游离碳发生反应，生成 CO 随炉气排出，同时炉压明显升高，合金的总含碳量减少。原料粉末中的含氧量或烧结炉中的真空度越高，生成 CO 的反应越容易，脱碳也越严重。这种情况下，一般采用石墨粒填料作为保护，或者调节真空泵的抽空量。

需要指出的是，真空烧结与气氛保护烧结的工艺没有根本上的区别，只是烧结温度更低一些，一般可降低 100～150 ℃，这对于提高炉子寿命、降低电能损耗及减小晶粒长大均是有利的。

6.6.2 烧结设备

烧结设备在烧结过程中可以调控烧结时间、温度和烧结气氛的使用。尤其对于烧结气氛，还可以控制气氛的组成，进而除去润滑剂和黏结剂，控制热处理过量。烧结设备中冷却水的使用能够提高产品的强度和硬度。根据粉末压坯进行烧结的要求和烧结设备的工作原理，可以把烧结设备分为连续式烧结设备和间隙式烧结设备两大类。

1. 连续式烧结炉

连续式烧结炉主要用于大批量生产，具有节省烧结费用、热效率高、炉体材料与发热体费用低且寿命长、峰值电力小、烧结件质量均一、易大批量生产等优点。其主要缺点是不适合小量生产，变更作业条件不变，只能进行单一烧结作业，且保护气氛气体使用量比较大。

连续式烧结炉比间隙式烧结炉具有更高的生产率。在连续式烧结炉中，烧结件送入烧结炉中的先后烧结处理顺序如图 6.44 所示。

在连续式烧结炉中，用传送带把压坯送至炉子的不同加热部位，且需要控制压坯在烧结炉中的位置。烧结炉中采用的加热元件应根据炉子的工作温度来选择，烧结不同的粉末冶金材料和制品需要采用不同的烧结温度，且不同的加热元件能够产生不同的加热温度。表 6.8 给出了加热元件的最高工作温度及其所使用的气氛，需要使用还原气氛的可以使用 H_2。但是炉子的加热元件需要置于气氛之外，通过炉套进行散热。

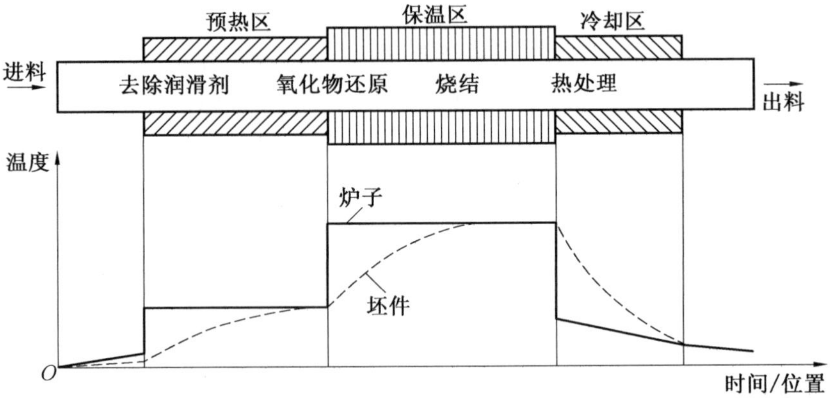

图 6.44 在连续式烧结炉中烧结处理的顺序

表 6.8 烧结炉加热元件及其使用条件

加热元件	最高工作温度/℃	气氛
Ni—Cr	1 150	1,2,3,4,5,6
Fe—Al—Co	1 300	1,3,4,6
Fe—Si—Al	1 600	1,3
SiC	1 600	1,3
Mo	1 800～2 200	2,3,4,5,6
Ta	1 900	3,4
W	2 600	2,3,4
C	>2 200	3,4,5
ZrO_2	2 200	1,3,4
$MoSi_2$	1 700	1,3

注:1—氧化性气氛;2—还原性气氛;3—惰性气氛;4—真空;5—碳化性气氛;6—脱碳性气氛。

连续烧结炉的结构取决于产量、烧结材料、运行成本、气氛种类、冷却速度等。大多数烧结过程是把压坯放在器皿上,器皿通过设置好的温度—时间曲线的炉子,这种生产过程效率高、可重复性好。

2. 间隙式烧结炉

间隙式烧结炉主要有坩埚钳、钟罩式炉、箱式炉、半马弗炉、碳管电阻炉、高频感应炉等。下面以真空烧结炉为例简单介绍下间隙式烧结炉。

图 6.45 为一个前门装卸的间隙式真空烧结炉示意图。该真空烧结炉可以采用高频或工频加热,加热元件根据所需的烧结温度不同而选择,部分真空加热原材料及其加热最高温度见表 6.8。常用的有 C、Mo、W、Ta 等,其中,石墨加热元件的最高加热温度可高达 3 000 ℃,但是当温度高于 1 800 ℃时碳的蒸气压会明显增大,有时会对产品质量有不利的影响。另外,真空烧结时,必须注意保持炉内的压力高于烧结合金中组分的蒸气压,以免炉压过低导致合金组分贫化。真空系统的炉体等还必须保持良好的气密性,因此真空炉的功能比较复杂、设备费用较高,并且实现真空烧结炉连续化烧结比较困难。

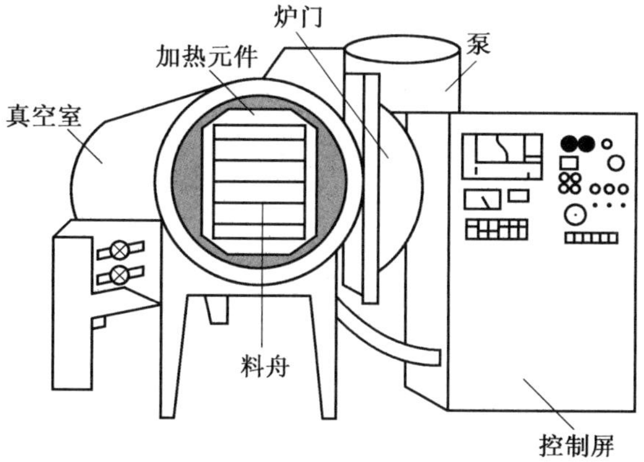

图 6.45 一个前门装卸的间隙式真空烧结炉示意图

间隙式烧结炉的主要优点有：烧结温度一时间曲线可以自由选定，制造费用相对较低，烧结温度高，保护气体用量少，易用于真空烧结，对于特殊的烧结循环和限量生产循环具有实用性等。主要缺点为：烧结过程比较缓慢，能耗高，烧结条件不均一，升降温易使烧结制品产生误差，热损失大，操作费事，以及难以再生产等。间隙式烧结炉适用于小批量生产。

6.7 全致密工艺

6.7.1 热压

所谓热压就是将粉末装在压模内，在加压的同时把粉末加热到熔点以下，使之加速烧结成比较均匀致密的制品。热压属于一种强化烧结，其过程是压制和烧结一并完成的过程，可以在较低压力下迅速获得较高密度的制品。在制取难熔金属（如钨、钼、钽、铌等）或难熔化合物（如硼化物、碳化物、氮化物、硅化物）等致密制品时，一般都可采用热压工艺。热压装置通常采用的是电阻加热和感应加热技术，目前也发展了真空热压、振动热压及均衡热压等新技术。图 6.46 给出了热压的几种加热方式。

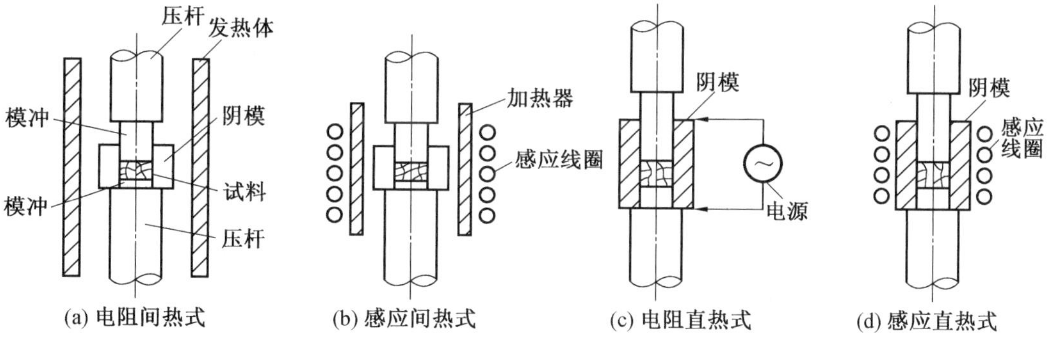

图 6.46 热压的几种加热方式

试验证明,热压技术的优点主要有以下几点:

(1)热压时,由于粉料处于热塑状态,形变阻力小,易于塑性流动和致密化。因此,所需的成形压力仅为冷压的1/10,可以形成大尺寸的Al_2O_3、BeO、BN等产品。

(2)由于同时加温、加压,有助于粉末颗粒的接触和扩散、流动等传质过程,可以降低烧结温度和缩短烧结时间,抑制晶粒长大。

(3)热压容易获得接近理论密度、气孔率接近于零的烧结体,容易得到细晶粒的组织,容易实现晶体的取向效应和控制含有高蒸气压成分系统的组成变化,因而所得产品具有良好的力学性能、电学性能。

(4)能生产形状较复杂、尺寸较精确的产品。

相对地,热压也有其缺点,即:对压制模具要求很高,并且模具耗费很大,寿命短;只能单件生产,效率比较低,成本高;制品的表面比较粗糙,需要后期清理和加工。

热压致密化理论在20世纪50年代中期逐渐形成,60年代又有较大的发展,其理论核心在于致密化的规律和机制,是在黏性或塑性流动烧结机制的基础上建立起来的,如图6.47所示的模型。

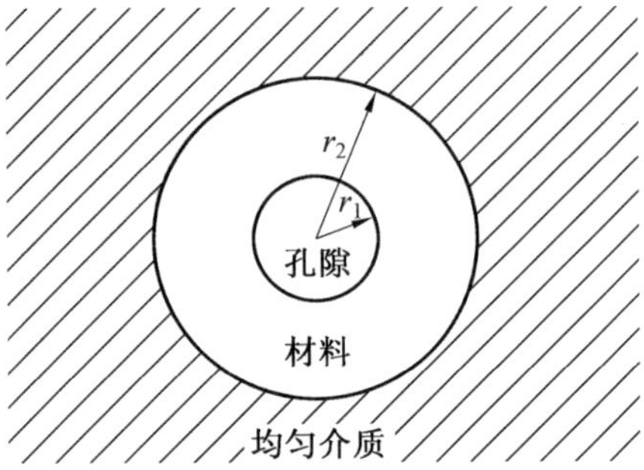

图6.47 塑性流动模型

发生黏性或塑性流动时,压坯的致密化与时间的关系可表达为

$$\frac{d\rho}{dt}=\frac{3}{2}\left(\frac{4\pi}{3}\right)^{\frac{1}{3}}\cdot\frac{\gamma n^{\frac{1}{3}}}{\eta}\cdot(1-\rho)^{\frac{2}{3}}\rho^{\frac{1}{3}}\left[1-a\left(\frac{1}{\rho}-1\right)^{\frac{1}{3}}\ln\frac{1}{(1-\rho)}\right] \tag{6.67}$$

式中,n为致密材料球壳单位体积内的孔隙数;γ为材料的表面张力。

热压时,压坯外表面还加上了一个压力p,代入上式简化则得

$$\frac{d\rho}{dt}=\frac{3p}{4\eta}(1-\rho) \tag{6.68}$$

根据扩散蠕变理论,温度升高时,材料的黏度和临界剪切应力降低有利于孔隙缩小,但温度升高又使热压后期材料晶粒明显长大,对致密化不利,所以综合以上因素,热压密度不能无限增大。

表6.9为铜粉热压时的外压、温度和相对密度的关系。由表可见,热压可以促进铜粉的致密化过程。

热压是一个十分复杂的过程,不可能用一个方程式来描述热压的全过程。实际上,热压到相当长的时间后,继续延长热压时间,密度并不增加。大部分的收缩是在15~20 min内完成的,以后致密化的速度显著减慢。

表 6.9 铜粉热压时的外压、温度和相对密度的关系

压力/MPa	温度/℃	相对密度	压力/MPa	温度/℃	相对密度
350	400	0.97	700	500	0.99
350	500	0.98	1 400	250	0.99
700	300	0.98	1 400	300	0.99
700	400	0.99	1 400	400	0.99

热压的致密化过程大致有三个连续的阶段。

(1)快速致密化阶段:又称微流动阶段,即在热压初期发生相对滑动、破碎和塑性变形,类似于冷压成形时的颗粒重排。此时的致密化速度较高,主要取决于粉末的粒度、颗粒形状和材料断裂强度与屈服强度。

(2)致密化减速阶段:以塑性流动为主要机制,类似于烧结后期的闭孔收缩阶段。

(3)趋近终极密度阶段:以受扩散控制的蠕变为主要机制,此时的晶粒长大使致密化速度大大降低,达到终极密度后,致密化过程完全停止。

6.7.2 热等静压

热等静压是把粉末压坯或把装入特制容器(静等压包套)内的粉末置于热等静压机高压容器中(图 6.48),施以高温和高压,使这些粉末被压制和烧结的过程。这是一种消除材料内部残存微量孔隙,提高材料相对密度和强度的有效方法。

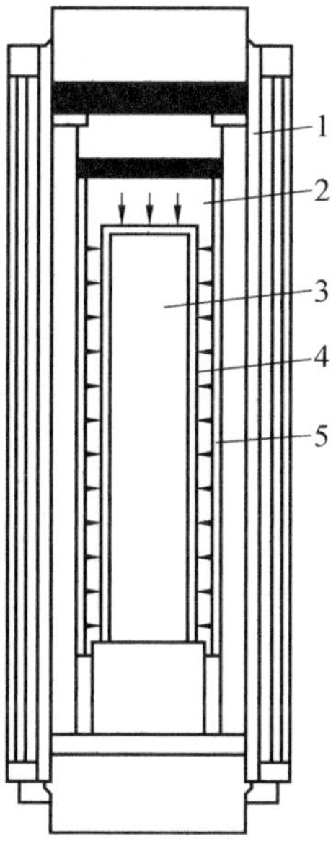

图 6.48 热等静压制原理

1—压力容器;2—气体压力;3—压坯;4—包套;5—加热炉

热等静压的烧结和致密化机制与热压相似,可以适用热压的各种理论和公式。与热压不同的是,热等静压采用的压力较高且更均匀,压制效应更明显,可以在较低温度下实

现更高的致密度。用热等静压法制取的材料或制品密度要比热压法高些。表6.10为热等静压与热压法制取的材料密度比较。由表可见,用热等静压法制取的材料性能普遍高于热压法制取的材料性能。

表6.10 热等静压法与热压法制取的材料密度比较

材料	压制温度/℃		压制压力/MPa		相对密度/%	
	热等静压法	热压法	热等静压法	热压法	热等静压法	热压法
铁	1 000	1 100	99.4	10	99.90	99.40
钼	1 350	1 700	99.4	28	99.80	90.00
钨	1 485～1 590	2 100～2 200	70～140	28	99.00	96.00～98.00
钨一钴硬质合金	1 350	1 410	99.4	28	99.999	99.00
氧化锆	1 350	1 700	149	28	99.999	98.00
石墨	1 595～2315	3 000	70～105	30	93.50～98.00	89.00～93.00

图6.49为热等静压装置示意图。由图可知,热等静压装置主要由压力容器、气体增压设备、加热炉和控制系统等几部分组成。其中压力容器部分主要包括密封环、压力容器、顶盖和底盖等;气体增压设备主要由气体压缩机、过滤器、止回阀、排气阀和压力表组成;加热炉内主要有发热体、隔热屏和热电偶等;控制系统主要由功率控制、温度控制和压力控制等组成。现在的热等静压装置主要趋于大型化、高温化和使用气氛多样化,因此,加热炉的设计和发热体的选择显得尤为重要。目前,热等静压加热炉主要采用辐射加热、自然对流加热和强化对流加热三种加热方式,其发热体材料主要是Ni－Cr、Fe－Cr－Al、Pt、Mo和C等。

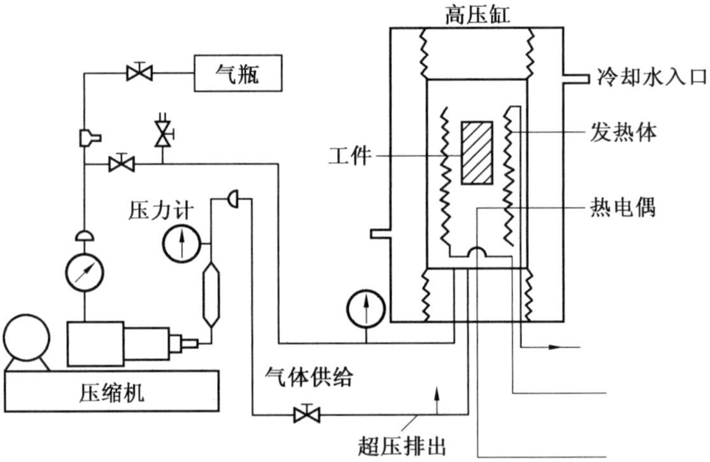

图6.49 热等静压装置示意图

热等静压工艺的首要控制因素是压力、温度和时间。图6.50为热等静压工艺流程原理图。由图可知热等静压工艺大致分为以下几步:①成形,采用一种不透气的密封容器使疏松粉末成形。该压模可以由致密化温度下可以变形的任何材料制备,根据不同使用温度来选择，如玻璃、不锈钢、钛等。②真空除气，在热等静压之前，已填充粉末的压模要加热、抽真空除气处理，以除去压模内的挥发性杂质。经过长时间的除气后再把容器密封。如果粉末的除气过程不彻底，那么当粉末被置于高温环境时，那些藏有气体的位置便容易形成孔隙，从而导致在最后热等静压产品中产生多孔结构。③压制，压制过程中通常通入高压气体，如 N_2 或 Ar，来对粉末进行压制，压制时气体所带有的热量也会传递给粉末，使其致密化。压制过程比较缓慢，粉末压坯的应变速率也比较低，但是所使用的温度可高达 2 200 ℃，压力可达 200 MPa。④脱模，压制结束后，把压坯取出，并把容器从致密化压坯上剥下来。

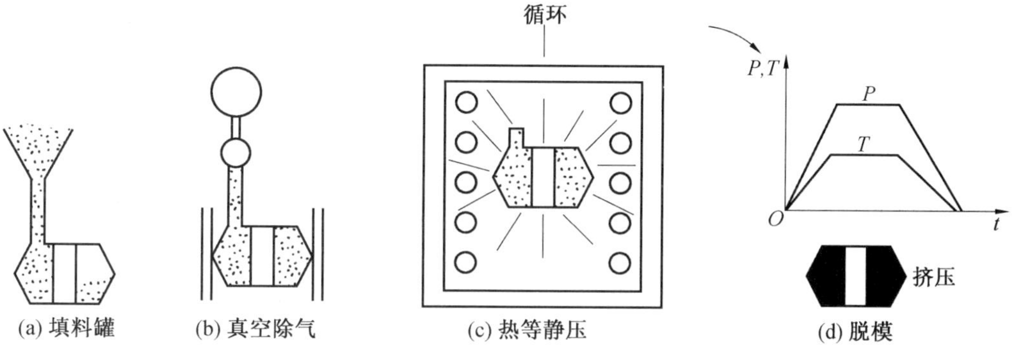

图 6.50 热等静压工艺流程原理图

经历了将近 70 年的发展，热等静压在工业生产上不断得到拓展，主要被用来生产航空用合金（镍基超合金、钛合金和铝合金）、化合物、工具钢等材料，尤其是那些有全致密化要求并且需要具备各向同性的大型构件材料的生产。

6.7.3 热挤压

粉末热挤压是把成形、烧结和热加工处理结合在一起，准确地控制材料的成分和合金内部组织结构，从而直接获得力学性能较佳的材料或制品的一种工艺。其综合了热压和热机械加工，使金属粉末在提高温度的情况下被挤压，从而达到全致密。图 6.51 为铝粉热挤压制备材料成品的工艺流程。

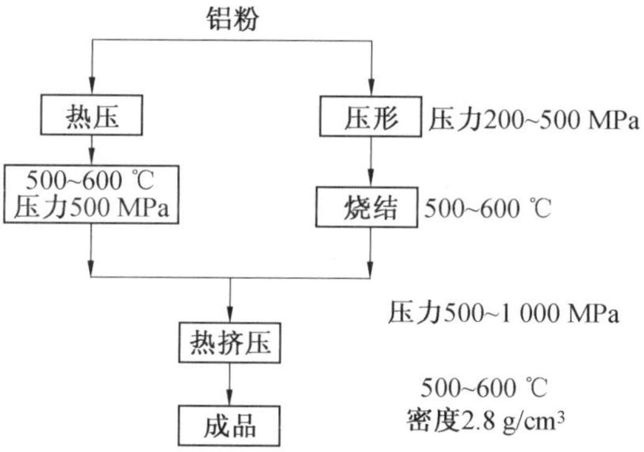

图 6.51 铝粉热挤压制备材料成品的工艺流程

热挤压可分成非包套热挤压法和包套热挤压法两种形式。其中,非包套热挤压法又有两种:①直接对粉末挤压;②先将粉末进行压制、烧结,再将烧结后的坯块放入挤压模内挤压。包套热挤压法主要是指将粉末装入金属容器或包套中,加热后连包套一起进行挤压。图6.52是用包套对粉末进行热挤压的示意图。

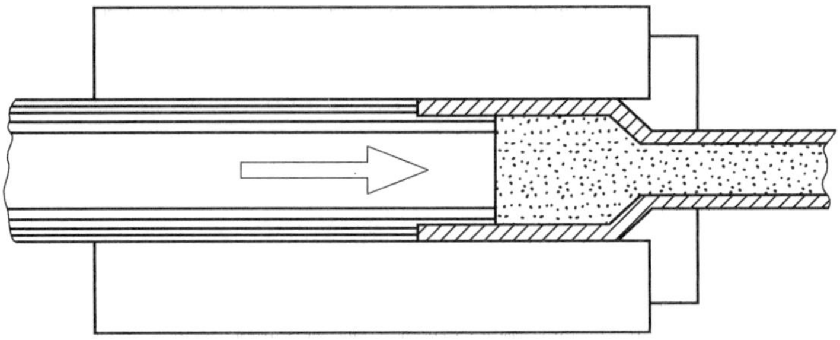

图 6.52　粉末热挤压示意图

粉末包套热挤压法发展于铍粉在锆或不锈钢基体弥散分布可裂变物质的热致密化工艺,是金属粉末热挤压工艺中应用最广泛的。但是必须注意的是,加热之前,包套必须在室温或高温条件下进行抽真空处理以清除其中的气味,并将其密封。此外,包套材料需要具有良好的热塑性,且不能与被挤压材料形成合金或低熔点相。在挤压过程中,为了防止产生涡流,包套的端部应该是圆锥形的,并与带有锥形开口的挤压模相符合。

图 6.53 是一种填充坯料挤压的工艺流程图。这是一种可以用来制取复杂断面制品的重要方法。

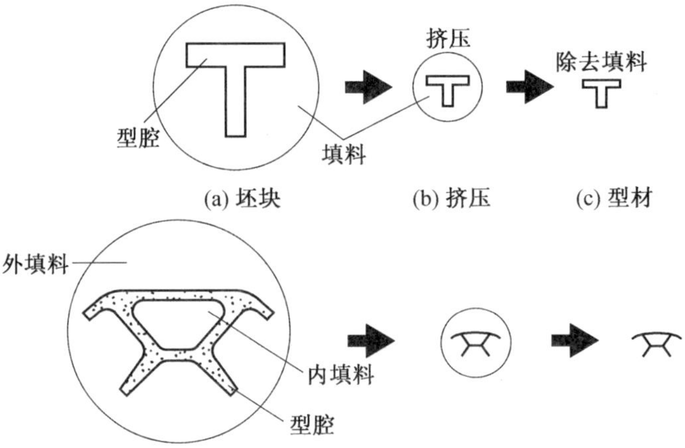

图 6.53　填充坯料挤压的工艺流程图

粉末热挤压工艺的优点主要有以下几点:

(1)可以生产出综合性能较高的航空原子方面应用的材料和制品,有些性能采用其他工艺无法达到。

(2)挤压产品在长度方向上也具有比较均匀的密度。

(3)挤压设备比较简单,操作方便,生产灵活,变换型材类型时只需要变换挤压嘴。

(4)生产过程具有连续性,生产效率高。

热挤压工艺起源于 20 世纪 40 年代,70 年代后期被逐渐推广,可应用于压制各种合金系和高熔点金属以及超合金(镍、钴、钛基合金)和高速钢。近些年主要集中于优化生产具体零件制品的工艺及提高热压模具性能方面。根据其优点，热挤压工艺具体的应用主要有以下几方面：

(1)生产金属的线、管、棒等型材，如钛制品、锆制品、铍制品、钨制品等；或生产高速钢棒材。

(2)生产难熔金属合金或难熔金属化合物基材料。

(3)生产弥散强化材料，如烧结铝、无氧铜、钛基合金、铝基合金等各种型材。

(4)生产纤维强化复合材料和金属复合材料。

(5)高温下热挤压生产超塑性合金材料。这里的超塑性指高温下合金伸长率可达400%或600%，并且可以用热处理来消除。包括航空上使用的镍基或钴基合金。

(6)生产核燃料复合元件，如 UO_2-Al、反应堆控制棒等。

6.7.4 热锻

粉末热锻是指把金属粉末压制成预成形坯，并在保护气氛中进行预烧结，使其具有一定的强度，然后将预成形坯加热到锻造温度保温后，迅速移到热锻模腔里进行锻打的工艺。粉末热锻大致分为锻造烧结、烧结锻造和粉末锻造三种，基本工艺流程图如图 6.54 所示。

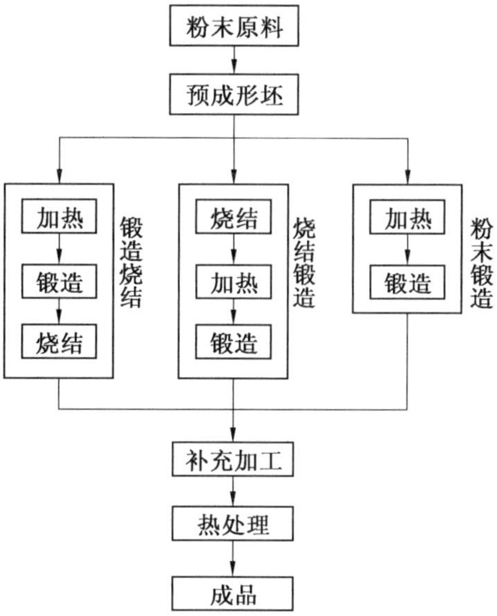

图 6.54 粉末热锻工艺流程图

在塑性流动中，多孔压坯的行为是粉末热锻主要注意的点。图 6.55 是粉末热锻过程示意图。粉末热锻过程中致密化和成形同时产生，密度随孔洞的压实而增大。

多孔压坯的行为与铸锻件相比具有较高的加工硬化速率。加工硬化指数 N 在真实的应力—应变图中规定为

$$\sigma=\sigma_0\varepsilon_t^N \qquad (6.69)$$

式中，σ_0 为和强度系数有关的比例系数；ε_t 为真实应变；N 为加工硬化指数。

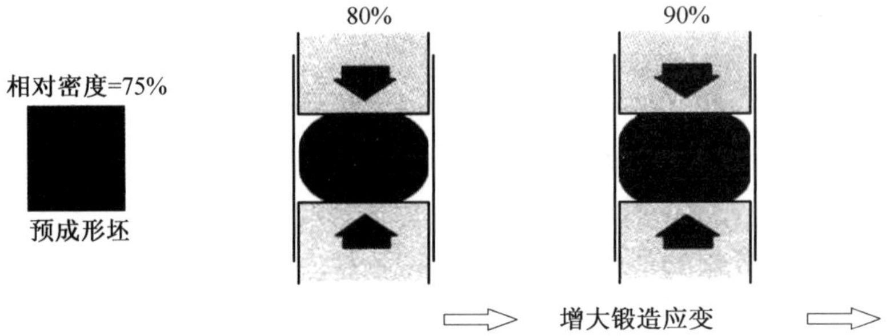

图 6.55 粉末热锻过程示意图

指数 N 是随孔隙度的增加而增大的(图 6.56)。对于完全致密的铁制品，其加工硬化指数接近于 0.31。

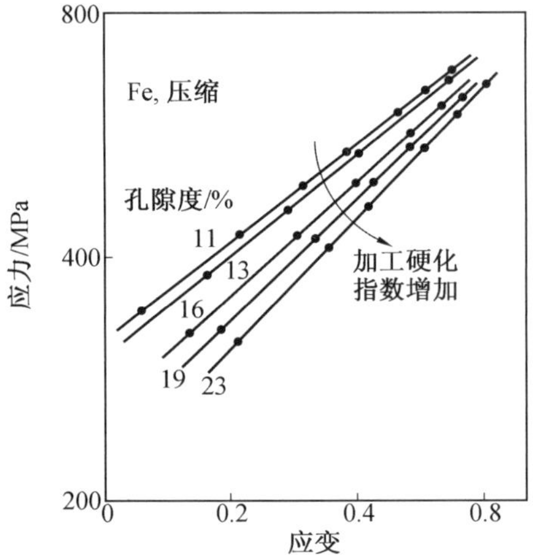

图 6.56 具有不同起始孔隙度的多孔铁的压缩变形

在粉末热锻时，密度、加工硬化的速率和泊松比是随形变程度而变化的。粉末热锻是在单轴压制时致密化和流动的结合体。

粉末热锻在高温下具有高的应变速率。采用热锻的制品性能非常好，有很多优点。

(1)将粉末预成形坯加热锻造，提高粉末冶金制品的密度，从而使粉末冶金制品性能提高到接近或超过同类熔铸制品的水平。

(2)可在较低的锻造能量下一次锻造成形，实现无飞边或少飞边锻造，提高材料的利用率。

(3)尺寸精度高，组织结构均匀，无成分偏析等。

6.7.5 喷射沉积

喷射沉积是指通过气体喷雾器将液体金属雾化为微米量级的液滴，大颗粒液滴依然是液态，小颗粒液滴在雾化过程中凝固，中等尺寸的液滴为半固态。在喷射气体的作用下经高速冷却(10^3 K/s)，这些颗粒沉积到预成形靶上并开始凝固、预成形，较高液相分数的液态和半固态液滴由于撞击而分裂，而较高固相分数的固态和半固态颗粒则会分离为碎块，靠半固态微粒的冲击产生足够的剪切力打碎其内部枝晶，凝固后成为颗粒状组织，形成非枝晶组织，经再加热后，获得具有球形颗粒固相的半固态金属浆料。

喷射沉积的概念和原理最早是在1968年，由英国Swansea大学的A. R. E. Singer教授提出的，他把熔融金属雾化沉积在一个旋转的基体上，形成沉积坯料，并直接轧制成带材。1974年，R. Brooks等成功地将Singer提出的喷射沉积原理应用于锻造毛坯的生产中，发展成世界著名的Osprey工艺，开发出了适合于喷射沉积工艺的一系列合金，从此，Osprey工艺蜚声于世，成为喷射沉积工艺的代名词。

目前，世界一些著名的公司如美国的通用电气公司、英国的Alcan公司、瑞典的Sandvik Steel公司、日本的神户制钢公司等，一些著名大学和研究机构如美国的麻省理工学院、加州大学、德国的不莱梅大学及我国台湾的成功大学等都在从事着喷射沉积技术的研究工作。

1. 喷射沉积原理

喷射沉积原理是：过热的合金液体在高压惰性气体或机械力下离心雾化，形成微细的液滴，液滴在飞行过程中冷却、凝固，形成固液两相颗粒喷射流，并直接喷射到较冷的基底上，产生撞击、黏结、凝固，从而形成沉积物，如图6.57所示。

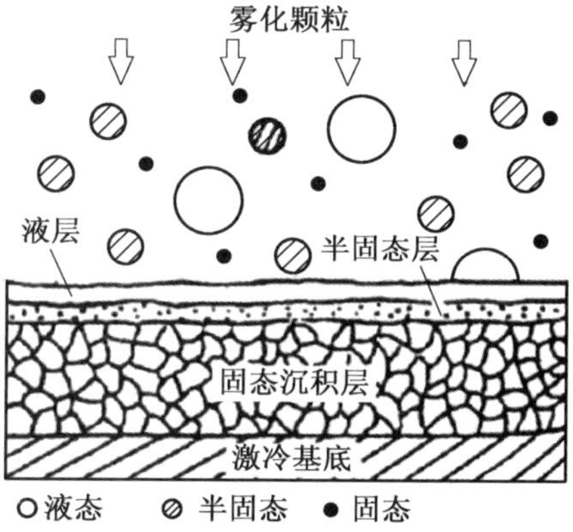

图6.57 喷射沉积原理图

喷射沉积过程中的雾化颗粒状态对沉积坯质量有很大的影响：如果绝大部分雾化颗粒在与沉积基体碰撞前已凝固成固相颗粒，则沉积坯大多为组织疏松的粉末堆聚体；如果绝大部分雾化颗粒在与沉积基体碰撞前仍保持为液态，则沉积坯大多形成铸造化组织；如果雾化颗粒在与基体碰撞时，部分颗粒为液态（占30%～50%），部分颗粒为全固态和半固态，则在基体上碰撞沉积后可能在沉积层表面形成液体薄层，容易与下层的沉积颗粒结合成致密的沉积层。此时为最理想的雾化颗粒状态，液体薄层的存在可以减小沉积层中的孔隙率。如果沉积层足够薄的话，可防止产生横向流动，抑制宏观范围内的成分偏析。

喷射沉积过程中主要有三类热传导机制：雾化液滴在飞行过程中的辐射散热及其和惰性气体之间的对流散热；沉积坯通过沉积基地传导散热；利用沉积坯表面的气体对流散热。

2. 喷射沉积的分类

喷射沉积的分类主要有喷雾沉积、喷射锻造、离心喷射沉积、喷射共沉积与反应喷射沉积等。

(1)喷雾沉积。喷雾沉积是通过雾化的方法将液体金属直接转化为具有一定形状的预成形坯,然后再利用雾化粉末的余热或补充加热进行直接锻造的工艺(图 6.58),广泛应用于制备管、棒、板(带)坯等,对于大尺寸坯和宽板坯的制备也可采用多嘴结构。

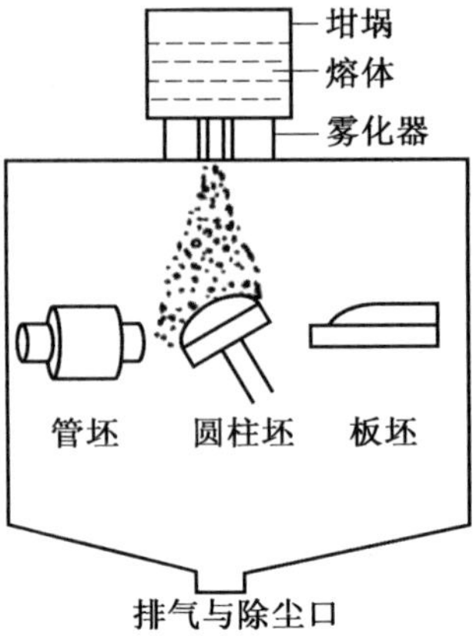

图 6.58 喷雾沉积结构示意图

(2)喷射锻造。喷射锻造也是 Osprey 金属有限公司早期发展起来的一种喷射沉积工艺,主要是指被雾化的金属液态微粒直接喷入一定形状和尺寸的模腔中制成预成形坯,通过操纵器可使预成形坯的孔隙度达 1%,随后将预成形坯在空气中进行冷锻造或热锻造,即可获得全致密制品的过程。该方法制备出来的锻件比传统的冲锻件更具有各向同性,并具有优良的机械性能。喷雾锻造示意图如图 6.59 所示。

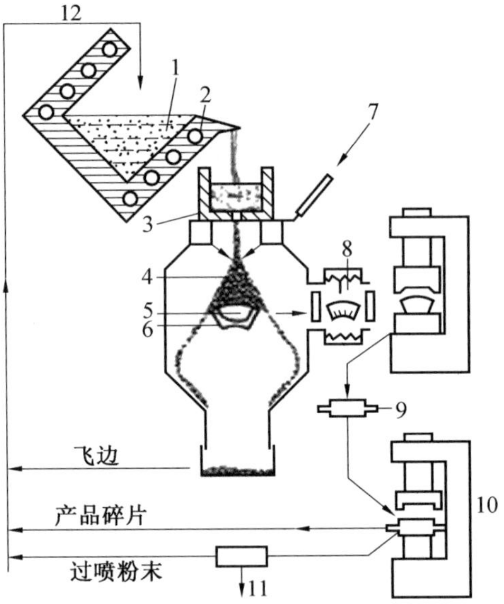

图 6.59 喷雾锻造示意图

1—废料及铸件;2—感应炉;3—坩埚;4—喷雾;5—预成形坯;6—模腔;7—氮气;8—调温炉;9—锻造过程;10—剪切过程;11—产品;12—返回料

(3)离心喷射沉积。离心喷射沉积主要是指熔融金属被离心雾化,半固态雾化颗粒沉积在冷衬底上的过程。离心喷射沉积可以在真空或低压惰性气体中进行,且消耗气体量很小,特别有利于生产易受气氛污染的钛材。另外,除了能生产高性能的细晶粒材料外,离心喷射沉积还可以生产采用别的方法难于生产的大直径环件或管材。英国伯明翰大学采用该方法制备出了 ϕ 400 mm 的 $Ti_{48}Al_2M_2Nb$ 薄壁管,由石墨喷嘴流出到下端高速旋转的水冷铜盘中,被离心粉碎成微细液滴,并沉积在基体上。其装置示意图如图 6.60 所示。

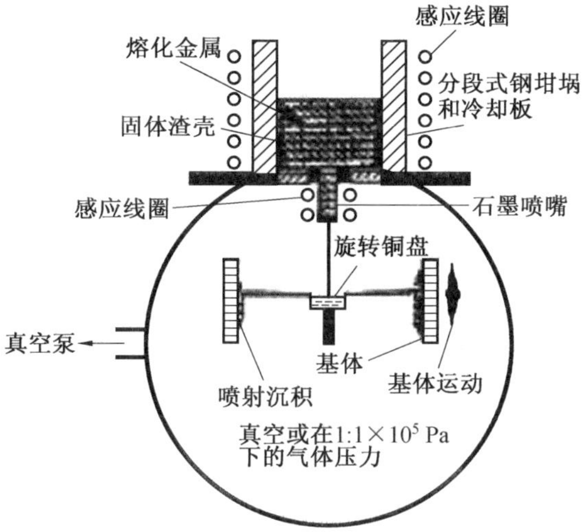

图 6.60 离心喷射沉积装置示意图

(4)喷射共沉积。喷射共沉积是指在喷射沉积过程中,把具有一定动量的颗粒增强相喷到雾化颗粒喷射流中,两者共同沉积到较冷的基体上,以制备颗粒增强金属基复合材料的一种方法。在喷射沉积过程中,增强颗粒的加入方式主要有直接从雾化气体管道中加入,将增强颗粒直接加入金属熔体中以及将颗粒流直接喷入到金属熔体的雾化锥中。

喷射共沉积主要有以下优点:

①陶瓷颗粒分布均匀,与基体无有害界面反应。

②增强相颗粒的加入可以吸热,其表面是形核位置,可以使基体的晶粒组织明显细化。

③通过控制增强颗粒的流量(或加入速率),可以获取增强颗粒体积分数沉积物生长方向连续变化的功能梯度材料。

④生产成本及产品价格较低。

(5)反应喷射沉积。反应喷射沉积是指将喷射沉积技术与原位反应合成陶瓷粒子技术结合起来的一种制备颗粒强金属基复合材料的新技术。在喷射沉积过程中,金属液体被充分雾化成细小的液滴,使其具有很大的体表面积,同时又处于一定的过热条件下,这为喷射过程中液滴与外加反应剂接触,发生化学反应提供了驱动力。

反应喷射沉积的技术特点主要有以下几方面:

①可以生成良好的组织特征。反应喷射沉积技术结合了熔化、快速凝固的特点,能得

到比较细小的晶粒组织，且在保证细晶基体与增强颗粒分布均匀的同时，也保证了增强颗粒与基体间良好的化学和冶金结合，反应生成的陶瓷相颗粒非常细小，可制得优良性能的复合材料。

②节约热能。反应过程充分利用金属液体的过热温度发生化学反应，达到了节约热能的目的。

③工艺简单，成本低。

④陶瓷相颗粒的特征可控。可以通过控制反应剂的加入量、粒度特征和喷射沉积工艺参数来控制生成陶瓷相的多少，分布情况和粒径的大小等，而且在喷射沉积过程中不会产生像反应铸造法中陶瓷颗粒上浮和团聚的现象。沉积坯基体组织细小，反应剂弥散、均匀分布，有利于生成细小而分布均匀的增强陶瓷颗粒，从而可以避免增强颗粒的偏聚问题。

6.8 烧结过程的相场模拟

相场模型是建立在热力学基础上，考虑有序化势与热力学驱动力的综合作用描述系统演化动力学的模型。其核心思想是引入一个或多个连续变化的序参量，用弥散型界面代替传统尖锐界面。1978 年，Langer 通过对临界现象的分析，引入一个序参量来区分液相和固相，得到了过冷熔体凝固的相场模型。随后 Caginalp、Collins 及 Umantseu 等也进行了类似的工作，将相场的概念引入凝固过程的描述中。相场法避免了自由边界问题中的界面显式追踪，突破了利用尖锐界面模型描述相变过程时对界面厚度的限制。

一般来说，建立相场模型包括以下步骤：

(1)确定相场变量，构造合适的插值函数或双阱函数。

(2)根据相场变量及描述该相场的其他序参量，构建系统的统一自由能函数；利用系统自由能函数以及其他辅助场能量函数，构造系统自由能泛函或熵泛函。

(3)根据能量守恒以及质量守恒定律，建立守恒序参量场的动力学演化方程。

(4)根据金茨堡一朗道动力学方程，建立非守恒序参量场的动力学方程。

(5)利用不同的方法确定相场模型参数。

6.8.1 简单体系中的相场模拟

下面分别给出封闭体系中纯物质、单相合金和多相合金的相场动力学方程。

1. 纯物质相场动力学方程

纯金属凝固系统中，系统自由能泛函可表示为

$$F=\int\left[f(\varphi,T)+\frac{1}{2}\varepsilon^2\ (\nabla\varphi)^2\right]\mathrm{d}\Omega \tag{6.70}$$

式中，$f(\varphi,T)$ 为与温度相关的体积自由能密度函数；T 为系统温度；ε 为动力学系数；Ω 为体积变量。

根据自由能降低原理，可推导出变分形式的相场动力学方程，即金茨堡一朗道动力学方程：

$$\frac{\partial \varphi}{\partial t}=-M(\varphi)\frac{\delta F}{\delta \varphi} \tag{6.71}$$

2. 单相合金相场动力学方程

单相合金的体积自由能密度函数是在纯物质体积相自由能密度函数的基础上引入溶质变量 C 形成的，其自由能泛函形式为

$$F=\int_{\Omega}\left[f(\varphi,C,T)+\frac{1}{2}\varepsilon^2 (\nabla\varphi)^2\right] \tag{6.72}$$

式中，$f(\varphi,C,T)$ 为与温度、浓度相关的体积自由能密度函数；φ 为相场变量，其取值为 $-1\sim 1$；T 为系统温度。

单相合金动力学方程为

$$\frac{\partial \varphi}{\partial t}=-M(\varphi,C)\frac{\delta F}{\delta \varphi} \tag{6.73}$$

式中，$M(\varphi,C)$ 为相场动力学系数。

3. 多相合金相场动力学方程

单个相场序参量能描述单相问题，多个相场序参量则能够描述多相或多晶相变问题。多相相变模型问题的基础是二元合金相变，如共晶、包晶及偏晶反应等。这类多相反应的自由能泛函 F 是以单相合金自由能为基础的多个相场序参量的函数。以二元共晶为例：

$$F=\int_{\Omega}\left[f(\varphi_1,\varphi_2,\varphi_3,C,T)+\sum_{j=1}^{3}\sum_{i=1}^{j}\frac{1}{2}\varepsilon_{ij}^2 (\varphi_j\nabla\varphi_i-\varphi_i\nabla\varphi_j)^2\right] \tag{6.74}$$

式中，$f(\varphi_1,\varphi_2,\varphi_3,C,T)$ 为与温度、浓度相关的体积自由能密度函数；φ_1、φ_2、φ_3 为相场变量；T 为系统温度。

其相场动力学方程为

$$\frac{\partial \varphi_i}{\partial t}=-M_i(\varphi_1,\varphi_2,\varphi_3,C)\frac{\delta F}{\delta \varphi_i},\quad i=1,2,3 \tag{6.75}$$

式中，$M_i(\varphi_1,\varphi_2,\varphi_3,C)$ 为多相系统相场动力学系数。

此外，要建立完整的相变过程的相场模型还必须耦合其他物理场方程，比如描述纯金属凝固的相场模型必须耦合能量(即温度场) 方程，模型为

$$M^{-1}(\varphi)\frac{\partial \varphi}{\partial t}=\varepsilon\nabla^2\varphi-f(\varphi,T_{\mathrm{m}})-\lambda g(\varphi)(T-T_{\mathrm{m}}) \tag{6.76}$$

式中，$g(\varphi)$ 为插值函数，它的选择需要保证 $f(\varphi,T)$ 曲线独立于温度，在 $\varphi=\pm 1$(即固相和液相) 处取极小值而使体系处于最稳态。

$$\frac{\partial T}{\partial t}=D\nabla^2 T+\frac{L}{2C}\frac{\partial h(\varphi)}{\partial t} \tag{6.77}$$

式中，D 为扩散系数；L 为结晶潜热；$h(\varphi)$ 为 φ 的单调增函数，为了正确描述液－固相变时界面上释放的潜热，$h(\varphi)$ 的选择必须保证 $h(\varphi)|_{\varphi=-1}=-1$ 及 $h(\varphi)|_{\varphi=1}=1$，满足该条件的最简单的选择是 $h(\varphi)=\varphi$。

6.8.2 两个计算实例

1. 固相烧结晶粒生长及气孔演化的相场模拟

烧结末期是晶粒长大,孔隙逐渐消失的过程。烧结体中存在位于晶粒边角上的孤立的球形孔隙通过体积扩散不断缩小,随着时间的延长,孔隙数目减少,孔隙粗化,小孔隙消失。对于粉末冶金材料来说,气孔的存在不仅影响晶粒的生长,更影响着材料的各种性能。烧结过程中气孔的演化过程是多种因素共同作用的结果。利用计算机模拟,考虑各序参量的耦合作用,可对烧结过程中晶粒长大与气孔演化过程进行相场模拟,预测烧结过程中材料的致密化情况。

在等温烧结过程中,根据 Coble 三阶段烧结模型,当素坯密度达到或超过材料理论密度 92% 时,被认为烧结过程进入后期阶段。晶界之间网络形成,气孔相互孤立,残留在两晶粒界面或多晶粒界面交叉处。在此阶段,致密化速率明显降低,微观拓扑形貌主要变化体现为晶粒生长耦合气孔聚合生长演化现象。

(1) 自由能函数。

烧结过程中,系统自由能的减少驱动原子相互扩散,导致颗粒相互黏结和气孔的球化收缩。考虑二维颗粒四方堆积,图 6.61 所示为四个颗粒间孔隙的演化。颗粒和气孔两相由密度场表示,不同的颗粒由长程取向场(LRO) 表示。在一定的界面厚度范围内,微观序参量从一相到另一相连续扩散演化。

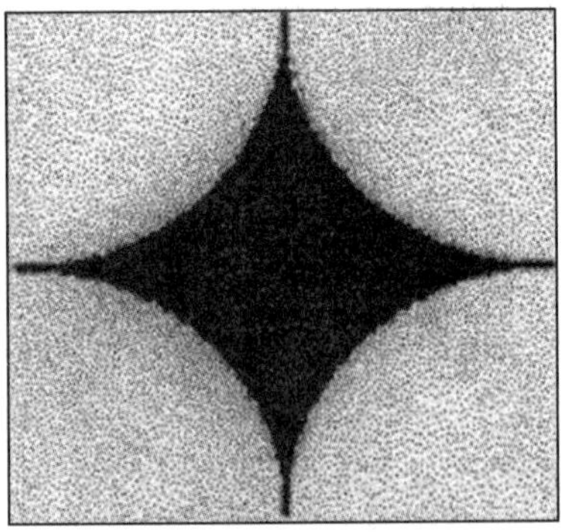

图 6.61 颗粒排列堆积的原始构型

按照金茨堡一朗道理论所考虑的体系自由能为

$$F=\int\left\{f_0(\rho(r);\eta_1,\cdots,\eta_4)+\frac{\kappa_i}{2}\sum_{i=1}^{4}\left[\Delta\eta_i(r)^2\right]+\frac{\kappa_\rho}{2}\left[\nabla\rho(r)\right]^2\right\}\mathrm{d}V \tag{6.78}$$

式中,f_0 为局域自由能密度函数;κ_i 和 κ_ρ 为 LRO 梯度能量函数,与界面能有关;η_1、η_2、η_3 和 η_4 分别为四个晶粒的非守恒序取向参量,在图 6.61 所示的范围内在 $-1\sim1$ 之间变化。为简化处理,密度场与 LRO 的交叉梯度能被忽略,初始堆积条件下,任一空间位置 r 处,$\eta_i(r)=1$,必有 $\eta_{j\neq i}(r)=0$。密度场 $\rho(r)$ 在 $0\sim1$ 之间连续变化,颗粒处 $\rho(r)=1$,孔隙处 $\rho(r)=0$。

浓度场和取向场的微观演化方程为

$$\frac{\mathrm{d}c}{\mathrm{d}t}=\nabla\cdot\left[M\nabla\frac{\delta F}{\delta c(c,t)}\right] \tag{6.79}$$

$$\frac{\delta\eta_i(r,t)}{\delta t}=-L_i\frac{\delta F}{\delta\eta_i(r,t)} \tag{6.80}$$

式中，L_i 和 M 是相关于界面迁移率和热力学扩散系数的动力学系数；∇为哈密顿算符。将自由能函数分别代入式(6.79)和式(6.80)，可得

$$\frac{\mathrm{d}\rho}{\mathrm{d}t}=\nabla\cdot\left[M\nabla(\frac{\partial f_0}{\partial\rho}-\kappa_\rho\nabla^2\rho)\right] \tag{6.81}$$

$$\frac{\mathrm{d}\eta_i}{\mathrm{d}t}=-L_i(\frac{\partial f_0}{\partial\eta_i}-\kappa_i\nabla^2\eta_i) \tag{6.82}$$

根据对称性原则，体自由能密度函数表示为

$$f_0=-\frac{A}{2}(\rho-\rho_\mathrm{m})^2+\frac{B}{4}(\rho-\rho_\mathrm{m})^4+\frac{C}{4}\rho^4+$$
$$\sum_{i=1}^{p}\left\{\left[\frac{D}{2}(\rho-\rho_\mathrm{g})^2-\frac{E}{2}\rho^2\right]\eta_i^2+\frac{F}{4}\eta_i^4+\frac{G}{4}\sum_{j\neq 1}\eta_i^2\eta_j^2\right\} \tag{6.83}$$

式中，ρ_g 和 η_g 为晶粒内平衡相对密度和 LRO 参数；A、B、C、D、E、F 和 G 为唯象系数，且 $\rho_\mathrm{m}=\frac{\rho_\mathrm{g}}{2}$。自由能密度函数定义为 $\rho=\rho_\mathrm{g}$，$\eta_i=\eta_\mathrm{g}$，$\eta_{j\neq i}=0$ 和 $\rho=0$，$\eta_i=0$ 处满足极小值的双势阱函数。

(2) 计算方法。

首先定义晶粒和孔隙的表面自由能 γ 为自由能标度，长度和时间的标度分别为 b 和 τ。由式(6.81)可推导出 $b=\sqrt{\frac{\kappa_p}{2\gamma}}$ 和 $\tau=\frac{\kappa_p}{M\gamma^2}$。

$$\gamma=f_0(\rho,\eta_1,\cdots,\eta_p)-f_0(\rho_e,\eta_i,\cdots,\eta_p)-(\rho-\rho_e)\left(\frac{\partial f_0}{\partial\rho}\right)_e \tag{6.84}$$

为了计算方便，需要对所有的参量进行无量纲化标定。A 替换为无量纲系数 $A^*=A/\gamma$，并对其他物理参量 B、C、D、E、F、G 进行相应的无量纲化处理。空间和时间坐标 $\chi_i^*=\chi_i/b$ 和 $t^*=t/\tau$ 做相应替换。

此外，假定两相界面为平面结构，则固相和气相表面能可表示为

$$\sigma_\mathrm{s}=\int_{-\infty}^{\infty}\left[\Delta f(\rho,\eta_i)+\frac{\kappa_\rho}{2}\left(\frac{\mathrm{d}\rho}{\mathrm{d}\chi}\right)^2\right]\mathrm{d}\chi \tag{6.85}$$

相应地，颗粒间的界面能可表示为

$$\sigma_\mathrm{gb}=\int_{-\infty}^{\infty}\left[\Delta f(\rho,\eta_i)+\frac{\kappa_\rho}{2}\left(\frac{\mathrm{d}\rho}{\mathrm{d}\chi}\right)^2+\sum_{i=1}^{p}\frac{\kappa_i}{2}\left(\frac{\mathrm{d}\eta_i}{\mathrm{d}\chi}\right)^2\right]\mathrm{d}\chi \tag{6.86}$$

假定材料扩散系数各向同性，如果选取表面能和晶界能的比值为 0.8，依据关系 $\cos\frac{\theta}{2}=\frac{\sigma_\mathrm{gh}}{2\sigma_\mathrm{s}}$，可知界面间二面角 θ 大约为 103°。

计算相关无量纲参量数值如下：

$$A^*=2.6, B^*=10.4, C^*=2.0, D^*=0.3, F^*=2.0, G^*=5.0$$
$$\kappa_\rho^*=2.0,\quad \kappa_i^*=1.0$$

如果选取表面迁移率和晶界迁移率比值为100,则

$$M^* = 1.0, \quad L_i^* = 0.1$$

系统呈二维周期性,在实空间可以选取 $L \times L$ 作为一个周期的基本元胞。依据计算精度和计算时间,将元胞化分成 $N \times N$ 个离散格点,格点间距为 $\delta = \frac{L}{N}$,通常 δ 可取为界面宽度 b。

如果直接采用欧拉前向差分方法直接求解相场方程,往往需要耗费巨大的计算机资源,因而需要改进的算法,减少计算周期。首先,对 $\eta_i(r)$ 和 $\rho(\tau)$ 进行离散傅里叶变换:

$$\widetilde{\eta}_i = \sum_{m=1}^{N} \sum_{n=1}^{N} \eta_i(m,n) e^{-i(2\pi\alpha m + 2\pi\beta n)/N} \tag{6.87}$$

$$\widetilde{\rho} = \sum_{m=1}^{N} \sum_{n=1}^{N} \rho(m,n) e^{-i(2\pi\alpha m + 2\pi\beta n)/N} \tag{6.88}$$

式中,令 $k = \sqrt{\alpha^2 + \beta^2}$,$\alpha$ 和 β 是频域空间离散坐标。其次,引入半隐差分求解

$$\frac{\widetilde{\rho}^{n+1} - \widetilde{\rho}}{\Delta t^*} = -M^* k^2 \left(\frac{\partial \widetilde{f}_0}{\partial \widetilde{\rho}^n} + \kappa_\rho^* k^2 \widetilde{\rho}^{n+1}\right) \tag{6.89}$$

$$\frac{\widetilde{\eta}_i^{n+1} - \widetilde{\eta}_i^n}{\Delta t^*} = -L_i^* \left(\frac{\partial \widetilde{f}_0}{\partial \widetilde{\eta}_i^n} + \kappa_\eta^* k \widetilde{\eta}_i^{n+1}\right) \tag{6.90}$$

式中,$\widetilde{\eta}_i$、$\widetilde{\rho}$、$\widetilde{f}_0$ 为 η_i、ρ、f_0 的傅里叶变换。模拟过程中选取 128×128 格点,计算时间步长 $\Delta t^* = 0.1$,计算格点间距 $\Delta\chi^* = 1$。

(3) 模拟结果。

颗粒间孔隙演化过程如图6.62所示。烧结初期,如图6.62(a)~(b)所示,颗粒间相互粘连,烧结颈出现并迅速生长。在图6.62(c)~(d)中,由于表面扩散相对于晶界扩散更容易发生(模拟中假定表面迁移率是晶界迁移率的100倍),气孔表面逐步由凸向凹过渡。图6.62(e)~(f)显示了最终球化的过程。

图6.63表示在等温烧结过程中,烧结颈直径和时间关系的双对数曲线。在现有烧结理论中,烧结颈与时间的关系满足前文所述的式(6.23)。

理论分析表明,单一表面扩散控制的生长指数是0.14,数值结果与理论结果相符。

2. WC-Co 体系液相烧结过程中液相迁移的模拟

液相烧结是一种制备高性能多组分材料的方法。液相烧结过程中,当固体颗粒或黏合剂含量分布不均匀时,会发生液相迁移。硬质合金液相烧结过程中会发生多种复杂的质量传递,其中液相迁移在形成梯度结构、抑制晶粒长大等方面尤为重要。对WC-Co硬质合金体系的液相烧结过程中的液相迁移进行相场模拟,可以更好地理解烧结过程,定量调控合金的性能。

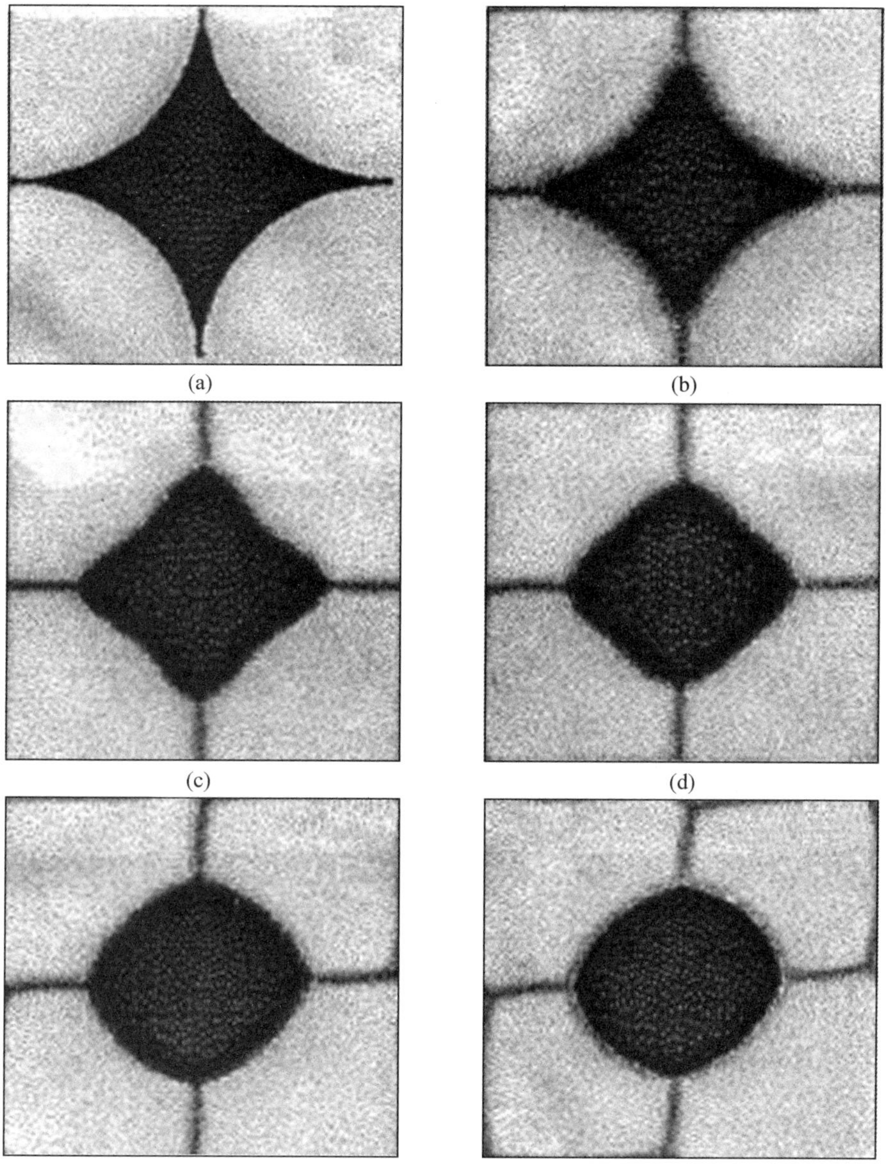
(a) (b) (c) (d) (e) (f)

图 6.62 颗粒间孔隙演化过程

(1) 相场模型。

首先对自由能进行简要描述。f_{intf} 为晶界自由能密度，f_{chem} 为化学自由能密度，则自由能可表示为

$$F = \int f_{intf} + f_{chem} + \cdots \tag{6.91}$$

考虑一个多相系统，系统中的相的数目为 $\alpha = 1, \cdots, N$，成分数目为 $i = 1, \cdots, n$，则晶界自由能密度 f_{intf} 可表示为下式：

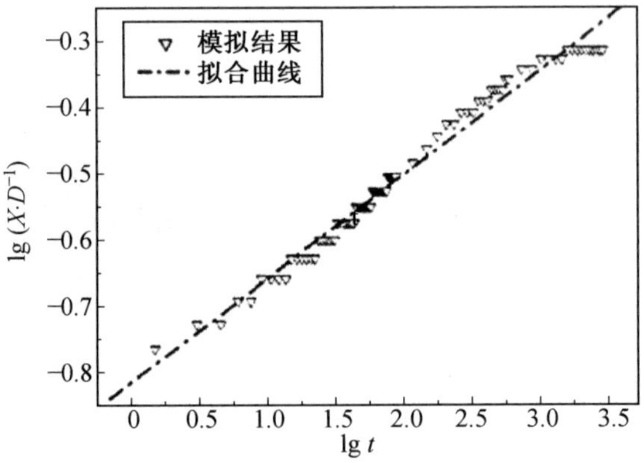

图 6.63　烧结颈直径和时间关系的双对数曲线

$$f_{\mathrm{intf}}=\sum_{\alpha=1,\alpha\neq\beta}^{N}\frac{4\sigma_{\alpha\beta}}{\eta}\left[\frac{-\eta^2}{\pi^2}\nabla\varphi_\alpha\cdot\nabla\varphi_\beta+\varphi_\alpha\varphi_\beta\right]\tag{6.92}$$

式中，N 为局部的相数；η 为界面的宽度；$\sigma_{\alpha\beta}$ 为 α 相与 β 相之间相界面的界面能；φ 为相场变量，在 α 相中，相场变量 $\varphi_\alpha=1$，在其他相中，相场变量 $\varphi_\alpha=0$，在相界面处，$f\varphi_\alpha$ 的值平滑地由 1 减至 0。另外，相场变量的总量限制为

$$\sum_{\alpha=1}^{N}\varphi_\alpha=1\tag{6.93}$$

化学自由能可表示为

$$f_{\mathrm{chem}}=\sum_{\alpha=1}^{N}\varphi_\alpha f_\alpha(c_\alpha^i)+\sum_{i=1}^{n-1}\lambda^i\left[c^i-\sum_{\alpha=1}^{N}(\varphi_\alpha c_\alpha^i)\right]\tag{6.94}$$

式中，每个单独相的体积自由能 $f_\alpha(c_\alpha^i)$ 取决于相浓度 c_α^i，引入溶质 i 的拉格朗日乘数 λ_i 以确保质量守恒，$c^i=\sum_{\alpha=1}^{N}(\varphi_\alpha c_\alpha^i)$。

导出相场的控制方程为

$$\varphi_\alpha=\sum_{\beta=1}^{N}\frac{\mu_{\alpha\beta}}{N}\left\{\left[\sigma_{\alpha\beta}(I_\alpha-I_\beta)+\sum_{\gamma=1,\gamma\neq\alpha,\gamma\neq\beta}^{N}(\sigma_{\beta\gamma}-\sigma_{\alpha\gamma})I_\gamma\right]+\frac{\pi^2}{4\eta}\Delta g_{\alpha\beta}\right\}\tag{6.95}$$

$$I_\alpha=\left\{\nabla^2\varphi_\alpha+\frac{\pi^2}{4\eta}\varphi_\alpha\right\}\tag{6.96}$$

式中，$\mu_{\alpha\beta}$ 为 α 相与 β 相之间的相界面迁移率；I_α 为 α 相的毛细作用对扩散的贡献；$\Delta g_{\alpha\beta}$ 为化学自由能相对于相场变量的导数。单个相浓度在整个系统内的演化表示为

$$\varphi_\alpha\dot{c}_\alpha^i=\nabla\left(\varphi_\alpha\sum_{i=1}^{n-1}{}^{\alpha}D_{ij}^{n}\nabla c_\alpha^i\right)+\sum_{i=1}^{n-1}P^i\varphi_\alpha\varphi_\beta(\tilde{\mu}_\beta^i-\tilde{\mu}_\alpha^i)-\sum_{\beta=1}^{N}\varphi_\alpha\dot{\varphi}_\beta(c_\beta^i-c_\alpha^i)\tag{6.97}$$

式中，${}^{\alpha}D_{ij}^{n}$ 为 α 相的化学扩散系数；P^i 为界面渗透率。这些方程都可以在一个开源软件包 OpenPhase 中实现，常用于模拟硬质合金系统的液相烧结过程。

(2) 计算方法。

在当前的模拟中，体系由 WC 和 Co 的两个相组成。WC－Co 相图可以线性近似为伪二元体系，根据式(6.98) 估计化学驱动力。

$$\Delta g_{\alpha\beta}=\Delta S(T_{\mathrm{m}}+m^ic^i-T)\tag{6.98}$$

式中，$\Delta S=-2.64\times10^6\ J\cdot m^{-3}\cdot K^{-1}$ 为熔化熵，$T_m=3\ 143$ K 为 WC 的熔点，$m^i=28.8$ 是 WC－Co 两相区液相线的斜率。为保持实验条件一致性，选择退火温度为 1 673 K。由第一原理计算的固－固界面能（σ_{SS}）为 1.9 $J\cdot m^{-2}$，而实验确定的液体 Co 和 WC 颗粒之间的固液界面能（σ_{SL}）为 0.575 $J\cdot m^2$。在本次相场模拟中，没有考虑固－固界面和固－液界面的各向异性。假设液态 Co 中 WC 物质的扩散系数等于液态 Co 中 W 的扩散系数，在1 673 K 时为 $1.2\times10^{-9}\ m^2\cdot s^{-1}$。时间步长和界面迁移率选择为 1×10^{-6} s 和 $1\times10^{-12}\ m^4\cdot J^{-1}\cdot s^{-1}$，保证了该过程为扩散控制晶粒生长的烧结过程，相关参数见表 6.11。

表 6.11 WC－Co 体系相场模拟中使用的参数汇总

参数	符号	数值(SI)
时间步长/s	Δt	1×10^{-6}
空间步长/m	Δx	1×10^{-7}
界面宽度/m	η	5×10^{-7}
固－固界面能/($J\cdot m^{-2}$)	σ_{SS}	1.9
固－液界面能/($J\cdot m^{-2}$)	σ_{SL}	0.575
界面迁移率/($m^4\cdot J^{-1}\cdot s^{-1}$)	μ	1×10^{-12}
熔化熵/($J\cdot m^{-3}\cdot K^{-1}$)	ΔS	-2.64×10^6
熔化温度/K	T_m	3 143
液相线斜率	m^i	28.8
固相扩散系数	D_S	0
液相扩散系数	D_L	1.2×10^{-9}

(3)模拟结果。

在 128×64 步长的范围内构造两个直径为 2 μm，具有一个固－固界面的球形 WC 颗粒。体系为溶有 18.1%的 W 和 C 饱和液态 Co 和固态 WC 颗粒，在 1 673 K 液相和固体 WC 颗粒处于化学平衡状态。图 6.64 为根据模拟出的成分组成绘制的等高线图，显示了在 1 673 K 下两个 WC 颗粒逐渐分离的过程的模拟结果。从图中可看到，液相进入固－固相界面的过程非常迅速，而后晶粒逐渐达到平衡形状。在模拟中，固相颗粒的分离与界面润湿，即固－固、固－液两种界面的界面能有关，遵守熔点附近界面润湿的临界公式 $\sigma_{SS}=2\sigma_{SL}$。当 $\sigma_{SS}>2\sigma_{SL}$ 时，符合润湿条件，固－固界面分离，液相进入固相颗粒之间；当 $\sigma_{SS}<2\sigma_{SL}$ 时，固－固界面结合紧密，不会发生固相分离的现象。

在 128×128 步长的范围内构造 10 个直径为 1 μm 以固－固界面连接的球形 WC 颗粒。体系仍为溶有 18.1%的 W 和 C 饱和液态 Co 和固态 WC 颗粒，在 1 673 K 液相和固体 WC 颗粒处于化学平衡状态。模拟结果如图 6.65 所示，可以看出，在 WC 晶粒分离过程中，倾向于液相首先填充三重结，然后固相颗粒完全分离。与双粒系统相似，液相填充固－固界面是迅速完成的，而 WC 固体粒子的生长和成熟过程需要更长的时间。从另一个角度来看，液体基质中 WC 颗粒的分离证明了黏合剂熔体被吸收到 WC 骨架中而没有流体流动。

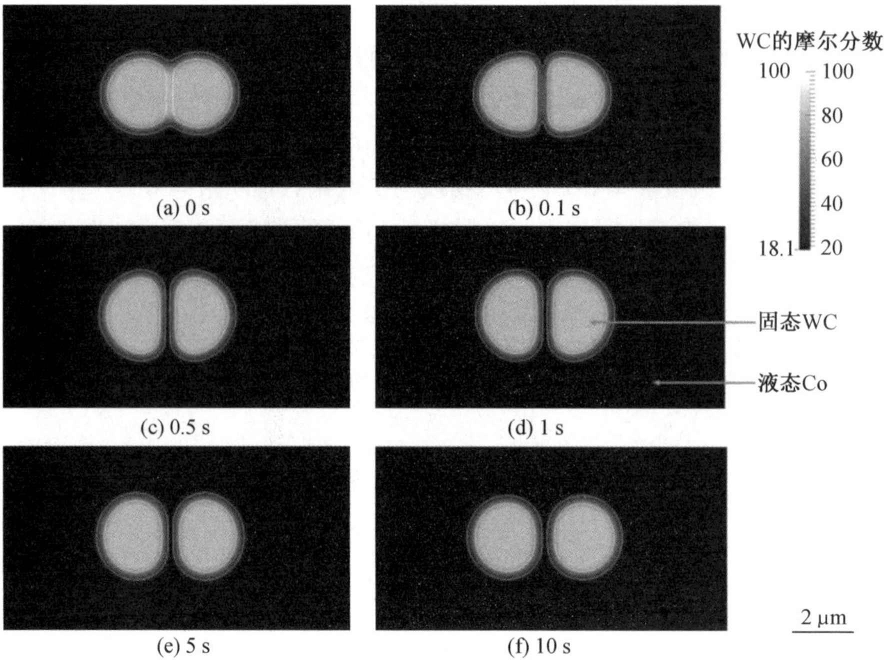

图 6.64 1 673 K 下 WC—Co 体系液相迁移过程中两个 WC 颗粒的模拟
(WC 颗粒用灰色表示,液体基质用黑色表示)

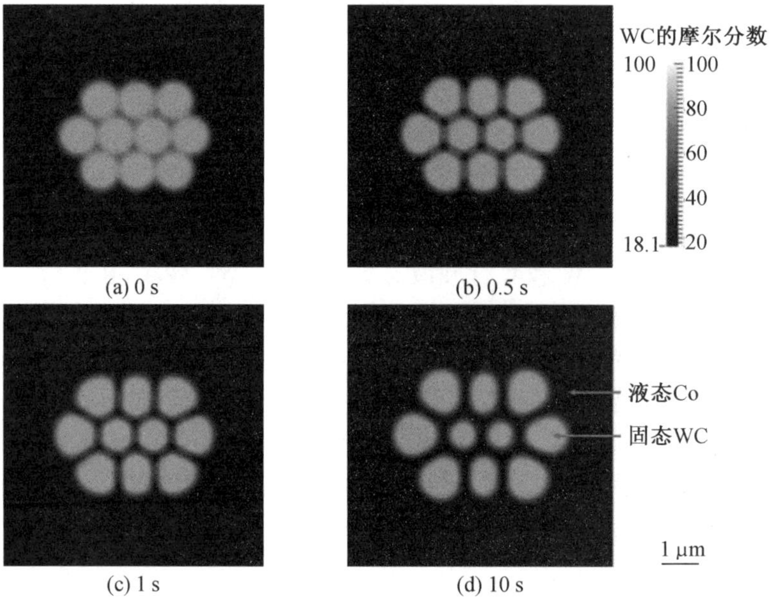

图 6.65 1 673 K 下 WC—Co 体系液相迁移过程中 10 个 WC 颗粒的模拟
(WC 颗粒用灰色表示,液体基质用黑色表示)

硬质合金液相迁移过程包括晶粒分离和晶粒生长两个过程。由模拟图可以看出,晶粒分离过程非常迅速,零点几秒内液相就能填充到固一固相界面处,而晶粒生长并达到平衡状态的过程则是缓慢发生的。这也是液相迁移抑制晶粒长大的原因之一。

本章思考题

1. 简要描述液相烧结的基本过程及影响致密化的因素。

2. 结合烧结机制的统一动力学方程式，简述烧结各阶段的特征，并根据上述特征判断图 6.66 中各图分别属于烧结的哪个阶段。

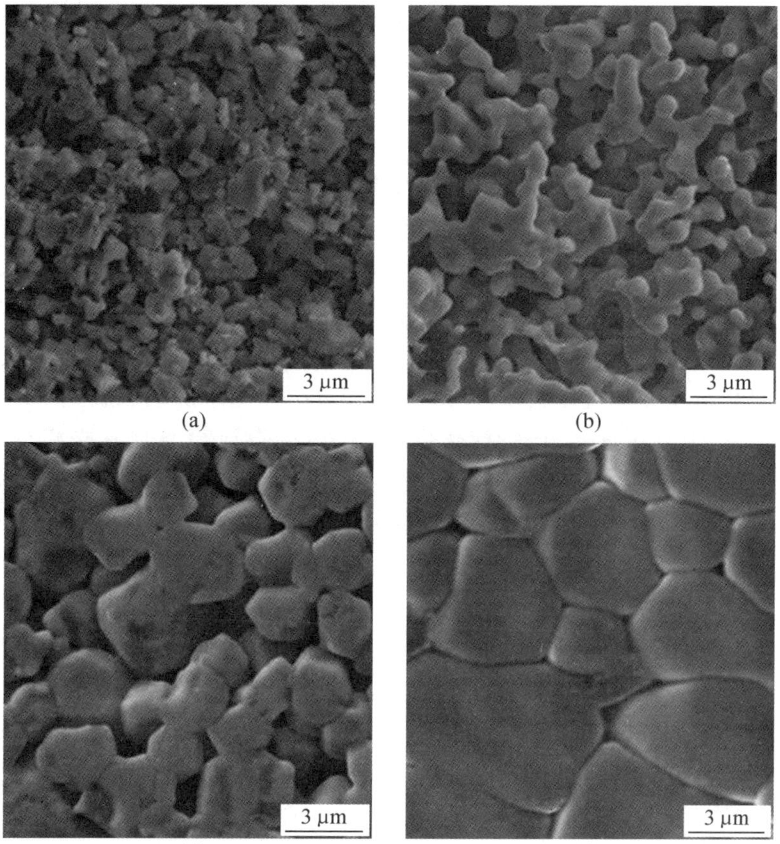

图 6.66 某锂离子导电陶瓷的扫描电子显微镜照片

3. 随着温度升高，固液表面能 γ_{SL} 通常会降低，假设其他界面能不变，讨论此时固液两相的接触角将会有何变化。

4. 测定致密块体相对致密度的方法有哪些(列举两种)？测量过程中引起误差的因素有哪些？

5. 试从烧结热力学与动力学的角度解释为什么热等静压能烧结出致密度高的材料。

第7章　新型成形与烧结技术

粉末的制备、成形和烧结是粉末冶金过程中的三个基本环节。传统的粉末冶金成形通常是将需要成形的粉末装入钢模内，在压力机上通过冲头单向或双向施压而使其致密化和成形，压机能力和压模的设计是限制压件尺寸及形状的重要因素。粉末与模壁的摩擦降低了压力，导致成形密度不均匀，限制大型坯件的生产。所以，传统的粉末冶金零件尺寸较小，质量较轻，形状也简单。随着粉末冶金产品对现代科学技术发展的影响日益增加，对粉末冶金材料性能以及产品尺寸和形状提出了更高的要求，传统的钢模模压成形难以适应需要。为了解决上述问题，一些非模压成形的方法，如电磁成形、高速压制、喷射成形等特种成形技术被广泛地研究。

烧结作为粉末冶金生产过程中最重要的工序，一直都是人们关注的重点。随着材料科学技术的飞速发展，普通烧结方法和常压低温烧结、液相烧结机添加剂辅助烧结等已难以适应需要，因此新型特种烧结技术不断出现，如放电等离子烧结、超固相线液相烧结、微波烧结、爆炸烧结、大气压固结、电场活化烧结、闪烧、自蔓延高温合成技术等。

粉末冶金特种烧结技术正朝着高致密化、高性能化、高效率、低成本、节能、环保的方向发展，新型的成形技术与烧结技术也正不断被开发和应用。本章将分别介绍目前比较流行的成形与烧结技术，对它们的原理、工艺及应用情况做出简要的概述。

7.1　高速压制

高速压制(High Velocity Compaction, HVC)技术是由瑞典的Höganäns AB公司在2001年6月美国金属粉末联合会上推介的一种新技术，并且该公司已成功利用该技术生产出了简单形状齿轮和凸轮凸角机构等单级式粉末冶金部件，复杂的结构零件正在进一步研究中。HVC技术的提出使得动态压制重新受到了重视，并且在粉末冶金低成本、高烧结密度方面取得了突破性的进展。

高速压制技术突破了粉末冶金的局限性，是传统粉末压制成形技术一种极限式外延的结果。国外对该技术的研究主要集中于铁粉、不锈钢粉和聚合物等。国内对高速压制技术的研究虽然已经开展了几十年，但是对压制速度在几米每秒到几十米每秒范围内的研究尚未见报道。北京科技大学的果世驹教授对该技术进行了研究，成功地在国产实验装置上制备出了相对密度为97.4%的铁基压坯。

7.1.1　HVC的原理

HVC技术和传统的粉末压制过程工序极为相似，也是将混合粉末加进送料斗中，使粉末通过送粉靴自动填充模腔压制成形，之后零件被顶出并转入烧结工序。与常规粉末压制工艺不同的是，HVC技术的压力为600～1 000 MPa，压机锤头速率为2～30 m/s，是传统压制速度的 500～1 000 倍，粉末在 0.02 s 之内通过高能量冲击进行压制，压制时能产生强烈的冲击波。HVC 技术可以将压坯密度提高 0.3 g/cm^3，锤头的质量和锤头冲击瞬间速率的大小决定了压制能量和材料致密度的大小。其基本原理分步示意图如图 7.1 所示。

HVC 技术采用的是液压控制，首先安全性较高，其次可以避免非轴向的反弹引起的压坯微观缺陷。液压控制重锤产生的强烈冲击波传递到粉末上，促使材料致密化。

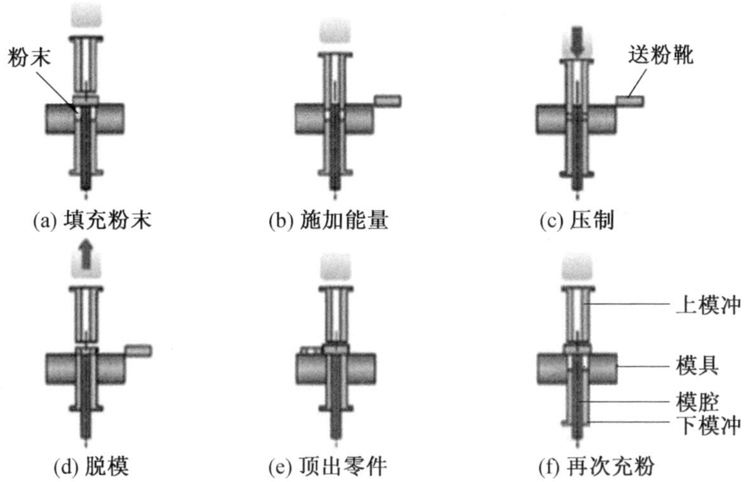

图 7.1 高速压制基本原理分步示意图

7.1.2 HVC 的压制方程

粉末颗粒在被初次预压或初次快速捶打之后，粉末颗粒之间的结合便会具有一定的强度，当被再次冲击捶打时，在结合部位的孔隙（“缺口”）附近的颗粒表面便容易形成高温剪切带并发生快速蔓延，这使得颗粒容易发生塑性变形甚至局部焊合，进而实现高致密化，这即是果世驹教授提出的“热软化剪切致密化机制”。

在高速压制过程中粉末颗粒间的摩擦、绝热剪切及空气被压缩所产生的热量使得颗粒边缘软化，从而使粉末颗粒容易进行重新分布。压制过程中温度的升高使得聚合物润滑剂处于黏流态，改变了粉末的表面性能，提高了压制过程中粉末颗粒之间润滑效果，减小了摩擦阻力，使压制时粉末颗粒能更好地传递压力，因粉末颗粒填充性好而有利于密度明显提高，且降低了脱模力。同时外加的冲击能量绝大部分转变为瞬时热能和应变能，而非侧压作用下的机械能，减小了出模压力。

由于这种高温剪切带迅速蔓延的致密化遍及压坯内部所有孔隙附近的颗粒，使得压坯内部的密度分布非常均匀。又由于是局部焊合，因此压坯的强度也很高。

果世驹教授推导出了“热软化剪切致密化机制”相应的压制方程。

假设高速压制得到的生坯密度与热剪切带的量相关，热剪切带的量又与外加冲击的能量密度 P 相关，既与升高的温度相关，又与压坯的孔隙度 φ 相关。同时假设剪切带温度随外加冲击能量呈指数上升，于是高速压坯的相对密度随外加冲击能量密度变化的关系为

$$d(1-\varphi)=k_1\varphi\exp k_2(1-P/\Delta H_L)\,dP \tag{7.1}$$

积分后有

$$\ln\varphi=k_1\cdot H_L/k_2\exp[k_2(1-P/\Delta H_L)]+C \tag{7.2}$$

式中，φ 为压坯的孔隙度；k_1、k_2 均为系数；P 为能量密度；ΔH_L 为粉末材质的熔化潜热，J/g；C 为常数。

对式(7.2)中的 P 对 $\ln\varphi$ 作图，如图7.2所示。由图7.2可知，随着能量密度的增加，压坯的孔隙度 φ 逐渐降低，并趋于一个常数值。

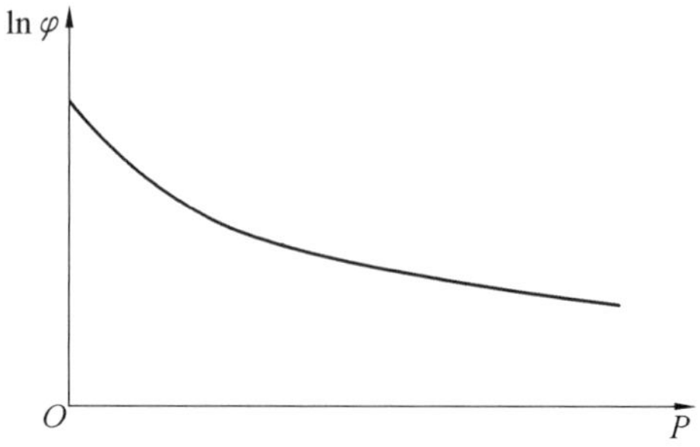

图7.2 HVC的能量密度 P 对 $\ln\varphi$ 的示意图

7.1.3 HVC的特点

1. 压制速率高

HVC技术的压制速率不仅影响粉末颗粒间的摩擦状态和加工硬化程度，也影响空气从粉末颗粒间隙的逸出。一般情况下，设计冲击速度为2～30 m/s，目前在实际使用中最高限速10 m/s，比常规压制速率高2～3个量级。不同体系的坯体所要求的压制速率不同，在高速压制过程中，需要调控合适的压制速率。压制速率过小，无法提高压坯密度；速率过大，空气难以逸出，也会降低致密度。如压制铜包覆的石墨粉时，当压制速率低于4 m/s，摩擦力的降低起主导作用；随着压制速率的提高，压坯内气体压力逐渐增加，当压制速率大于8 m/s时，气体压力的增加占主导地位。所以，在大于8 m/s之后，随着压制速率的增加，坯体的密度反而降低。当压制速率大于25 m/s时，压坯还会出现分层现象。因此，在工业生产中，经常把压制速率控制在1～7 m/s的范围内。

但是瑞典的Höganäns AB公司利用独特的液压阀门和控制系统，使液压的重锤可以在2～30 m/s的速率下对粉末进行压制，速率为普通液压机的50倍。可以在20 ms内完成第一次压制，在0.3 ms内完成第二次压制，使大规模生产粉末冶金成形产品变得更加高效。

2. 可多次压制

常规的压制过程中压坯的密度主要取决于压制压力，在一次压制之后密度便不会再增加，而HVC过程中，压坯的密度取决于重锤提供给它的能量，该能量可以累加，即随着压制次数的增加，密度可以不断地提高。例如，用4 kJ的冲击功与用两次2 kJ的冲击功可以得到同样的密度。HVC设备可在0.3～1 s时间间隔内实现多次冲击，靠多次的冲击波使得压坯密度不断提高。这一特点为使用中小型的设备生产大尺寸零件提供了可能性。

3. 压坯密度高

HVC 技术在压制时采用的是动态压力，坯体受到静压力 P 和动量 mv 的同时作用，压制速率很大，因此动量较大，压制时间很短。

压制过程中，粉末受到外冲力后在接触区产生大量的摩擦和变形，这种动压热效应和动态摩擦力能够在瞬间释放大量的热，同时气体受到急剧压缩产生大量热量，这些热量可使坯体快速升温。通过大量实验发现：压制速率越高，坯体的温度越高，且坯体边缘部位温度高于内部，上部温度高于下部。这种坯体温度的升高有利于粉末颗粒进一步产生塑性变形，增加润滑剂的润滑效果，加上可多次压制的特殊特点，使得 HVC 技术压制的坯体的密度相当高。例如，国外瑞典 Höganäns AB 公司已经制备出直径 85 mm、质量800 g 的齿轮，其密度为 7.7 g/cm^3。国内果世驹教授制备出高达 7.66 g/cm^3 的高密度压坯，高速压制可使压坯密度较常规压制高 0.3 g/cm^3 以上。

4. 压坯密度分布均匀

HVC 过程中，能量以应力波的形式从上冲模，经过压坯，传至下冲模，当到达下冲模时，能量要发生透射和反射作用。反射的应力波又会反过来作用于压坯底部，进一步提高压坯密度，缩小压坯上下部位的密度差距。

压制时，粉末颗粒之间、压坯与阴模内壁之间的摩擦力也是影响压坯密度均匀性的因素之一。压制速率增大、预压制成型之后再进行高速压制均可以减小摩擦力，降低的摩擦力可以使压坯沿高度方向密度分布更加均匀。如图 7.3 所示，将 D. AE（含 4%Ni、1.5%Cu和 0.5%Mo 的海绵铁粉，此处百分数均指质量分数）通过 HVC 技术压制出单层齿轮，上下部位实测显示密度变化小于 0.01 g/cm^3，比传统压制得到的坯体密度分布更均匀。除此之外，多次压制的特点也使得压坯的密度趋于均匀。

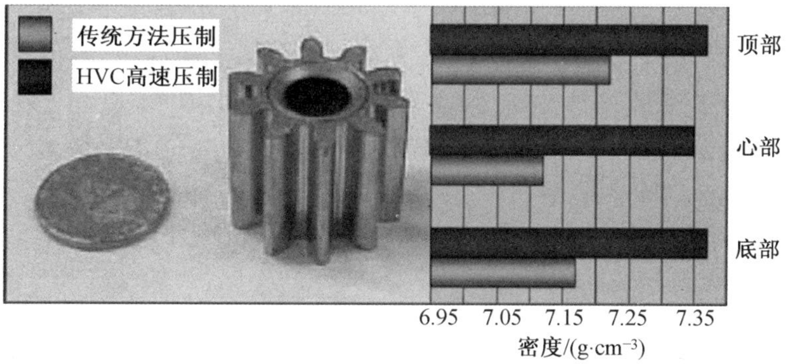

图 7.3　齿轮零件的密度分布

5. 其他特点

HVC 技术压制速度快、压制过程全自动化，提高了生产效率及经济效益。可对高密度的压制坯体在烧结前进行加工，如凹槽、薄壁、内螺纹等。此外，HVC 有低弹性后效及低脱模压力，如当 Jl68 黄铜压坯的相对密度为 83%时，静态压制的侧压系数为 0.46，而高速压制为 0.29。脱模压力的降低使侧压系数减小。

7.1.4 HVC 的应用及缺陷

1. 应用

目前国内外对 HVC 技术的研究主要集中在铁粉、钛粉、不锈钢粉、铜粉、陶瓷和聚合物的试验和模拟研究上，在制备高密度铁基材料零件方面，已经进入了生产应用。随着 HVC 研发工作的进一步深入，HVC 可以用来大量生产粉末冶金零部件和软磁应用材料，如单层零件、内外齿轮、花键等；一些特殊形状的、传动类的及耐磨或高强度等的零部件也正在投入运用，如阀门座、带轮轮毂的圆筒等。未来 HVC 技术将与温压、模壁润滑、复压复烧等技术结合，拓宽其应用领域，给材料工程和制造技术带来广阔的前景。

2. 缺陷

HVC 在被广泛应用的同时，其本身也存在一些缺点：模具寿命较短，在锤头冲击时模具吸收能量，容易损坏。很多研究停留在理论模拟阶段，需要与实际实验相结合。致密化机制尚无定论，粉末颗粒的微观行为不清楚。目前全世界只有瑞典公司及其合作公司可以制造高速压制设备，受制造水平制约，设备昂贵，压制速度有限。

7.2 放电等离子烧结

放电等离子烧结(Spark Plasma Sintering，SPS)，又称等离子活化烧结或脉冲电流热压烧结，是指在粉末颗粒间直接通入脉冲电流，利用瞬间、持续的放电能，在加压条件下进行加热烧结的一种快速烧结新工艺。

SPS 技术最早源于 1930 年美国科学家提出的脉冲电流烧结原理，但是直到 1965 年，脉冲电流烧结技术才在美国、日本等国得到应用。1968 年该技术被称为电火花烧结技术，日本获得了专利，但未能解决该技术，存在的生产效率低等问题，也没有进一步推广。1979 年我国钢铁研究总院自行设计、制造了国内第一台 GDS－I 型电火花烧结机，并用以批量生产金属陶瓷模具。1988 年日本研制出第一台工业型的 SPS 装置，并推广应用于新材料的研究领域。1990 年以后，日本推出了可用于工业生产的 SPS 第三代产品，具有 10～100 t 的烧结压力和 5 000～8 000 A 的脉冲电流。1998 年瑞典购进 SPS 烧结系统，在碳化物、生物陶瓷方面做了很多研究工作。从 2000 年起，我国一些高校和科研机构等单位相继引进日本制造的 SPS 设备。SPS 作为一种材料制备的全新技术，已引起了国内外材料界的特别关注。

7.2.1 SPS 的设备结构

目前使用的 SPS 系统主要是由日本制造的，其基本设备结构示意图见图 7.4。SPS 设备的主要部分包括：轴向压力装置、水冷冲头电极、真空腔体、气氛控制系统(真空、氩气)、直流脉冲电源及冷却水、位移测量、温度测量、安全等控制单元。

SPS 与热压(HP)存在很多相似之处，但加热方式完全不同，SPS 是利用通一断式直流脉冲电流直接通电烧结的加压烧结法。通一断式直流脉冲电流的作用是产生放电等离子体、放电冲击压力、焦耳热和电场扩散作用。通过控制脉冲直流电的大小可以控制升降

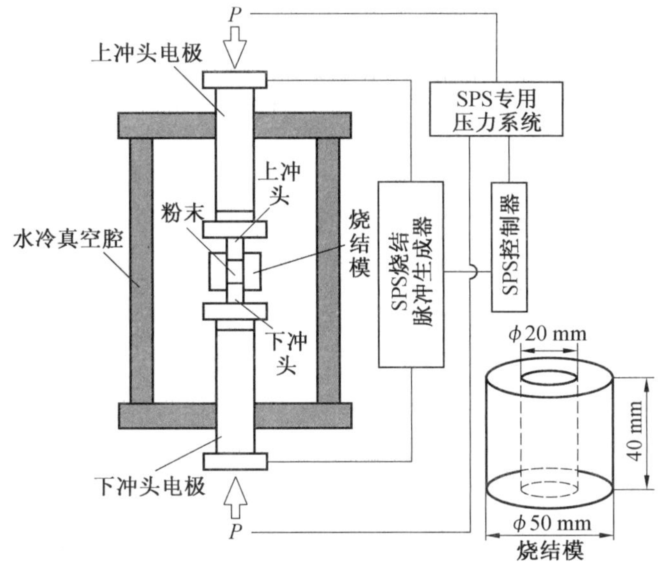

图 7.4　SPS 设备的基本结构示意图

温速率和烧结温度。整个烧结过程可在真空环境下进行，也可在保护气氛下进行，烧结过程中，脉冲电流可以直接通过上、下压头和烧结粉末或石墨模具，因此加热系统的热容很小，升温和传热速度很快，从而使得快速升、降温成为可能。

7.2.2　SPS 的烧结机制

SPS 烧结过程可以看作颗粒放电、导电加热和加压综合作用的结果。烧结过程主要分为两个重要的步骤：首先，由特殊电源产生的直流脉冲电压，在粉末的孔隙产生放电等离子，由放电产生的高能粒子撞击颗粒的接触部分，使物质产生蒸发作用从而起到净化和活化作用，电能储存在颗粒团的介电层中，介电层发生间歇式快速放电，如图 7.5 所示。等离子体的产生可以净化金属颗粒表面，提高烧结活性，降低金属原子的扩散自由能，有助于加速原子的扩散。其次，当脉冲电压达到一定值时，粉末间的绝缘层被击穿而放电，使粉末颗粒产生自发热，进而使其高速升温。粉末颗粒高速升温后，晶粒间的结合处通过扩散迅速冷却，电场的作用因离子高速迁移而高速扩散。然后通过重复施加开关电压，使放电点在压实颗粒间移动而布满整个粉末。

使脉冲集中在晶粒结合处是 SPS 过程的一个特点。颗粒之间放电时会产生局部高温，在颗粒表面引起蒸发和熔化，在颗粒接触点形成颈部，由于热量立即从发热中心传递到颗粒表面和四周扩散，颈部会快速冷却而使蒸气压低于其他部位。气相物质凝聚在颈部形成高于普通烧结方法的蒸发一凝固传递是 SPS 过程的另一个重要特点。晶粒受脉冲电流加热和垂直单向压力的作用，原子的扩散运动增强，加速了烧结致密化过程，因此用较低的温度和较短的时间即可得到高质量的烧结体。

7.2.3　SPS 技术的工艺和特点

SPS 烧结工艺过程可以分为四个阶段，如图 7.6 所示。第一阶段：对粉末略施压力。

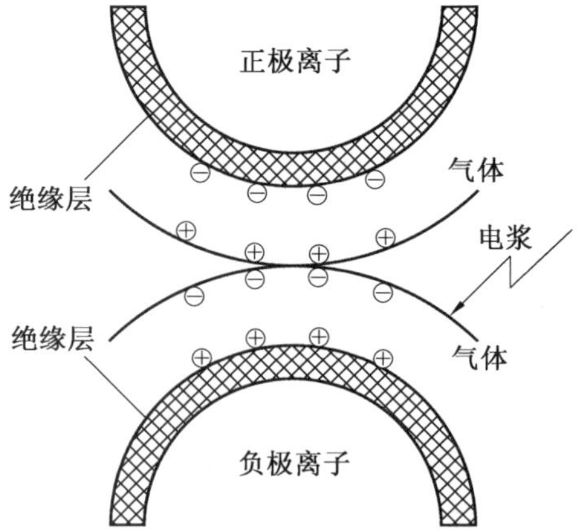

图 7.5 放电过程中粉末粒子对的模型

第二阶段:保持恒定压力,对粉末施加脉冲电压,使其产生等离子体,活化颗粒表面,该阶段会产生少量的热。第三阶段:关闭等离子体电路,继续提高压力,在恒压的作用下,用直流电对产品加热至所需温度。第四阶段:停止直流电阻加热,样品冷却至室温后消除压力。在整个工艺过程中,压力和温度是成功进行烧结的最重要的两个参数。这些变量的包络线可以通过活塞运动、脉冲电流(功率、电压和电流的周期)、连续的电能(电压和电流)和冷却速率的动态调整来控制。

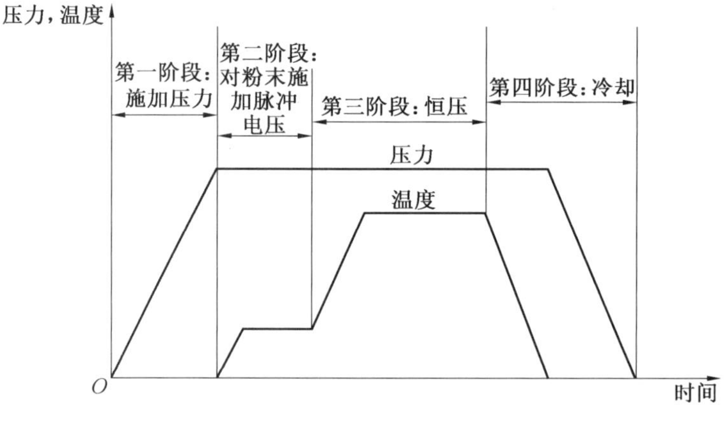

图 7.6 SPS烧结压力、烧结温度与烧结时间的关系

SPS的特点主要有:集等离子体化、加热、电阻加热为一体。这使得材料受热均匀,升温速率快,烧结温度低,烧结时间短,生产效率高;能抑制材料颗粒的长大,能保持产品组织细小均匀及原材料的自然状态;烧结的材料致密度高;通过控制烧结组分和工艺,可烧结梯度材料及复杂工件等。

但是SPS技术的基础理论目前尚不完全清楚,需要大量的实践与理论研究进一步完善。另外,为了做出更大尺寸的产品,SPS需要增加设备的多功能性和脉冲电流的容量。尤其是需要完善全自动化的SPS生产系统,使其能够生产出形状复杂、性能较高的产品,并满足三维梯度功能材料的生产需求。

7.2.4 SPS 技术的应用

SPS 在新材料开发上的典型应用主要有以下几个方面。

1. 金属间化合物

金属间化合物具有常温脆性和熔点高等特点，因此该类材料的制备或生产需要特殊的过程。如果采用熔化法(如电火花熔化、电阻熔化、感应熔化等)制备金属间化合物，往往需要高能量、真空系统，且需要后续进行二次加工。相比较，利用 SPS 法制备金属间化合物，能够有效利用颗粒间的自发热作用和表面活化作用，实现低温、快速烧结。

目前利用 SPS 技术已经制备出的金属间化合物有 Ti－Al 体系、Mo－Si 体系、Ni－Al 体系等。其中，利用 SPS 技术制备 Ti_3Al 金属间化合物时，烧结温度为 800 ℃，压力为 33 MPa，烧结时间为 5 min 便可获得纯度较高、致密且性能优异的 Ti_3Al 单相组织；Mo－Si 体系制备过程中，烧结温度为 1 400 ℃，压力为 49 MPa，烧结时间为 5 min，得到的烧结样品致密度便可高达 98%。

2. 梯度功能材料

由于梯度功能材料的组分是梯度变化的，各层所需的烧结温度不同，利用传统的烧结法难以一次烧成。利用 CVD、PVD 等方法制备梯度材料费用昂贵，很难实现工业应用。而 SPS 技术可以利用图 7.7 所示的直径上小下大的石墨模具，根据模具上下端电流密度不同，在样品的两端可以形成温度梯度，从而使组成为梯度分布的样品可以一次性同时烧结致密。烧结时间一般很短(仅仅几分钟)，烧结体致密度高于传统烧结方法，SPS 制备的梯度结构硬质合金致密度可达 99%。目前已取得良好烧结效果的梯度材料有不锈钢/ZrO_2 系、Ni/ZrO_2 系、PSZ/Ti 系、Al/高聚物系等多种梯度材料。

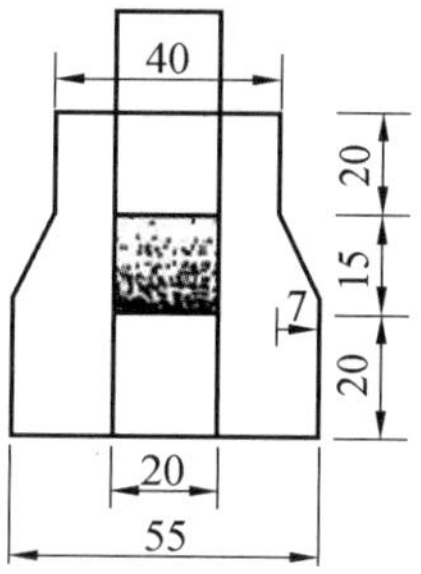

图 7.7　制备梯度材料用的石墨梯度模具

3. 陶瓷材料

放电烧结所需的时间极短，几乎不发生晶粒长大，且可重复性好。将体积分数 20% 的 Al_2O_3 与 ZrO_2 混合后用 SPS 技术烧结，1 300 ℃以上的温度下陶瓷的致密度可以达到 99%，并且具有优异的抗弯强度、断裂韧性和硬度。目前，比较成熟地应用 SPS 技术制备出的陶瓷材料有 $Ln_4Al_3O_9$－SiC 系、SiC－Si 系、ZrO_2 系、Al_2O_3 系及 AlN 系等陶瓷。其中，我国一些研究人员以 CaF_2 为助烧剂，利用 SPS 技术在 1 850 ℃温度下烧结 15 min，制备出了透明 AlN 陶瓷。

4. 功能材料

20 世纪 80 年代末，有学者利用 SPS 技术试制了 Nd－Fe－Co－B 系完全烧结磁体，根据脉冲通电能消除粉末颗粒表面的氧化膜和吸附气体的机制，使内禀矫顽力 H_c 等磁性能显著提高。同时因为 SPS 技术烧结过程时间比较短，能够抑制组织晶粒的长大，所以能够制备出剩磁通（B_r）和内禀矫顽力（H_c）受温度影响很小的磁体材料。目前利用 SPS 技术制备的 $Bi_{1.7}Pb_{0.3}Sr_2Ca_{2.1}Cu_{3.1}O_x$ 系非晶超导材料，在烧结温度为 740～800 ℃条件下，烧结 8～9 min，可以得到高致密、无孔隙、无裂纹的样品，且对超导性能无不利影响。

5. 纳米材料

纳米材料作为一种独特的材料体系已经引起了广泛的关注和研究。但是利用传统的热压、热等静压等烧结方法，很难保证烧结样品在高致密度的同时显微组织为纳米尺寸级别。SPS 技术的最大特点是短时间内快速烧结，有效抑制晶粒粗化，因此利用 SPS 技术制备高致密度、细晶粒的纳米材料是一种有效的手段。Risbud 等利用 SPS 技术烧结制备了掺有 MgO 的纳米级 $\gamma-Al_2O_3$，与传统无压烧结、热压烧结相比，烧结温度显著降低，烧结时间大大缩短，烧结体的致密度增大，且晶粒细小均匀。此外，利用 SPS 技术成功制备出了 3Y－TZP、Al_2O_3、YAG 和莫来石等细晶粒的陶瓷样品，用 2～3 min 升温至烧结温度，压力为 45 MPa，保温 1 min 或不保温，可获得致密度为 98%以上的样品，且力学性能优良。

6. 合金材料

研究者对比了放电烧结和普通真空烧结两种工艺烧结的 92WC－8Co 纳米硬质合金，结果表明，用 SPS 烧结硬质合金，温度明显低于普通真空烧结，并且烧结时间大大缩短，晶粒尺寸小于普通烧结技术。关于 Fe－M－B(M＝Zr，Nb，Pr)软磁合金，采用 SPS 技术在 400～800 ℃烧结 5～10 min，便可制备出致密度较高，组织晶粒为 20～30 nm 的样品。此外，利用 SPS 技术还成功制备出了 TiNi、Ni_2MnGa 等形状记忆合金及 Fe－18Cr－8Ni 合金，样品致密度均高达 99%以上，性能优良。

7.3 闪　　烧

作为活化烧结的一种，“闪烧(Flash Sintering)”与“压力电火花烧结(SPS)”具有类似之处。闪烧的发生要求在一定的温度条件下对陶瓷样品施加高能量的电场作用，与 SPS 的区别是在没有压力的条件下闪烧仍然可以实现陶瓷样品的快速致密化。

关于闪烧的报道最早可追溯到 1952 年，Hill 等在陶瓷金属的研究中指出对陶瓷金属粉末通以直流电流可起到快速加热的作用，而这一闪烧的雏形受启发于 1946 年 E. G. Touceda的相关工作。由此可见，闪烧这一技术概念并非十分新颖的事物。然而，正式提出“闪烧”这一名词并将其大量研究和应用却始于 2010 年。Cologna 和 Raj 等首次在 850 ℃的低温条件下且少于 5 s 的时间内实现了纳米氧化锆陶瓷的致密化烧结。这一工作之所以明显区别于前人主要体现在以下两点：烧结工程中没有外加应力；材料体系为室温不导电的陶瓷材料(陶瓷金属具有连续的导电通路)。

从 Cologna 等的研究结果中看出极快的致密化速度和较低的温度使得闪烧显著优于传统烧结工艺，而纳米氧化锆的传统烧结通常需要在 1 300 ℃以上保温十几小时才能达到良好的致密化。当然，Cologna 等提到的较低温度(850 ℃)指的是在对样品施加电场前的预热温度，由于焦耳热的附加能量，闪烧过程中的真实温度往往远高于预热温度。

7.3.1 闪烧烧结机制

早期的闪烧报道主要集中于氧化钇的摩尔分数为3%的稳定氧化锆(3YSZ)这种高温阳离子电导陶瓷，但后续的研究表明闪烧这一方法扩展性极强，可广泛应用于诸如其他不同等级的氧化锆(8YSZ)、质子电导陶瓷(Gd 掺杂 $BaCeO_3$)、电子导体氧化物(Co_2MnO_4)、传统陶瓷及共价键半导体等的烧结。其中大部分研究使用直流电源，Muccillo 等证实交流电的应用同样是可行的。经过近十年的发展，科研人员在闪烧烧结领域积累了大量的试验数据和经验，对部分研究达成一定共识，但在闪烧烧结机制的解释方面仍然存在争议，难以统一。目前，主要的闪烧烧结机制有晶界局域热效应、晶格缺陷雪崩形核机制及焦耳热失控效应等。

1. 晶界局域热效应

晶界局域热效应是最早由 Cologna 提出的一种针对快速烧结的可能解释。该理论主要适用于低热导率材料，其提出粉末坯体中颗粒与颗粒间的松散连接导致颗粒间接触电阻高于晶粒的内部电阻进而在电流相同条件下晶界处产生的焦耳热更多，加速了晶界扩散，实现样品的快速致密化。Chaim 进一步将该机制扩展，指出晶界处的高焦耳热量可产生晶界液相促进烧结。由于该理论未能考虑热流的影响，因此不能很好地解释具有较高热导率的材料体系(如 3YSZ，温度可 1 μs 漂移 1 μm)的闪烧过程。高热导率导致晶界与晶粒温差在闪烧完成前即已迅速达到平衡，晶界局域焦耳热效应不复存在。

2. 晶格缺陷雪崩形核机制

晶格缺陷雪崩形核机制是一种较为新颖的机制，其基于一种前提假设，即材料内部存在弗仑克尔缺陷并且这种缺陷可以形成雪崩效应产生大量的电子一空穴对。这种机制最引人注目的一点是它可以依靠单一机制解释近乎所有在 YSZ 闪烧中观察到的现象：晶格缺陷可以增加扩散速率实现快速烧结；大量电子一空穴对可以解释闪烧中存在的高导电率；而电子空穴的复合可很好地解释闪烧中存在的强烈的激发发光现象。而“形核”这一概念与闪烧中存在的“潜伏期”现象吻合。“潜伏期”指在一定的炉温预热条件下，当样品上所施加的电场高于临界场强后仍需一定的迟滞时间才开启闪烧进程的现象。晶格缺陷雪崩形核机制认为这种闪烧的迟滞时间对应于弗仑克尔缺陷对形核所需时间以满足缺陷发生雪崩效应的条件。当然，晶格缺陷雪崩形核机制在解释如 SiC 等共价键半导体材料的闪烧时存在困难，共价键材料中稀少的弗仑克尔晶格缺陷难以满足雪崩形核的条件，并且该理论在缺陷的动力学和热力学方面的探讨还不够深入。

3. 焦耳热失控效应

陶瓷材料尤其是与 3YSZ 类似的离子导体陶瓷的电阻值表现出明显的负温度系数行为(Negative Temperature Coefficient，NTC)，这导致在一定电压条件下，材料中可出现热失控效应。热失控效应所指的情况是，当陶瓷材料的温度因焦耳热效应升高后，材料电阻(R)降低，电能耗散(V_2/R)增加，从而引发材料温度更进一步地升高，产生循环。这是一种正回馈。在假设材料内温度均匀的情况下，综合考虑预热炉温、电场等因素，Todd 及其合作者给出了具有圆形界面样品的焦耳热失控效应临界电场：

$$E_{crit}^2 = \frac{4P\varepsilon\sigma\rho_0 R}{AQ}(T_0 + \Delta T_{crit})^5 \exp\left(\frac{Q}{R(T_0 + \Delta T_{crit})}\right) \tag{7.3}$$

当 $\Delta T_{crit} \ll T_0$ 时，有

$$\Delta T_{crit} \approx \frac{RT_0^2}{Q - 5RT_0} \tag{7.4}$$

式中，E_{crit} 为预热炉温 T_0 时引发热失控开启闪烧过程的临界电场强度；P 和 A 分别为样品圆形界面的周长和面积；ρ_0 和 Q 分别为描述电阻的阿伦尼乌斯公式的指数及激活能；R 为理想气体常数；ε 为辐射系数；σ 为斯特芬－玻尔兹曼常数；$(T_0 + \Delta T_{crit})$ 为样品在热失控中的真实温度。

这一模型利用闪烧前样品的 ρ_0 和 Q 作为电学参数来表述常电压闪烧试验中的电阻值，进而依据式(7.3)和式(7.4)来预测 T_0 温度时的临界电压，预测结果与试验数据吻合良好(图 7.8)。需要强调的是，尽管该模型中没有可调控参数，而且一些基本参数是材料发生闪烧前样品的数据，但理论预测不仅与试验数据符合良好，并且可以很好地解释闪烧“潜伏期”、局域电流及强电流作用下的样品温度等问题，这表明闪烧过程中的主要电、热特征是经典的焦耳热失控效应的结果。目前，该模型在 ZnO 、$BaTiO_3$、Al_2O_3 陶瓷和 Al_2O_3/TZP 复合陶瓷中均得到成功应用。

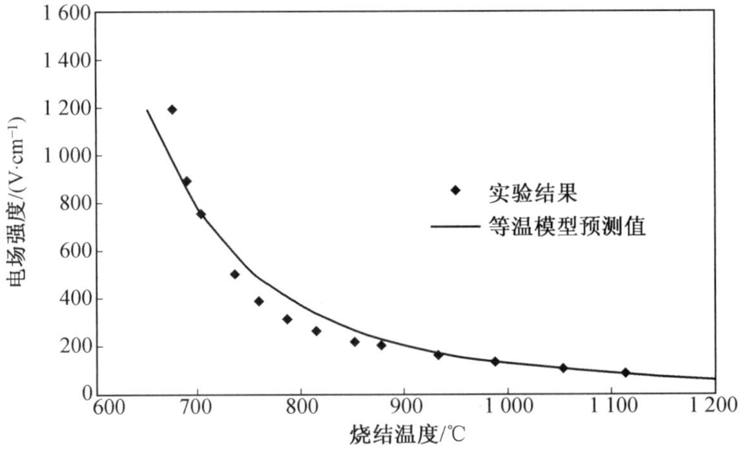

图 7.8　理论预测值与试验测试结果关系曲线

7.3.2 闪烧烧结特点

闪烧作为一种较新颖的烧结工艺，其展现的特有优势主要为：烧结温度低，烧结速率快，保温时间短，可烧结传统高温难以烧结的材料，无须烧结助剂，烧结流程简单，设备易于搭建。

闪烧烧结技术对样品形状有一定要求，一般来讲，绝大多数样品都加工成骨头状，如图 7.9(a)所示，这有利于电流在样品内的均匀流动，使得样品各部分致密化进程一致。当然，根据实际需求，其他形状样品也在试验中取得了成功，如长方体、圆片、平板形等，如图 7.9(b)中的异形样品。提供电流所需的电极材料通常为具有极高熔点及优异化学稳

定性的铂金(Pt),电极形状包括金属线电极、圆柱电极和盘状电极等。根据烧结温度计气氛,电极材料还可在低温情况下选择低熔点的银或在非氧化气氛下选择碳/石墨烯电极。

(a) 骨头状

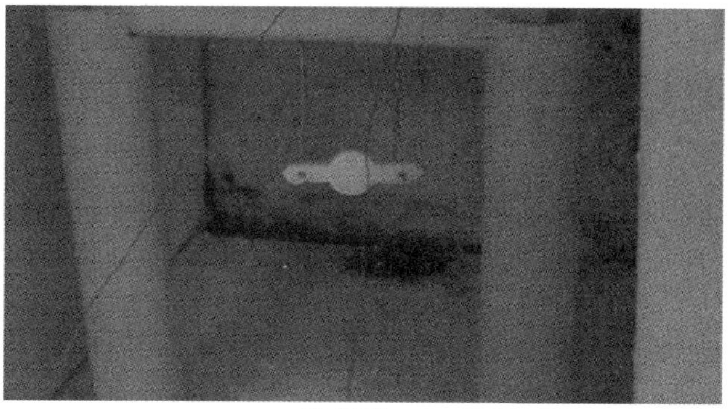
(b) 异形

图 7.9 闪烧样品加工形状

下面以 YSZ 为例说明闪烧烧结的大致过程。首先,试验制备成图 7.9(b)所示形状的样品,样品两侧用铂丝绑扎使样品可以连接到电路中形成回路,样品悬挂在刚玉架上固定并置于炉内;然后对样品进行程序加热并将一定电压(U)的直流电源加载于样品两端。室温时,YSZ 并不导电,此时加载电压不会产生任何现象。随着温度的升高,电流(I)在临界温度下突然增大,并伴有电能的耗散(UI)峰,如图 7.10 所示。在该电能耗散峰后的 15 s 内实现闪烧烧结,其中峰附近 5 s 内尤其剧烈,是密化过程的主要部分。

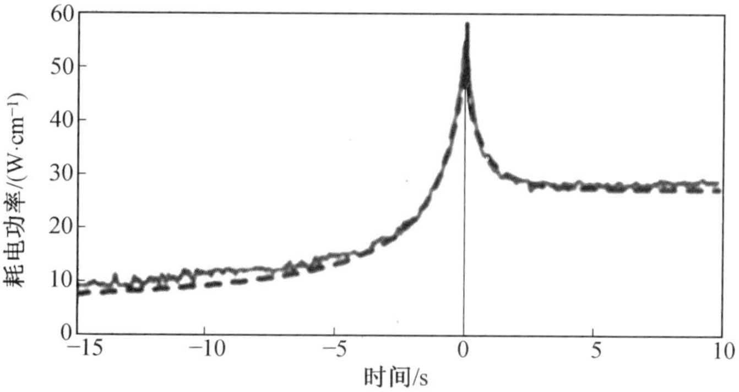

图 7.10 耗电功率与时间的关系
(实线代表 YSZ 中的电能耗散,初始电场强度为 100 V/cm,升温速率为 5 ℃/min。临界温度后数秒内即发生能量的急剧变化,在 $t=0$ s时,电流达到 550 mA。临界温度后电流随施加电压的调低而逐渐下降。虚线为试验数据拟合曲线)

闪烧过程伴随有光辐射发生,其中主要为电致发光及一定的焦耳热导致样品高温发光,如图 7.11 所示,样品剧烈发光。

在闪烧过程中,变量的控制可以是灵活的。例如,可以设定炉温固定,进而逐渐增高样品的温度直至发生闪烧,以探索电场强度及预热温度在闪烧中的关系;也可以采用连续或脉冲电流实现闪烧。

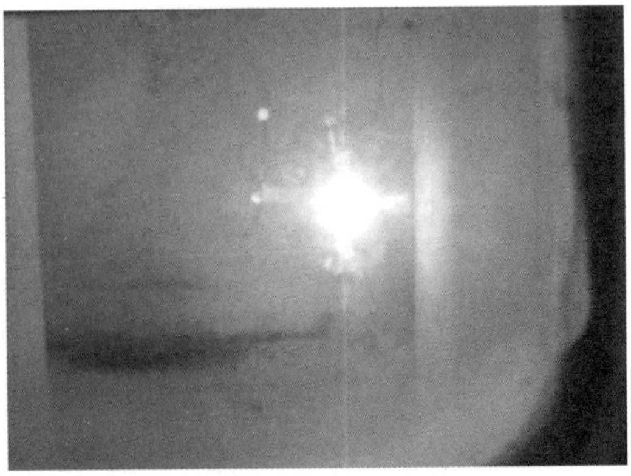

图 7.11 闪烧过程的视频截图片段

7.3.3 闪烧烧结应用

由于烧结时间短，烧结温度低，闪烧通常可以得到晶粒十分细小的致密材料，晶粒的细化改变了材料的晶界数量和结构，晶粒间的连接状态也因电场作用发生变化，对材料的力、电、热等性能具有影响。在复合材料的烧结中，闪烧的低温快速致密化可以大幅降低两相之间的扩散，有利于保持材料各自的性能。

1. 离子导体材料的烧结

以 3YSZ 为例，选用不同初始粒径的 3YSZ 陶瓷粉末压制成素坯，图 7.12 展示了初始晶粒尺寸及闪烧电场对烧结收缩曲线的显著影响。在未加电场的传统烧结工艺下，各晶粒尺寸素坯随温度升高缓慢收缩，在近 1 500 ℃时仍未完全致密化；而在闪烧工艺的电场施加于素坯后，所有素坯在各自的临界温度处均发生快速收缩，不同晶粒尺寸对闪烧的临界温度有一定影响，晶粒越小，闪烧所需的预热温度越低且收缩率越大。

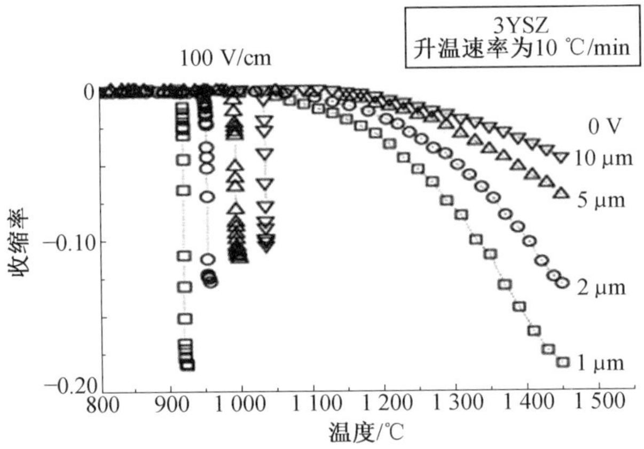

图 7.12 闪烧过程中烧结速率随温度变化的示意图

对比初始晶粒尺寸 D50 为 1 μm 的陶瓷(图 7.13)，传统烧结工艺与闪烧工艺陶瓷的致密度均达到 96%。对比发现，闪烧得到的陶瓷具有更多含量的 100 nm 以下的纳米晶粒。可能的原因是在闪烧的极短过程中，大量元素扩散至气孔和缺陷内以完成致密化，由此在原气孔及缺陷处形成新的纳米晶，这也正是纳米晶主要集中于晶界的原因。

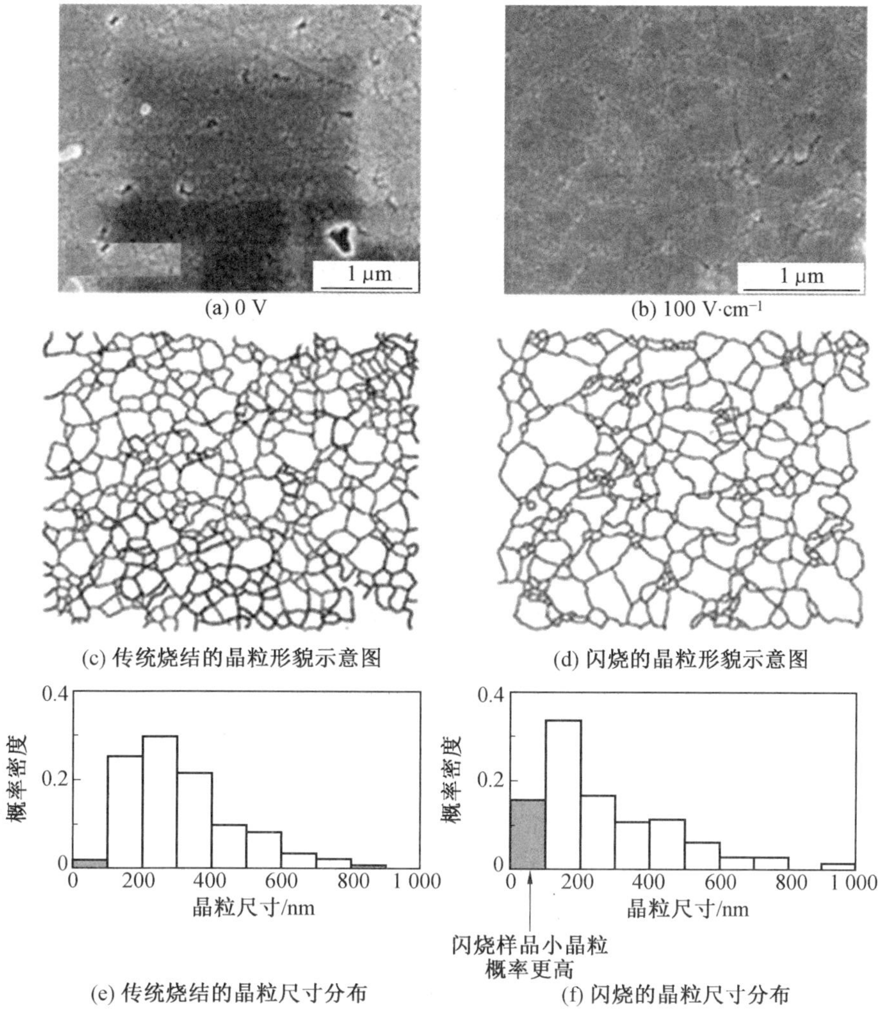

(a) 0 V　(b) 100 V·cm^{-1}

(c) 传统烧结的晶粒形貌示意图　(d) 闪烧的晶粒形貌示意图

(e) 传统烧结的晶粒尺寸分布　(f) 闪烧的晶粒尺寸分布

图 7.13　传统烧结与闪烧晶粒尺寸对比

2. 电子导体材料的闪烧烧结

区别于 3YSZ，Co_2MnO_4 是典型的以电子导电为主要机制的电子导体材料，由于其良好的导电能力及稳定的化学性质而被大量应用在固体氧化物燃料电池（Solid Oxide Fuel Cell，SOFC）连接件的保护涂层上。Co_2MnO_4 可保护连接件中的不锈钢基体免受腐蚀，但 Co_2MnO_4 涂层的致密化烧结传统上往往需要 1 100 ℃及以上高温并保温数小时。这种长时间高温烧结可导致不锈钢中的 Cr 在不锈钢表面形成一层不导电的脆性氧化层，使得 SOFC 连接件的导电性能大幅降低。因此，闪烧的特性用在连接件的制备上将有利于避免 Cr 氧化层的形成。

图 7.14 表明，Co_2MnO_4 的良好电导能力，使其在低电场强度下即可启动闪烧，Co_2MnO_4 所需的闪烧电场强度低于 3YSZ 电场强度一个数量级。在 12.5 V/cm 的场强下，Co_2MnO_4 于约 325 ℃时即发生闪烧。数秒内完成的低温致密化完全可以避免不锈钢的脆性绝缘氧化层的出现。

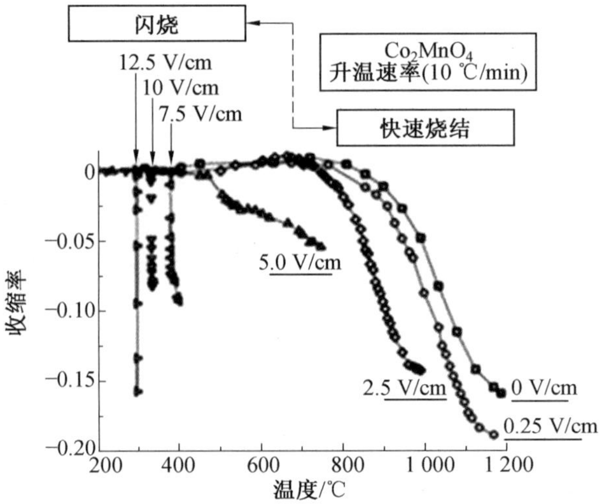

图 7.14 同一温度不同电场下的线性收缩曲线

7.4 自蔓延高温合成

自蔓延高温合成(Self-propagating High-temperature Synthesis, SHS)技术,又称自蔓延燃烧或燃烧合成技术,1967 年由苏联科学家 Merzhanov 在研究火箭固体推进剂燃烧问题时,试验过渡金属和 B、C 及 N 等的反应时提出的一种新的材料合成工艺。SHS 首先利用外界供给的能量诱发放热化学反应(点燃),然后靠该高热反应释放的能量使两种或两种以上物质的化学反应以燃烧波的形式自动蔓延下去,从而合成所需的材料(粉末或固结体)。

SHS 技术种类涵盖较广,包括制备技术,烧结技术,致密化技术,熔铸,焊接、涂层、热爆技术、化学炉技术和一些反应球磨等非常规技术。SHS 技术生产出来的产品种类主要为中间产物和终结产物两种,其中中间产物可以作为后续加工过程的原料继续反应,而终结产物的产生可以直接省掉中间过程,增加反应效率。

7.4.1 SHS 的原理

SHS 的燃烧蔓延过程可以被认为是逐层瞬间的点火过程,如图 7.15 所示。给初始粉末混合物预热,达到着火温度点后,整个反应体系便被引燃,剧烈反应放出的热量使靠近反应区的未反应区被预热,达到着火温度点后也开始燃烧,使得燃烧波逐层传递。

SHS 的点火方式主要有:燃烧波点火、辐射流点火、激光诱导点火、加热气体点火、电火花点火、化学点火、电热爆炸、微波能点火和线加热点火等。其中对于点火问题的处理,应用较多的是热理论,即:点火是由热量的积累所致。需要指出的是,被广泛用于解释凝聚态物质点火过程的热理论,只适用于描述体系内热量的产生与传导,并未考虑原子间的扩散因素。如果考虑材料内部孔洞对材料热性能的影响,则受激光束辐射的理想条件下点火延迟时间 τ 和最小点火能 E 便可以计算出来,即

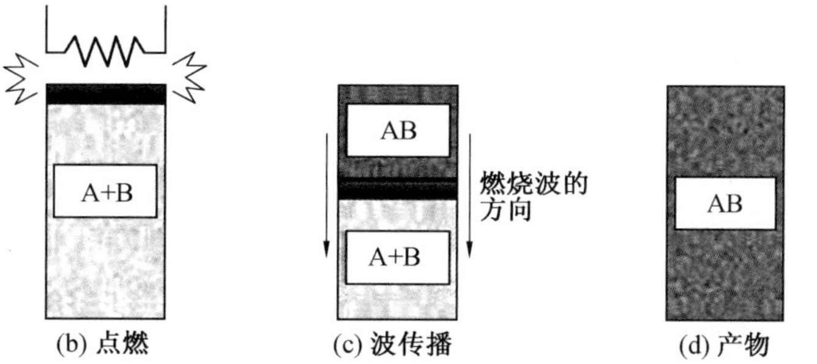

图 7.15 SHS 原理图

$$\tau = \frac{\pi \lambda_p \rho_p c_p \ (T_{ig} - T_0)^2}{4q_0^2} \tag{7.5}$$

$$E = \int_0^\tau P\mathrm{d}t = P\tau = \frac{\pi \lambda_p \rho_p c_p S^2 \ (T_{ig} - T_0)^2}{4PA^2} \tag{7.6}$$

式中，λ_p 为指定压热导率；ρ_p 为粉末压坯密度；c_p 为比定压热容；T_{ig} 为压坯表面温度；T_0 为室温；q_0 为有效激光功率密度，$q_0 = AP/S$；P 为激光输出功率；S 为光斑面积；A 为压坯表面对激光束的吸收率。

SHS 的燃烧类型按燃烧体系分为：①固体燃烧，即整个燃烧过程中材料一直以固体状态存在的燃烧；②准固态燃烧，指反应初始与最终产物为固态，但中间产物可为气态或液态的燃烧；③渗透燃烧，指有孔金属或非金属与气体发生燃烧时，气体能通过气孔渗透到材料内部的燃烧，产物为固体。按照燃烧模式，SHS 的燃烧可分为稳态燃烧和非稳态燃烧，稳态是指燃烧过程中火焰以恒定的速度传播的燃烧，相反，非稳态就是火焰传播速度不恒定。非稳态进一步又可分为振荡燃烧、螺旋燃烧与无秩序燃烧。

SHS 方法按照燃烧方式可分为点燃式、热爆式和微波式。点燃式是指在原始混合物的一端点燃反应，依靠放出的巨大热量引燃临近材料；热爆式是指在一定气氛下，对原始混合物整体加热反应，待反应开始即停止加热，依靠外部燃烧放出的热量引燃内部的反应；微波式方法与热爆式相反，是使燃烧由内向外的反应过程，该方法下反应更加完全。

7.4.2 SHS 的热力学条件

1. SHS 过程判据

热力学计算是 SHS 过程初步研究的有效方法，有助于 SHS 过程中对温度和成分的调控。热力学燃烧温度（T_{ad}）是假定体系没有热损失时体系所能达到的最高燃烧温度，是描述吉布斯反应特征最重要的热力学参量。根据 T_{ad} 的计算，可以进行以下两个方面的分析。

(1)判断燃烧体系能否自持续进行。根据热力学原理，只要吉布斯自由能小于零，反应就可以进行，即

$$\Delta G_T = \Sigma n_i (G_T)_{i,p} - \Sigma n_i (G_T)_{i,r} < 0 \tag{7.7}$$

式中，ΔG_T 为温度 T 时的自由能变化；n_i 为 i 物质的量；$(G_T)_i$ 为物质 i 在温度为 T 时的自由能；r、p 分别为反应物和生成物。

Mezhanov 等经过大量研究发现，对于多元体系，仅当 $T_{ad} \geqslant 1\ 800$ K 时，SHS 才能正

常进行。后 Munir 发现,对于 T_{ad} 小于其熔点温度 T_m 的化合物生成热与比热容(298 K)的比值时,只有在比值大于 2 000 K 时,SHS 过程才能顺利进行。

(2) 定性了解 SHS 过程中的组分状态。通过比较体系的 T_{ad} 与熔点 T_m 可以初步判断 SHS 过程中间产物是否能有液相出现,如 $T_{ad}<T_m$ 时,无液相出现;当 $T_{ad}>T_m$,全部为液相;当 $T_{ad}=T_m$ 时,部分为液相。

2. SHS **图**

Munir 在研究了多种材料的合成体系后,提出了以稀释剂浓度为横坐标,以坯料起始温度为纵坐标建立 SHS 图的想法,后经过对 SHS 燃烧方式大量的探究,他建立了 SHS 图(图 7.16),并从热力学角度给出了各个区域的边界条件。SHS 图的建立对实际生产工艺的制定起到了很好的理论指导作用。

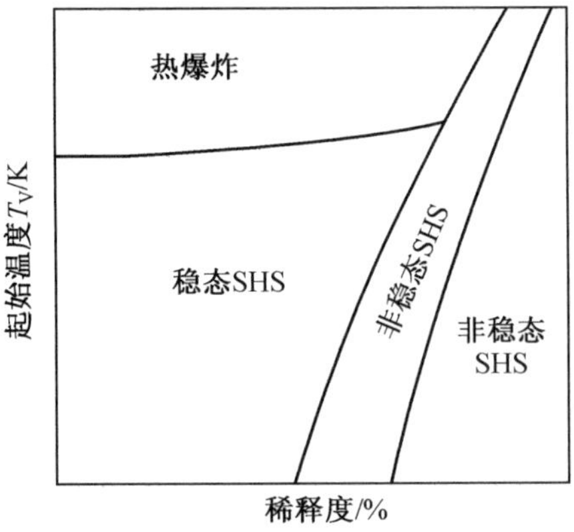

图 7.16 SHS 图

(1)SHS 与非 SHS 边界。

根据 Zeldovich 的理论分析,热力学稳态速率与最小速率之间的关系满足

$$v_{ad}=\sqrt{e}\,v_{min} \tag{7.8}$$

式中,v_{min} 为维持自蔓延的最小燃烧速率。

又已知燃烧波传导速率方程(Merzhanov 方程):

$$v^2=f(n)c_pK/q(RT^2/E^*)K_0\exp\left(-\frac{E^*}{RT}\right) \tag{7.9}$$

式中,$f(n)$ 为反应动力学级数 n 的函数;q 为反应热;R 为气体常数;T 为燃烧温度;K_0 为指数因子,是个常数;E^* 为过程激活能。

由此可以推导出 SHS 与非 SHS 边界条件判据为

$$f(T_{ad})=\frac{2RT_0}{E}\left[\frac{T_{ad}}{T_{ad}-T_0}+1\right] \tag{7.10}$$

(2)稳态与非稳态 SHS 边界。

对均匀体系由稳态向非稳态的研究表明:

$$\mu=\frac{RT_{ad}}{E}\left[\frac{9.1c_pT_{ad}}{q}-25\right] \tag{7.11}$$

当 $\mu\geqslant1$ 时为稳态燃烧;当 $\mu<1$ 时为非稳态燃烧。

Matkowsky 等则通过研究给出了其他判据：

$$\mu=\frac{E}{2K\,T_{\mathrm{ad}}^{2}}(T_{\mathrm{ad}}-T_{0}) \tag{7.12}$$

$$\mu=\frac{E(T_{\mathrm{ad}}-T_{0})}{2\,R_{\mathrm{ad}}^{2}}\left[1-\exp\frac{E(T_{\mathrm{m}}-T_{\mathrm{ad}})}{RT_{\mathrm{ad}}^{2}}\right]^{-1} \tag{7.13}$$

当 $\mu>2+\sqrt{5}$ 时，燃烧以稳态方式燃烧；反之，以非稳态方式燃烧。

(3)热爆与稳态 SHS 边界。

对于反应温度均匀的体系，Semenov 经研究总结出，在静态条件下热爆的边界判据为

$$S_{e}=q\rho\frac{VE}{\alpha SR}T_{0}^{2}\left[K_{0}\exp\left(-\frac{E}{RT_{0}}\right)\right] \tag{7.14}$$

式中，α 为热交换系数；S 为热交换面积；V 为反应物的体积。

当 $S_{\mathrm{e}}>1/\mathrm{e}$ 时，能发生爆炸。

当反应体系内存在温度梯度时，Frank-Kamenetsky 给出了静态条件下的热爆平衡条件：

$$F_{k}=q\rho\frac{Ed^{2}}{4\lambda RT_{0}^{2}}\left[K_{0}\exp\left(\frac{E}{RT_{0}}\right)\right] \tag{7.15}$$

式中，λ 为热导率；d 为式样特征尺寸。

Merzhanov 等进一步推导出了存在温度梯度的体系，静态与非静态下的热爆临界判据：

$$FK_{\mathrm{cr}}(B_{i})=FK_{\mathrm{cr}}\varphi(B_{i}) \tag{7.16}$$

$$\varphi(B_{i})=\frac{B_{i}}{2\left(\sqrt{B_{i}^{2}+4}-B_{i}\right)}\exp\left[\frac{\sqrt{B_{i}^{2}+4}-B_{i}-2}{B_{i}}\right] \tag{7.17}$$

$$B_{i}=\alpha d/\lambda \tag{7.18}$$

从上述可以看出，热交换比 B_{i} 对热爆炸影响很大。

上述的边界条件均在理想条件下才能满足，要想得到实际可用的 SHS 图，必须经过一系列的实验来验证。

7.4.3 SHS 的动力学条件

温度、气压、催化剂、气氛、介质等因素对反应速率的影响是燃烧合成动力学研究的主要任务，能够从本质上揭示化学反应与物质结构之间的关系，进而调控化学反应过程。通过控制燃烧条件，改变燃烧方式，可以获得所需要的产品。

(1)燃烧速率的影响。

动力学参数对 SHS 燃烧过程的影响参数主要有燃烧速率、反应速率、质量燃烧速率和能量速率等。其中被普遍采用的是燃烧波速率，即反应区前端波向前移动的速率。对于一个体系的 SHS 过程，假设的条件及边界条件不同，或采用不同的求解方法时，得出的燃烧波速率方程不同。

(2)晶粒尺寸的影响。

反应物的晶粒尺寸对反应进行的程度、反应顺序、反应区温度变化、燃烧波速率等都

有很大的影响。当只考虑燃烧波速率与粒子尺寸之间的关系时，SHS 反应速率可以用 Fourier 热平衡方程表达：

$$\lambda \frac{\partial^2 T}{\partial x^2} - c_p \rho \frac{\partial T}{\partial x} + Q \frac{\partial \eta}{\partial t} = 0 \tag{7.19}$$

式中，Q 为反应热；η 为反应程度；T 为温度；t 为时间；x 为燃烧温度。

上式是在理想条件下的平衡方程，实际上燃烧波速率与晶粒的分布状况、物质的扩散情况、反应是否均匀等因素均有关系，相应的热平衡方程也会有所不同。

(3)液相的影响。

在固一固反应中，反应物之间的物质交换受颗粒间有限的接触限制，所以反应中产生的液相对反应的进行起着重要的作用。液相可以通过反应物的熔化或共晶接触熔化产生。

液相主要是依靠扩散机制或毛细机制来影响燃烧波速率的。熔融的液相在高熔点组分上铺张，当铺张时间大于反应时间时，体系反应主要靠毛细作用控制；当铺张时间小于反应时间时，体系反应主要受组分在生成层中的扩散作用控制。但无论受哪种机制控制，都与材料的晶粒尺寸有关：当晶粒尺寸较大时，即满足$r_0 \geqslant \frac{\sigma r_r}{\mu D}$时，主要受毛细作用主导，反之，主要靠扩散机制主导。

(4)气压的影响。

在 SHS 固一气反应中，参加反应的气体的压力对反应的进行起到了至关重要的作用，不参加反应的气体压力对反应过程的进行也起到了重要的作用。

以固体金属 M 与 N_2 的反应为例，生成 MN 相所需的最小气体压力 p_{N_2} 为

$$p_{N_2} = \exp\left(\frac{2\Delta G^{\ominus}}{R_g T}\right) \tag{7.20}$$

但是，为了保证反应的顺利进行，必须提供更高的 N_2 压力才行。经过研究发现，反应进行的程度与 N_2 压力的关系为

$$\eta = (1-S) p_{N_2} \left(\frac{\pi}{1-\pi}\right) n_m / RT \tag{7.21}$$

式中，π 为孔隙度；n_m 为金属物质的量；S 为 N_2 的化学计量比。

除此之外，动力学参数的因素还有粉末原料压实的影响、气体种类的影响、放热率的影响等。其中压实能力主要与材料的强度和硬度有关；高温燃烧温度下气体种类的改变可能会导致孔洞等缺陷的产生；而放热率主要受反应物的化学组成的影响。

7.4.4 SHS 的特点

SHS 自提出以来发展迅速，这主要与其优良的特性有关：SHS 只需要在启动反应的时候加热，节约能源，成本低；设备工艺简单，易于操作，最常见的 20～30 L 大小的通用反应器就可以满足要求；产品纯度高，这是由于 SPS 反应温度比较高，低沸点的杂质在反应过程中可以挥发掉；合成与致密一体化，在反应中同时施加压力，可以制备高致密化的产品；产量高，这与反应速度快有关；易扩大规模生产；材料合成所用的原料广，这可通过调控反应热的释放与传输过程来实现；产品活性更大，这主要与反应过程中快热与快冷致使

生成物中缺陷和非平衡相比较集中有关;可以制造某些非化学计量比的产品、中间产物和亚稳相等。

SHS 反应过程的主要工艺参数见表 7.1。

表 7.1 SHS 反应过程的几个典型参数比较

参数	SHS 法	常规方法
最高温度/K	1 773～4 273	≤2 473
反应传播速率/($cm \cdot s^{-1}$)	0.1～15	很慢,以“cm/h”计
合成带宽度/mm	0.1 ～5.0	较长
加热速率/($K \cdot h^{-1}$)	10^{-3}～10^{5}(以燃烧波形式)	≤8
点火能量/($W \cdot cm^{-2}$)	≤500	—
点火时间/s	0.05～4	—
原材料相对价格比率	1～1.3	1
烧结时间/h	0.02～0.2	8～48
总反应阶段(典型)	3～4	4～6
生产率比率	50～400	1
合成所需能量比率	0.1～0.3	30～100
劳动力成本比率	0.4～0.8	1
设备成本比率	1	1.2～2
空气污染排放量比率	1	3～20
总成本比率	1	3～15

7.4.5 SHS 的应用

SHS 技术作为一种近年来蓬勃发展的新技术,由于其优良的特性,在航天、能源、冶金材料及新兴科学中被广泛应用。

1. 在航天工业中的应用

SHS 技术合成的材料种类很多,在航天工业中都有着很好的应用前景,如在涡轮发动机、连接件、零件涂层等方面的应用。

压气机或涡轮等的工作温度决定了航空涡轮发动机的性能和燃料使用情况,但是要想提高这种工作温度必须提高结构材料的高温性能极限。TiAl 基材料的熔点温度较高,可达 1 173 K,但是因为 Ti、Al 的熔点相差很大(约 1 010 K),所以用普通方法合成的 TiAl 合金间化合物非常困难。采用 SHS 法及热等静压的方法,可以制备出致密的 TiAl 合金间化合物。美国、日本、德国也都尝试采用 SHS 技术制备出了 SiC、TiB_2、Al_2O_3 或纤维增强的 TiAl、NiAl 基复合材料,为铸造叶片、锻件及超塑器件提供了基础保障。俄罗斯也曾采用 SHS 技术制备出了镍基高温合金叶片和 Si_3N_4 基复合材料的发动机涡轮叶片等。

形状记忆合金材料由于其在飞机、导弹结构中的许多连接件、紧固件、功能件、自动控制系统等方面的广泛应用而受到航空航天界的重视。采用普通的电弧感应熔炼浇铸法制备的形状记忆合金材料经常会出现偏析现象，并且纯度也不高，然而美国、新西兰的科学家采用 SHS 技术制备出了完全致密化的形状记忆合金材料，日本也采用 SHS 技术制备了 TiNi 形状记忆合金材料且已经达到了工业生产。

航天发动机的许多器件(如风扇、燃烧室、尾喷、压气机等部件)在运行过程中承受着高温氧化腐蚀、摩擦磨损、高速燃气冲刷等损伤，要想提高其性能与使用寿命，需要在这些部件表面加防护涂层。加上发动机燃烧室、喷口及飞机表层极高的温度(约 2 000 K)，用 SHS 涂层和气相传输涂层的方法能够有效得到硬质合金、金属间化合物和陶瓷等厚薄不同的涂层，满足航空航天高技术发展的要求。

2. 在能源工业中的应用

SHS 技术由于其简单的工艺、较短的生产过程、污染少、能够节约能源等优点而被广泛应用于石油、煤炭、核工程等。

石油输送管道、抽油泵的泵筒等在使用过程中需要良好的耐磨性和抗腐蚀性能，利用 SHS 技术生产的陶瓷内衬复合钢管等陶瓷材料，由于其高耐磨性、抗腐蚀性和抗碎裂性能而大幅度提高了相关机件的使用寿命。比如抽油泵的泵筒，最初是靠渗氮、渗碳、渗硼、碳氮共渗、镀铬等工艺处理，但是这些工艺在处理过程中泵筒容易变形，镀铬对环境易造成污染，且处理层较薄，这些缺陷导致泵筒的使用寿命很短、工艺存在局限。使用 SHS 技术能够大大改善这些缺陷。

在煤炭工业中，挖掘机铲齿、采煤机截齿等常采用高锰钢等高合金钢制备，但是使用寿命很短，后来采用 SHS 技术合成的高硬度材料可以提高机件的使用寿命，降低煤炭的开采成本。上述提到的陶瓷内衬复合钢管在煤炭工业中也有很大的应用，比如应用于煤炭、煤浆的管状输送管道上，在实现长距离、大批量运输的同时，还可以克服在输送过程中产生的物料洒落、颗粒状煤炭飞扬等污染环境的现象。采用 SHS—重力分离法开发出的陶瓷内衬复合钢管在高炉煤喷技术上的应用可以有效降低入炉的焦比，减少对煤炭资源的依赖，提高喷枪的使用寿命，大大降低成本。

核电的快速发展使如何安全、有效地处理废核燃料成为一个棘手的问题。废核燃料的处理要求在一个密封的容器内，并且容器材料要有化学稳定性及高抗腐蚀性和高强度，能够阻挡废核燃料在深埋的情况下向外泄漏。针对该问题，俄罗斯科学家做了大量的探究，利用 SHS 技术合成了性能优异的含硼及硼化物材料来满足这些特殊的要求。美国也正尝试用 SHS 技术处理核泄漏和核武器测试带来的高辐射或中辐射废料问题，并已取得了很好的效果。

3. 在材料工业中的应用

(1)在耐火材料上的应用。

自 1967 年 SHS 技术问世以来，随着该技术应用范围的不断扩大，SHS 技术也逐渐被应用于耐火材料中，比如新型耐火材料(由 Kazakh 矿制备)可以用来修补窑炉，SHS 反应在耐火砖之间进行，可以使耐火砖有效地连接起来，进而提高窑炉的寿命。用 SHS 技术制备的耐火泥浆，烧结前后的整体体积不变，可成为一个内衬，减少裂缝的产生。用

SHS 技术还可以制备出耐火涂料和各种彩色涂料。由 SHS 技术制备的耐火材料致密度高,采用天然矿物等作为原料,降低了制备成本,增加了经济效益。

(2)在生态环境材料方面的应用。

SHS 技术在解决生态环境这一国际热点问题上起到了重要的作用。比如汽车排放的尾气(CO、碳氢化物、甲烷、硫化物等),传统方法是靠蜂窝状铂铑包裹的容器(内燃机)或催化性薄膜(柴油机)来吸收,但是吸收装置成本较高,当燃料不纯时,还会导致吸收器失效,SHS 技术通过调整原始混合物的成分和粒度或制备成梯度孔隙的过滤材料的方法,一步合成了选择性过滤层与基体牢固结合的过滤器,这种过滤器有效解决了传统方法的成本高等问题。SHS 技术采用廉价的铝、镁、锰及金属废渣等作催化剂,使废气中的污染物之一甲烷得到了充分燃烧。对于大多数工业废渣(如铸铝业的铝渣、半导体工业的硅渣、铁矿渣、钛屑等),SHS 技术可以通过将其作为反应的原材料而回收,大大改善了环境污染问题。对于放射性污染物,如 CaO、$Ca(NO_3)_2$ 等,SHS 技术可以通过反应将其生成金属陶瓷,从而从根源消除其放射性危害。

除此之外,SHS 技术在电极材料、建筑材料、磨料模具材料及钢材改善等方面均有很好的应用。随着新兴科学的发展,SHS 作为一门新兴学科,在理论构建及实际应用方面也存在着一些问题需要进一步解决,例如:宏观动力学、结构成形过程与燃烧的关系;多维 SHS 计算机模拟模型的建立;将 SHS 技术推广应用到有机体体系;一步法净成形工艺;不同环境下的 SHS 过程;制造非传统粉末或非平衡材料等。

7.5 微波烧结

微波烧结(Microwave Sintering,MS)是以微波辐射代替传统的加热源来对材料进行烧结的一种工艺。该技术利用材料自身吸收微波能,并转化为内部分子的动能和热能,使得材料整体均匀加热至烧结温度,最终实现致密化烧结。它是快速制备高质量新材料和制备具有新性能的传统材料的重要技术手段。

微波烧结的基础概念是在 20 世纪 50 年代由 Tinga 等提出的,但是直到 80 年代,这项新型技术的环保、节能、高效等优点才逐渐激起材料研究人员的兴趣和重视,并得到各国政府的高度重视。20 世纪 80 年代中后期,微波烧结技术被引入材料科学领域,正式成为一种新型的粉末冶金快速烧结技术。20 世纪 90 年代,该技术向着基础研究、实用化和工业化发展,尤其是在陶瓷材料领域成了研究热点,美国、加拿大、德国等发达国家开始小批量生产陶瓷产品。目前,我国对微波烧结陶瓷的研究主要集中于结构陶瓷,而国外同时开展了结构陶瓷和电子陶瓷的研究。21 世纪,随着纳米材料逐渐受到重视并被广泛研究,微波烧结技术在制备纳米块体金属材料和纳米陶瓷方面具有很大的潜力,该技术也被誉为“21 世纪新一代烧结技术”。

7.5.1 微波烧结的装置

微波烧结技术利用微波具有的特殊波段与材料的基本内在结构耦合而产生热量,材料的介质损耗使其本身整体加热至烧结温度而实现致密化。微波是一种高频电磁波,其频率范围在0.3～300 GHz,但在微波烧结技术中使用的频率主要为2.45 GHz,目前也有28 GHz、60 GHz甚至更高频率的研究报道。图7.17为微波烧结装置的结构示意图。

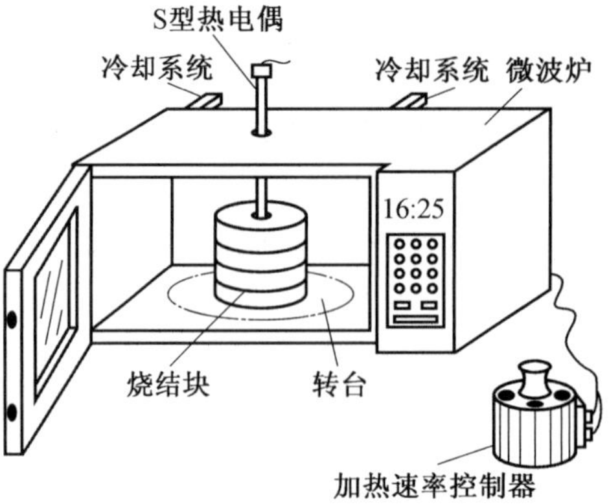

(a) 烧结装置结构

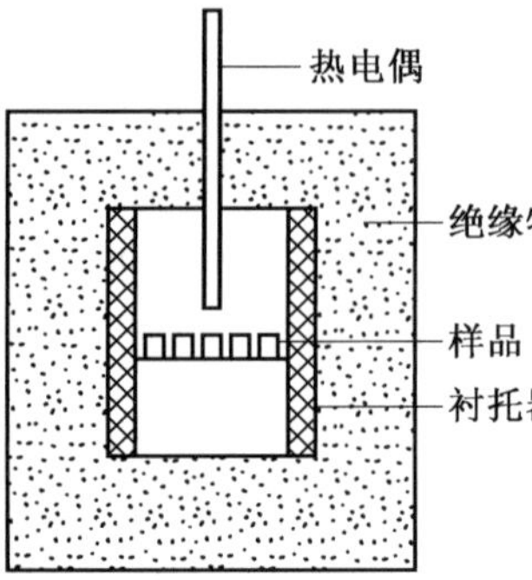

(b) 绝缘装置结构

图7.17 微波烧结装置的结构示意图

微波烧结设备主要由微波发生器(磁控管和调速管)、冷却系统、加热腔体、保温层和微波电源等组成。微波源产生的微波能量由传输系统导入加热腔中,对放置在腔体中的试样进行加热和烧结。目前使用的加热腔有谐振式和非谐振式腔体。谐振式加热腔体又有单模和多模谐振腔,其中单模谐振腔的场强比较集中,适合烧结介质损耗比较小的材料,而多模谐振腔结构简单,适用于各种加热负载,但是由于腔内存在多种谐振模式,加热均匀性差,难以精确分析。经过研究发现,可以通过两种方法来改善多腔模式中的均匀性:在烧结过程中不断移动试样,使试样各部分受到的电场强度均匀;通过在微波入口处添加模式搅拌器搅乱电场的分布。另外,在多腔模中可以通过对场形的设计来获得大均匀场的烧结。

微波烧结过程中升温速率很快,微波场强很强,再加上场强的不均匀性,容易在样品内部产生温度梯度,导致烧结样品开裂。而在样品周围加上一个保温层,可以很好地解决这一问题。首先,保温层可以减小热损失和加热腔中微波打火等现象;其次,保温层与烧结体之间通常夹入一层烧结体材料作介质,并且尽量减小坯体与保温层之间的间隔,防止高温烧结条件下坯体表面以热传导和热辐射方式导致高热量损失,从而改善加热的均匀性。保温材料要具有不吸收或少吸收微波能、绝缘性好、耐热、高温下不与被烧结构材料发生反应等特点,常用的有Al_2O_3、ZrO_2等。

微波烧结的工艺参数主要有微波源功率、微波频率、烧结时间和烧结速度。微波源功率的大小影响着烧结腔中电场的强度,从而也影响着试样的升温速度。微波频率影响着微波烧结过程中试样吸收微波能的功率密度。频率越高则试样在单位时间、单位体积内吸收的微波能量就越多,烧结时间和加热速度对烧结体的组织性能有很大的影响。高温快烧和低温慢烧均会造成组织晶粒尺寸不均匀、孔隙尺寸过大等现象,这些都是材料性能恶化的主要原因。

7.5.2 微波烧结的机制

在微波电磁场作用下,陶瓷材料会产生一系列的介质极化,如电子极化、原子极化、偶极子转向极化和界面极化等。参加极化的微观粒子种类不同，建立或消除极化的时间周期也不一样。微波电磁场的频率很高，使材料内部的介质极化过程无法随外电场的变化而变化，极化强度矢量 P 总是滞后于电场 E，导致产生与电场同相的电流，从而造成材料内部的耗散，在微波波段，主要是偶极子极化和界面极化产生的吸收电流构成材料的介质耗散。在绝热环境下，当忽略材料在加热过程中的潜能（如反应热、相变热等）变化时，单位体积材料在微波场作用下的升温速率为

$$\mathrm{d}T/\mathrm{d}t = 2\pi f \varepsilon_0 \varepsilon' E^2 / C_p \rho \tag{7.22}$$

式中，f 为微波工作频率；ε_0 为空间介电常数；ε' 为材料介电损耗；E 为微波电场强度；C_p 为材料热容；ρ 为材料密度。

式(7.22)给出了微波烧结陶瓷材料时微波功率与微波腔内场强的关系以及微波场强的大小对加热速度的影响。微波烧结的功率决定了微波烧结场场强的大小，升温速率与烧结场场强、材料热容和材料密度密切相关。这为进行微波炉设计和进行试样烧结时对实验参数的设计提供了基本依据。

7.5.3 微波烧结的特点

与传统烧结工艺相比，微波烧结技术具有以下特点。

1. 整体加热

微波加热是将材料自身吸收的微波能转化为材料内部分子的动能和势能，热量从材料内部产生，而不是来自其他发热体，这种内部的体加热所产生的热力学梯度和热传导方式和传统加热不同。由于电磁波是以光速传播的，因而将电磁波的能量转化为物质分子能量的时间是近似于瞬时的，在微波波段转换时间低于千万分之一秒，在这种体加热过程中，电磁能以波的形式渗透到介质内部引起介质损耗而发热，这样材料就被整体同时均匀加热，而材料内部温度梯度很小或者没有，因此材料内部热应力可以减小到最低程度，即使在很高的升温速率(500～600 ℃/min)下，一般也不会造成材料的开裂。

2. 能实现空间选择性烧结

对于多相混合材料，由于不同材料的损耗不同，因此材料中不同成分对微波的吸收耦合程度不同，产生的耗散功率不同，热效应也不同，可以利用这点来实现微波能的聚焦或试样的局部加热，从而实现对复合材料的选择性烧结，以获得微观结构新颖和性能优良的材料，并可以满足某些陶瓷特殊工艺的要求，如陶瓷密封和焊接等。

3. 降低烧结温度且细化晶体组织

在微波电磁能的作用下，材料内部分子或离子动能增加，降低了烧结活化能，从而加快了陶瓷材料的致密化速度，缩短了烧结时间，同时由于扩散系数的提高，使得材料晶界扩散加强，提高了陶瓷材料的致密度从而实现了材料的低温快速烧结。高温下停留时间大幅度缩短，使细粉中的晶粒来不及长大，从而在很大程度上抑制了晶粒粗化，并且制备出纳米粉末、超细或纳米块体材料。因此，采用微波烧结，烧结温度可以低于常规烧结且材料性能会更优，并能实现一些常规烧结方法难以做到的新型陶瓷烧结工艺，有可能部分取代目前使用的极为复杂和昂贵的热压法和热等静压法，为高技术新陶瓷的大规模工业化生产开辟新的途径。例如，在 1 100 ℃微波烧结 Al_2O_3 陶瓷 1 h，材料密度可达 96%以

上，而常规烧结仅为60%。

在微波电磁能作用下，材料内部的分子或离子的动能增加，使烧结活化能降低，扩散系数提高，可进行低温快速烧结。

4. 节能环保

烧结温度大幅降低，与常规烧结技术相比，微波烧结最大降温幅度可达773 K左右。烧结时间明显缩短，降低烧结能耗，与常规烧结相比，可节能70%～90%。并且快速烧结使得烧结气氛的气体使用量大大降低，从而使烧结过程中的废气、废热的排放量显著降低。

7.5.4 微波烧结的应用

1. 陶瓷材料烧结

20世纪90代，微波烧结技术向着基础研究、实用化和工业化方向发展，尤其是在陶瓷材料领域成了研究热点。

(1)氧化物陶瓷。至今，国内外研究者几乎对所有的氧化物陶瓷材料都进行了微波烧结研究。瑞典微波技术研究所用微波能把超纯硅石加热到2 000 ℃以上来制造光纤，与传统热源相比，不仅降低了能耗，而且降低了石英表面的升华率。美国、加拿大等国用微波烧结来批量制造火花塞瓷、ZrO_2、Si_3N_4、SiC、$BaTiO_3$、$SrTiO_3$、PZT、TiO_2，Al_2O_3－TiC和Al_2O_3－SiC晶须、铁氧体、超导材料、氢化锂等陶瓷材料。对于大多数的氧化物陶瓷材料来说，如SiO_2，它们在室温时对微波是透明的，几乎不吸收微波，只有达到某一临界温度之后，它们的损耗正切值才变得很大。对于这些材料的微波烧结，常加入一些微波吸收材料如SiC作为助烧剂，使它们在常温时也有很强的微波耦合能力，以达到快速烧结的目的。

(2)非氧化物陶瓷。非氧化物陶瓷是B_4C、SiC、Si_3N_4和TiB_2等通过微波成功烧结的为数不多的非氧化物陶瓷材料。Holcombe发现，在用微波烧结非氧化物陶瓷材料的过程中，可加入各种烧结助剂。

Cable在19世纪60年代首先制备出了透明氧化铝陶瓷。但是用传统方法烧结出来的多晶陶瓷由于存在着晶界、第二相和气孔等结构而极大地影响了其光学性能。而在微波烧结中，样品自身吸收微波能并将之转化为自身内部的热能，从而实现了快速烧结。并且，在微波电磁能的作用下，材料内部分子或离子的动能增加，使烧结活化能降低，扩散系数提高，这样就使得低温快速烧结得以实现，从而获得了致密度高、晶粒结构均匀的多晶材料，使得由于气孔和晶界造成的对光线的散射得以大幅度降低，这就提高了多晶陶瓷的透光性，因此采用微波烧结的方法比常规烧结更容易制备出透明陶瓷。

2. 金属及合金粉末烧结

最初科学家只是把微波烧结的研究重点放在了氧化物和一些非氧化物陶瓷的研究上，随后又扩展到含碳化物的金属基复合材料上。就微波而言，大多数材料可以分为不传导的、可透的及吸收型的。块状金属并不吸收微波，相反对其有很好的反射作用，该性能早已被应用到雷达探测领域。但是否可以采用微波烧结对金属及合金粉末予以烧结，则成为人们关注的焦点。Whittaker曾尝试将金属粉末与硫黄混合予以微波高放热烧结，合成出金属硫化物。直到 1999 年，Roy 等采用微波烧结技术首次成功合成 Ti－Al、Cu－Ti、Cu－Zn－Al 等几十种金属间化合物和合金。随后他们采用带有附加层的微波烧结腔，又成功地制造出了粉末冶金不锈钢、Cu－Fe 合金、Cu－Zn 合金、W－Cu 合金及镍基高温合金。

此后，Anklekar 等设计了管式连续微波烧结炉，并成功烧结出了含 Cu 合金钢。其中采用以特殊的碳基涂层材料作附加层的办法，微波烧结的样品比同等条件下常规烧结的样品强度要高 30%，密度从 7.00 g/cm^3 提高到 7.40 g/cm^3，并且微波烧结样品的孔隙比常规烧结的小，形状更规则，趋近于圆形，孔隙分布和显微组织也更加均匀，这使得样品的塑性和断裂韧性均有很大提高。至此，微波烧结技术被成功应用于金属及合金粉末的烧结，并在全世界引起了巨大的反响。

3. 纳米材料的烧结

微波烧结在很长一段时间里，主要研究和应用都局限于陶瓷产品。近年来，随着纳米材料的新兴，微波烧结在纳米材料的制备方面也取得了不错的进展。例如经研究，采用 Al_2O_3 和 ZrO_3(3Y)纳米粉作为原料，对不同配比的 Al_2O_3－ZrO_3(3Y)复相陶瓷进行微波烧结的研究，获得了很高的致密度，并提高了断裂韧度。

7.6 超固相线液相烧结

超固相线液相烧结(Supersolidus Liquid Phase Sintering，SLPS)，又称为超固相烧结(Supersolidus Sintering)，由传统液相烧结变化而来，属于液相烧结的范畴，又不同于传统液相烧结工艺。SLPS 是将完全预合金化的粉末加热到合金相图的液相线与固相线之间的某个温度下进行烧结的技术。SLPS 可用于粒度较粗的预合金粉末。在每个预合金粉末晶粒内部、粉末颗粒相互接触的地方及晶界处形成液相层，晶界处的液相层软化粉末颗粒，使粉末在颗粒间毛细管力的作用下致密。但是，液相层也会降低结构刚度，因为颗粒在重力作用下会下落。因此，SLPS 的局限就在于致密的必需条件经常会导致变形，液相体积分数高，虽然可以加速致密化过程，但是也会降低尺寸精度。

7.6.1 SLPS 的原理

SLPS 是从烧结机制角度来优化烧结的一种特殊烧结技术，它将完全预合金化的粉末加热到合金相图的固相线与液相线之间的某一温度，使每个预合金粉末的晶粒内、晶界处及颗粒表面形成液相，在粉末颗粒间的接触点与颗粒内晶界处形成的液相膜，借助半固态粉末颗粒间的毛细管力使烧结体迅速达到致密化，因此 SLPS 也属于液相烧结范畴。在烧结过程中，液相与固相的体积分数基本不变(液相量为 30%左右较佳)，烧结温度范围比较窄(大多数合金为 30 K 左右)，一旦液相形成则迅速达到致密化。烧结机制可以用复合粉空心球颗粒模型表示，如图 7.18 所示。

图 7.18 是国内学者根据普通预合金粉的致密化模型给出的 WC－Co 复合粉空心球颗粒的 SLPS 的致密化模型。SLPS 的致密化步骤依次为：液相形成、WC 晶粒滑动(一种蠕变过程)、重排、由溶解－析出所导致的晶粒粗化与孔隙消除、固相烧结。其中，在液相

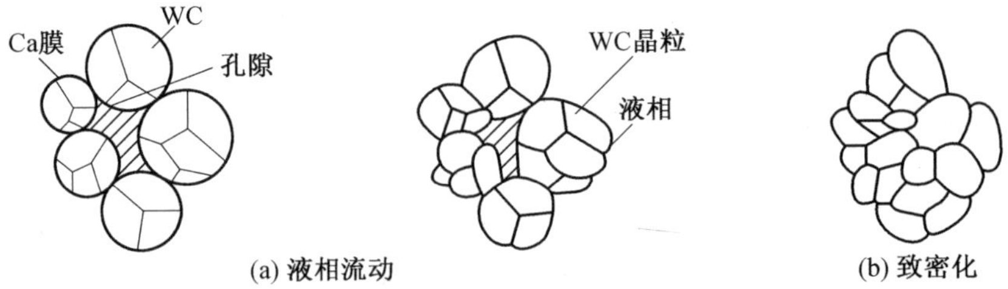

图 7.18 复合粉空心球颗粒内的 SLPS 模型

流动与颗粒重排阶段，颗粒在液相内近似为悬浮状态，受液相表面张力的推动发生位移。颗粒间孔隙中液相所形成的毛细管力以及液相本身的黏性流动，使颗粒调整位置、重新分布以达到最紧密的排布，在这个阶段，烧结体密度迅速增大。随后，固体颗粒表面的原子逐渐溶解于液相，溶解度随温度和颗粒的形状、大小而变。液相相对于小颗粒有较大饱和溶解度，小颗粒先溶解，颗粒表面的棱角和凸起部位也优先溶解。相反，大颗粒的饱和溶解度较低，使液相中一部分过饱和的原子在大颗粒表面沉析出来，使大颗粒逐渐长大。该阶段致密化速度会减慢。最后，烧结过程进入固相烧结阶段，颗粒之间相互靠拢，黏合，形成固相骨架，剩余的液相可以填充骨架的间隙。这一阶段，致密化速度会显著降低。

SLPS 烧结温度选择在合金相图的固相线与液相线之间，液相在每个粉末颗粒内部形成，因此液相分布相当均匀。液相的形成，使每个颗粒都经历分离和重排过程。一旦液相形成，烧结的致密化速率相当快。由于预合金粉末的生产方法、成分和结构特征不同，SLPS 法烧结时液膜形成位置有所不同。SLPS 不同于传统混合粉末的液相烧结之处在于：SLPS 采用的原料是完全预合金粉末，而普通液相烧结采用的是混合物。

7.6.2 SLPS 的黏性流动模型

黏性流动假说是最早由 W. D. Kingery 于 1959 年提出的，黏性流动模型的理论首先进行了如下假设：预合金粉末颗粒是一个个球形的多晶体，在晶界上存在厚度为 δ 的液相膜；不考虑加热过程中的固态烧结；晶粒内部的液相量与界面的液相量成一定比例。

混合体的黏度与固体相对量的关系式为

$$\eta=\eta_0\left(1-\frac{\Phi}{\Phi_m}\right)^{-2} \tag{7.23}$$

式中，Φ 为实际固体相对量，可由相图估计出；Φ_m 为最大固体相对量(假设固一液混合体的黏度趋于无穷大时)。

为了确定发生黏性流动的最大固体相对量，可借助于渗透理论推导出：三维固态网络结构能稳定存在，则需要颗粒交界处有足够的连续点，否则就失稳，其临界条件是

$$N_C \cdot P=1.5 \tag{7.24}$$

式中，N_C 是空间格子的连接协调度，基于对晶粒的形状假设，取值一般为 14；P 是固一固连接分数，且有 $P=1-F_C$。F_C 为晶粒间被液相覆盖的分数，因此，当晶粒开始发生黏性流动时，被液相所覆盖的临界分数为：$F_C=1-P=0.89$，即当晶粒表面有 89% 以上被液相润湿时发生黏性流动。通过 F_C 可以求出 Φ_m，将 Φ_m 和 Φ 代入式(7.23)，即可求得烧结体的黏度 η，再根据公式(7.25)即可求出收缩率：

$$\frac{\Delta L}{L}=0.75\Delta\frac{\gamma t}{D\eta} \tag{7.25}$$

式中，γ 为表面能；t 为烧结时间；D 为晶粒尺寸。

7.6.3 SLPS 的特点

SLPS 不仅具备常规液相烧结的优点，还可以使颗粒尺寸较大的预合金粉末进行快速烧结致密化。SLPS 的特点主要有以下三点：

(1)烧结过程中，固相与液相的体积分数及成分是基本恒定的。

(2)因为粉末颗粒本身是液相源，所以液相对固相的润湿是迅速、均匀和完整的。并且，液相在烧结过程中会遍布整个显微组织，使烧结均匀，因此比元素混合粉末的烧结工艺要好。

(3)颗粒间与晶界处的液相膜对致密化起决定性作用，但晶粒内部呈点分布的液滴对致密化影响不大，液相膜是物质扩散的媒介。

(4)合金的组织结构与性能对烧结温度、工艺参数及合金成分比较敏感。

(5)一旦液相形成，合金的致密化速率相当大，这虽然对获得高的烧结密度有利，但同时也给合金尺寸与微观结构的控制带来了不利影响。在 SLPS 时，只有在实际液相数量与消除烧结坯中孔隙所需的液相数量相当接近时，才能获得最佳的合金组织结构与性能。要满足这种条件，必须严格控制合金的烧结温度与合金成分。根据 SLPS 原理，压力烧结有利于在较少液相数量的条件下获得全致密，有利于控制合金晶粒长大。

7.6.4 工艺参数对 SLPS 的影响

1. 颗粒尺寸及形状

通常，小晶粒尺寸的情况下，致密化速度比较快，且同周期下达到的烧结密度比较高，这是因为在重排阶段，毛细管力作用下，小颗粒受到的重新排列的推动力比较大，重排速度比较快；在溶解－析出阶段，小颗粒在液相中的溶解度高于大颗粒，易于通过液相迁移。

对于较粗的粉末原料，传统的液相烧结通常需要先进行球磨，使粉末粒度降至 1 μm 左右。但是 SLPS 技术采用几十微米的预合金粉末，在不球磨的条件下，就可以获得接近完全致密化的效果。尽管 500 μm 的预合金粉末通过 SLPS 可以获得全致密的合金，然而较小的粉末粒度更有利于初始致密化，尤其是在低于理想烧结温度的情况下。此外，较宽的粒度分布可增加粉末的松装密度和协调程度，但这不利于烧结时液相的黏性流动，为此，缩小粒度分布范围可加速烧结的致密化过程，在实际生产中一般将原料粒度控制在小于 80 μm 左右。

在 SLPS 过程中，一般不规则状粉末选择模压来获得较高的压坯强度，球形粉末可选择注射成形或松装烧结，因为球形粉末的流动性好且松装密度较高，在粉末中添加母合金粉也可采用 SLPS 工艺。

2. 粉末表面特征及添加剂

由于雾化金属液滴是从表面向内凝固的，因此雾化合金粉末有一个由表面至中心的成分梯度，它将影响 SLPS 的致密化。粉末表面的污染物也是有害的，这种污染物能改变液相形成温度,金属粉末颗粒表面的氧化物将破坏液相的润湿与分散特性。

添加剂对 SLPS 技术的影响主要是添加剂直接影响液相的数量和液相的均匀性。液相烧结的数量主要是影响烧结制品的尺寸和烧结动力学。在持续液相烧结过程中,添加剂越均匀,所形成的液相也越均匀,越有助于致密化。另外,在液相烧结期间,均匀的粉末混合料有助于实现快速致密化和改善制品的烧结性能。减小添加剂的颗粒尺寸,有助于改善其分布状态,因此,在压制成型之前将粉末混合料进行球磨往往是有利的。另外,使用预合金化的添加剂可以减小烧结坯的膨胀量,减轻烧结前后体积的变化量。

3. 压坯密度

高的压坯密度可以得到高的压坯强度和高的烧结密度,但压坯中的密度梯度会造成合金的不均匀收缩,引起合金变形。

4. 升温速率和冷却速率

传统的液相烧结因使用细粉末,在液相出现前因固相烧结所产生的致密化可高达90%。而 SLPS 技术在液相形成前因固相烧结所引起的致密化可能不明显,这主要是受加热过程中存在粉末表面氧化物的还原与成形剂残余物的排除。通常,加热速率越快,SLPS 的致密化越迅速,相反,缓慢加热,粉末中的成分梯度减小,这不利于液相在界面处形成。微波烧结在 30 min 内可升温至 2 273 K,因此微波烧结有利于 SLPS 的过程控制。在传统的加热过程中,热量由外至里传入压坯,而微波加热时热量的传播方式正好相反。这种特殊的传热方式可排除烧结坯中因气体的挥发而造成残留孔隙的可能性,从而改善合金组织的均匀性。

经过 SLPS 后,材料的微结构与性能和冷却速率有关,冷却过程中也可能发生相变,这也会影响性能。烧结后的快速冷却易产生缩孔,这对性能不利。在冷却阶段,在固相线以上的温度做适当保温可抑制凝固缩孔的形成,提高最终密度。缓慢冷则有利于颗粒间液相膜完整地包裹每一个晶粒,对提高合金性能有益。

5. 最高烧结温度

足够的液相可使致密化迅速进行,当液相体积分数增加时,其致密化程度和烧结收缩量增加,一般来说液相体积分数在30%左右致密化效果最佳。对于每种合金存在一个理想的最高烧结温度,这一温度由所需的液相体积分数和合金成分决定。温度太高会导致超量的液相,造成压坯变形甚至坍塌,且显微组织明显粗化;温度偏低则会导致液相对颗粒之间接触区域的湿润不够充分。不同的合金对烧结温度的敏感性不一样,大多数合金的理想烧结温度区域在 30 K 宽的狭窄区域,尤其是工具钢,其烧结温度必须控制在所给定成分的最佳烧结温度值的±3 ℃以内,超过这个温度区间会导致制品力学性能降低,所以应严格控制最高烧结温度。

6. 保温时间

SLPS 烧结时延长烧结时间对致密化的益处不大,因为液相形成后的烧结致密化速率很大,在理想的烧结条件下,致密化可以在几分钟之内完成。因此延长保温时间对致密化作用不大,有时反而会引起材料性能和密度的降低。尽管延长保温时间有利于增加合金组织的均匀性,但烧结时间过长会导致孔隙长大和显微组织粗化。然而对于非完全致密化的材料,适当延长烧结时间,有利于消除内部孔隙,提高制品的性能。根据材料体系的不同，实际保温时间通常控制在10～60 min之间。

7. 烧结气氛

在烧结期间，气氛可以保护材料表面使其不受污染。真空烧结是SLPS的最佳选择，能得到最好的致密化和制品性能。尽管这样，实际应用中除了钛合金外大都采用保护气氛烧结。保护气氛烧结有利于温度控制，但在高温下保护气体的压力限制了压坯中气体的排出，导致气体最终残留在材料孔隙中，阻碍材料致密化，而真空烧结可以避免这一点。

7.6.4 SLPS的应用

SLPS技术主要是应用于高碳钢、工具钢、镍基超合金、钴基耐磨合金，以及以铅、钛、铁、氮化硅、钯、金等为基的许多特殊合金。这些材料主要用于制造焊接电极、刀具、汽车发动机零件、锻造预成形件、电触头、传动齿轮零件和人造牙齿等。

在SLPS技术之前，许多接近成品形状的成形方法可供选择，如高速挤压、模压、冷等静压、粉浆浇注、粉末注射成形等，其中最突出的应用是将SLPS工艺与注射成形结合起来。注射成形是将细粉末(小于20 μm)与黏结剂混合，在低压下注射成形，但它最大的缺点是要求粉末特别细小。SLPS工艺使预合金粉末的晶界上出现液相，可使较粗的预合金粉末同样获得较高的致密化。因此SLPS工艺可与注射成形相结合，注射成形可为SLPS提供均匀的成形密度，保证较大的均匀烧结收缩，同时SLPS用于较粗的预合金粉经注射成形后的烧结。

1. 在铁基材料中的应用

高性能铁基粉末冶金材料的获得通常采用三种途径——提高材料的致密度、降低残余孔隙等；添加有效的强化合金元素；热处理强化。其中，通过提高致密度等措施最为方便，相对于其他加工方式(如锻压等)，SLPS工艺更简单，操作起来更方便，最后得到的组织更细小、均匀。而且通过改变铁基材料体系的合金材料成分，可以促进致密化过程。例如：Fe—Cu体系，在采用SLPS烧结的过程中加入0.15%的B可以阻止Cu向Fe晶格扩散，从而限制了Cu的膨胀现象，缓解了压坯体积与产品体积的差值，有助于金属产品的尺寸精度，减少后续加工材料的浪费。另外，在铁基合金SLPS体系中加入少量贵金属元素，能显著改善合金产品的物理、力学性能。

2. 在镍基高温合金的应用

与热挤压、热锻或热等静压等传统手段制备的镍基高温合金相比，SLPS技术制备出来的氧化物的弥散强化镍基高温合金的使用温度要远远高于传统铸造方法制备出来的镍基高温合金的使用温度，有时可以高于$0.9T_m$(T_m为合金的熔点)，且抗蠕变性能、高温抗氧化性能、抗碳和抗硫腐蚀性能优良。

7.7 爆炸烧结

爆炸烧结(Explosion Sintering，ES)，又称爆炸固结，是将炸药爆炸产生的能量以激波的形式作用于金属或非金属粉末，使粉末受到冲击，并产生高速运动，瞬时运动的粉末颗粒通过碰撞和摩擦使动能转变为热能，从而使粉末在瞬间、高温、高压下烧结的一种材料加工或合成的新技术,实质上是多孔材料在激波绝热压缩下发生高温压实原理的应用,属于爆炸加工领域的第三代研究对象。根据炸药与粉末金属的相对位置,爆炸烧结一般分为间接法和直接法烧结。间接法烧结过程中会将炸药与被烧结粉末用硬质金属模具分开。针对上述内容,La Rocca 提出了单柱塞装置,爆炸时上板与柱塞一起被加速而推动试样,试样则由下板支撑,如图 7.19 所示。直接法烧结过程中炸药与金属粉末不用硬质模具隔开,其代表性的装置为柱状压实装置,如图 7.20 所示。

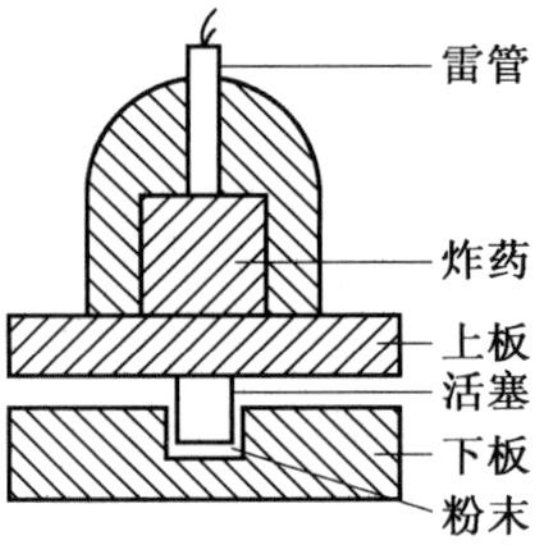

图 7.19　单柱塞装置

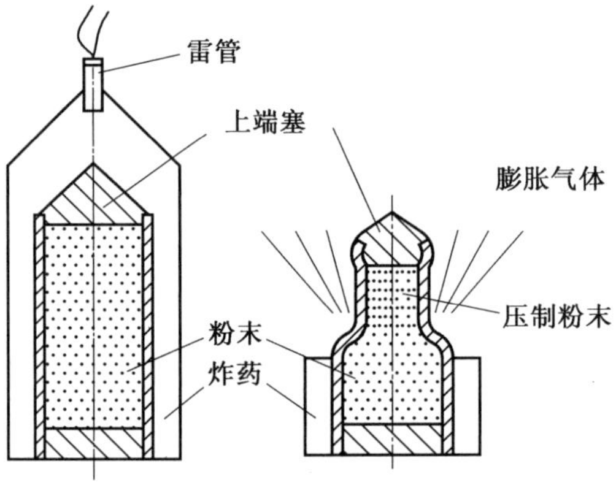

图 7.20　粉末柱状直接烧结成形装置

早在 20 世纪 50 年代,人们便把爆炸烧结加工方法引入了粉末冶金工业,当时的美国凯那公司首先利用冲击波作用于粉末,研究了金属陶瓷喷气发动机叶片。随后,研究工作主要集中在"冲击波能量与粉末压制性以及压坯密度等方面的关系"。1984 年美国加利福尼亚大学报道了利用爆炸烧结方法制取直径为 0.8 cm,长度为 10.5 cm 的 $Pb_{77.5}Cu_{6.0}Si_{6.5}$ 非晶棒材之后,爆炸烧结技术才真正引起材料工作者的兴趣。自 80 年代初期,国外已经开始对爆炸烧结技术进行全面深入的研究。1984 年美国科学院对爆炸合成新材料进行调查研究,结果认为:爆炸烧结技术是制取新型非平衡态材料、高温陶瓷材料等最具有潜力的新工艺。近年来,美国已有多家科研机构和大学从事爆炸烧结研究,并在长棒动力穿甲弹的自蔓延烧结合成方面有所研究。其他国家,如俄罗斯、瑞典、英国、日本等,也广泛开展了爆炸烧结的相关研究。

我国对爆炸烧结的研究工作起步较晚。最初是在 1983～1984 年,由北京科技大学和中国科研院所在国家自然科学基金资助下开展研究工作,并先后发表了多篇学术论文,取得了较好的研究进展;1986 年被纳入国家高技术研究发展计划(863 计划);1988～1990

年在“863计划”的支持下,中科院力学研究所、钢铁研究总院、北京科技大学、大连理工大学等单位开展了急冷凝固合金及结构陶瓷的爆炸烧结工作,为我国爆炸烧结的研究揭开了新的一页。

7.7.1 爆炸烧结的机制

爆炸烧结技术实质上应用的是多孔材料在激波绝热压缩下发生高温压实的原理。在粉末烧结过程中,热能在粉粒界面积聚,并导致表层的熔融和结合。粉粒间可形成碰撞焊接,碰撞点附近产生高的剪切应力,其应变所产生的高温可达到材料熔点并使界面层熔融。这种绝热剪切机制的特征是热能“沉积”在界面上,能率高,时间短,热量来不及传至粉末芯部,从而在界面形成熔融薄层。

1. 宏观机制

爆炸粉末烧结的宏观机制的研究关键在于冲击波在多孔介质中的传播过程及对烧结压实件质量的影响,如有无宏观裂纹、有无马赫孔等。多年来,通过实验与数值模拟结果表明,爆炸烧结过程中主要宏观影响因素有:冲击波在向试件中心传播过程中可出现压力向中心降低、压力在界面上不变、压力向中心增加三种情况,分别导致式样压制不完全、压制完全与压制过度三种情况。其中,压制不完全与压制过度都将严重影响烧结体质量;炸药质量(E)/待压粉末质量(M),E/M的大小与爆炸速率有很大的关系,爆炸速率越高,所需的E/M越小,得到的压制密度越高,但是最大的压制密度需要合适的压制爆速,如图7.21所示,当爆炸速度为一个定值时,粉末可压制到最大密度;爆炸速率,过高的爆炸速率容易导致马赫孔的出现,这是因为强烈的释放波导致由压缩波形成的颗粒间的结合受到了破坏。在国内,中科院对爆炸烧结宏观机制的研究做了大量的工作,比如张登霞通过对铝和铝锂合金爆炸烧结实验的研究探索出了粉末材料强度及装置对烧结质量的影响。

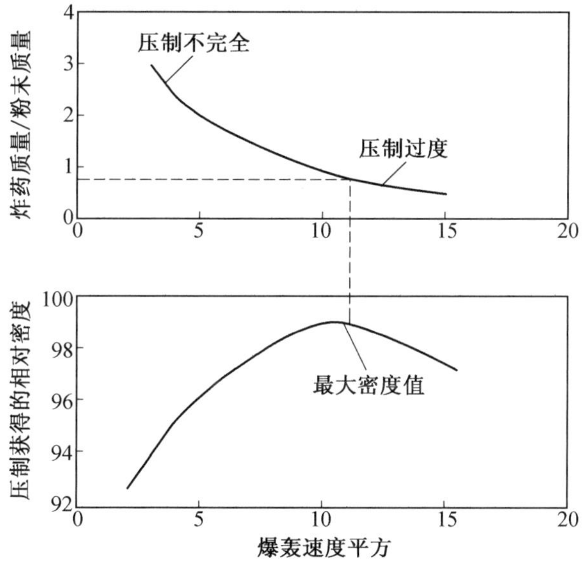

图7.21 爆炸烧结参数的确定

爆炸烧结物理过程比较复杂,仅用实验方法无法深入理解和分析出现的实验现象,随着计算机科学和计算方法的不断发展,研究人员将注意力转向了数值模拟并将其作为一种重要的手段。最初的数值模拟工作难度比较大,郑哲敏在研究地下核爆炸力学效应时提出了流体弹塑性模型,使得爆炸烧结过程可用统一的数学模型和介质特性来描述,为爆炸压实过程的数值模拟奠定了基础。粉末材料的爆炸烧结数值模拟工作是在1982年由Wilkins开始的,Wilkins采用著名的HEMP差分程序在兼顾状态方程、屈服强度效应、间隙效应、轴芯效应等的前提下,对不同粉末的爆炸压实过程进行了数值模拟,解决了屈服强度、间隙等因素对爆炸烧结过程的影响,以及轴芯存在对马赫孔形成的影响,认为采用低阻抗的轴芯可以避免马赫孔的出现,但是这些结果只是初步尝试,对结果的分析并不充分。

Reaugh等在Wilkins结算结果的基础上,分实验参数效应和实验装置分析两部分证实了E/M值、爆炸速率对爆炸压实的影响以及轴芯存在对马赫孔形成的影响,为深入理解爆炸压实宏观机制提供了一些有价值的结论。但是由于缺乏对颗粒表面加热、熔化和卸载时的急冷速率的考虑,因此该计算只能反映粉末压实不能反映烧结,必须完善对介质模型的描述,才能正确模拟爆炸烧结。Kang等尝试采用DYNA程序对爆炸压实过程进行了数值模拟,并优化了爆炸烧结参数的设置。国内对爆炸粉末烧结的数值模拟工作起步较晚,中科院力学研究所的张德良采用流体弹塑性模型和欧拉算法在国内第一次完成了爆炸粉末烧结的数值模拟,在给出了爆炸烧结过程中密度与压力分布的同时,研究了炸药和粉末参数对爆炸烧结质量的影响,其数值模拟结果表明,综合使用间隙、复板和轴芯可得到密实、均匀、无马赫孔的高质量烧结体。

对爆炸粉末烧结的宏观机制的研究有利于对加工技术的革新,如消除马赫孔、改进冲击施载方法、调整实验参数设置等。由以上分析可见,对爆炸粉末烧结的宏观机制的数值模拟工作已取得了较大的进展,同时也存在着一些亟待解决的问题,除了计算方法有待改进外,所涉及的最大问题是如何考虑粉末烧结中的能量沉积过程,也就是微观烧结机制问题。

2. 微观机制

爆炸烧结微观机制的研究主要是指颗粒间的变形机制和能量沉积机制以及由此引发的冶金效应。它不仅是宏观研究的基础,还可以确定颗粒间的结合过程对制件压实、结合的影响,主要影响因素有:颗粒大小、粒度分布、颗粒形状、表面状态、微粒力学性能和热学性能等。

最初的研究认为粉末在激波压缩下的升温在粉末颗粒的内部和界面是均匀一致的。但随着大量研究发现,粉末颗粒的升温和熔化首先是发生在颗粒的周界上,热能急剧在颗粒界面积聚,并导致表层的熔融和结合。关于均匀颗粒界面沉能机制,不同的研究者有不同的观点,例如:Linse认为固结是由于颗粒发生变形、流动填充了空穴和裂缝,从而使颗粒间结合,因此,颗粒变形、发热和软化热是主要机制;Wilkin认为在高压下,许多材料均会呈现相当高的韧性,因此在动态载荷的高压下发生塑性流动和升温并使相邻颗粒间发生局部焊接是主要机制;Morri则认为激波固结过程类似于板一板之间的爆炸结合;Lotrich等认为空穴或颗粒之间裂缝中的空气绝热压缩是颗粒发生熔化的根源。

关于金属粉末在爆炸烧结过程中的变形规律，Gourdin 研究发现，根据最小阻力定律“并行物体各质点向不同方向自由移动时，一定是向阻力最小的方向移动”，烧结粉末沿冲击波传播方向上的颗粒表面为凹面，逆冲击波传播方向上的颗粒表面呈光滑的凸表面。Meyers 和 Gourdin 分别选用不同的模型材料通过实验观察了爆炸压实过程中颗粒间熔化、旋涡、空隙和颗粒破碎等现象，确定了塑性变形的形式并估计了各种能量的沉积形式，如塑性变形、颗粒间摩擦等，并讨论了爆炸烧结所需的能量及其转化形式。

在爆炸烧结数值模拟方面，Flinn 和 Williamson 在用连续介质力学模型描述和模拟微观颗粒间相互作用的基础上，以 304 不锈钢粉末为研究对象，用二维数值模拟方法对烧结过程中颗粒的塑性流动和孔隙的闭合过程进行模拟，给出了孔隙闭合过程中因界面高速斜碰撞所形成的射流的高速侵彻形成的局部高温区。Berry 和 Williamson 则用CSQⅡ程序对平面飞板的撞击压实进行了数值模拟，计算出了粉末颗粒上各个位置的压力时程，据此判断出了粉末在什么条件下已经被压实。对于颗粒尺寸不均匀的粒子，要综合考虑微尺度力学与微尺度传热的“颗粒尺寸效应”机制。

此外，希腊学者 Mamalis 通过多年来对爆炸烧结的微观机制的研究指出，冲击波通过疏松介质时的基本烧结机制主要与两个因素有关：颗粒的塑性变形以及颗粒间的相互碰撞、孔隙塌缩、颗粒表层的破坏导致颗粒表面的沉热和熔化并发生焊接（主要针对塑性材料）；颗粒的破碎、孔隙的填充、颗粒表面由于热量的沉积而发生部分熔焊或固态扩散结合（主要针对陶瓷等脆性材料）。Mamalis 还对很多学者为描述和解释粉末烧结过程而建立的分析模型进行了总结，提出的分析模型大概有：粉末变形机制、颗粒间熔化机制、孔隙塌缩机制、微动力学机制、针对脆性材料的颗粒破碎机制和以有限元方法为基础的数值计算模型。

3. 爆炸烧结机制与粉末粒径的关系

爆炸烧结的主要能量来源为冲击绝热压缩时的热力学能，当粉末材料初始密度确定后，其热力学能也相应地确定下来，粉粒越细，其比表面积越大，则单位面积上的有效热力学能越少，因此，过细的粉粒经常难于爆炸烧结，这与传统烧结理论的概念恰恰相反。传统烧结理论是当粉粒越细，表面能越高就越容易烧结在一起，这说明两种烧结机制有很大不同。

以 e 来表示粉粒单位面积上的有效热力学能，r 表示粉粒半径，c_0 为粉末材料的比热容，E_r 为热力学能，则有公式

$$e=\frac{E_r\cdot r}{3c_0} \tag{7.26}$$

由式(7.26)可知，e 与 r 成正比，r 越小则 e 越小。由爆炸烧结的实践表明，粒径在 3 μm 以下的钨粉和铝粉很难爆炸烧结。

粉末粒径上限 r_m 应该满足在激波上升的前沿尺度内粉粒作为整体能与相邻粉粒发生相对运动，即

$$r_m<U_s\cdot\tau \tag{7.27}$$

式中，U_s 为激波波速，约 2～3 km/s；τ 为激波上升时间（约 10^{-7} s），将其代入式(7.27)得出 r_m 通常小于 0.2～0.3 mm。

7.7.2 爆炸烧结的加、卸载状态方程

对于爆炸烧结的加载和卸载状态方程,McQueen 等是较早开展相关研究的,并较为成功地解决了压力高达 10 GPa 以上时的状态方程的表达形式,但在 10 GPa 上下的低压区,Herrman 和 Carroll-Holt 先后提出了 $p-\alpha$ 模型和"空心球壳"模型,并在以后的工作中做出了大量探索。

1. 加载状态方程

McQueen 等将激波波速 U_s 写成声速 c_0 和冲击绝热压缩的修正项 $\lambda_0 u_p$ 的线性叠加的模式,即

$$U_s = c_0 + \lambda_0 u_p \tag{7.28}$$

式(7.28)的物理意义为:当压力趋于零时,激波速度衰减为 c_0。对于大多数金属来说有

$$c_0 = \sqrt{\frac{K}{\rho}} \tag{7.29}$$

式中,K 为弹性模量;ρ 为材料密度;c_0 为一维应变条件下的弹塑性波速。若 $\lambda_0 u_p$ 项很大时,U_s 反映高压时的激波波速。其中 λ_0 与排斥势有关,因而式(7.29)具有反映从几个吉帕到几十个吉帕的"弹塑性体－流体"行为的能力。

根据大量数据总结,粉末材料中的激波波速 $U_s \sim u_p$ 之间存在类似指数的关系:

$$U_s = c_0 p + \lambda_0 u_p^n \tag{7.30}$$

在粉末材料的压缩变形中,存在快速的弹性前驱波,但其变形量较小,可以忽略,由于粉末的压缩性很大(即 $\mathrm{d}P/\mathrm{d}V$ 值很小),因此其传播的塑性波速 $c_0 p$($c_0 p = V_{00}\dfrac{\mathrm{d}p}{\mathrm{d}V}$,$V_{00}$ 为粉末材料的初始比容)远远小于密实材料的声速 c_0,通常金属的 $c_0 p$ 仅有几百米。

根据 Herrmann 的 $p-\alpha$ 模型,可以给出 $c_0 p$ 的一般表达式:

$$c_{0p}^2 = -V_{00}^2\left(\frac{\partial p}{\partial V}\right) = -V_{00}^2\left[\frac{\dfrac{1}{\alpha_p}\left(\dfrac{\partial p}{\partial V_m}\right) - p_e\left(\dfrac{\partial p}{\partial E}\right)}{1+\dfrac{V_e}{\alpha_p^2}\left(\dfrac{\mathrm{d}\alpha}{\mathrm{d}p}\right)\left(\dfrac{\partial p}{\partial V_m}\right)}\right] \tag{7.31}$$

式中,V_m 为粉末基体的比容;p_e、α_p、V_e 分别表示进入塑性状态点的压力、孔隙度($\alpha_p = \dfrac{V_0}{V_m}$)、比容。通常 $p_e\left(\dfrac{\partial p}{\partial E}\right)$ 项与 $\dfrac{1}{\alpha_p}\left(\dfrac{\partial p}{\partial V_m}\right)$ 相比为高阶小量,可以忽略,而 $-\dfrac{V_e^2}{\alpha_p}\left(\dfrac{\partial p}{\partial V_m}\right) = \alpha_p c_0^2$,且视 $V_\infty = V_\infty e$,则式(7.31)可以写为

$$c_{0p}^2 = -V_{00}^2\left(\frac{\partial p}{\partial V}\right) = -V_{00}^2\left[\frac{\dfrac{1}{\alpha_p}\left(\dfrac{\partial p}{\partial V_m}\right)}{1+\dfrac{V_{00}}{\alpha_p^2}\left(\dfrac{\mathrm{d}\alpha}{\mathrm{d}p}\right)\left(\dfrac{\partial p}{\partial V_m}\right)}\right] \tag{7.32}$$

进一步确定 $p-\alpha$ 的表达式之后,式(7.32)便可以求解。下面利用 Carroll-Holt 所建立的球壳塌缩模型来确定 $p-\alpha$。这一模型的基本假设是:多孔材料的空穴以均匀的、大小相同的球形孔隙的形式分布于材料基体中,并进一步把空穴的闭合理解为厚壁球壳的闭合过程,从而把一个十分复杂的粉末材料的变形过程简化为一个经典的球对称的弹塑性问题,但过于简化的模型也使其失去了某些重要属性,即冲击压缩下粉末颗粒界面的强

烈摩擦和绝热剪切变形对粉末颗粒界面的能量聚集的贡献，远远大于空穴的收缩热效应。此外，这一模型的压力 p 和孔隙率 α 之间存在这样的关系：

$$p \propto \ln \frac{1}{\alpha - 1} \tag{7.33}$$

当孔隙闭合时，$\alpha \to 1$，压力趋于无穷大；$\alpha < 1$ 时，模型失效；$\alpha > 1$ 时，可以用来描述低压下的弹塑性变形阶段的 $p-V$ 关系。因此，可以用该式来描述孔隙闭合初期的弹塑性变形的 $p-\alpha$ 关系。再根据式(7.31)，可以重新建立 $p-\alpha$ 关系式，即

$$\tau^2 YQ(\ddot{\alpha}, \dot{\alpha}, \alpha) = p - \frac{2}{3} Y \ln \frac{\alpha}{\alpha - 1} \tag{7.34}$$

$$\tau^2 = \frac{\rho \alpha_0^2}{3Y(\alpha_{0-1})^{2/3}} \tag{7.35}$$

$$Q(\ddot{\alpha}, \dot{\alpha}, \alpha) = -\ddot{\alpha}[(\alpha - 1)^{-1/3} - \alpha^{-1/3}] + \frac{1}{6} \dot{\alpha}^2 [(\alpha - 1)^{-4/3} - \alpha^{-4/3}] \tag{7.36}$$

式中，τ 为具有时间量纲的常数；ρ 为基体密度；α_0 为球形空穴的初始半径；Y 为基体的屈服强度。$\dot{\alpha} = \partial \alpha / \partial t$，$\ddot{\alpha} = \partial^2 \alpha / \partial t^2$，$\tau^2 YQ(\ddot{\alpha}, \dot{\alpha}, \alpha)$ 为惯性力。

当激波压力 $p \ll 1$ GPa 时，孔隙率 α 的变化率 $\dot{\alpha}$ 和加速率 $\ddot{\alpha}$ 趋于零。此时式(7.34)～(7.36) 将变为具有较高准确度和简洁形式的塑性球壳塌缩的典型问题，其 $p-\alpha$ 关系为

$$p = \frac{2}{3} Y \ln \frac{\alpha}{\alpha - 1} \tag{7.37}$$

考虑到孔隙的存在，粉末中的平均压力 p 应该为

$$p = \frac{1}{\alpha} \left(\frac{2}{3} Y \ln \frac{\alpha}{\alpha - 1} \right) \tag{7.38}$$

将式(7.37)、式(7.38) 代入式(7.32)，可以得到

$$c_{0p}^2 = \frac{\alpha c_0^2}{1 + \dfrac{3 c_0^2 (\alpha - 1)}{2Y V_0}} \tag{7.39}$$

$$c_{0p}^2 = \frac{\alpha c_0^2}{1 + \dfrac{3 c_0^2 V}{2Y V_0^2} \left(\ln \dfrac{\alpha}{\alpha - 1} + \dfrac{1}{\alpha + 1} \right)^{-1}} \tag{7.40}$$

当粉末的孔隙率较大时，式(7.39)、式(7.40) 可以分别简化为

$$c_{0p}^2 = \frac{3}{2} Y V_0 \frac{\alpha}{\alpha - 1} \tag{7.41}$$

$$c_{0p}^2 = \frac{3}{2} Y V_0 \left(\ln \frac{\alpha}{\alpha - 1} + \frac{1}{\alpha - 1} \right) \tag{7.42}$$

对于材料参数 c_0、Y 等无法测试的粉末，如非晶粉末，不能按照式(7.39)～(7.42) 计算出非晶粉的体积声速。但是可以尝试用静力压缩实验确定任一粉末体积声速 $c_0 p$ 的近似值。

另外，$\lambda_0 u_p^n$ 项反映了强激波对波速的影响，因此式(7.30) 中的 λ_0、n 可以利用粉末在强冲击载荷下的实验数据来进行拟合确定，也可以用反映强冲击载荷下粉末压实的近似公式来确定。利用 McQueen 等所建立的描述超高压(几十吉帕) 状态的粉末 $p-V$ 关系：

$$p=\frac{\rho_0 c_0^2(1-\frac{V}{V_0})}{\left[1-\lambda(1-\frac{V}{V_0})\right]^2}\cdot\frac{1-\frac{\gamma_0}{2}(1-\frac{V}{V_0})}{1-\frac{\gamma_0}{2}\left(\frac{V_{00}}{V_0}-\frac{V}{V_0}\right)} \tag{7.43}$$

又由冲击波关系式得

$$U_s=V_{00}\sqrt{\frac{p-p_0}{V_{00}-V}} \tag{7.44}$$

$$u_p=\sqrt{(p-p_0)(V_{00}-V)} \tag{7.45}$$

由式(7.43)～(7.45)联立可求出相应的 $U_s\sim u_p$ 关系,然后自动拟合出相应粉末的 $U_s=c_0p+\lambda_0u_p^n$ 关系式中的 λ_0、n。式(7.41)中的 γ_0 为常态下基材的格临乃逊系数。这为分析和理解各量之间的关系带来极大的方便。

2. 等熵卸载状态方程

金属粉末经过冲击绝热压缩后的烧结体,其等熵卸载过程与一般连续介质有着十分不同的特点。其中一个重要原因是粉末在冲击绝热压缩过程中发生了烧结现象,在等熵卸载后不能再恢复到初始比容,而是停留在某一接近密实状态的比容上(小于初始比容)。这是因为烧结后完全改变了粉末材料的多孔隙性质,其严重的不可恢复特性是一般连续介质所不具备的。绝热压缩后熵值增加了,但其比容却大大减小了。而通常的连续介质在冲击绝热压缩后,由于熵的增加,在其等熵卸载到零压时,其比容通常大于其初始比容。

根据以上原因,在建立相应的卸载方程时,需要做出如下假设:① 在冲击绝热压缩下,粉末材料与基体具有相同的热力学能,承受相同的压力;② 在绝热冲击压缩闭合了的空穴与缝隙,在等熵卸载过程中不再恢复变形,这样烧结体卸载过程中体积发生膨胀,其增量应等于其基体材料的体积膨胀增量。根据第二个假设可知,若基体材料的卸载曲线已知,则烧结体的卸载曲线不难相应地确定,因为两者具有相同的 $\mathrm{d}P/\mathrm{d}V$ 的斜率。因此,要建立基体材料的等熵卸载方程,最终利用假设建立烧结体的卸载方程,需要先建立基体材料的 $p-V$ 关系。

(1) 基体材料的 $p-V$ 关系。

图 7.22 中的 $V_{00}-p$ 表示粉末材料的雨贡纽曲线(Hugoniot 曲线),假定在点 2 发生等熵卸载,其曲线为 $2-V_2$。另 V_0-M 表示基体材料的雨贡纽曲线,V_0-H 表示相应密实材料的雨贡纽曲线。令点 1 表示基体雨贡纽曲线上的某一点,其压力为 p_1,热力学能为 E_1。根据假设①,令其余粉末材料雨贡纽曲线上的点 2 具有相同的压力和热力学能,即有

$$p_1=p_2=\frac{c_{0p}^2(1-V_2/V_{00})}{V_{00}\left[1-\lambda(1-V_2/V_{00})\right]^2}+p_0 \tag{7.46}$$

$$E_1=E_2=\frac{1}{2}(p_2+p_0)(V_{00}-V_2)+E_0 \tag{7.47}$$

下面通过格临乃逊方程求取点 1 的比容 V_1。令点 3 为 V_0-H 曲线上的一点,其比容与点 1 的比容相等,则

$$p_3=\frac{c_0^2(1-V_1/V_0)}{V_0\left[1-\lambda(1-V_1/V_0)\right]^2} \tag{7.48}$$

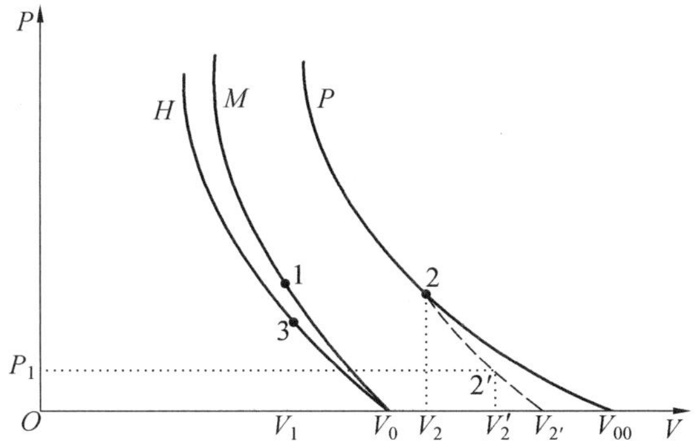

图 7.22 粉末材料的加、卸载曲线示意图

$$E_3 - E_0 = \frac{1}{2} p_3(V_0 - V_1) \tag{7.49}$$

$$p_1 - p_3 = \frac{\gamma}{V}(E - E_3) \tag{7.50}$$

其中格临乃逊系数 γ 与比容 V 呈线性近似关系为

$$\frac{\gamma_1}{V_1} = \frac{\gamma_0}{V_0} \tag{7.51}$$

γ_0 为常态下的格临乃逊系数。由以上公式可以得到基体的 $p_1 - V_1$ 关系式为

$$p_1 = p_2 = \frac{p_3\left(V_0 - V_1 - \dfrac{2V_0}{\gamma_0}\right) - p_0(V_{00} - V_2)}{V_{00} - V_2 - \dfrac{2V_0}{\gamma_0}} \tag{7.52}$$

已知p_1、p_3，当给出V_2、p_0 后，即可确定V_1。

(2) 等熵卸载方程。

处于状态点 1 的基体材料，其等熵卸载方程为

$$p_1 = A\rho_1^K - B \tag{7.53}$$

式中，未知常数 A、K、B 需要由点 1 的状态来确定。在状态点 1 处的声速$c_1^2 = \left(\dfrac{\mathrm{d}p}{\mathrm{d}\rho}\right)_1 = AK\rho_1^{K-1}$，相应地等熵卸载到$p_0$ 时的声速为$c_0^2 = AK\rho_0^{K-1}$，由上述关系可知

$$K = 1 + 2\ln(c_1/c_0)/\ln(\rho_1/\rho_0) \tag{7.54}$$

$$A = c_0^2/K\rho_0^{K-1} \tag{7.55}$$

$$B = A\rho_1^K - p_1 \tag{7.56}$$

McQueen 利用格临乃逊方程和等熵条件 $\mathrm{d}E/\mathrm{d}V = -p$，求得 c_1 的表达式为

$$c_1^2 = c_0^2\left(\frac{V_1}{V_0}\right)^2\left\{\frac{(1-\gamma_0\eta/2)(1+\gamma\eta)}{(1-\gamma\eta)^3} - \frac{\gamma_0}{2\rho_0 c_0^2}p_3 - \frac{\gamma_0}{\rho_0 c_0^2}p_1\right\} \tag{7.57}$$

式中，$\eta = 1 - V_1/V_0$。由以上系列关系式可以确定基体的卸载方程。根据假设②，若粉末烧结体等熵膨胀到状态 2′，那么该点的比容V'_2将为

$$V'_2 = V + (V_2 - V_1) \tag{7.58}$$

这里 V 表示基体材料卸载到同一压力水平时的比容，则

$$\rho = \frac{1}{V} = \frac{1}{V'_2 + V_1 - V_2} \tag{7.59}$$

将式(7.59)代入式(7.56)即可得到在不同V'_2时的粉末烧结体的压力 p 的卸载方程为

$$p = A\left[\frac{1}{V'_2 + V_1 - V_2}\right]^K - B \tag{7.60}$$

由于卸载是一个比较复杂的现象，上述假定在烧结体密度接近理论密度时才有相当的可靠性。

7.7.3 爆炸烧结的特点

爆炸粉末烧结技术具有瞬态、高温、高压及快冷的特点，可在 1 μs 左右的时间内完成 10～15 GPa高压和 6 000 ℃左右高温的加载、卸载。爆炸烧结时在柱面聚合激波作用下，粉末颗粒产生较大的塑性变形，造成孔隙塌缩，甚至形成射流。同时颗粒的摩擦能与微动能沉积于表面，使表层局部温度升高。由于冲击波加载、卸载的瞬时性，热量来不及传递到颗粒内部，因此只是在颗粒的表层产生局部熔化，之后快速冷却形成相对密度在 90% 以上的致密压实体。其急冷可以抑制晶粒的长大，有利于提高材料的性能。

与常规烧结方法相比(如超高温低温烧结、热等静压烧结)，爆炸烧结具有独特的优点。

1. 高压性

爆炸烧结的高压性可以烧结出近乎密实的材料。目前有关非晶钴基合金、微晶铝及其合金的烧结密度已超过 99%理论密度；Si_3N_4 陶瓷烧结密度达 95%～97.8%理论密度；W、Ti 及其合金粉末的烧结密度也高达 95.6%～99.6%。

2. 快熔快冷性

快熔快冷性有利于保持粉末的优异特性，尤其是针对急冷凝固法制备的微晶、非晶材料和亚稳态合金。由于激波加载的瞬时性，爆炸烧结时颗粒从常温升至熔点温度所需的时间仅为微秒量级，这使升温仅限于颗粒表面，颗粒内部仍保持低温，形成“烧结”后将对界面起到冷却“淬火”作用，这种机制可以防止发生常规烧结方法因长时间高温造成晶粒粗化而使得亚稳定合金特性(如高强度、硬度、磁学性能、抗腐蚀性等)降低的现象。

3. 促使无添加剂烧结

爆炸粉末烧结可以使 Si_3N_4、SiC 等非热熔性陶瓷在无须添加剂的情况下发生烧结，从而有可能大大提高烧结的工作温度。爆炸烧结的瞬态加温特性可以阻止纳米级陶瓷粉末在烧结时的晶粒粗化，并相应地保持超细陶瓷粉的优异性能。在爆炸烧结的过程中，冲击波的活化作用使粉末尺寸减小并产生许多晶格缺陷，晶格畸变能的增加使粉末储存了额外的能量，这些能量在烧结过程中变为烧结推动力。

除上述特点外，与一般爆炸加工技术一样，爆炸粉末烧结具有经济、设备简单的特点，且便于实验样品的回收。

7.7.4 爆炸烧结的应用

由其特点决定，爆炸粉末烧结技术在高温高强度粉末制件、硬质合金、难熔金属以及脆性陶瓷材料制件的加工中具有独特的优势，因此，已成为粉末冶金与爆炸力学交叉科学的研究热点。现已被广泛应用于金属和金属间化合物、金属基复合材料、纳米材料以及磁性材料、超导材料、超硬材料等功能材料的加工中。目前为止，美国已经利用爆炸烧结技术生产出了飞机发动机的某些关键零件，如涡轮盘。日本已经利用爆炸压实的方法将Al、Cu、Fe、W、Ti 等金属粉末制成管状制件，并已发表专利。我国在爆炸烧结技术方面的应用也取得了重大进展。

1. 非平衡态合金及纳米材料

利用爆炸烧结的快熔快冷性，成功避免了材料晶化和晶粒粗化现象，保持了非平衡态合金的优异性能，并制备出了纳米材料。如采用粉末爆炸烧结的方法加工出了非晶态钴基合金并保持了其良好的磁学性能；制备出了三维大尺寸非晶材料与密度在 99%以上的 FT15 高速钢粉末烧结体；采用机械合金化制粉、脱氧、爆炸烧结和后续热扩散处理的方法制备出了常规熔铸方法较难固溶的 Cu－Cr 合金，合金致密度高达 95%以上。

2. 功能材料

利用爆炸烧结法的瞬时高温高压的特点，可以制备出一些常规方法难以制备的性能优异的功能材料。爆炸烧结制备的高温超导材料具有很高的传导能量。传统加工方法中，颗粒之间容易沉积污染和气体杂质形成绝缘层，从而降低其传导能力；粉末爆炸烧结法可以剥离颗粒间的氧化膜，并清除掉颗粒间的杂质，从而形成颗粒间结合面，高压的作用使颗粒达到紧密结合，提高了其传导能力。

3. 陶瓷粉末活性化

Bergmann 首先提出了粉末的冲击波活化与烧结技术，即爆炸固结改性技术。它利用冲击波的作用，对粉末进行冲击波预处理，使粉末在后续烧结中具有较高的烧结活性，从而降低烧结温度或热压中的压力，主要用于氮化物、碳化物等非氧化物陶瓷粉末的活化烧结。研究表明冲击波对粉末的活化作用主要由于产生三种效应：颗粒度减小，晶粒度减小，微应变和晶格缺陷增加。

4. 动态高压合成金刚石与立方氮化硼

这主要是爆炸烧结技术在爆炸合成新材料时的应用。石墨承受动态爆轰压力时，由于原子间受压相互摩擦而产生的随冲击压力增大而增高的温升称为 $R-H$ 温升，当冲击压强达到 40 GPa，$T(R-H)$温升为 2 000 K 以上时，石墨就会发生相变进入高密度相，部分地转化为金刚石。通常结晶很好的六方石墨在动态合成时，将以无扩散固态相变的形式转变为六方金刚石，菱方石墨将转变为立方金刚石，相变前后保持原有的原子堆垛方式不变。

7.8 电磁成形

电磁成形(Electromagnetic Forming)技术是一种新兴的高能率成形技术，是利用瞬间的高压脉冲磁场迫使坯料在冲击电磁力作用下高速成形的一种成形方法。20 世纪 20 年代，物理学家 Kaptilap 在脉冲磁场中做实验时发现：在脉冲磁场中用来成形的金属线圈易发生膨胀甚至破裂。这一现象激发了研究人员对电磁成形技术原理的思考和探究。

20世纪50年代末,第一台电磁成形机在日内瓦举行的第二次国际和平原子能会议上由美国通用电力公司推出。20世纪60年代初,第一台工业生产用电磁成形机问世。此后,电磁成形技术引起了各工业国的广泛关注和高度重视,并很快应用于航空航天、汽车等领域。到了20世纪80年代,电磁成形技术在很多发达国家已经变得相当成熟,并且已经开始系列化、标准化。我国对电磁形成技术的研究最早开始于20世纪60年代,后因历史原因中断。20世纪70年代末,哈尔滨工业大学重新投入对电磁成形技术理论与工艺的研究,并于1986年成功研制出了我国首台生产用的电磁成形机。目前,电磁成形技术已被广泛应用于板料冲压成形,管件的连接扩孔等生产领域。

7.8.1 电磁成形的原理

电磁成形的基本原理是电磁感应定律,即变化的电场周围会产生变化的磁场,变化的磁场又会在其周围空间激发涡旋电场。此时,处于该涡旋电场中的导体又会产生感应电流,而该带电的导体在变化的磁场中又会受到内部电磁力的作用,电磁成形技术就是以此动力使工件产生变形的。

电磁成形设备是实施电磁成形的工具,其结构、参数和性能对电磁成形具有决定性作用。电磁成形设备原理图如图7.23所示。高压变压器经整流后恒压充电,用储能电容器储存能量,放电开关采用火花间隙开关,当电压达到间隙开关的击穿电压时,间隙开关被击穿,成为高压通路,储能电容器通过间隙放电开关将所储存的全部能量释放到工作线圈中,这一过程发生在几十到几百微秒的瞬间,瞬时放电功率可达1~25个百万千瓦电站发出的功率。工作线圈周围将会形成一个脉冲磁场。工作线圈产生的脉冲磁场使导体工件内部产生感应电流,感应电流形成的磁场阻止磁感线从导体工件中穿过,迫使磁感线集中于加工线圈和导体之间的间隙中,导体工件将会受到一个脉冲磁场力的作用。当该脉冲磁场力足够大,超过工件导体的屈服极限时,工件将会发生变形。

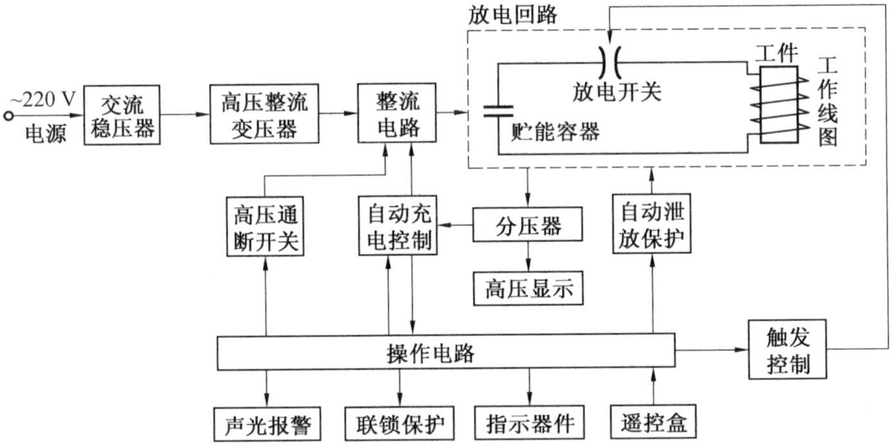

图7.23 电磁成形设备原理图

电磁成形技术涉及电学、电磁学、电动力学等多门学科,这些学科本身发展的不完善和成形过程中交互作用的影响,使得电磁成形技术的理论研究发展总是滞后于实际生产实践。随着有限元理论的日趋完善,应用有限元软件模拟电磁成形技术过程中的相关参数和变形过程成为该技术理论研究的主要方法。电磁成形技术具有能精确控制加工能量、成形速率快、成形精度高、产品开发周期短、绿色环保等优点。

7.8.2 电磁成形在粉末压制中的应用

电磁成形技术是继爆炸成形技术之后新兴的一种高效成形技术。1976 年,Clyeds 等率先将电磁成形的思想引入粉末压制,用放电压制法压制出棒料、条料及形状更为复杂的制件,通过筛选粉末粒度,还成功地制造出了具有尖角的棒料和条料。电磁压制成形的能量与速度控制优于爆炸成形。在电磁压制过程中,脉冲电磁力在上层粉末尚未完全被压实时就以应力波的形式向下传递,制备的压坯密度分布更加均匀。由于电磁压制的速度远高于传统的静压制,可明显提高压坯的密度和强度。粉末电磁压制示意图如图 7.24 所示。

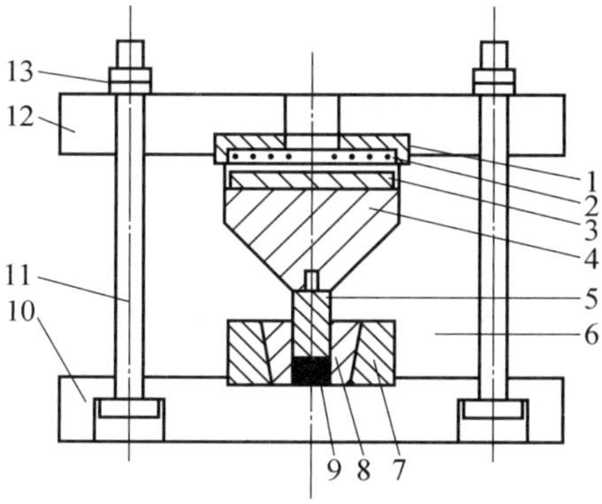

图 7.24 粉末电磁压制示意图

1—座套;2—线圈;3—驱动片;4—放大器;5—冲头;6—凹模粉末式嵌套;7—凹模;
8—套模;9—粉末;10—下模垫板;11—螺栓;12—线圈固定板;13—螺母

此外,电磁成形技术在功能陶瓷电磁粉末压制方面也有应用,为其在功能陶瓷行业、敏感元件和传感器行业开辟应用道路奠定了基础。目前电磁成形技术主要用于航空航天工业,这主要是因为航空航天工业大量使用导电性高的铝合金材料。随着电磁成形技术的不断完善以及电磁成形设备的不断改进和提高,电磁成形工艺将在众多工业领域得到越来越广泛的应用。

7.9 大气压固结

大气压固结(Consolidation by Atmospheric Pressure, CAP)是指不利用昂贵的热等静压设备固结粉末冶金高速工具钢,而是将粉末密封在玻璃中,除气,然后在大气压力下进行真空烧结的方法。图 7.25 为大气压固结法示意图。在大气压固结法中,选择装填粉末的玻璃是很重要的。利用大气压固结法可以制造异型轧材用的坯料、锻成锻坯或接近最终形状异形件用的坯料、等温锻造用的预成形件或复杂形状的零件,大大扩宽了粉末冶金的应用范围。

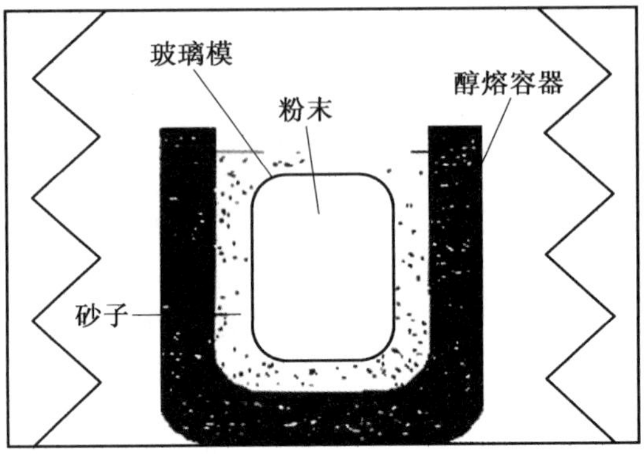

图 7.25 大气压固结法示意图

7.9.1 CAP 法的制造工艺

CAP 法所用的原料是优质氩气或氮气所雾化的球形粉末，含氧量比较低。CAP 法的具体制造工艺如下：

(1)过筛。过筛处理在大气压固结之前，一般粉末过 100 目筛子，有时为了更加细化显微组织，可以使用更小目数的筛子过筛。

(2)将合金粉与活化剂混合。将过筛后的粉末装于真空混料机(干燥装置)中并与活化剂混合，混合时，将溶液涂于每个颗粒上，如混合的硼酸甲醇溶液，然后利用真空与加热，在干燥过程中使甲醛挥发，在所有颗粒表面留下一层硼酸薄膜。活化剂的使用是为了净化粉末颗粒表面，加速烧结致密化。

(3)装模。通过装料管将混合干燥后的粉末装入一个硼硅玻璃管中。装粉时要振动，以保证装粉密度达到 65%的理论密度。玻璃管的形状可根据需求选择。

(4)脱气与密封。将玻璃管通过装料管连接到抽气泵上，对粉末脱气，排除残留在粉末中的气体。然后将装料管加热到玻璃的软化点，将玻璃管密封。

(5)烧结。将密封的玻璃管(包套)置于空气炉中加热处理，完成烧结，活化剂可以加速烧结。烧结温度对坯件致密度影响较大，一般选择接近合金固相线温度进行大气压固结。烧结时，随着坯件变得密实，玻璃管会发生软化和收缩，所以一般会选择将模型置于砂介质中支撑柱，以保持坯件的形状。

(6)剥离。烧结完成后，将玻璃管从炉中取出，空冷。在 588 K 温度下，玻璃管会从固结的坯件上自行剥落，并且不会被氧化。用喷砂除去表面少量残留的玻璃粉。

(7)全密度化。固结后的产品可经过热锻、热轧、热挤压、等温加工、热加工等处理方式使坯件达到全密度与最终形状。

7.9.2 CAP 法的特点

与其他固结工艺(如热等静压、挤压等)相比，CAP 法的最主要特点是成本低、制造工艺简单。这主要体现在以下两个方面：

(1)烧结炉。其他烧结工艺所需的烧结炉需要高压、特殊保护气氛等装置，所以设备比较复杂，需要较高的运行与维修费用。而 CAP 法所用的烧结炉只需要满足标准空气气氛烧结即可,费用低很多。

(2)包套。其他固结工艺用的是金属包套,金属包套必须经过加工、焊接并在静态和压力作用下检漏。烧结完成后,金属包套还必须使用机械加工、磨削或化学方法才能将其剥离,因此成本很高。而 CAP 法使用的是玻璃包套。玻璃包套是一个整体不需要焊接或检漏过程,并且由于其内表面干净、无空隙,在真空脱气的时候比较快且比较彻底。玻璃包套还能自行剥离,整体成本要低很多。

7.9.3 CAP 法的应用

用于 CAP 法的主要材料为粉末冶金工具钢和高温合金。前提必须用高纯氩气或氮气雾化将这些材料制成粉末。

1. 粉末冶金工具钢

与铸锭冶金生产的工具钢相比,CAP 法制成的工具钢具有无宏观偏析、显微组织均匀、晶粒及碳化物细小且均匀等特点。具体产品比较如图 7.26 所示。

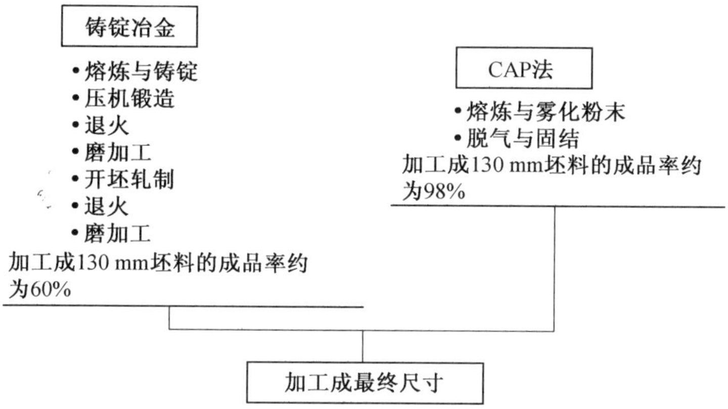

图 7.26 铸锭冶金与 CAP 法制造工具钢轧材产品的比较

用铸锭法制造的坯料,其密度只有理论密度的 60%,而用 CAP 法,密度可高达 95%~99%,材料利用率也可达 98%左右,因此产生的废料较少。与铸锭法相比,CAP 法制造的零件有以下优点:磨削性比较好,这主要归因于碳化物分布均匀;热加工性能、断裂韧性和耐磨性高,这主要是与显微组织细小、均匀、无偏析等特点有关。

以 T—15 产品为例,当铸锭法与 CAP 法制件过程奥氏体化温度相同时,CAP T—15 制件的显微组织较细,硬度较高,并且 CAP 法在较短的奥氏体化时间内,就可以达到更高的硬度水平。

2. 高温合金

CAP 是固结高温合金粉末的方法之一,也可应用于固结快速凝固粉末。喷气发动机零件一般是由热加工的 CAP 制造的。

经过 CAP 加锻造制造的最终异形件,其室温和高温拉伸性能、应力一断裂值都超过了要求值。进行了时效处理的材料强度较高,且延性没有降低。如果在这种材料中加入少量的硼,除了可以抑制形成蜂窝状斜方的 Ni_3Nb,还能促使形成 $M_{23}C_6$ 型碳化物,有助于组织形成碳化物膜。

7.10 电场活化烧结

电场活化烧结技术(Filed Activated Sintering Technique, FAST)是从1933年Talor将电场应用于黏结碳化物的烧结时提出来的,是指在烧结过程中施加一定的脉冲大电流形成电场,在其中进行的烧结。所施加的电场直接作用于导电模具和样品上,通过脉冲电流能够清除粉末颗粒间的表面氧化物和吸附的气体,促使粉末表面扩散,降低粉末烧结活化能,之后再在较低的压力下,利用强电流短时间烧结加热粉末,从而完成烧结致密化。FAST起源于20世纪60年代的电火花烧结技术,于80年代末期得到进一步改良完善。

7.10.1 FAST的原理

电场活化烧结需要粉末颗粒表面的活化烧结、电阻烧结和压力三个方面,如图7.27所示。其中电场活化烧结所特有的是活化烧结,靠脉冲放电来完成。其具体原理是:相互接触的颗粒点缝隙附近一般会形成一个小的电容器,放电就在这些小电容器中进行。当电压达到一定值之后(与氧化物层绝缘度有关),中间表面的氧化膜会被击穿,从而产生断电机制;如果在接触点附近产生脉冲电流,粉末颗粒间的空气就会被击穿。这些都与颗粒表面间的物理活化有关。物理活化与低温快速烧结致密化有关,可以降低晶粒长大,保证材料的显微组织细小。除了活化烧结外,电阻烧结与压力等的作用与其他烧结工艺基本相同。

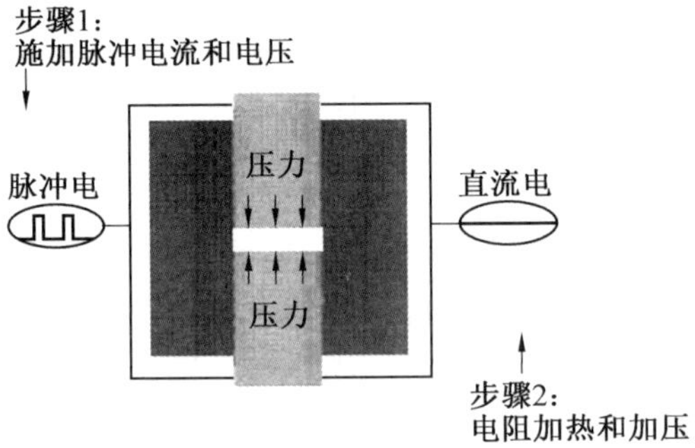

图7.27 电场活化烧结示意图

7.10.2 FAST的工艺及特点

FAST主要由两步组成:通过一个脉冲电流装置完成初始活化和电阻加热。脉冲电流是通过断续的低电压(约30 V)和高电流(>600 A)实现脉冲放电的,每个脉冲的间隔为2~30 ms。脉冲放电之后施加直流电,两者可以同时使用也可依次进行。后期电阻加热时所施加的压力可以是恒定的,也可以是变化的。

相比其他的烧结工艺,FAST的主要特点为:FAST可以细化材料的显微结构,提高钢的淬透性;施加电场能够固结难烧结的粉末;比传统烧结工艺所用的烧结温度低、时间短、升温速率快，烧结出来的制件密度高、质量好、生产效率高；不需要添加剂或黏结剂，不需要提前冷压；在空气中进行，不需要可控气氛或提前对粉末脱气；多次放电。

7.10.3 FAST 的应用

FAST 已经被应用于液相或固相烧结的导电材料、超导材料、半导体、绝缘材料、瞬时致密材料、复合材料及功能梯度材料等，也可同时应用于致密化与合成化合物。

1. 粉末冶金

在粉末冶金领域，采用 FAST 在不加添加剂、温度为 2 600 K 的条件下，烧结纯钨粉 8 min，致密度便可达到 91.5%，而传统的烧结工艺在相近的温度下烧结 4 h 后，相对致密度只有 84%～94%。通过 FAST 在 745 K 用致密机械合金法制备的金属基粉末，Fe—渗碳体微小复合材料粉末，其晶粒尺寸范围在 45 nm 级别，而 HIP 加工后的晶粒尺寸为 90 nm级别。另外，在 2 000 K 温度下，不加添加剂，采用 FAST 工艺烧结5 min便可得到接近致密的 AlN 制品，如果采用传统工艺，在 2 070～2 220 K 温度下烧结3～4 h，致密度只能达到 97%。

2. 陶瓷材料

W. Park 等采用 FAST 于 1 050～1 100 ℃烧结 5 min，制备出了致密度为 95%的 SnO_2 陶瓷。O. Scarlat 等以 SnO_2、Sb_2O_3 粉末为原料，采用 FAST 于 890 ℃烧结 10 min，得到了 $Sn_{0.82}Sb_{0.18}O_2$ 陶瓷，其致密度为 92.4%，电阻率为 7.42×10^{-2} Ω·cm。FAST 升温速率快，烧结温度低、时间短，能够抑制 SnO_2 和 Sb_2O_3 的挥发，提高材料致密度。另外，利用 FAST，可以根据涂层（陶瓷）和基体（金属）的性质确定不同的温度梯度，用 ZrO_2 陶瓷和 NiCrAlY 金属粉末通过瞬时致密获得了功能升级材料，并已开发出了控制温度梯度和解决因金属和陶瓷热膨胀系数的不同引起裂纹问题的方法。

3. 其他

用 FAST 在不到 15 min 就可烧结出致密度大于 99%的 Y－Ba－Cu－O，并且保留了材料良好的超导性能。并且这些超导材料的电阻系数－温度曲线在 240～278 K 出现一个拐点，这在非 FAST 烧结材料中还没有出现过。FAST 还是一种将立方 BN 焊接到金属表面的有效且多用途的技术，并且立方 BN 结构稳定，不发生显微组织变化，整体焊接情况良好。

致密的快速化省略了粉末烧结前的一些如冷压的准备步骤及空气烧结，这些优点使得 FAST 更具有经济竞争力。这对于冷压致密非常困难、容易氧化或者亚稳态材料和有临界焊接和纯度要求的材料来说更加重要。但是 FAST 在要求最小的组织变化的各种材料的近净成形和扩散方面的前景更为广阔，值得进一步研究。

7.11 振荡压力烧结

清华大学谢志鹏教授研究发明了一种振荡压力波与热场耦合烧结的新技术，称为振荡压力烧结（Oscillatory Pressure Sintering，OPS）技术。采用该烧结技术可以抑制晶粒生长并将晶粒尺寸控制在较窄的尺寸区间内，有效促进晶界处闭气孔的排出，提高致密度,使材料的力学性能大幅提高。振荡压力烧结制备的钇稳定氧化锆陶瓷(3Y－TZP),其密度接近理论密度、抗弯强度达到1 600 MPa,与传统烧结方法比较,其晶粒更加细小均匀、强度提高近一倍。

7.11.1 OPS的设备结构

振荡压力烧结的设备与传统的热压装置非常相似,都由加热系统与加压系统组成。不同点为OPS引入了额外的控制装置以提供振荡压力。其设备结构如图7.28所示。

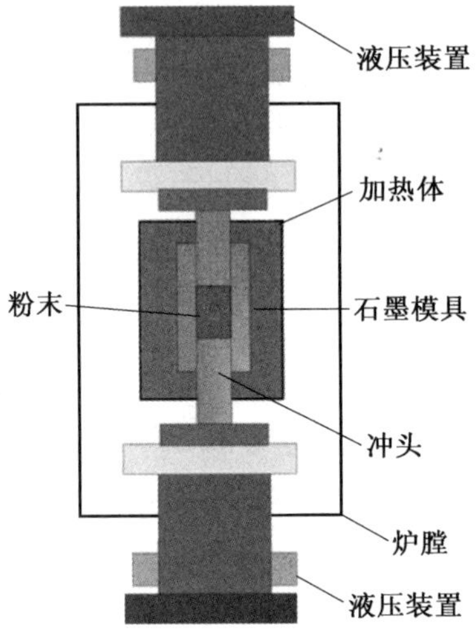

图7.28 振荡压力烧结装置结构

振荡压力烧结设备可以对烧结粉末施加振幅与频率可控的振荡压力,从而提供较高的烧结驱动力,促进材料的致密化。其振荡压力耦合装置如图7.29所示:压力控制器Ⅰ通过控制伺服阀Ⅰ提供压力 P_C,P_C 为恒定压力,数值较大;压力控制器Ⅱ通过控制伺服阀Ⅱ提供压力 P_0,P_0 为振荡压力,数值较小;P_C 与 P_0 在压力点处有效耦合,从而提供一个振荡与频率可控的振荡压力。上述压力耦合方法可以提供数值较大、振幅较小的振荡

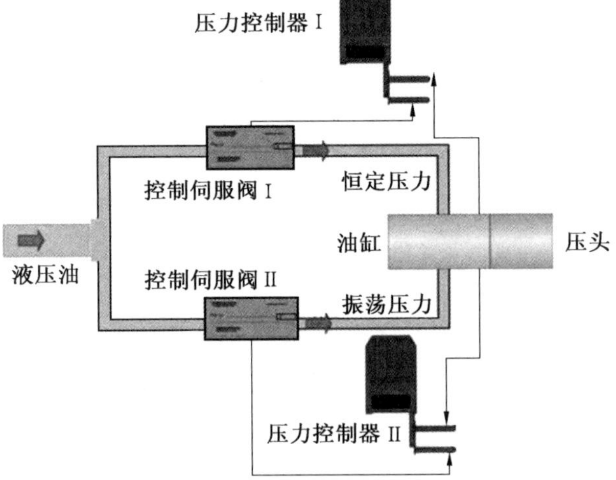

图7.29 振荡压力耦合装置

力，避免单一振荡压力对待烧材料及模具造成的冲击损害。其输出压力耦合原理示意图如图7.30所示。

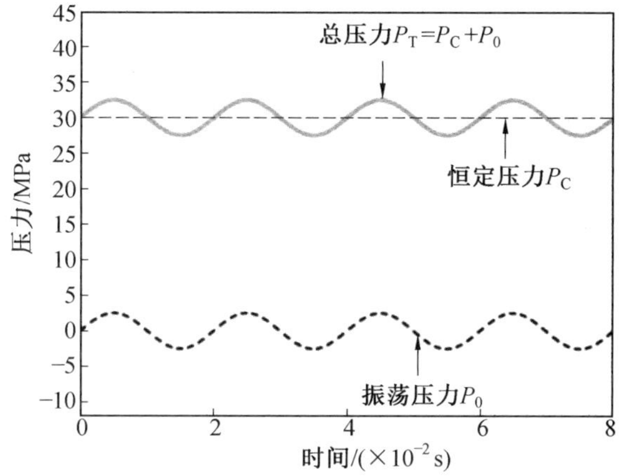

图 7.30　输出压力耦合原理示意图

7.11.2　OPS 的工艺流程

振荡烧结的工艺与普通热压烧结类似，通常使用石墨模具并需要惰性气氛保护。与热压烧结不同的是，OPS 在温度与压力达到烧结所需的状态后，再对材料施加一个振荡压力。以烧结氧化锆陶瓷为例，OPS 的工艺过程如下：

(1)将原始粉末装入石墨模具中。

(2)向炉体通入氩气作为保护气体，施加预压力(恒定压力)并缓慢升温。

(3)当温度达到预定温度后，保温一段时间，排出粉末中含有的黏结剂、成形剂等有机质。

(4)将轴向压力(恒定压力)逐步增加到烧结压力，温度逐步升高到烧结温度。

(5)温度达到烧结温度后施加振荡压力，振荡压力波形如图 7.31 插图所示。

(6)保温完成后降温，并缓慢卸压。

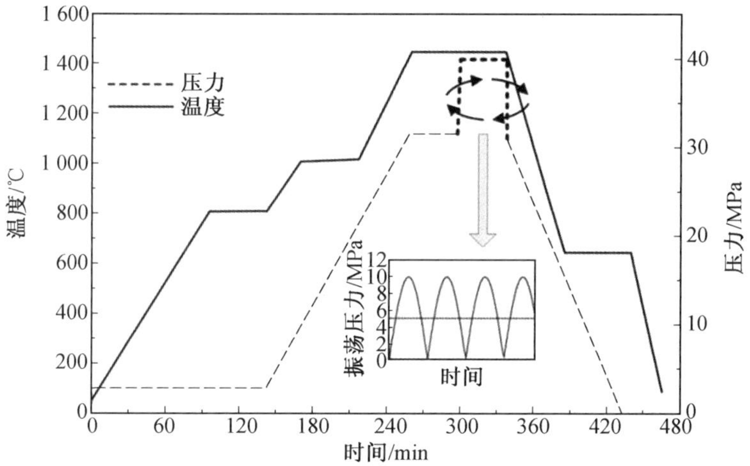

图 7.31　振荡烧结过程温度与压力的变化图

7.11.3 OPS致密化机制

无压烧结过程的驱动力是粉末表面能的降低,坯体的致密化机制主要为蒸发一凝聚、晶格扩散和晶界扩散等。热压烧结过程的驱动力除了系统表面能外,还有外加压力的作用,其烧结机制包括黏性流动、塑性形变、晶界扩散和颗粒重排等。振荡压力烧结不仅具备传统烧结方法的致密化机制,并且由于烧结过程施加了振幅与频率可控的压力,还赋予了材料多种全新的烧结机制。

图7.32为热压烧结与振荡压力烧结条件下材料致密化与晶粒生长过程对比图。烧结开始前(阶段Ⅰ),振荡压力可以通过颗粒滑移、旋转、破碎等机制促进颗粒重排和消除颗粒团聚,因此增大了素坯的堆积密度,缩短了原子或离子的扩散路径;烧结过程的前期和中期(阶段Ⅱ),振荡压力可以加速黏性流动和扩散蠕变,激发晶界滑移、塑性形变等机制,从而加速材料的致密化;烧结后期(阶段Ⅲ),振荡压力引起的塑性形变促进了晶界处气孔的合并和排出,特别是排出了三角和四角晶界处闭气孔,因此能够制备接近理论密度的陶瓷材料。

简而言之,振荡压力烧结过程中材料的致密化主要源于如下两方面的机制:一是表面能作用下的晶界扩散、晶格扩散和蒸发一凝聚等传统致密化机制;二是振荡压力赋予的新机制,包括颗粒重排、晶界滑移、塑性形变及形变引起的晶粒移动、气孔排出等。

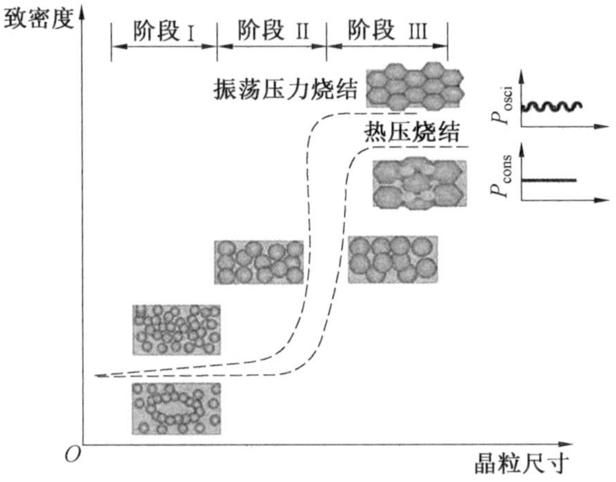

图7.32 热压烧结与振荡压力烧结条件下材料致密化与晶粒生长过程对比图

振荡压力为粉末致密化提供了较高的驱动力,重排、扩散和迁移等机制加速了坯体的致密化进程,在烧结后期,振荡压力加速了晶界处闭气孔的排出。因此,振荡压力烧结的材料的相对密度可以达到99.5%以上。

根据Coble烧结理论,烧结后期晶粒生长的主要机制为晶界迁移,控制晶粒生长就需抑制晶界迁移机制,强化晶界扩散、晶格扩散等致密化机制。分析认为,振荡压力强化了高温下晶粒的塑性形变和晶界滑移等现象,抑制了晶界迁移,从而抑制了晶粒的过快生长。统计表明振荡烧结得到的晶粒尺寸是传统无压烧结得到晶粒尺寸的1/2左右。

振荡压力烧结也可以用于纳米粉末烧结中。纳米粉末粒径小、体系表面能较大,颗粒极易发生团聚。采用恒定压力烧结方法制备纳米材料时,高温下晶粒迅速生长而粉末团聚无法打碎，团聚体中的气孔封闭后就无法排除。而采用振荡压力烧结技术，动态载荷下团聚粉末极易被打碎，能够有效消除闭气孔。同时由于振荡压力烧结能抑制晶粒生长，纳米粉的优势可以得到充分发挥，从而制备出性能优异的纳米晶材料。

7.12 冷烧结

对于大部分的陶瓷材料来说，烧结温度一般在熔点的 50%～75%之间。由于具有较高的熔点，大多陶瓷材料在传统烧结过程中的烧结温度都高于 1 000 ℃。较高的烧结温度不仅增加了陶瓷材料的制备成本，同时产生的碳排放也会对环境造成压力。宾夕法尼亚州立大学的研究人员探索出了一种新型的低温烧结技术，有效降低了陶瓷烧结过程的能耗，称为冷烧结过程(Cold Sintering Process，CSP)。在冷烧结过程中，陶瓷粉末通过中间液相的辅助，在温和的环境中实现了致密化(温度为 25～300 ℃；压力为 0～700 MPa)，其热力学驱动力来源于温度，动力学驱动力来源于中间液相的毛细血管作用力和外界压力。冷烧结技术在陶瓷领域开辟了一个新的材料制备方向，实现了陶瓷材料的超低温烧结(不高于 300 ℃)，是一种具有广阔应用前景的低温、环保、节约能源的新型烧结工艺。

7.12.1 CSP 的原理与工艺

基于液相烧结理论以及实验观察，冷烧结过程示意图如图 7.33 所示，可分为粉末润湿、颗粒重排、溶解－析出、烧结等阶段。首先用适量的水或者酸性溶液均匀润湿陶瓷粉末，在陶瓷粉末的固－固界面中引入液相。由于表面能的作用，粉末颗粒的尖锐边缘会溶解于液相中，减少了界面面积，有助于下一个烧结阶段的重排。在适当的压力和温度条件下，液相迁移并扩散到粉末颗粒间的孔隙中。在溶解－沉淀阶段，在表面能和毛细压力的驱动下，粉末颗粒上曲率大以及受应力作用的部位逐渐溶于液相中，离子或原子团簇通过液体扩散，并在固相颗粒上曲率小、应力小的位置处沉淀析出。在溶解－析出的过程中，通过液相进行的物质传输使压坯的表面自由能最小化，同时孔隙减少，形成致密烧结体。在烧结的最后阶段，消除水或溶剂会留下无定形的晶界相，晶界相可能结晶也可能是非晶。晶界处存在的非晶相可以抑制晶界扩散或迁移，从而限制晶粒生长。

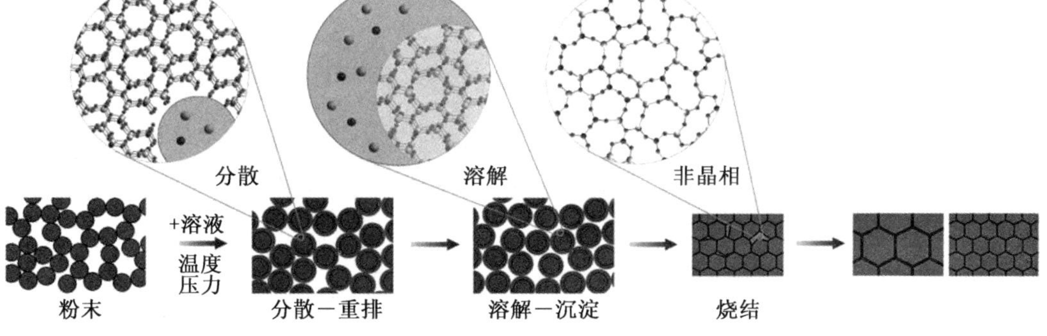

图 7.33 冷烧结过程示意图及主要烧结阶段的界面放大图

影响冷烧结的因素包括原始粉末尺寸、液相添加量、pH、溶质添加量、烧结压力、烧结温度、保温时间和加热速率等。Randall 指出，适当的水分、压力、热量和反应时间以确保材料完全结晶和充分致密化是至关重要的。在冷烧过程中的工艺条件和材料体系密切相关。

CSP 工艺与水热合成技术在一定程度上有相似之处,都发生了溶解一析出的过程。但水热合成是在一定的温度和压力下,使原本难溶或者不溶的反应物在溶液中溶解并重结晶的过程,通常使用密封反应容器。水热反应也可制备块体材料,但产物通常是多孔的。而 CSP 工艺的烧结过程中,不是所有的固体粉末颗粒都溶解于水溶液,CSP 中的少量水溶液仅仅提供了致密化的驱动力,烧结机制类似于液相烧结。但与液相烧结不同的是,CSP 是部分开放的系统,在烧结过程中水分可以蒸发到空气中。此外,CSP 的设备及工艺非常简单,可以由普通模具和由两个热板加热的压机组成,也可以由普通压机和用电控加热器夹套包裹的模具组成。

7.12.2 CSP 制备材料的性能

冷烧结制备的陶瓷没有明显的杂质或第二相,并且晶粒细小。如图 7.34 所示,冷烧结制备的 Li_2MoO_4、$Na_2Mo_2O_7$、$K_2Mo_2O_7$ 陶瓷的晶粒尺寸与 Li_2MoO_4、$Na_2Mo_2O_7$、$K_2Mo_2O_7$ 原始粉末的晶粒尺寸相似,表明晶粒生长在冷烧结的过程中是受到抑制的。因此,通过控制初始粉末粒度可以调整烧结陶瓷的晶粒尺寸。这种技术可用于生产具有可控和均匀晶粒尺寸的多晶材料,选择合适的体系与原始粉末,甚至可以制备纳米晶陶瓷,并且能在最终得到的陶瓷中保留粉末初始的纳米结构。

(a) 120℃、350 MPa下冷烧15~20 min 制备的Li_2MoO_4 陶瓷

(b) 120℃、350 MPa下冷烧15~20 min 制备的$Na_2Mo_2O_7$ 陶瓷

(c) 120℃、350 MPa下冷烧15~20 min 制备的$K_2Mo_2O_7$ 陶瓷

(d) 未烧结的Li_2MoO_4 原始粉末

图 7.34 冷烧结制备的陶瓷的扫描电子显微镜图像

((a)~(c) 120 ℃、350 MPa 下冷烧 15~20 min 制备的 Li_2MoO_4、$Na_2Mo_2O_7$、$K_2Mo_2O_7$ 陶瓷;(d)~(f) 未烧结的 Li_2MoO_4、$Na_2Mo_2O_7$、$K_2Mo_2O_7$ 原始粉末)

(e) 未烧结的$Na_2Mo_2O_7$原始粉末　　(f) 未烧结的$K_2Mo_2O_7$ 原始粉末

续图 7.34

冷烧结制备的 NaCl、Li_2MoO_4、$Na_2Mo_2O_7$、$K_2Mo_2O_7$ 和 V_2O_7 陶瓷的性能见表 7.2，室温烧结的 NaCl(类似于黏合)的抗拉强度与传统高温烧结的 NaCl 的抗拉强度类似，并且冷烧结 Li_2MoO_4、$Na_2Mo_2O_7$、$K_2Mo_2O_7$ 陶瓷的介电性能与高温烧结样品的差异也不大。

表 7.2　室温无压冷烧制备的 NaCl 和 120 ℃、350 MPa 下冷烧结 15～20 min 制备的其他陶瓷(Li_2MoO_4、$Na_2Mo_2O_7$、$K_2Mo_2O_7$、V_2O_7)与传统烧结工艺制备的陶瓷的致密度与性能的对比

材料	冷烧结工艺(CSP)		传统烧结工艺	
	致密度 /($g \cdot cm^{-3}$)	性能	致密度 /($g \cdot cm^{-3}$)	性能
NaCl	1.95(90%)	σ_s=10～15 MPa	1.95～2.07(90%～95.6%)	σ_s=7～21 MPa
Li_2MoO_4	2.9(95.7%)	ε_r=5.61 $Q\times f$=30 500 GHz	2.895(95.5%)	ε_r=5.5 $Q\times f$=46 000 GHz
$Na_2Mo_2O_7$	3.45(93.7%)	ε_r=13.4 $Q\times f$=14 900 GHz	3.59(97%)	ε_r=12.6 $Q\times f$=62 400 GHz
$K_2Mo_2O_7$	3.39(94.1%)	ε_r=9.8 $Q\times f$=16 000 GHz	—	ε_r=7.5 $Q\times f$=22 000 GHz
V_2O_7	3.03(90.2%)	$\sigma_c=4.8\times10^{-4}$ S·cm^{-1}	—	$\sigma_c=10^{-5}\sim10^{-3}$ S·cm^{-1}

注：σ_s 为抗拉强度；ε_r 为相对介电常数；Q 为品质因数；f 为频率；σ_c 为电导率。

本章思考题

1. 比较放电等离子烧结、闪烧与电场活化烧结机制的异同，讨论“电”对烧结致密化的影响。

2. 讨论自蔓延高温合成发生的热力学和动力学条件。

3. 简述冷烧结的原理与工艺，与液相烧结有何关联？

4. 讨论制粉、压制与烧结的相互关系，提高材料烧结密度可以采用哪些措施？

参考文献

[1] 阮建明，黄培云. 粉末冶金原理[M]. 北京：机械工业出版社，2012.

[2] 陈文革，王发展. 粉末冶金工艺及材料[M]. 北京：冶金工业出版社，2011.

[3] 蒲永平. 功能材料的缺陷化学[M]. 北京：化学工业出版社，2007.

[4] 曲选辉. 粉末冶金原理与工艺[M]. 北京：冶金工业出版社，2013.

[5] TILLEY R J D. 固体缺陷[M]. 刘培生，田民波，朱永法，译. 北京：北京大学出版社，2013.

[6] 杨玉娟，严彪. 多相场模拟技术在共晶凝固研究中的应用[M]. 北京：冶金工业出版社，2010.

[7] 陈振华. 现代粉末冶金技术[M]. 2 版. 北京：化学工业出版社，2013.

[8] 胡赓祥，蔡珣，戎咏华. 材料科学基础[M]. 3 版. 上海：上海交通大学出版社，2010.

[9] 王竹溪. 热力学[M]. 2 版. 北京：北京大学出版社，2005.

[10] 郝士明. 材料热力学[M]. 北京：化学工业出版社，2003.

[11] 徐祖耀，李麟. 材料热力学[M]. 2 版. 北京：科学出版社，2000.

[12] 肖衍繁，李文斌. 物理化学[M]. 2 版. 天津：天津大学出版社，2004.

[13] 韩凤麟. 粉末冶金基础教程——基本原理与应用[M]. 广州：华南理工大学出版社，2005.

[14] 费多尔钦科. 粉末冶金原理[M]. 北京钢铁学院粉末冶金教研组，译. 北京：冶金工业出版社，1974.

[15] 果世驹. 粉末烧结理论[M]. 北京：冶金工业出版社，1998.

[16] 松山芳治，三谷裕康，铃木寿. 粉末冶金学[M]. 周安生，译. 北京：科学出版社，1978.

[17] 莱内尔. 粉末冶金原理与应用[M]. 殷声，赖和怡，译. 北京：冶金工业出版社，1989.

[18] 中南矿冶学院. 粉末冶金原理(第三分册)[M]. 北京：冶金工业出版社，1977.

[19] 马福康. 等静压技术[M]. 北京：冶金工业出版社，1992.

[20] 李春峰. 高能率成形技术[M]. 北京：国防工业出版社，2001.

[21] 殷声. 燃烧合成[M]. 北京：冶金工业出版社，1999.

[22] 王礼立，余同希，李永池. 冲击动力学进展[M]. 合肥：中国科学技术大学出版社，1992.

[23] 周玉，雷廷权. 陶瓷材料学[M]. 2 版. 北京：科学出版社，2004.

[24] 黄培云，金展鹏，陈振华. 粉末冶金基础理论与新技术[M]. 北京：科学出版社，2010.

[25] BLAZYNSKI T Z. Explosive welding, forming and compaction[M]. Berlin: Springer Science & Business Media, 2012.

[26] MEYERS M A, STAUDHAMMER K P, MURR L E. Metallurgical applications of shock-wave and high-strain-rate phenomena[M]. New York: Mancel Dekker Inc., 1986.

[27] LOTRIH V F, AKASHI T, SAWAWOKA A. In metallurgical applications of shock-wave and high-strain-rate phenomena[M]. New York: Mancel Dekker Inc., 1986.

[28] 王礼立，余同希，李永池. 冲击动力学进展[M]. 合肥：中国科学技术大学出版社，1992.

[29] 吴成义，张丽英. 粉末成形力学原理[M]. 北京：冶金工业出版社，2003.

[30] 刘军，余正国. 粉末冶金与陶瓷成形技术[M]. 北京：化学工业出版社，2005.

[31] 施尔畏，陈之战，元如林，等. 水热结晶学[M]. 北京：科学出版社，2004.

[32] 陈志强，周学斌，杨亨林，等. MF－16K 型电磁成形机的研制与应用[J]. 兵工自动化，1998(3)：33-36.

[33] 初红艳，潘风文，费仁元，等. 电磁冲裁成形与普通冲裁成形的分析比较[J]. 锻压技术，2001，26(1)：28-30.

[34] 欧阳伟，黄尚宇. 电磁成形技术的研究与应用[J]. 塑性工程学报，2005，12(3)：35-40.

[35] 果世驹，迟悦，孟飞，等. 粉末冶金高速压制成形的压制方程[J]. 粉末冶金材料科学与工程，2006，11(1)：24-27.

[36] 彭金辉，张利波，张世敏. 等离子体活化烧结技术新进展[J]. 云南冶金，2000(3)：42-44.

[37] 张久兴，刘科高，周美玲. 放电等离子烧结技术的发展和应用[J]. 粉末冶金技术，2002，20(3)：129-134.

[38] 张立，黄伯云，吴恩熙. 纳米 WC-Co 复合粉的烧结特征[J]. 硬质合金，2001，18(2)：65-68.

[39] 曾德麟，张怀泉. 超固相线液相烧结[J]. 粉末冶金工业，1995(1)：6-11.

[40] 张登霞，艾宝仁. 铝和铝－锂合金的爆炸烧结试验研究[J]. 高压物理学报，1990，4(4)：291-299.

[41] 中国科学院力学研究所二室四组. 破甲过程初步分析及一些基础知识[J]. 力学进展，1973(5)：37-75.

[42] 董明. 粉末材料的爆炸烧结[J]. 材料开发与应用，1995(3)：29-33.

[43] 解子章，邱军，杨让. 冲击波作用下粉末颗粒效应及其形成过程[J]. 北京科技大学学报，1993(1)：10-13.

[44] 李晓杰，赵铮，曲艳东，等. 爆炸烧结制备 CuCr 合金[J]. 爆炸与冲击，2005，25(3)：251-254.

[45] 沈平，连建设，胡建东，等. 凝聚态自反应材料激光点火理论模型[J]. 应用激光，

2001，21(1)：9-12.

[46] 殷声，赖和怡. 自蔓燃高温合成法(SHS)的发展[J]. 粉末冶金技术，1992(3)：223-227.

[47] 韩杰才，王华彬，杜善义. 自蔓延高温合成的理论与研究方法[J]. 材料科学与工程学报，1997(2)：20-25.

[48] 江国健，庄汉锐. 自蔓延高温合成材料制备新方法[J]. 化学进展，1998，10(3)：327.

[49] 殷声，郭志猛，林涛，等. 陶瓷复合钢管的研究和工业应用[J]. 材料导报，2000，14(12)：44-46.

[50] 符寒光. 自蔓延高温合成技术应用展望[J]. 石油矿场机械，2003，32(1)：1-4.

[51] 景晓宁，赵建华，何陵辉. 固相烧结后期晶粒和气孔拓扑生长演化的二维相场模拟[J]. 材料科学与工程学报，2003，21(2)：170-173.

[52] 景晓宁，倪勇，何陵辉. 陶瓷烧结过程孔隙演化的二维相场模拟[J]. 无机材料学报，2002，17(5)：1078-1082.

[53] 李双，谢志鹏. 振荡压力烧结法制备高致密度细晶粒氧化锆陶瓷[J]. 无机材料学报，2016，31(2)：207-212.

[54] 言仿雷. 超微气流粉碎技术[J]. 材料科学与工程学报，2000，18(4)：145-149.

[55] KIM Y W，DIMIDUK D M. Progress in the understanding of gamma titanium aluminides[J]. Jom.，1991，43(8)：40-47.

[56] LEE T K，MOSUNOV E I，HWANG S K. Consolidation of a gamma TiAl—Mn—Mo alloy by elemental powder metallurgy[J]. Materials Science and Engineering：A，1997，239：540-545.

[57] MOHANTY B，NARASIMHAN K S. Fluid energy grinding[J]. Powder Technology，1982，33(1)：135-141.

[58] GOMMEREN H J C，HEITZMANN D A，MOOLENAAR J A C，et al. Modelling and control of a jet mill plant[J]. Powder Technology，2000，108(2-3)：147-154.

[59] 叶菁，李宏敏. 滑石超细改性气流粉碎研究[J]. 非金属矿，2004(1)：40-41.

[60] 蔡艳华，马冬梅，彭汝芳，等. 超音速气流粉碎技术应用研究新进展[J]. 化工进展，2008(5)：671-674.

[61] RAMEZANI M，NEITZERT T. Mechanical milling of aluminum powder using planetary ball milling process[J]. Journal of Achievements in Materials and Manufacturing Engineering，2012，55(2)：790-798.

[62] LI S L，WANG L，XIONG Y M，et al. Amorphization of ZrO_2+CeO_2 powders through mechanical milling for the use of kinetic spray[J]. Journal of Materials Engineering and Performance，2013，22(12)：3717-3722.

[63] ZHANG P F，JIA D C，YANG Z H，et al. Physical and surface characteristics of the mechanically alloyed SiBCN powder[J]. Ceramics International，2012，38(8)：

6399-6404.

[64] DIETRICH S, WUNDERER M, HUISSEL A, et al. A new approach for a flexible powder production for additive manufacturing[J]. Procedia Manufacturing, 2016, 6: 88-95.

[65] 向青春，周彼德，李荣德. 快速凝固法制取金属粉末技术的发展状况[J]. 粉末冶金技术，2000，18(4)：283-291.

[66] 张朔，高阳，马佳俊，等. 雾化法制备金属粉末及其研究进展[J]. 郑州航空工业管理学院学报，2023，41(5)：75-86.

[67] SURYANARAYANA C. Mechanical alloying and milling[J]. Progress in Materials Science, 2001, 46(1-2): 1-184.

[68] ZHANG H J, KE H, et al. Effect of magnetic $CoFe_2O_4$ component on sintering densification process of $Bi_{3.15}Nd_{0.85}Ti_3O_{12}$ ceramics[J]. Journal of the European Ceramic Society, 2017, 37: 2115-2122.

[69] KINGERY W D, BERG M. Study of the initial stages of sintering solids by viscous flow, evaporation-condensation, and self-diffusion[J]. Journal of Applied Physics, 1955, 26(10): 1205-1212.

[70] BURKE J E. Role of Grain Boundaries in Sintering[J]. Journal of the American Ceramic Society, 1957, 40(3): 80-85.

[71] ZHOLOB V M. Effect of injector unit design on the particle size of atomized powder[J]. Soviet Powder Metallurgy and Metal Ceramics, 1979, 18(6): 362-364.

[72] 葛荣德. 一个通用粉末压制方程及其统计分析验证[J]. 粉末冶金技术，1995，13(2)：83-87.

[73] PARILAK L, DUDROVA E, BIDULSKY R, et al. Derivation, testing and application of a practical compaction equation for cold die-compacted metal powders[J]. Powder Technology, 2017, 322: 447-460.

[74] LAPTIEV A V. New die-compaction equations for powders as a result of known equations correction: Part 1 - review and analysis of various die-compaction equations[J]. Powders, 2024, 3(1): 111-135.

[75] MONTES, J M, CUEVAS F G, CINTAS J, et al. On the compressibility of metal powders[J]. Powder Metall. 2018, 61, 219-230.

[76] FISHER B, RUDMAN P S. X-Ray diffraction study of interdiffusion in Cu－Ni powder compacts[J]. Journal of Applied Physics, 1961, 32(8): 1604-1611.

[77] KINGERY W D. Densification during sintering in the presence of a liquid phase. Ⅰ. Theory[J]. Journal of Applied Physics, 1959, 30(3): 301-306.

[74] BRETT J, SEIGLE L. The role of diffusion versus plastic flow in the sintering of model compacts[J]. Acta Metallurgica, 1966, 14(5): 575-582.

[78] MACKENZIE J K. The elastic constants of a solid containing spherical holes[J]. Proceedings of the Physical Society. Section B, 1950, 63(1): 2.

[79] GOURDIN W H. Dynamic consolidation of metal powders[J]. Progress in Materials Science, 1986, 30(1): 39-80.

[80] CHANDRAKALA E, PAUL PRAVEEN J, HAZRA B K, et al. Effect of sintering temperature on structural, dielectric, piezoelectric and ferroelectric properties of Sol-Gel derived BZT-BCT ceramics[J]. Ceramics International, 2016, 42(4): 4964-4977.

[81] LIANG L X, DUAN J J, ZHANG C, et al. Promoting transparency: Defect-driven sintering of $Gd_2Zr_2O_7$ ceramics for advanced radiation applications[J]. Journal of the European Ceramic Society, 2025, 45(3): 117030.

[82] AKRAMI S, EDALATI P, FUJI M, et al. High-entropy ceramics: Review of principles, production and applications[J]. Materials Science and Engineering: R: Reports, 2021, 146: 100644.

[83] 王云平，刘世民，董闯. 高熵陶瓷材料研究进展及挑战[J]. 材料工程，2024，52(1)：83-100.

[84] WANG C W, PING W W, BAI Q, et al. A general method to synthesize and sinter bulk ceramics in seconds[J]. Science, 2020, 368(6490): 521-526.

[85] ORBAN R L. New research directions in powder metallurgy[J]. Romanian Reports in Physics, 2004, 56(3): 505-516.

[86] OBARA G, YAMAMOTO H, TANI M, et al. Magnetic properties of spark plasma sintering magnets using fine powders prepared by mechanical compounding method[J]. Journal of Magnetism and Magnetic Materials, 2002, 239(1-3): 464-467.

[87] RISBUD S H, SHAN C H, MUKHERJEE A K, et al. Retention of nanostructure in aluminum oxide by very rapid sintering at 1 150 ℃[J]. Journal of Materials Research, 1995, 10(2): 237-239.

[88] LIU Z G, UMEMOTO M, HIROSAWA S, et al. Spark plasma sintering of Nd-Fe-B magnetic alloy[J]. Journal of Materials Research, 1999, 14(6): 2540-2547.

[89] COLOGNA M, RASHKOVA B, RAJ R. Flash sintering of nanograin zirconia in <5 s at 850 ℃ [J]. Journal of the American Ceramic Society, 2010, 93(11): 3556-3559.

[90] MUCCILLO R, MUCCILLO E N S, KLEITZ M. Densification and enhancement of the grain boundary conductivity of gadolinium-doped barium cerate by ultra fast flash grain welding[J]. Journal of the European Ceramic Society, 2012, 32(10): 2311-2316.

[91] CHAIM R. Liquid film capillary mechanism for densification of ceramic powders during flash sintering[J]. Materials, 2016, 9(4): 280.

[92] ZHANG Y Y, JUNG J L, LUO J. Thermal runaway, flash sintering and asymmetrical microstructural development of ZnO and $ZnO-Bi_2O_3$ under direct cur-

rents[J]. Acta Materialia, 2015, 94: 87-100.

[93] ABEDI M, MOSKOVSKIKH D O, ROGACHEV A S, et al. Spark plasma sintering of titanium spherical particles[J]. Metallurgical and Materials Transactions B, 2016, 47(5): 2725-2731.

[94] DA SILVA J G P, AL-QURESHI H A, KEIL F, et al. A dynamic bifurcation criterion for thermal runaway during the flash sintering of ceramics[J]. Journal of the European Ceramic Society, 2016, 36(5): 1261-1267.

[95] BIESUZ M, SGLAVO V M. Flash sintering of alumina: Effect of different operating conditions on densification[J]. Journal of the European Ceramic Society, 2016, 36(10): 2535-2542.

[96] BICHAUD E, CHAIX J M, CARRY C, et al. Flash sintering incubation in Al_2O_3/TZP composites[J]. Journal of the European Ceramic Society, 2015, 35(9): 2587-2592.

[97] FRANCIS J S C, COLOGNA M, RAJ R. Particle size effects in flash sintering [J]. Journal of the European Ceramic Society, 2012, 32(12): 3129-3136.

[98] PRETTE A L G, COLOGNA M, SGLAVO V, et al. Flash-sintering of Co_2MnO_4 spinel for solid oxide fuel cell applications[J]. Journal of Power Sources, 2011, 196(4): 2061-2065.

[99] FANG Y, CHENG J P, AGRAWAL D K. Effect of powder reactivity on microwave sintering of alumina[J]. Materials Letters, 2004, 58(3-4): 498-501.

[100] ROY R, AGRAWAL D K, CHENG J P, et al. Full sintering of powdered-metal bodies in a microwave field[J]. Nature, 1999, 399(6737): 668.

[101] GEDEVANISHVILI S, AGRAWAL D K, ROY R. Microwave combustion synthesis and sintering of intermetallics and alloys[J]. Journal of Materials Science Letters, 1999, 18(9): 665-668.

[102] ANKLEKAR R M, AGRAWAL D K, ROY R. Microwave sintering and mechanical properties of PM copper steel[J]. Powder Metallurgy, 2001, 44(4): 355-362.

[103] GERMANR M. Supersolidus liquid-phase sintering of prealloyed powders[J]. Metallurgical and Materials Transactions A, 1997, 28(7): 1553-1567.

[104] GERMAN R M. Computer modeling of sintering processes[J]. International Journal of Powder Metallurgy, 2002, 38(2): 48-66.

[105] OLIVEIRA M M, MASCARENHAS J, MASCARENHAS A S. Supersolidus sintering and mechanical properties of water atomized Fe—2. 3C—4. 0Cr—7. 0Mo—10. 5Co—6. 5V—6. 5W high speed steel[J]. Powder Metallurgy, 1993, 36(4): 281-287.

[106] LIU J, LA L A, GERMAN R M. Densification and shape retention in supersolidus liquid phase sintering[J]. Acta Materialia, 1999, 47(18): 4615-4626.

[107] SIVAKUMAR K, BHAT T B, RAMAKRISHNAN P. Effect of process parameters on the densification of 2124 Al-20 vol. % SiCp composites fabricated by explosive compaction[J]. Journal of Materials Processing Technology, 1998, 73(1-3): 268-275.

[108] NISHIDA M, CHIBA A, IMAMURA K, et al. Microstructures and mechanical properties of explosively consolidated Ti powder with a pressure medium[J]. Metallurgical Transactions A, 1989, 20(12): 2831-2839.

[109] REAUGH J E. Computer simulations to study the explosive consolidation of powders into rods[J]. Journal of Applied Physics, 1987, 61(3): 962-968.

[110] MORRIS D G. Bonding processes during the dynamic compaction of metallic powders[J]. Materials Science and Engineering, 1983, 57(2): 187-195.

[111] GOURDIN W H. Microstructure and deformation in a dynamically compacted copper powder[J]. Materials Science and Engineering, 1984, 67(2): 179-184.

[112] MEYERS M A, BENSON D J, OLEVSKY EA. Shock consolidation: Microstructurally-based analysis and computational modeling[J]. Acta Materialia, 1999, 47(7): 2089-2108.

[113] GOURDIN W H. Energy deposition and microstructural modification in dynamically consolidated metal powders[J]. Journal of Applied Physics, 1984, 55(1): 172-181.

[114] FLINN J E, WILLIAMSON R L, BERRY R A, et al. Dynamic consolidation of type 304 stainless-steel powders in gas gun experiments[J]. Journal of Applied Physics, 1988, 64(3): 1446-1456.

[115] MAMALIS A G, VOTTEA I N, MANOLAKOS D E. On the modelling of the compaction mechanism of shock compacted powders[J]. Journal of Materials Processing Technology, 2001, 108(2): 165-178.

[116] MCQUEEN R G, MARSH S P, TAYLOR J W, et al. The equation of state of solids from shock wave studies[J]. High Velocity Impact Phenomena, 1970, 293: 294-417.

[117] SHAO B H, LIU Z Y, ZHANG X T. Explosive consolidation of amorphous cobalt-based alloys[J]. Journal of Materials Processing Technology, 1999, 85(1-3): 121-124.

[118] GROZA J R, ZAVALIANGOS A. Sintering activation by external electrical field [J]. Materials Science and Engineering A, 2000, 287(2): 171-177.

[119] PARK W J, JO W, KIM D Y, et al. Enhanced densification of pure SnO_2 by spark plasma sintering[J]. Journal of Materials Science, 2005, 40(14): 3825-3827.

[120] SCARLAT O, MIHAIU S, ALDICA G, et al. Enhanced properties of tin (Ⅳ) oxide based materials by field-activated sintering[J]. Journal of the American Ceramic Society, 2003, 86(6): 893-897.

[121] MOORE J J, FENG H J. Combustion synthesis of advanced materials: Part Ⅱ. Classification, applications and modelling[J]. Progress in Materials Science, 1995, 39(4-5): 275-316.

[122] SUBRAHMANYAM J, VIJAYAKUMAR M. Self-propagating high-temperature synthesis[J]. Journal of Materials Science, 1992, 27(23): 6249-6273.

[123] CAO G, ORÙ R. Self-propagating reactions for environmental protection: state of the art and future directions[J]. Chemical Engineering Journal, 2002, 87(2): 239-249.

[124] MOSSINO P. Some aspects in self-propagating high-temperature synthesis[J]. Ceramics International, 2004, 30(3): 311-332.

[125] XANTHOPOULOU G, VEKINIS G. An overview of some environmental applications of self-propagating high-temperature synthesis[J]. Advances in Environmental Research, 2001, 5(2): 117-128.

[126] CHENG K M, ZHANG L J, SCHWARZE C, et al. Phase-field simulation of liquid phase migration in the WC-Co system during liquid phase sintering[J]. International Journal of Materials Research, 2016, 107(4): 309-314.

[127] RAVASH H, VANHERPE L, VLEUGELS J, et al. Three-dimensional phase-field study of grain coarsening and grain shape accommodation in the final stage of liquid-phase sintering[J]. Journal of the European Ceramic Society, 2017, 37(5): 2265-2275.

[128] XIE Z P, LI S, AN L N. A novel oscillatory pressure-assisted hot pressing for preparation of high-performance ceramics[J]. Journal of the American Ceramic Society, 2014, 97(4): 1012-1015.

[129] LI S, XIE Z P, XUE W J, et al. Sintering of high-performance silicon nitride ceramics under vibratory pressure[J]. Journal of the American Ceramic Society, 2015, 98(3): 698-701.

[130] STEINBACH I. Phase-field models in materials science[J]. Modelling and Simulation in Materials Science and Engineering, 2009, 17(7): 073001.

[131] GUO J, GUO H Z, BAKER A L, et al. Cold sintering: a paradigm shift for processing and integration of ceramics[J]. Angewandte Chemie International Edition, 2016, 55(38): 11457-11461.

[132] GUO J, LEGUM B, ANASORI B, et al. Cold sintered ceramic nanocomposites of 2D MXene and zinc oxide[J]. Advanced Materials, 2018, 30(32): 1801846.

[133] GUO J, BERBANO S S, GUO H Z, et al. Cold sintering process of composites: bridging the processing temperature gap of ceramic and polymer materials[J]. Advanced Functional Materials, 2016, 26(39): 7115-7121.

[134] KAYEB H. Permeability techniques for characterizing fine powders[J]. Powder Technology, 1967, 1(1): 11-22.